光学中的散斑现象
——理论与应用

Speckle Phenomena in Optics
Theory and Applications

〔美〕Joseph W. Goodman 著

曹其智　陈家璧 译　秦克诚 校

科学出版社

北京

图字:01-2008-2165

内 容 简 介

散斑效应出现在几乎所有的激光应用领域中，包括相干光成像、全息术、光学相干层析、激光投影显示、微光刻、多模纤维通信、光学雷达、计量等. 散斑在其他一些领域(比如天文成像)中也有显著的效应. 本书系统而全面地描述了散斑现象，分析了其形成的原因及性质，讨论了抑制散斑的方法及其在多种应用领域中的效应.

本书针对有一定理论基础和实践经验的读者，他们已熟练掌握傅里叶分析，并了解随机过程的广泛丰富的概念. 本书可用做高校有关专业的研究生教材，或有关领域的研究人员或工程师的参考书.

图书在版编目(CIP)数据

光学中的散斑现象：理论与应用/(美)古德曼(Goodman, J. W.)著；曹其智，陈家璧译.—北京：科学出版社，2009
ISBN 978-7-03-025537-2

Ⅰ.光…　Ⅱ.①古…②曹…③陈…　Ⅲ.激光理论　Ⅳ.TN241

中国版本图书馆 CIP 数据核字(2009)第 161254 号

责任编辑：胡　凯　刘凤娟/责任校对：钟　洋
责任印制：徐晓晨/封面设计：王　浩

科学出版社出版
北京东黄城根北街16号
邮政编码：100717
http://www.sciencep.com

北京虎彩文化传播有限公司印刷

科学出版社发行　各地新华书店经销

*

2009年11月第　一　版　开本：B5(720×1000)
2020年 7 月第四次印刷　印张：21 1/2
字数：416 000

定价：149.00元

(如有印装质量问题，我社负责调换)

谨以此书表达

对女儿 Michele 的感谢,她给我们带来了欢乐。

Joseph W. Goodman

作者简介

Joseph W. Goodman 于 1958 年来到斯坦福大学读研究生,并且在斯坦福留下了他的全部职业生涯. 他曾是 49 位研究生的博士学位论文导师,他们之中的许多人现在在光学界成就卓著. 他曾主持斯坦福的 William Ayer 电气工程讲座,并担任过若干行政职务,包括斯坦福大学电气工程系主任和工学院负责教学人员事物的资深副院长. 他现在是 William Ayer 荣誉退休教授.

他的工作曾获得多种奖励和荣誉,包括美国工程教育学会的 F. E. Terman 奖、国际光学工程学会(SPIE)的伽博 (Dennis Gabor) 奖、玻恩 (Max Born) 奖、Esther Beller Hoffman 奖,美国光学学会的 Ives 奖章、电气和电子工程师协会的教育奖章. 他是美国国家工程科学院院士,并担任过美国光学学会和国际光学学会会长.

中 文 版 序

很高兴看到我的书《光学中的散斑现象——理论与应用》译成了中文. 虽然散斑这一课题是比较专门的，但是我确信这个译本在中国会有很多读者，因为中国有大量的物理学家及工程师.

我十分感谢几位在翻译中起重要作用的人. 感谢 Roberts & Company 公司的 Ben Roberts 先生以及科学出版社，他们积极合作，促使中译本的出版成为现实. 我尤其要感谢曹其智博士(我以前的博士学生)，她组织了翻译工作并亲自译了第 1～6 章以及附录. 感谢陈家璧教授翻译了第 7～9 章. 另外，感谢秦克诚教授(以前在斯坦福大学我的研究组中的访问学者)，是他认真审校了全部译稿. 最后，我要感谢母国光教授，他极力推荐并支持了这本书的翻译出版. 对使得这本书翻译成功的所有人，我表示诚挚的感谢.

散斑是一种奇妙的现象，有许多有趣的性质，对激光应用的几乎所有领域都有重要的影响. 我希望本书有助于理解散斑及其应用和必要的抑制，也希望它能使许多新的激光应用出现在产品中.

Joseph W. Goodman

2008 年 10 月 29 日

序

写这本书对我来讲是爱的奉献！1963 年我结束了在雷达对抗领域的博士论文研究工作之后，第一个仔细研究的光学课题就是散斑. 所以我的光学履历以散斑开始,四十余年之后我怀着愉悦的心情重返这个课题.

这本书针对那些在这个领域已有基础和经验的读者,他们已很好地掌握了傅里叶分析,也接触过统计和随机过程的广泛丰富的概念. 本书适合作为研究生教材或专业人员的参考书. 第 1 章是绪论,下面的三章讨论散斑的理论,最后五章讨论我考虑的应用领域.

散斑领域很宽,从本书涉及的问题之广足以说明. 虽然我想尽可能地介绍在这个领域中值得称道的做出贡献者,然而,不可避免地会有遗漏,对此我表示歉意.

本书写了好几年,部分原因是中间有一段时间我转向《傅里叶光学导论》第三版的写作. 在本书写作的过程中,我学到许多以前不了解的关于散斑的知识,我要感谢许多在这方面帮助过我的人. 首先,我要深深地感激法国光学研究院(Institut d'Optique)的 Pierre Chavel，他读了全书并提出建议和修改意见,使本书有明显的改进. 我要感谢 Roberts & Company 出版社的 Ben Roberts，他坚信关于这个课题的书适合在他的小公司出版. 我也要感谢 Sam Ma，他辛勤工作检查出许多拼写和印刷上的错误. 我还要感谢编辑 Lee Young,他使本书保持表述清晰,前后一致，文笔通畅.

我还要进一步感谢下列在各章的素材上帮助过我的人：

第 4 章:Kevin Webb，Isaak Freund 和 Mark Dennis；

第 6 章:Kevin Webb，James Bliss，Daniel Malacara，Jahja Trisnadi，Michael Morris，Raymond Kostuk，Marc Levinson，和 Christer Rydberg；

第 7 章:Moshe Nazarathy 和 Amos Agmon；

第 8 章:Mitsuo Takeda 和 James Wyant；

第 9 章:Michael Roggemann 和 James Fienup；

附录 A:Rodney Edwards.

所有这些人都帮助过本书的改进,书中的错误当然是由我负责.

最后我要感谢我的妻子翰美(Hon Mai),她从不因为我花大量的时间写书而抱怨,而是在许多场合鼓励我抓紧进行.

Joseph W. Goodman

目　　录

第1章　散斑的起源和表现

1.1　一般背景

在20世纪60年代初期，连续波激光器初登市场，当时使用这类仪器的研究人员注意到一种十分奇怪的现象．当激光从诸如纸或者实验室墙上反射时，注视着散射斑的观察者会看到对比度高而尺寸细微的颗粒图样．而且，尽管照在这种斑的光是相对均匀的，由其反射光测得的光强却在空间显现同样细微尺寸的涨落．这种颗粒结构后来称为“散斑”．

人们很快认定这类涨落的原因是光的反射表面的“随机”粗糙[121,133]．事实上，在现实世界中，以光波的尺度来衡量，我们遇到的多数材料都是粗糙的（显然的例外是镜子）．一个粗糙散射面上的多种多样的微小面积对观察到的总场提供了随机相位的基元，这些基元互相干涉产生了最后的强度（场的振幅平方），强度或强或弱取决于可能出现的一组随机相位．

散斑也会在激光穿过不动的散射体时观察到，基本原因是一样的：通过透射物的不同光线的光程在波长的尺度上互不相同，这种效应也可以在光被悬浮颗粒散射时观察到．因此，散斑现象在光学中是频频出现的；事实上，它是一个规律，而不是一个特例．图1.1显示了三张照片，第一张是用非相干光照明一个粗糙的物，第二张是对同样的物用激光照明所得，第三张是散斑像的一部分，显示了结构的细节．显然，散斑严重地影响人类从图像中提取信息的能力．

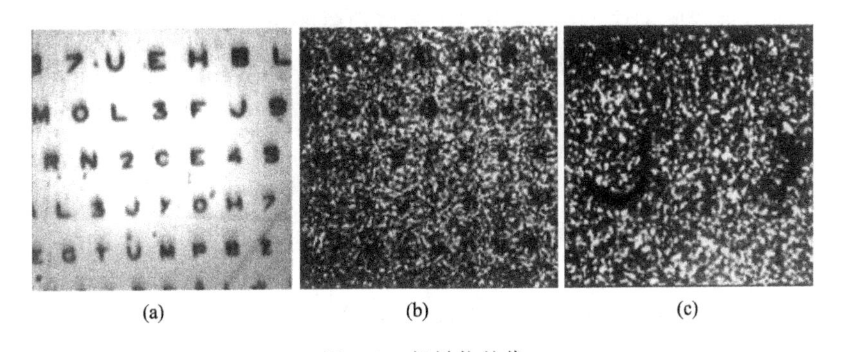

(a)　　(b)　　(c)

图1.1　粗糙物的像

(a) 用非相干光成的像；(b) 用相干光成的像；(c)(b) 中的像的放大部分

（感谢 Institut d'Optique 的 P. Chavel 和 T. Avignon 提供照片）

在其他领域,只要辐射穿过在波长尺度上是粗糙的物体或被它反射,散斑就会扮演重要的角色. 重要的案例包括频谱的微波波段的综合孔径雷达成像,以及人体器官的超声医学图像. 图 1.2 是一幅综合孔径雷达的图像,其中有显而易见的散斑,图 1.3 是一幅有明显散斑的人体肝脏的超声图像.

图 1.2 一个被散斑覆盖的加州 Moffet 空军基地机场的综合孔径雷达图像,飞机跑道、工业大楼以及三藩市湾区的一部分(右底)清晰可见. 雷达波长是 5.67cm,地面分辨率是 20m(感谢斯坦福大学 Howard Zebker 提供)

在其他许多领域和应用中,也出现了散斑现象的精确类似现象. 比如,几乎任何随机过程的样本函数的有限时间傅里叶(Fourier)变换的模的平方在频域中的涨落具有和散斑同样的一阶统计.

关于散斑这个课题的书很少. 最全面的并且引用得最多的是 1975 年出版、1984 年再版的由 J. C. Dainty 编辑的书[30]. 另一本值得注意的是 M. Francon 的书,1979 年出版[49]. 也可以看最新的由 Zel'dovich, Mamaev 以及 Shkunov 写的书[182]. 在文献[128]中从 M. Lehmann 写的一章中可以找到近来出现的另一种极佳讨论. 除了这些书以外,有兴趣的读者就必须参考各种科技杂志,以了解对散斑所作的大量研究.

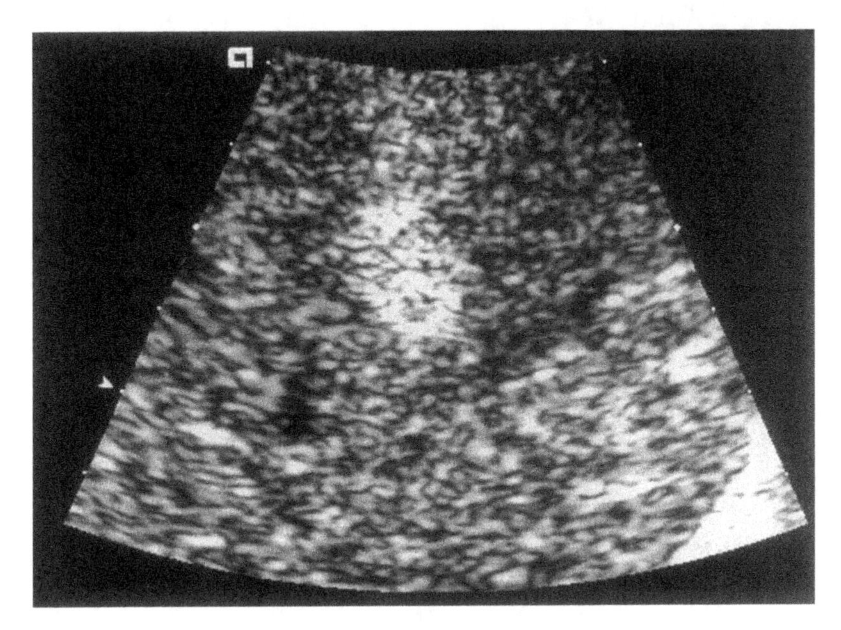

图 1.3 带有散斑的人类肝脏的超声图像(2.5MHz)
(感谢斯坦福大学的 Graham Sommer 提供)

1.2 散斑起因的直观解释

当一个信号是由大量的具有独立相位的复分量(既有振幅又有相位的分量)相加而成时,信号就会出现散斑. 这些分量在复平面中可能有随机的长度(振幅)和随机的方向(相位),或者有已知的长度和随机的方向. 当这些分量相加时,它们就构成所谓"随机行走". 所得的和或大或小,取决于求和的各分量的相对相位,尤其是占优势的是相长还是相消干涉. 所得结果的长度平方就是我们通常说的观察到的波的"强度".

图 1.4 描述产生(a)大的合成长度及(b)小的合成长度的随机行走. 在图示的两种情况中,长度和方向都是随机的,而且没有一个单一贡献在求和中占优势. 最终的复数和用粗箭头表示.

单个独立贡献的复数本性, 通常是因为它们是用来表示既有振幅又有相位的正弦信号分量的相幅矢量. 在另外一些情况,实数值的信号分量可能在信号处理的过程中(如离散傅里叶变换)加了一个复数值的权重因子,从而得出一个对应的复数贡献(仍为相幅矢量)的和. 图 1.5 表示一个共 1024 个复数的序列的离散傅里叶变换大小的平方,每个复数有固定的长度,其独立的相位以均匀概率密度在

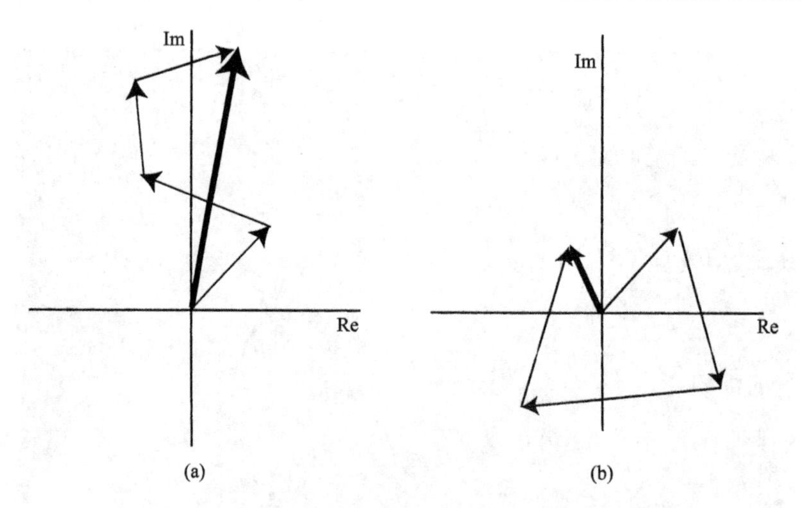

图 1.4 随机行走:(a)主要是相长叠加;(b)主要是相消叠加

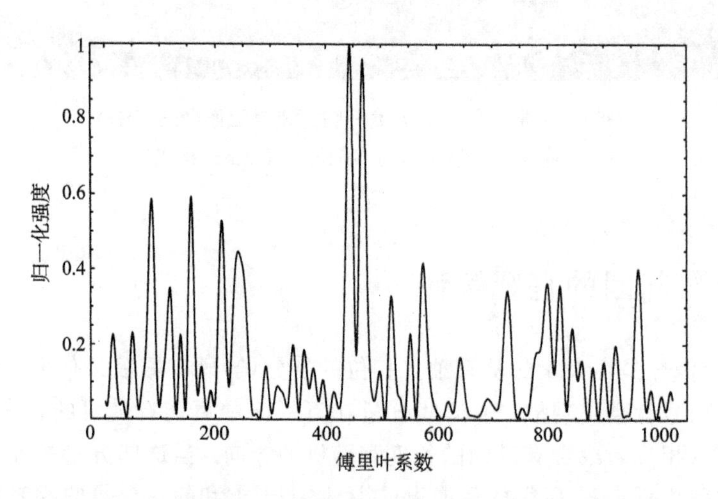

图 1.5 在一个长度为 1024 的随机相位序列的一维离散傅里叶变换的大小的平方中所观察到的散斑

$(0,2\pi)$区间上随机抽取. 在离散点之间用了插值.

于是,我们看到散斑会在许多不同的物理状况中出现.

1.3 一些数学预备知识

在简要介绍了散斑的起因和表现之后,我们现在转向随机行走或随机相幅矢量和的一组简单的数学表示,它们是散斑现象的基础.

一个典型的信号可以表示为时间和空间的正弦函数,

$$\mathcal{A}(x,y;t)=A(x,y;t)\cos[2\pi\nu_0 t-\theta(x,y;t)], \tag{1-1}$$

其中,$A(x,y;t)$代表信号的振幅或者包络,而$\theta(x,y;t)$代表相位. 量ν_0是"载波"频率,通常比A或θ的带宽大很多. 在本书的一些应用中,所得结果的振幅和相位可能与载波的具体的中心频率有关,在某些情况,基本信号还会有一个偏振参数,但是就当前而言上述简化的形式是合适的.

为使符号简约,通常为这样的信号创造一个复数表示. 这实际上是在$\mathcal{A}$的频谱中将正频率分量去掉,负频率分量加倍而得到. 这里所用的信号$g(t)$的傅里叶变换[①] $\boldsymbol{G}(\nu)$的定义为[②]

$$\boldsymbol{G}(\nu)=\int_{-\infty}^{\infty}g(t)\exp(-\mathrm{j}2\pi\nu t)\,\mathrm{d}t. \tag{1-2}$$

因此,用一个顺时针方向转动的相幅矢量来表示一个信号$\cos(2\pi\nu_0 t)$就是将负频率分量加倍,正频率分量去掉.

如果再将载波频率项也去掉,我们就得到如下的形式:

$$\boldsymbol{A}(x,y;t)=\boldsymbol{A}(x,y;t)\mathrm{e}^{\mathrm{j}\theta(x,y;t)}. \tag{1-3}$$

注意$\boldsymbol{A}(x,y;t)\mathrm{e}^{-\mathrm{j}2\pi\nu_0 t}$的实部是原本的实值信号,是我们讨论的出发点.

这样的复数表示将在本书中广泛应用. 当大量具有随机相位的"基元"复分量叠加(求和)构成一个合成的复数表示时,散斑现象就出现了. 因此,在某一时空点,

$$\boldsymbol{A}=A\mathrm{e}^{\mathrm{j}\theta}=\sum_{n=1}^{N}\boldsymbol{a}_n=\sum_{n=1}^{N}a_n\mathrm{e}^{\mathrm{j}\phi_n}. \tag{1-4}$$

其中$\boldsymbol{a}_n$是和的第n个相幅矢量分量,其长度为a_n,相位为ϕ_n.

在某些情况下,将所讨论的相幅矢量和/或其求和结果对时间或空间的依赖关系明显地表示出来会带来方便. 在这样的情况下,我们可以写出

$$\boldsymbol{A}(x,y;t)=\sum_{n=1}^{N}a_n(x,y;t)\mathrm{e}^{\mathrm{j}\phi_n(x,y;t)}. \tag{1-5}$$

最后,可能有一些情况,即基本的相幅矢量分量来自一组具有随机相位的复数正交函数ψ_n,如波导中的各个模式. 这时,可以将和表示为如下形式:

$$\boldsymbol{A}(x,y;t)=\sum_{n=1}^{N}\boldsymbol{\psi}_n(x,y;t)\mathrm{e}^{\mathrm{j}\phi_n}. \tag{1-6}$$

有了这个数学背景之后,我们现在来详细研究各种条件下最后所得的相幅矢量的长度和相位的统计学.

---

① 本书从头到尾,复量以粗体字来表示,实量以普通的字体. 此外,用j表示单位虚常数,$\mathrm{j}=\sqrt{-1}$.

② 在有些场合,特别是与随机变量的特征函数打交道时,要用形式$\boldsymbol{G}(\omega)=\int_{-\infty}^{\infty}g(t)\exp[-\mathrm{j}\omega t]\mathrm{d}t$,从上下文可以清楚知道正在使用的是哪一种形式.

第 2 章　随机相幅矢量和

本章我们来考察各类随机相幅矢量和的振幅和相位的一阶统计性质．“一阶”指的是在空间一点(或者对时变的散斑而言，是时空中的一点)上的统计性质．在光学中最终感兴趣的是波的**强度**，在超声和微波成像时场的振幅[①]和相位是可以直接探测的．因此，在这一章我们将集中讨论随机相幅矢量求和结果的振幅和相位的性质．在随后的章节，我们要考察强度的相应性质，这对光谱频段中的散斑是合适的．

随机相幅矢量和用数学可表述如下：

$$\mathbf{A} = A\mathrm{e}^{\mathrm{j}\theta} = \frac{1}{\sqrt{N}}\sum_{n=1}^{N}\boldsymbol{a}_n = \frac{1}{\sqrt{N}}\sum_{n=1}^{N}a_n\mathrm{e}^{\mathrm{j}\phi_n}. \tag{2-1}$$

其中，N 表示随机行走中的相幅矢量分量的数目，$\mathbf{A}$ 表示(求和所得的)合成相幅矢量(复数)，A 表示复数和的长度(或大小)，θ 表示复数和的相位，$\boldsymbol{a}_n$ 表示和中的第 n 个分相幅矢量(复数)，a_n 是 $\boldsymbol{a}_n$ 的长度，ϕ_n 是 $\boldsymbol{a}_n$ 的相位．这里和后面引进标度因子 $1/\sqrt{N}$，为的是即使相幅矢量分量的数目趋于无穷，和的二阶矩仍然保持有限．

在对随机行走的全部讨论中，我们对求和的分相幅矢量的统计性质作一些假设会带来方便．为什么要做这些假设，考虑合成相幅矢量的实部和虚部就容易理解，

$$\begin{aligned}\mathcal{R} &= \mathrm{Re}\{\mathbf{A}\} = \frac{1}{\sqrt{N}}\sum_{n=1}^{N}a_n\cos\phi_n\\ \mathcal{I} &= \mathrm{Im}\{\mathbf{A}\} = \frac{1}{\sqrt{N}}\sum_{n=1}^{N}a_n\sin\phi_n,\end{aligned} \tag{2-2}$$

式中符号 Re{ }和 Im{ }标志大括号里的复数量的实部和虚部．这些假设是：

1. 若 $n\neq m$，振幅和相位 a_n 和 ϕ_n 与 a_m 和 ϕ_m 相互统计独立．也就是说，一个分量相幅矢量的振幅和/或相位值的知识，不含另一个分相幅矢量振幅和/或相位值的知识．

2. 对于任何 n，a_n 和 ϕ_n 是相互统计独立的．即一个相幅矢量分量相位的知识不含同一个分量的振幅的知识，反之亦然．

---

① 我们将在全书用“振幅”一词，指复振幅的模．

3. 相位 ϕ_m 在$(-\pi,\pi)$区间上均匀分布. 即一切相位值是等可能的.

大多数随机行走问题满足这些假设. 然而,我们会在后面考虑至少一种情况,在这种情况下,这些假设中有一个被违反. 目前,假定这些假设都成立.

2.1 相幅矢量和的实部和虚部的一阶矩和二阶矩

注意以上三个假设对 $\mathcal{R}$和 $\mathcal{I}$ 的平均值(期望值)[②]和方差有某种隐含规定. 特别是,很容易看出平均值:

$$E[\mathcal{R}] = E\left[\frac{1}{\sqrt{N}}\sum_{n=1}^{N} a_n \cos\phi_n\right] = \frac{1}{\sqrt{N}}\sum_{n=1}^{N} E[a_n \cos\phi_n]$$

$$= \frac{1}{\sqrt{N}}\sum_{n=1}^{N} E[a_n]E[\cos\phi_n] = 0 \tag{2-3}$$

$$E[\mathcal{I}] = E\left[\frac{1}{\sqrt{N}}\sum_{n=1}^{N} a_n \sin\phi_n\right] = \frac{1}{\sqrt{N}}\sum_{n=1}^{N} E[a_n \sin\phi_n]$$

$$= \frac{1}{\sqrt{N}}\sum_{n=1}^{N} E[a_n]E[\sin\phi_n] = 0, \tag{2-4}$$

其中,交换了求平均及求和的次序,两个独立随机变量的乘积的期望值代之以它们期望值的乘积,而 ϕ_0 均匀分布的统计性质意味着 $\cos\phi_0$ 和 $\sin\phi_0$ 的平均值都是零.

类似地,由于 $\mathcal{R}$和 $\mathcal{I}$ 的平均值是零,它们的方差和二阶矩相同,由下式给出:

$$\begin{aligned} \sigma_{\mathcal{R}}^2 &= E[\mathcal{R}^2] = \frac{1}{N}\sum_{n=1}^{N}\sum_{m=1}^{N} E[a_n a_m]E[\cos\phi_n \cos\phi_m] \\ \sigma_{\mathcal{I}}^2 &= E[\mathcal{I}^2] = \frac{1}{N}\sum_{n=1}^{N}\sum_{m=1}^{N} E[a_n a_m]E[\sin\phi_n \sin\phi_m]. \end{aligned} \tag{2-5}$$

现在,对于 $n\neq m$, $E[\cos\phi_n \cos\phi_m]=E[\cos\phi_n]E[\cos\phi_m]=0$,同样地,我们有 $E[\sin\phi_n \sin\phi_m]=0$. 结果,(2-5)式中只有 $n=m$ 项留下来. 使用适当的三角恒等式,得到

$$\sigma_{\mathcal{R}}^2 = \sum_{n=1}^{N} \frac{1}{N}E[a_n^2]E[\cos^2\phi_n] = \frac{1}{N}\sum_{n=1}^{N} E[a_n^2]E\left[\frac{1}{2}+\frac{1}{2}\cos 2\phi_n\right]$$

$$= \frac{1}{N}\sum_{n=1}^{N} \frac{E[a_n^2]}{2} \tag{2-6}$$

---

② 本书中对随机变量的期望值使用两种不同却等价的表示方法. 实值随机变量 z 的期望值将写成 $E(z)$或 $\bar{z}$,哪个记号方便用哪个.

$$\sigma_{\mathcal{I}}^2 = \frac{1}{N}\sum_{n=1}^{N} E[a_n^2]E[\sin^2\phi_n] = \frac{1}{N}\sum_{n=1}^{N} E[a_n^2]E\left[\frac{1}{2}+\frac{1}{2}\sin 2\phi_n\right]$$

$$= \frac{1}{N}\sum_{n=1}^{N} \frac{E[a_n^2]}{2}, \tag{2-7}$$

这里,我们用到了以下事实,若 ϕ_n 在$(-\pi,\pi)$区间均匀分布,那么 $2\phi_n$ 也在$(-\pi,\pi)$区间均匀分布. 于是我们看到,和平均值一样,合成相幅矢量的实部的方差和虚部的方差也相同.

最后我们来考虑实虚部之间的相关性. 我们有

$$\Gamma_{\mathcal{R}\mathcal{I}} = E[\mathcal{R}\mathcal{I}] = \frac{1}{N}\sum_{n=1}^{N} E[a_n^2]E[\cos\phi_n \sin\phi_n] = 0, \tag{2-8}$$

其中略去了推导上面各式中用过的相似的步骤. 我们的结论是,在我们假设的条件下,合成相幅矢量的实部与虚部之间没有相关.

2.2 有大量独立步数的随机行走

回头来看(2-1)式,我们考虑求和的步数 N 很大的情形. 在这种情况下,合成相幅矢量 $\mathbf{A}$ 的实部 $\mathcal{R}$与虚部 $\mathcal{I}$ 由大量的独立随机变量(对 $\mathcal{R}$是 $a_n\cos\phi_n$,对 $\mathcal{I}$ 是 $a_n\sin\phi_n$)的和给出. 这时可以用中心极限定理([70], P. 31). 根据这个定理,在很一般的条件下,随着 $N\to\infty$,N 个独立随机变量的和的统计分量渐近地趋于高斯(Gauss)分布. 有了前几节关于平均值、方差和相关的结果,合成相幅矢量实部和虚部的联合概率密度为

$$p_{\mathcal{R}\mathcal{I}}(\mathcal{R}\mathcal{I}) = \frac{1}{2\pi\sigma^2}\exp\left(-\frac{\mathcal{R}^2+\mathcal{I}^2}{2\sigma^2}\right), \tag{2-9}$$

其中 $\sigma^2=\sigma_{\mathcal{R}}^2=\sigma_{\mathcal{I}}^2$.

这个分布的等概率密度线在下面的图 2.1 所示. 因为这些等值线是圆形的,这个合成相幅矢量 $\mathbf{A}$ 叫做“圆”型复高斯变量.

我们对合成相幅矢量的振幅(长度)A 和相位 θ 的统计特性同样感兴趣. 振幅和相位的联合概率密度函数可以用对变量变换的概率理论规则求出. 我们有

$$A = \sqrt{\mathcal{R}^2+\mathcal{I}^2}$$
$$\theta = \arctan\left(\frac{\mathcal{I}}{\mathcal{R}}\right) \tag{2-10}$$

及

$$\mathcal{R} = A\cos\theta \tag{2-11}$$

$$\mathcal{I} = A\sin\theta. \tag{2-12}$$

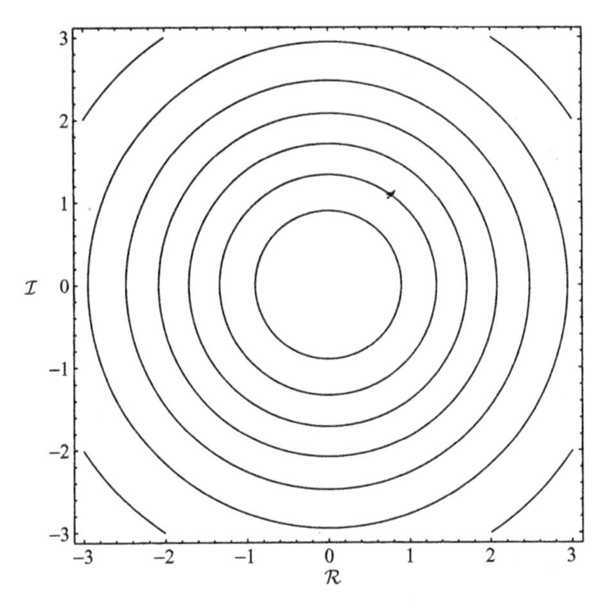

图 2.1 一个圆型复值高斯随机变量的常数概率密度线

A 和 θ 的概率密度通过下式与 $\mathcal{R}$和 $\mathcal{I}$ 的联合概率密度相联系：

$$p_{A,\theta}(A,\theta) = p_{\mathcal{R}\mathcal{I}}(A\cos\theta, A\sin\theta)\,\|J\|, \tag{2-13}$$

其中，$\|J\|$ 代表两组变量间变换的雅可比(Jacobi)行列式的模：

$$\|J\| = \left\|\begin{matrix} \partial\mathcal{R}/\partial A & \partial\mathcal{R}/\partial\theta \\ \partial\mathcal{I}/\partial A & \partial\mathcal{I}/\partial\theta \end{matrix}\right\| = A. \tag{2-14}$$

由此得出，合成相幅矢量的长度及相位的联合概率密度函数为

在$(A\geqslant 0)$及$(-\pi\leqslant\theta<\pi)$时， $p_{A,\theta}(A,\theta)=\dfrac{A}{2\pi\sigma^2}\exp\left\{-\dfrac{A^2}{2\sigma^2}\right\}$； (2-15)

在此之外为零.

求出 A 和 θ 的联合统计分布之后，我们现在来求 A 和 θ 各自单独服从的边缘统计分布. 首先集中讨论长度 A，我们得到，

$$p_A(A) = \int_{-\pi}^{\pi} p_{A,\theta}(A,\theta)\,\mathrm{d}\theta = \frac{A}{\sigma^2}\exp\left\{-\frac{A^2}{2\sigma^2}\right\}, \quad A \geqslant 0, \tag{2-16}$$

这个结果叫做瑞利(Rayleigh)密度函数. 因此我们看到，所得的相幅矢量的长度是一个瑞利变量. 图 2.2 画出了瑞利密度函数. 我们对振幅的各阶矩有些兴趣.

它们可求出如下[3]：

$$\overline{A^q} = \int_0^{\infty} A^q p_A(A)\mathrm{d}A = 2^{q/2}\sigma^q \Gamma\left(1+\frac{q}{2}\right), \tag{2-17}$$

其中 $\Gamma(\ )$是 Γ 函数. 一阶矩、二阶矩以及方差由下式给出：

$$\begin{aligned} \overline{A} &= \sqrt{\frac{\pi}{2}}\sigma \approx 1.25\sigma \\ \overline{A^2} &= 2\sigma^2 \\ \sigma_A^2 &= \overline{A^2} - (\overline{A})^2 = \left(2-\frac{\pi}{2}\right)\sigma^2 \approx 0.43\sigma^2. \end{aligned} \tag{2-18}$$

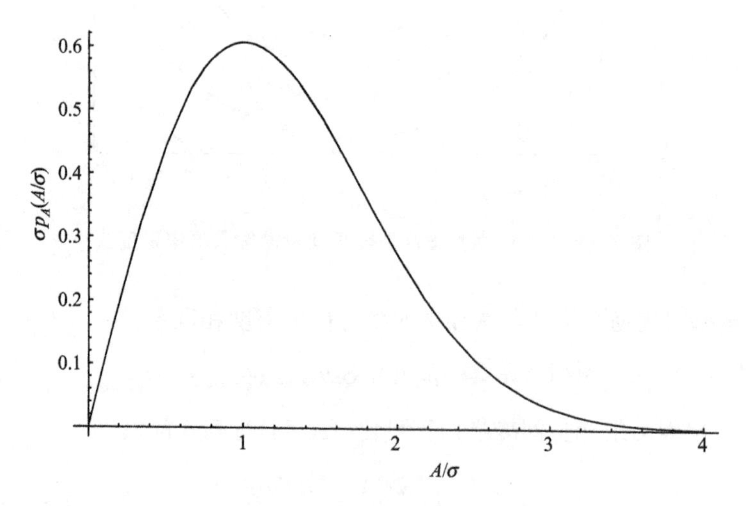

图 2.2 瑞利概率密度函数

相位的概率密度函数可由(2.15)式看出，或将此式对振幅积分求出：

$$p_\theta(\theta) = \int_0^{\infty} \frac{A}{2\pi\sigma^2}\exp\left\{-\frac{A^2}{2\sigma^2}\right\}\mathrm{d}A = \frac{1}{2\pi} \quad (-\pi \leqslant \theta < \pi). \tag{2-19}$$

为了得到此结果，我们用了瑞利密度函数的积分必定是 1 的事实.

从这些结果我们看到，(2-15)式中 A 和 θ 的联合密度函数可分解为 $P_A(A)$和 $P_\theta(\theta)$的乘积，这说明合成的复相幅矢量的**长度 A 和相位角 θ 是统计独立的随机变量.**

总之，我们已证明，对随机相幅矢量之和，若分相幅矢量服从这里所用的假设，并且分量的数目很大，则合成相幅矢量的长度服从瑞利统计，相位在主区间$(-\pi,\pi)$上均匀分布. 当相幅矢量的数目有限但很大时，这些结果是近似的. 随着

③ 运用像 Mathematica 这类符号运算程序，可以很容易求出下面的结果.

相幅矢量的数目无界增大时,以上结论就渐近地精确成立.

2.3 随机相幅矢量和加上一个已知相幅矢量

在有些实际情况中,结果得到的相幅矢量是一个已知的常相幅矢量加上一个随机相幅矢量和. 其几何关系如图 2.3 所示. 不失一般性,我们可假设已知的相幅矢量沿着复平面的实轴. 最后得到的相幅矢量的实部和虚部可以写成

$$\begin{aligned}\mathcal{R} &= A_0 + \frac{1}{\sqrt{N}}\sum_{n=1}^{N} a_n \cos\phi_n \\ \mathcal{I} &= \frac{1}{\sqrt{N}}\sum_{n=1}^{N} a_n \sin\phi_n ,\end{aligned} \tag{2-20}$$

其中 A_0 代表已知相幅矢量的长度.

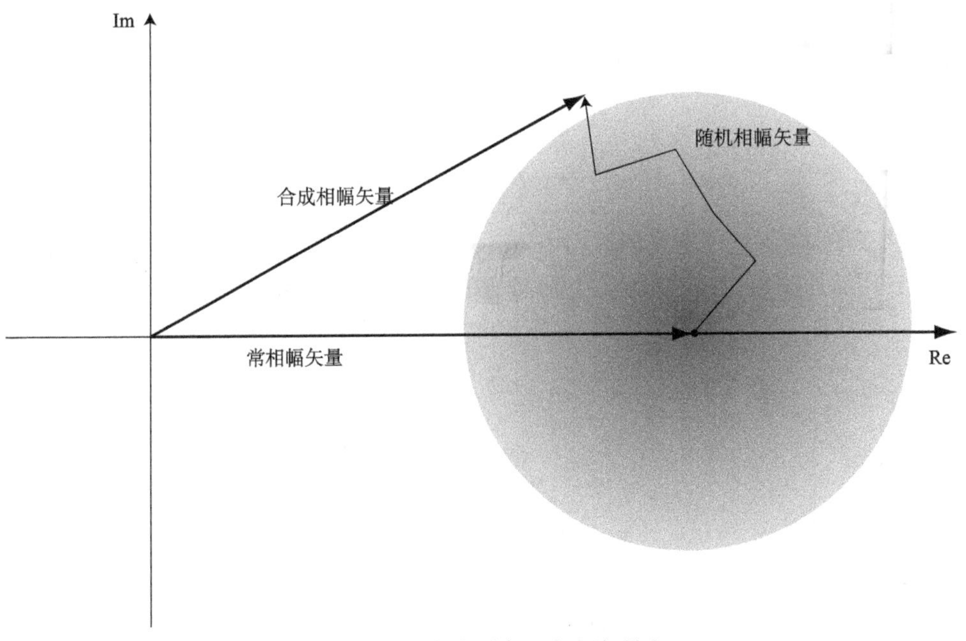

图 2.3 常相幅矢量加上相幅矢量和

已知相幅矢量的存在所带来的影响是在生成的相幅矢量的实部上加一个已知的平均值. 于是,当随机相幅矢量和中的步数很多时,得出的相幅矢量的实部和虚部的统计分布又一次渐近为高斯分布,其联合密度函数为

$$p_{\mathcal{R}\mathcal{I}}(\mathcal{R},\mathcal{I}) = \frac{1}{2\pi\sigma^2}\exp\left[-\frac{(\mathcal{R}-A_0)^2+\mathcal{I}^2}{2\sigma^2}\right]. \tag{2-21}$$

做一个与导出(2-15)式类似的变量变换,得到合成结果的长度和相位的联合概率密度:

$$p_{A,\theta}(A,\theta)=\frac{A}{2\pi\sigma^2}\exp\left(-\frac{A^2+A_0^2-2AA_0\cos\theta}{2\sigma^2}\right),\tag{2-22}$$

它在 $A\geqslant 0$ 及 $-\pi\leqslant\theta<\pi$ 时成立.

为了求 A 和 θ 的边缘统计,必须对这个函数进行积分. 得到的相幅矢量的长度的概率密度为

$$\begin{aligned}p_A(A)&=\int_{-\pi}^{\pi}p_{A,\theta}(A,\theta)\mathrm{d}\theta\\&=\frac{A}{2\pi\sigma^2}\exp\left\{-\frac{A^2+A_0^2}{2\sigma^2}\right\}\int_{-\pi}^{\pi}\exp\left\{\frac{2AA_0\cos\theta}{2\sigma^2}\right\}\mathrm{d}\theta.\end{aligned}\tag{2-23}$$

用积分恒等式:

$$\int_{-\pi}^{\pi}\exp(b\cos t)\mathrm{d}t=2\pi I_0(b),\tag{2-24}$$

这里 $I_0(\ )$是零阶第一类修正的贝塞尔(Bessel)函数,我们得出 A 的概率密度函数:

$$p_A(A)=\frac{A}{\sigma^2}\exp\left\{-\frac{A^2+A_0^2}{2\sigma^2}\right\}I_0\left(\frac{AA_0}{\sigma^2}\right),\tag{2-25}$$

它在 $A\geqslant 0$ 成立. 这个密度函数称为“Rice”密度函数,它是以第一位推导者的名字命名. 图 2.4 画出对 A_0/σ 的几个不同的值的 Rice 密度函数. 注意,对 $A_0/\sigma=0$,

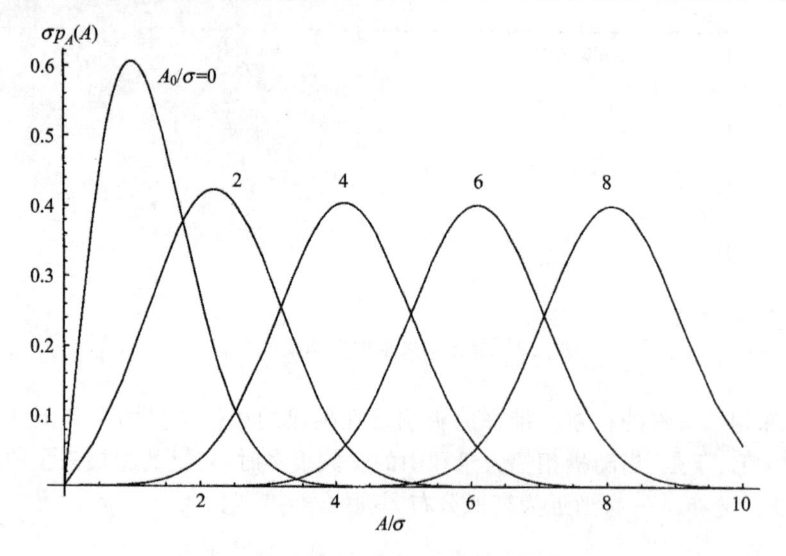

图 2.4 不同的 A_0/σ 值时的 Rice 密度函数

Rice 密度函数和瑞利密度函数一样，它当然本应如此，随着 A_0/σ 变大，Rice 密度函数的形式越发对称，渐渐变得像高斯密度函数. 实际上，可以证明在 A_0/σ 越来越大的极限情况下，若随机行走的步数很大，结果渐近地趋于高斯分布.

这时，A 的 q 阶矩由下式给出：

$$\overline{A^q} = (2\sigma^2)^{q/2}\exp\left(-\frac{A_0^2}{2\sigma^2}\right)\Gamma\left(1+\frac{q}{2}\right)\,{}_1F_1\left(1+\frac{q}{2},1,\frac{A_0^2}{2\sigma^2}\right), \tag{2-26}$$

其中 ${}_1F_1(\alpha,\beta,\chi)$ 表示合流超几何函数([111],P. 1073). 一阶矩和二阶矩为

$$\begin{aligned}\overline{A} &= \frac{1}{2}\sqrt{\frac{\pi}{2\sigma^2}}\exp\left(-\frac{A_0^2}{4\sigma^2}\right)\left[(A_0^2+2\sigma^2)I_0\left(\frac{A_0^2}{4\sigma^2}\right)+A_0^2 I_1\left(\frac{A_0^2}{4\sigma^2}\right)\right] \\ \overline{A^2} &= A_0^2+2\sigma^2.\end{aligned} \tag{2-27}$$

相位的统计分布也是我们感兴趣的. 为求 θ 的密度函数，需要求出下述积分(参看(2-22)式)：

$$p_\theta(\theta) = \frac{\exp\left(-\frac{A_0^2}{2\sigma^2}\right)}{2\pi\sigma^2}\int_0^\infty A\,\exp\left(-\frac{A^2-2AA_0\cos\theta}{2\sigma^2}\right)\mathrm{d}A. \tag{2-28}$$

积分的结果可以在文献[111](P. 417)中找到，或直接用程序 Mathematica 得出. 结果的一个形式是

在 $(-\pi\leqslant\theta\leqslant\pi)$ 上，

$$p_\theta(\theta) = \frac{\exp\left(-\frac{A_0^2}{2\sigma^2}\right)}{2\pi}+\sqrt{\frac{1}{2\pi}}\frac{A_0}{\sigma}\exp\left(-\frac{A_0^2}{2\sigma^2}\sin^2\theta\right)\frac{1+\operatorname{erf}\left(\frac{A_0\cos\theta}{\sqrt{2}\sigma}\right)}{2}\cos\theta; \tag{2-29}$$

别处为零. 函数 $\operatorname{erf}(z)$ 是标准的误差函数：

$$\operatorname{erf}(z) = \frac{2}{\sqrt{\pi}}\int_0^z \mathrm{e}^{-t^2}\,\mathrm{d}t. \tag{2-30}$$

图 2.5 是 A_0/σ 值在一个范围内的 $p_\theta(\theta)$ 随 θ 变化的三维图. 同一结果的另一种表示方法如图 2.6 所示，图中表示了几个 A_0/σ 值下的 $p_\theta(\theta)$.

就像我们可能早已猜测到的那样，从这些结果我们看到，当 $A_0/\sigma=0$ 时，相位均匀分布，而当 A_0/σ 增大时，相位分布变得越来越集结在已知相幅矢量的相位(即 $\theta=0$)的两侧. 当 A_0/σ 变大时，容易证明 $p_\theta(\theta)$ 趋于高斯密度函数：

$$p_\theta(\theta) \approx \frac{1}{\sqrt{2\pi}\sigma/A_0}\exp\left[-\frac{\theta^2}{2(\sigma/A_0)^2}\right]. \tag{2-31}$$

此分布的平均值是零，标准偏差是 σ/A_0.

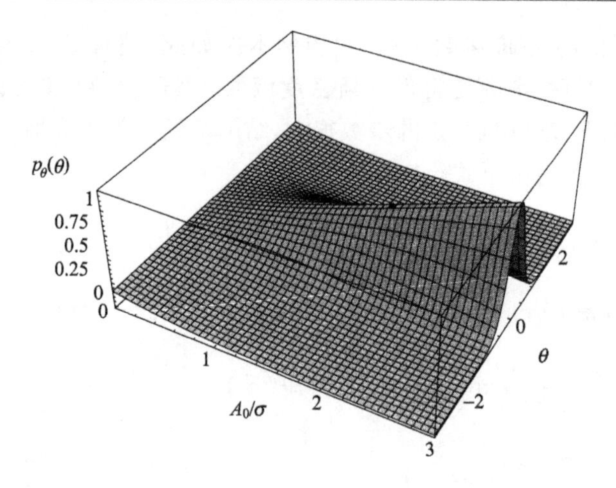

图 2.5 在 A_0/σ 值的一个范围内,相位 σ 的概率密度函数

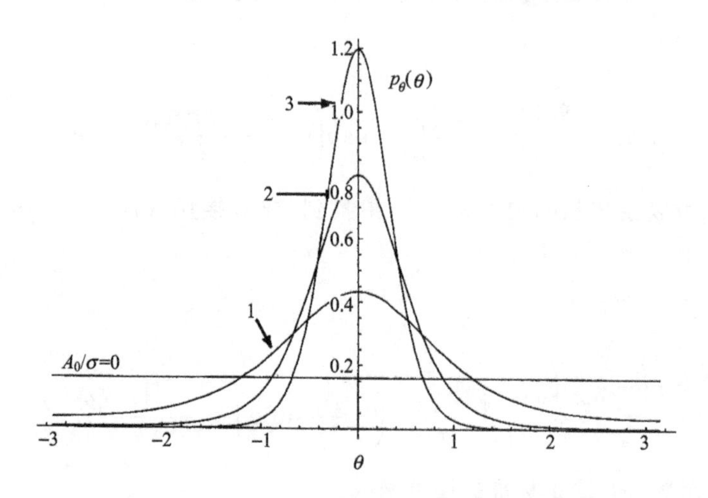

图 2.6 对几个 A_0/σ 值,相位 θ 的概率密度函数

2.4 随机相幅矢量和之和

在这一节,我们考虑由多个独立的随机相幅矢量和相加得出的随机相幅矢量和的统计. 这时,最后得到的相幅矢量的实部和虚部可表示为

$$\mathcal{R}=\frac{1}{\sqrt{N_1}}\sum_{n_1=1}^{N_1}a_{n_1}\cos\phi_{n_1}+\frac{1}{\sqrt{N_2}}\sum_{n_2=1}^{N_2}a_{n_2}\cos\phi_{n_2}+\cdots$$
$$+\frac{1}{\sqrt{N_M}}\sum_{n_M=1}^{N_M}a_{n_M}\cos\phi_{n_M} \tag{2-32}$$

$$\mathcal{I}=\frac{1}{\sqrt{N_1}}\sum_{n_1=1}^{N_1}a_{n_1}\sin\phi_{n_1}+\frac{1}{\sqrt{N_2}}\sum_{n_2=1}^{N_2}a_{n_2}\sin\phi_{n_2}+\cdots$$
$$+\frac{1}{\sqrt{N_M}}\sum_{n=1}^{N_M}a_{n_M}\sin\phi_{n_M},\tag{2-33}$$

它们代表 M 个不同的随机相幅矢量和之和. 显然,这些和可以直接组合,给出

$$\begin{aligned}\mathcal{R}&=\frac{1}{\sqrt{N_1+N_2+\cdots+N_M}}\sum_{n=1}^{N_1+N_2+\cdots+N_M}b_n\cos\phi_n\\ \mathcal{I}&=\frac{1}{\sqrt{N_1+N_2+\cdots+N_M}}\sum_{n=1}^{N_1+N_2+\cdots+N_M}b_n\sin\phi_n.\end{aligned}\tag{2-34}$$

于是,当我们将独立的随机相幅矢量和相加时,实际上产生了一个新的随机相幅矢量和,其分相幅矢量的个数等于所有和中的分量数目的相加.

一切用于单个随机相幅矢量和的论点现在都可以用于这个新的和. 特别是,我们仍然可以认为,最后得到的相幅矢量的长度为瑞利分布,相位为均匀分布. 大量的相幅矢量和在振幅基础上相加不改变统计分布的函数形式.

2.5 有限个等长度分量的随机相幅矢量和

在这一节,我们简略地讨论由数目有限的项组成的随机相幅矢量和. 这时,中心极限定理对大数目的贡献所能提供的简化不复存在. 所得到的相幅矢量和的实部与虚部仍由(2-2)式给出,但这时,N 明确地被限制为一个有限的数.

这个问题的历史很长,有兴趣的读者可能想追溯. 有两篇有关的参考材料 Lord Rayleigh[130] 和 Maragaret Slack[102].

我们仍认为 ϕ_n 在$(-\pi,\pi)$区间均匀分布,而且相互独立. 为简单计,我们假设 a_n 是不变的已知量,和的统计性质取决于各个分相幅矢量相位的统计分布. 这些假设让我们写出定义最后合成的相幅矢量和的实部 $\mathcal{R}$的一项的特征函数④:

$$\boldsymbol{M}_n(\omega)=E\left[\exp\left(\mathrm{j}\omega\frac{a_n}{\sqrt{N}}\cos\phi_n\right)\right]=\int_{-\pi}^{\pi}p_\phi(\phi_n)\exp\left(\mathrm{j}\omega\frac{a_n\cos\phi_n}{\sqrt{N}}\right)\mathrm{d}\phi_n$$
$$=\frac{1}{2\pi}\int_{-\pi}^{\pi}\exp\left(\mathrm{j}\omega\frac{a_n\cos\phi_n}{\sqrt{N}}\right)\mathrm{d}\phi_n=J_0\left(\frac{a_n\omega}{\sqrt{N}}\right).\tag{2-35}$$

---

④ 按照定义,一个随机变量 z 的一维特征函数是 $e^{j\omega z}$ 的期望值,或者等价地,是 z 的概率密度函数的逆傅里叶变换. 二维特征函数是问题中的两个随机变量的联合概率密度函数的二维逆傅里叶变换.

对虚部 $\mathcal{I}$ 的一项得到同样的结果.

几个独立的随机变量的和的特征函数可求出为和的各个分量的特征函数之积. 因此

$$\boldsymbol{M}_{\mathcal{R}}(\omega)=\boldsymbol{M}_{\mathcal{I}}(\omega)=\prod_{n=1}^{N}J_0\left(\frac{a_n\omega}{\sqrt{N}}\right). \tag{2-36}$$

这里我们作进一步的简化,假设所有分相幅矢量的长度相同,并等于 $a/\sqrt{N}$. 相幅矢量和的实部与虚部的特征函数变成

$$\boldsymbol{M}_{\mathcal{R}}(\omega)=\boldsymbol{M}_{\mathcal{I}}(\omega)=J_0^N\left(\frac{a\omega}{\sqrt{N}}\right). \tag{2-37}$$

实部与虚部的概率密度函数可以通过求它们各自的特征函数的傅里叶变换而求得

$$p_{\mathcal{R}}(\mathcal{R}=\mathcal{F}\{\boldsymbol{M}_{\mathcal{R}}(\omega)\}=\frac{1}{2\pi}\int_{-\infty}^{\infty}J_0^N\left(\frac{a\omega}{\sqrt{N}}\right)e^{-j\omega\mathcal{R}}d\omega, \tag{2-38}$$

$p_{\mathcal{I}}(\mathcal{I})$ 有相似的表达式.

这里我们引用一些关于对称性的强有力的论点. 因为和的各个分量的相位角是在 $(-\pi,\pi)$ 内均匀分布的,于是,求和得出的相幅矢量的实部和虚部的联合概率密度函数和联合特征函数一定是圆对称的. 由此可得, $M_{\mathcal{R}}(\omega)$ 和 $M_{\mathcal{I}}(\omega)$ 表明,二维特征函数 $\boldsymbol{M}_{\mathcal{R}\mathcal{I}}(\omega_{\mathcal{R}},\omega_{\mathcal{I}})$ 的形式为

$$\boldsymbol{M}_{\mathcal{R}\mathcal{I}}(\omega_{\mathcal{R}},\omega_{\mathcal{I}})=M_{\mathcal{R}\mathcal{I}}(\omega)=J_0^N\left(\frac{a\omega}{\sqrt{N}}\right), \tag{2-39}$$

其中 $\omega=\sqrt{\omega_{\mathcal{R}}^2+\omega_{\mathcal{I}}^2}$.

特征函数的圆对称性质允许概率密度函数可以用一个傅里叶-贝塞尔(或 Hankel)变换([71],P. 12)来求出. 联合密度函数的径向分布 $f(A)$ 为

$$f(A)=2\pi\int_0^{\infty}\rho J_0^N\left(\frac{2\pi a\rho}{\sqrt{N}}\right)J_0(2\pi\rho A)\,d\rho, \tag{2-40}$$

其中 $\rho=\omega/2\pi$, $A=\sqrt{\mathcal{R}+\mathcal{I}^2}$ 是合相幅矢量的长度.

要从二维密度的径向分布求出概率密度函数,必须用 $2\pi A$(半径 A 的圆的周长)与这个径向分布相乘. 结果为

$$p_A(A)=4\pi^2A\int_0^{\infty}\rho J_0^N\left(\frac{2\pi a\rho}{\sqrt{N}}\right)J_0(2\pi A\rho)\,d\rho,\qquad A\geqslant 0. \tag{2-41}$$

上述积分即使对小的 N 也不容易解析求出. 由于被积函数高度振荡的本性, 用数值方法来求值也不容易. 图 2.7 画出当 $a=1$(各相幅矢量的长度是 $1/\sqrt{N}$)时, $N=1,2,3,4,5$ 及 ∞ 的近似曲线图. 对 $N=1$ 的情况, 在 $A=1$ 时密度函数取 δ 函数的形式. 对 $N=\infty$, 可以证明密度函数变为瑞利密度函数.

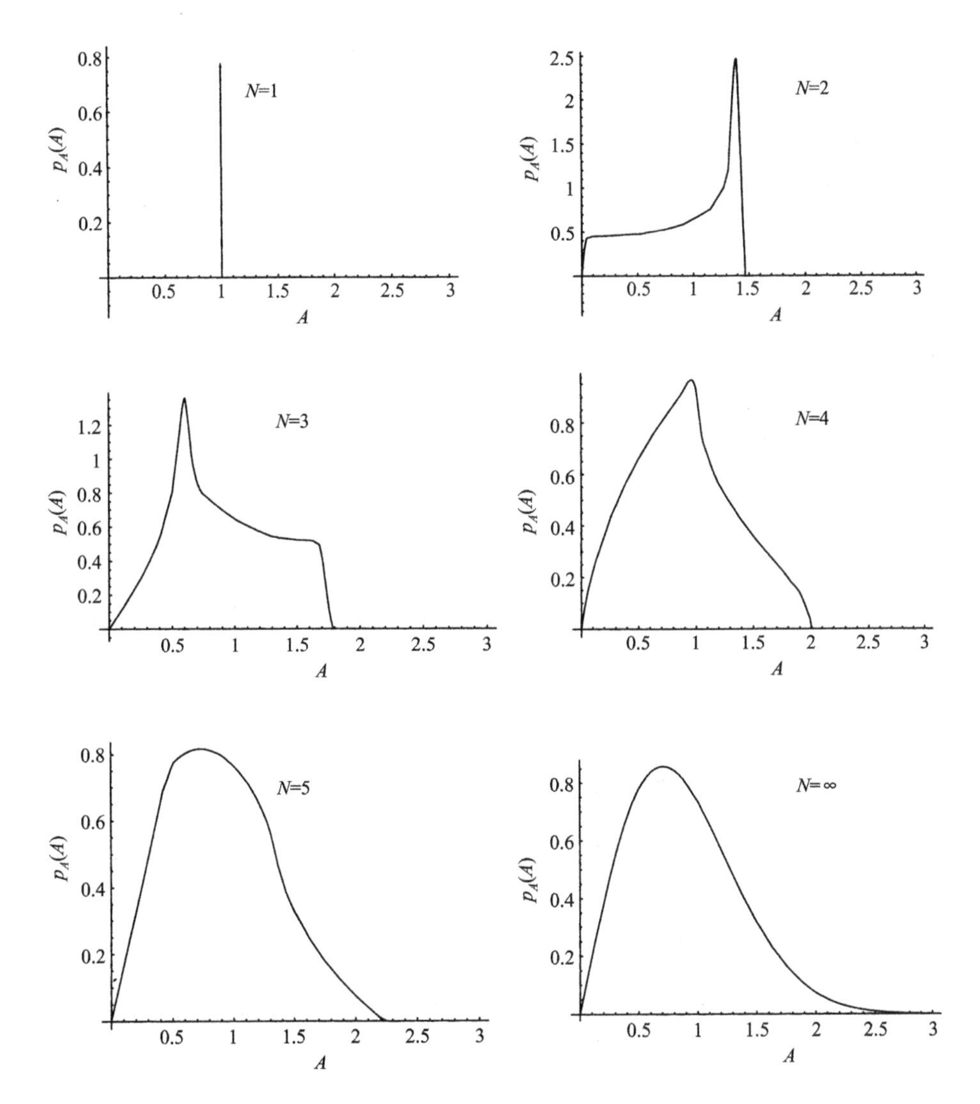

图 2.7 由 N 个长度为 $1/\sqrt{N}$, 相位随机的相幅矢量相加而得的相幅矢量和关于长度 A 的概率密度函数

2.6 相位非均匀分布的随机相幅矢量和

下面我们考虑一种随机相幅矢量和，其相幅矢量分量的相位具有非均匀分布. 我们保留所有的分量有相同的分布的假设，以及各分量独立，任一分量的振幅和相位相互独立的假设.

我们从通常表示相幅矢量和的实部和虚部的式子开始，

$$\mathcal{R}=\frac{1}{\sqrt{N}}\sum_{n=1}^{N}a_n\cos\phi_n$$
$$\mathcal{I}=\frac{1}{\sqrt{N}}\sum_{n=1}^{N}a_n\sin\phi_n. \tag{2-42}$$

当分相幅矢量的数目很大时，中心极限定理再次起作用，意味着 $\mathcal{R}$和 $\mathcal{I}$的联合密度函数取以下的一般形式([111],P. 337)：

$$p_{\mathcal{R}\mathcal{I}}(\mathcal{R},\mathcal{I})=\frac{1}{2\pi\sigma_{\mathcal{R}}\sigma_{\mathcal{I}}\sqrt{1-\rho_{\mathcal{R}\mathcal{I}}^2}}\times\exp\left[-\frac{\left(\frac{\mathcal{R}-\bar{\mathcal{R}}}{\sigma_{\mathcal{R}}}\right)^2+\left(\frac{\mathcal{I}-\bar{\mathcal{I}}}{\sigma_{\mathcal{I}}}\right)^2-2\rho_{\mathcal{R}\mathcal{I}}\left(\frac{\mathcal{R}-\bar{\mathcal{R}}}{\sigma_{\mathcal{R}}}\right)\left(\frac{\mathcal{I}-\bar{\mathcal{I}}}{\sigma_{\mathcal{I}}}\right)}{2(1-\rho_{\mathcal{R}\mathcal{I}}^2)}\right], \tag{2-43}$$

其中允许平均值、方差和相关系数[⑤] $\rho_{\mathcal{R}\mathcal{I}}$取一切可能值. 长度 A 和相位 θ 的联合密度函数可以通过作替换 $\mathcal{R}=A\cos\theta,\mathcal{I}=A\sin\theta$，并用变换的雅可比行列式(的模)$A$ 来乘以所得到的表示式而得出. 但是，对得到的结果 θ 求积分，并不给出相幅矢量和关于长度的边缘密度函数的封闭形式的表示式.

我们转而注意 $\mathcal{R}$和 $\mathcal{I}$的平均值，得

$$\bar{\mathcal{R}}=\frac{1}{\sqrt{N}}\sum_{n=1}^{N}\bar{a}_n\,\overline{\cos\phi_n}$$
$$\bar{\mathcal{I}}=\frac{1}{\sqrt{N}}\sum_{n=1}^{N}\bar{a}_n\,\overline{\sin\phi_n}. \tag{2-44}$$

$\cos\phi_n$ 及 $\sin\phi_n$ 的平均值可以用随机变量 ϕ_n 的特征函数来表示：

$$\overline{\cos\phi_n}=\frac{1}{2}\overline{e^{j\phi_n}}+\frac{1}{2}\overline{e^{-j\phi_n}}=\frac{1}{2}[\boldsymbol{M}_\phi(1)+\boldsymbol{M}_\phi(-1)]$$
$$\overline{\sin\phi_n}=\frac{1}{2j}\overline{e^{j\phi_n}}-\frac{1}{2j}\overline{e^{-j\phi_n}}=\frac{1}{2j}[\boldsymbol{M}_\phi(1)-\boldsymbol{M}_\phi(-1)], \tag{2-45}$$

---

⑤ 相关系数 $\rho_{\mathcal{R}\mathcal{I}}$定义为 $\mathcal{R}$和 $\mathcal{I}$的归一化协方差 $\rho_{\mathcal{R}\mathcal{I}}=\overline{(\mathcal{R}-\bar{\mathcal{R}})(\mathcal{I}-\bar{\mathcal{I}})}/\sigma_{\mathcal{R}}\sigma_{\mathcal{I}}$.

由此得出我们感兴趣的平均值：

$$\bar{\mathcal{R}}=\frac{\sqrt{N}\bar{a}}{2}[\boldsymbol{M}_{\phi}(1)+\boldsymbol{M}_{\phi}(-1)]$$

$$\bar{\mathcal{I}}=\frac{\sqrt{N}\bar{a}}{2\mathrm{j}}[\boldsymbol{M}_{\phi}(1)-\boldsymbol{M}_{\phi}(-1)]. \tag{2-46}$$

二阶矩可用相似的方法得出，但代数运算更复杂些(文献[70]，附录 B). 我们感兴趣的结果是

$$\sigma_{\mathcal{R}}^{2}=\frac{\overline{a^{2}}}{4}[2+\boldsymbol{M}_{\phi}(2)+\boldsymbol{M}_{\phi}(-2)]$$
$$-\frac{\bar{a}^{2}}{4}[2\boldsymbol{M}_{\phi}(1)\boldsymbol{M}_{\phi}(-1)+\boldsymbol{M}_{\phi}^{2}(1)+\boldsymbol{M}_{\phi}^{2}(-1)]$$

$$\sigma_{\mathcal{I}}^{2}=\frac{\overline{a^{2}}}{4}[2-\boldsymbol{M}_{\phi}(2)-\boldsymbol{M}_{\phi}(-2)] \tag{2-47}$$
$$-\frac{\bar{a}^{2}}{4}[2\boldsymbol{M}_{\phi}(1)\boldsymbol{M}_{\phi}(-1)-\boldsymbol{M}_{\phi}^{2}(1)-\boldsymbol{M}_{\phi}^{2}(-1)]$$

$$C_{\mathcal{RI}}=\frac{\overline{a^{2}}}{4\mathrm{j}}[\boldsymbol{M}_{\phi}(2)-\boldsymbol{M}_{\phi}(-2)-\frac{\bar{a}^{2}}{4\mathrm{j}}[\boldsymbol{M}_{\phi}^{2}(1)-\boldsymbol{M}_{\phi}^{2}(-1)],$$

其中 $C_{\mathcal{RI}}$表示 $\mathcal{R}$和 $\mathcal{I}$的协方差：

$$C_{\mathcal{RI}}=\overline{(\mathcal{R}-\bar{\mathcal{R}})(\mathcal{I}-\bar{\mathcal{I}})}. \tag{2-48}$$

作为一个特殊情况，考虑相位 ϕ_n 服从零平均值高斯统计. 这时相位的密度函数和特征函数分别是

$$p_{\phi}(\phi)=\frac{1}{\sqrt{2\pi}\sigma_{\phi}}\exp\left(-\frac{\phi^{2}}{2\sigma_{\phi}^{2}}\right)$$
$$\boldsymbol{M}_{\phi}(\omega)=\exp\left(-\frac{\sigma_{\phi}^{2}\omega^{2}}{2}\right). \tag{2-49}$$

代入(2-47)式得到

$$\bar{\mathcal{R}}=\sqrt{N}\bar{a}\,\mathrm{e}^{-\sigma_{\phi}^{2}/2}$$
$$\bar{\mathcal{I}}=0$$
$$\sigma_{\mathcal{R}}^{2}=\frac{\overline{a^{2}}}{2}[1+\mathrm{e}^{-2\sigma_{\phi}^{2}}]-\bar{a}^{2}\mathrm{e}^{-\sigma_{\phi}^{2}} \tag{2-50}$$
$$\sigma_{\mathcal{I}}^{2}=\frac{\overline{a^{2}}}{2}[1-\mathrm{e}^{-2\sigma_{\phi}^{2}}]$$
$$C_{\mathcal{RI}}=0.$$

我顺便提示一下，只要 ϕ_n 的概率密度函数是一个偶函数，$\bar{\mathcal{I}}$和 $C_{\mathcal{RI}}$都总是为零.

图 2.8 表示当 $N=100,\sigma_\phi=1\text{rad}$ 时 $\mathcal{R}$和 $\mathcal{I}$的(近似)联合密度的等密度线图. 在此图中我们已假设所有的分相幅矢量的长度都是 1. 注意:在这种情况下,等密度线是椭圆(即相幅矢量和不是一个圆型复随机变量). 此外,我们看到分布的中心是实轴上的一个点而不是原点.

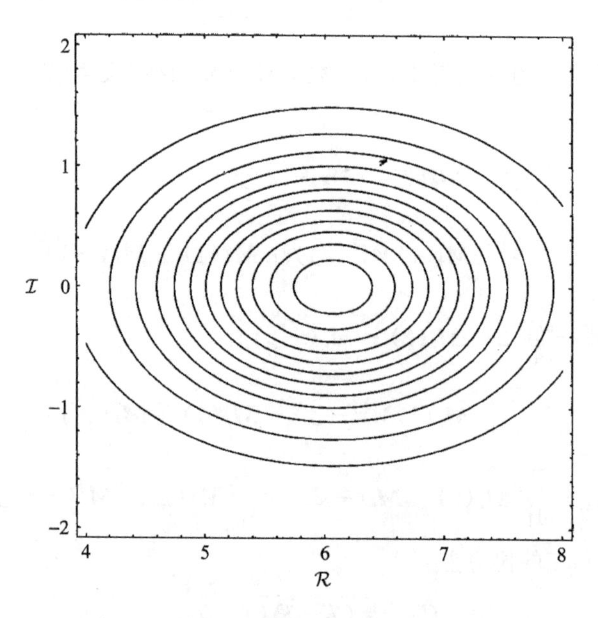

图 2.8 ($\mathcal{R}\mathcal{I}$)平面中的等概率密度线图

最后考虑相位的方差 σ_ϕ^2 变得任意大时的情况,上面的各阶矩变为

$$\begin{aligned}&\bar{\mathcal{R}}=0\\&\bar{\mathcal{I}}=0\\&\sigma_{\mathcal{R}}^2=\overline{a^2}/2\\&\sigma_{\mathcal{I}}^2=\overline{a^2}/2\\&C_{\mathcal{R}\mathcal{I}}=0,\end{aligned}\tag{2-51}$$

这和我们在 2.1 节中关于相位均匀分布的情况(若关于长度的分布相同)求得的结果一致. 实际上,随着相位的方差无界增大,以 2π 为模取余数的高斯分布就渐近地趋于均匀分布.

第3章　光学散斑的一阶统计性质

在这一章里我们考虑光学散斑图样的一阶统计性质. 所谓"一阶",我们指的是在空间和时间中一点的性质. 光学散斑的显著特征是,我们能测量的仅仅是其**强度**而不是复振幅. 换言之,在光波波长范围内的探测器响应的是入射功率而不是电磁波的振幅. 用干涉测量术可以测定振幅,但是这是一种间接测量而不是直接测量.

我们再一次指出散斑的原因是由多个相位随机的复贡献(通常是光波场的复振幅)相加而成. 因此,第 2 章对随机相幅矢量和的讨论结果在这里对我们很有用. 我们假设在第 2 章一开始所概述的关于分相幅矢量的统计条件仍然成立.

3.1　强度的定义

由于在光学中强度是至关重要的,我们来给出这个量的简单定义. 我们从电磁挠动的坡印亭(Poynting)矢量 $\vec{\mathcal{P}}$ 的定义开始

$$\vec{\mathcal{P}} = \vec{\mathcal{E}} \times \vec{\mathcal{H}} \tag{3-1}$$

其中,$\vec{\mathcal{E}}$ 是时变电场矢量,$\vec{\mathcal{H}}$是时变磁场矢量,×代表矢量的叉乘. 波场关于时间的平均强度通常定义为与坡印亭矢量的时间平均的大小成正比[①]:

$$I \propto |\langle \vec{\mathcal{P}} \rangle| \tag{3-2}$$

其中,$\langle \cdots \rangle$ 表示对无穷长时间平均,比例常数按简单性原则选取. 对在各项同性介质中的局域横波单色电磁平面波的情形:

$$\begin{aligned} \vec{\mathcal{E}} &= \mathrm{Re}\{\vec{\boldsymbol{E}}_0 \exp[-\mathrm{j}(2\pi\nu t - \vec{k} \cdot \vec{r})]\} \\ \vec{H} &= \mathrm{Re}\{\vec{\boldsymbol{H}}_0 \exp[-\mathrm{j}(2\pi\nu t - \vec{k} \cdot \vec{r})]\}, \end{aligned} \tag{3-3}$$

其中,ν 是光波的频率,$\vec{k}$ 是波矢量(长度为 $2\pi/\lambda$,方向垂直于 $\vec{\mathcal{E}}$ 和 $\vec{\mathcal{H}}$. 量 $\vec{\boldsymbol{E}}_0$ 和 $\vec{\boldsymbol{H}}_0$ 分别表示电场和磁场复振幅矢量. 矢量 $\vec{r}$ 表示三维空间的一个位置. 波印亭矢量的时间平均的大小现在可以表示为

$$|\langle \vec{\mathcal{P}} \rangle| = \frac{\vec{\boldsymbol{E}}_0 \times \vec{\boldsymbol{E}}_0^*}{2\eta}, \tag{3-4}$$

---

① 虽然强度的这个定义一般说来是令人满意的,但有时其应用会遇到一些困难,如文献[42], P. 200-203. 还请注意,我们已定义基本相幅矢量 $\exp(-\mathrm{j}2\pi\nu t)$是沿顺时针方向旋转.

其中,我们已经用了 $\vec{\boldsymbol{H}}_0=\vec{\boldsymbol{E}}_0/2\eta$ 的事实,η 是介质的特征阻抗.

从(3-4)式,我们得到关于(对时间平均的)波场强度如下形式的表示式(去掉了不必要的常数):

$$I=|\boldsymbol{E}_{0_x}|^2+|\boldsymbol{E}_{0_y}|^2+|\boldsymbol{E}_{0_z}|^2, \tag{3-5}$$

其中 $\boldsymbol{E}_{0_x}$,$\boldsymbol{E}_{0_y}$,$\boldsymbol{E}_{0_z}$ 是复矢量 $\vec{\boldsymbol{E}}_0$ 在直角坐标系中的三个分量.

对**旁轴**波,即波传播时其局域的 $\boldsymbol{k}$ 矢量与 z 轴的张角总是很小的波,分量 $\vec{\boldsymbol{E}}_{0_z}$ 很小,所以一般略去. 这样就使强度表示为两个复标量函数的大小的平方之和,一个是场的 x 分量,另一个是 y 分量.

以后,我们将不明提所涉及的标量是电场(完全等同的推演可以将它们表示为磁场),而是将强度在一般情况下表示为

$$I=\begin{cases}|\boldsymbol{A}_x|^2+|\boldsymbol{A}_y|^2 & \text{非偏振光}\\ |\boldsymbol{A}|^2 & \text{偏振光,}\end{cases} \tag{3-6}$$

其中,在偏振的情况下,标量 A 对应于波场沿着偏振方向的复振幅.

上面的讨论中假定强度的定义是对无穷长时间求平均. 定义一个**瞬时**强度也很有用. 如果光波具有非零但是很窄的带宽(即带宽 $\Delta\nu$ 比中心频率 ν_0 小很多),那么相幅矢量振幅 A_x 和 A_y 是时间的函数,其变化发生在数量级 $1/\Delta\nu$ 的时间尺度上,这时,我们将瞬时强度表示为

$$I(t)=\begin{cases}|\boldsymbol{A}_x(t)|^2+|\boldsymbol{A}_y(t)|^2 & \text{非偏振光}\\ |\boldsymbol{A}(t)|^2 & \text{偏振光.}\end{cases} \tag{3-7}$$

我们对强度概念的介绍就此告一段落.

3.2 强度和相位的一阶统计

直接从上一章讨论过的信息,已可导出光学散斑的许多统计性质. 有一个重要的关系有助于这方面的讨论,那就是支配由一个随机变量的单调变换而引起的概率密度函数的变化的规则. 设随机变量 v 和随机变量 u 通过一个单调变换 $V=f(u)$ 相联系. 概率论的一个基本结果是,v 的概率密度函数 $p_V(v)$ 可通过下式由 u 的概率密度函数 $p_U(u)$ 求出(例如,见文献[70],2.5.2 节)

$$p_V(v)=p_U(f^{-1}(v))\left|\frac{\mathrm{d}u}{\mathrm{d}v}\right|. \tag{3-8}$$

我们感兴趣的特例是 $v=I$(强度),$u=|\boldsymbol{A}|=A$(振幅),并且

$$I=f(A)=\boldsymbol{A}^2. \tag{3-9}$$

由此,知道了概率密度函数 $p_A(A)$,我们就能求出相应的概率密度函数 $P_I(I)$ 为

$$p_I(I) = p_A(\sqrt{I}) \left| \frac{\mathrm{d}A}{\mathrm{d}I} \right| = \frac{1}{2\sqrt{I}} p_A(\sqrt{I}). \tag{3-10}$$

这个结果使我们在一切已知振幅 A 的概率密度函数的场合,都可以写出强度的概率密度函数.

3.2.1 大量的随机相幅矢量

当求和的随机相幅矢量(每一个的相位都在$(-\pi,\pi)$区间上均匀分布)的数目很大时,2.2 节的条件成立,振幅的概率密度函数是瑞利分布:

$$p_A(A) = \frac{A}{\sigma^2} \exp\left(-\frac{A^2}{2\sigma^2}\right) \qquad A \geqslant 0. \tag{3-11}$$

应用变换定律(3-10)式,我们得到强度按照**指数**概率密度分布:

$$p_I(I) = \frac{\sqrt{I}}{\sigma^2} \exp\left(-\frac{I}{2\sigma^2}\right) \frac{2}{2\sqrt{I}} = \frac{1}{2\sigma^2} \exp\left(-\frac{I}{2\sigma^2}\right) \qquad I \geqslant 0. \tag{3-12}$$

直接积分容易求出上述分布的矩,结果为

$$\overline{I^q} = (2\sigma^2)^q q!. \tag{3-13}$$

从这个结果我们看到,平均强度 $\bar{I}$ 是 $2\sigma^2$,因而 q 阶矩为

$$\overline{I^q} = \bar{I}^q q!, \tag{3-14}$$

概率密度函数可以写为

$$p_I(I) = (1/\bar{I}) \exp(-I/\bar{I}). \tag{3-15}$$

具有这种强度分布的散斑常常称为**完全散射**(fully developed)散斑,与之对照的另一种情况是相加的相幅矢量的相位不是均匀分布的. 对现在正讨论的情况,强度的二阶矩、方差和标准偏差分别为

$$\begin{aligned} \overline{I^2} &= 2\bar{I}^2 \\ \sigma_I^2 &= \bar{I}^2 \\ \sigma_I &= \bar{I}. \end{aligned} \tag{3-16}$$

图 3.1 画的是负指数分布的曲线图.

有两个量在今后讨论应用时会多次出现,它们是散斑图样的**对比度**C 及**信噪比**S/N,定义为

$$C = \frac{\sigma_I}{\bar{I}} \tag{3-17}$$

$$S/N = 1/C = \frac{\bar{I}}{\sigma_I}. \tag{3-18}$$

对比度是散斑图样中强度的涨落大小相对于平均强度的度量. 信噪比是一个倒过

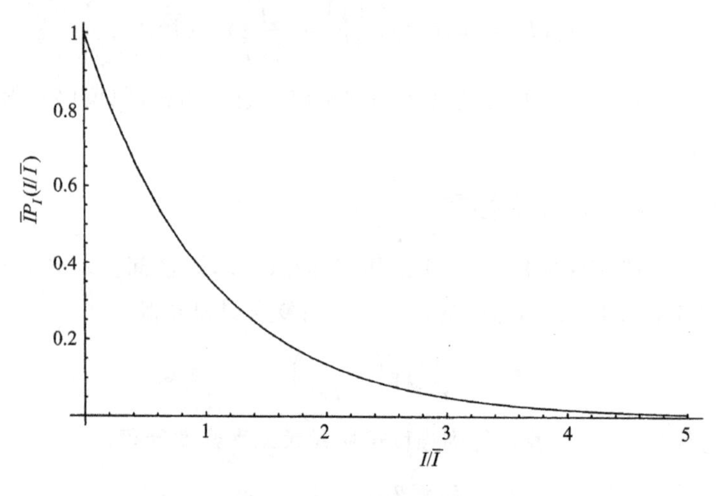

图 3.1 负指数密度函数

来的概念,即平均光强度与强度涨落之比.

就本节讨论的完全散射散斑而言,(3-16)式给出这种散斑的对比度与信噪比分别为

$$\begin{aligned} C &= 1 \\ S/N &= 1. \end{aligned} \tag{3-19}$$

所以,完全散射散斑的涨落和平均值有同样的数量级,使得这类噪声可能十分严重.

在有些应用中(例如,我们关心入射到视网膜上的光功率过强到某种程度可能造成眼睛损伤),知道光强超过某一阈值 I_t 的概率是很有意义的. 这个概率可以算出如下:

$$P(I \geqslant I_t) = \int_{I_t}^{\infty} P_I(I)\mathrm{d}I = \frac{1}{\bar{I}}\int_{I_t}^{\infty} \mathrm{e}^{-I/\bar{I}}\mathrm{d}I = \mathrm{e}^{-I_t/\bar{I}}. \tag{3-20}$$

因此,强度超过阈值 I_t 的概率随着 I_t 和平均值 $\bar{I}$ 之比呈指数下降.

为今后使用方便,我们也来给出强度涨落的特征函数. 所要的傅里叶变换容易求出:

$$\boldsymbol{M}_I(\omega) = \int_0^{\infty} \mathrm{e}^{\mathrm{j}\omega I} p_I(I)\mathrm{d}I = \int_0^{\infty} \mathrm{e}^{\mathrm{j}\omega I}\left[\frac{1}{\bar{I}}\mathrm{e}^{-I/\bar{I}}\right]\mathrm{d}I = \frac{1}{1-\mathrm{j}\omega\bar{I}}. \tag{3-21}$$

我们这里主要感兴趣的是强度的统计性质,顺便提一句:对应于这个强度的相位统计与(2-19)式给出的统计完全相同,即求和得出的相位的概率密度函数在$(-\pi,\pi)$区间上均匀分布. 相位的统计不会因为我们这里感兴趣的是相幅矢量和的长度平方而不是和的长度这个事实而改变.

3.2.2 常相幅矢量加上一个随机相幅矢量和

在许多应用中,散斑图样的光场是由一个“恒定的”或已知的相幅矢量与一个相位均匀分布的随机相幅矢量和相加而成. 全息照相的情况就是如此:这里已知的相幅矢量对应于参考光束,而随机相幅矢量和对应于粗糙的物体表面散射的光场. 而且,当散斑图样是由粗糙程度小于波长的表面散射而形成时,散射波通常是由恒定的镜反射分量和漫散射分量组成. 在所有这类事例中,我们都对合成强度的统计性质的知识相当感兴趣.

这时的合成相幅矢量 $\boldsymbol{A}$ 可以写成

$$\boldsymbol{A} = \boldsymbol{A}_0 + \boldsymbol{A}_n = A_0 + A_n \mathrm{e}^{\mathrm{j}\theta_n}, \tag{3-22}$$

其中 $\boldsymbol{A}_0$ 是已知相幅矢量,$\boldsymbol{A}_n$ 是随机相幅矢量和;不失一般性,已知的相幅矢量的相位可取为零,这使得我们可以写出 $\boldsymbol{A}_0 = A_0$. 假设随机相幅矢量和 $\boldsymbol{A}_n$ 服从圆高斯统计,其长度为 A_n,相位为 θ_n.

场的强度容易算出为

$$I = |\boldsymbol{A}|^2 = A_0^2 + A_n^2 + 2A_0 A_n \cos\theta_n. \tag{3-23}$$

(3-23)式右边第一项是已知相幅矢量的强度,第二项是随机相幅矢量和的强度. 第三项代表已知相幅矢量与随机相幅矢量和之间的**干涉**. 虽然容易证明这个干涉项的平均值为零(由于 θ_n 均匀分布),但是它对合成强度的统计分布有重要的影响.

这种散斑图样的强度的概率密度函数,可以依靠表示振幅概率密度的(2-25)式和联系振幅密度函数和强度密度函数变换规则的(3-10)式求出. 结果是下述概率密度函数:

$$p_I(I) = \frac{1}{2\sigma^2}\exp\left\{-\frac{I + A_0^2}{2\sigma^2}\right\} I_0\left(\frac{\sqrt{I}A_0}{\sigma^2}\right) \qquad I \geqslant 0. \tag{3-24}$$

将此结果用下面的参数来表示会带来方便:

- $\overline{I_n} = \overline{A_n^2} = 2\sigma^2$,代表随机相幅矢量和的平均强度;
- $I_0 = A_0^2$,代表已知相幅矢量的强度;
- $r = I_0/\bar{I}_n$,代表已知相幅矢量的强度和随机相幅矢量和的平均强度之比(在全息术中叫做“束比”).

强度的概率密度函数的表达式现在可以写为

$$\begin{aligned} p_I(I) &= \frac{1}{\bar{I}_n}\exp\left\{-\frac{I + I_0}{\bar{I}_n}\right\} I_0\left(2\frac{\sqrt{II_0}}{\bar{I}_n}\right) \\ &= \frac{1}{\bar{I}_n}\exp\left\{-\left(\frac{I}{\bar{I}_n} + r\right)\right\} I_0\left(2\sqrt{\frac{I}{\bar{I}_n}r}\right) \quad I \geqslant 0, \end{aligned} \tag{3-25}$$

它通常叫做**修正**的 Rice 密度函数.

图 3.2 画出了 $\overline{I}_n P_I(I/\overline{I}_n)$ 随 $I/\overline{I}_n$ 和 r 的变化. 图 3.3 画出了当 $r=0,2,$和 4 时,$\overline{I}_n P_I(I/\overline{I}_n)$ 对 $I/\overline{I}_n$ 的函数关系.

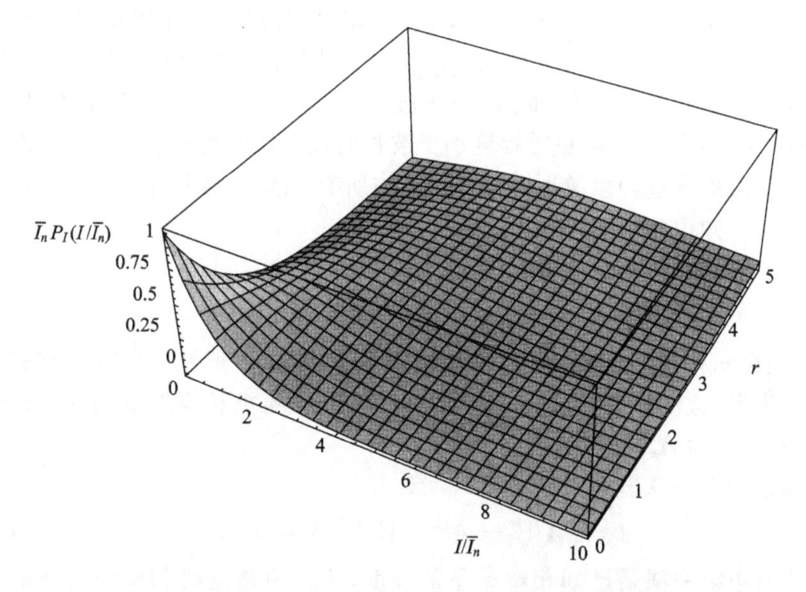

图 3.2 修正的 Rice 密度函数作为 $I/\overline{I}_n$ 及 r 的函数

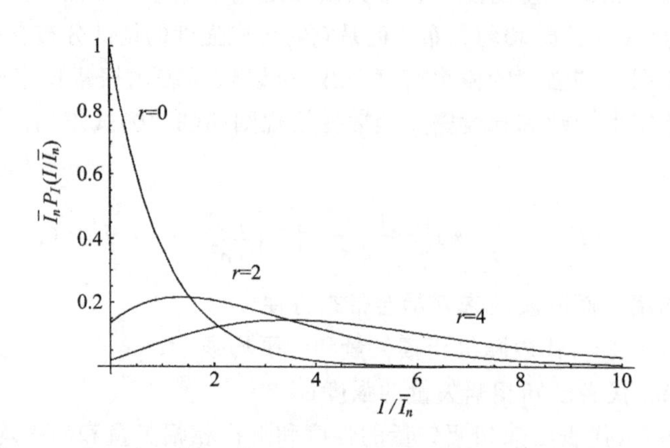

图 3.3 在几个 r 值下,修正的 Rice 密度函数与 $I/\overline{I}_n$ 的函数关系

注意,对 $r=0$,分布成为负指数函数,正如当常数相幅矢量消失时所预期的. 从这些图我们也注意到,对 $r>1$,分布的中心大致在 $I/\overline{I}_n=r$,但是这些分布不像前面的振幅分布那样强烈地簇拥在中心周围. 后面这种行为是由于很强的常相幅矢量与较弱的随机相幅矢量和的干涉,它使得分布有显著的散开.

我们也有兴趣来求这类散斑的对比度和信噪比. 为此,我们必须首先求出强度的 q 阶矩的一般表示式:

$$\overline{I^q} = \int_0^\infty I^q p_I(I) \mathrm{d}I. \tag{3-26}$$

其中 $p_I(I)$由(3-24)式给出. 依靠符号运算软件,容易证明

$$\overline{I^q} = \bar{I}_n^q \mathrm{e}^{-r} q!\,{}_1F_1(q+1,1,r), \tag{3-27}$$

其中${}_1F_1$ 是合流超几何函数. 对 1 阶矩和 2 阶矩,(3-27)式简化为

$$\begin{aligned} \bar{I} &= (1+r)\,\overline{I_n} \\ \overline{I^2} &= (2+4r+r^2)\bar{I}_n^2. \end{aligned} \tag{3-28}$$

由此得出,强度的标准偏差 σ_I 为

$$\sigma_I = \overline{I_n}\sqrt{1+2r}. \tag{3-29}$$

从这个结果得到对比度及信噪比,分别为

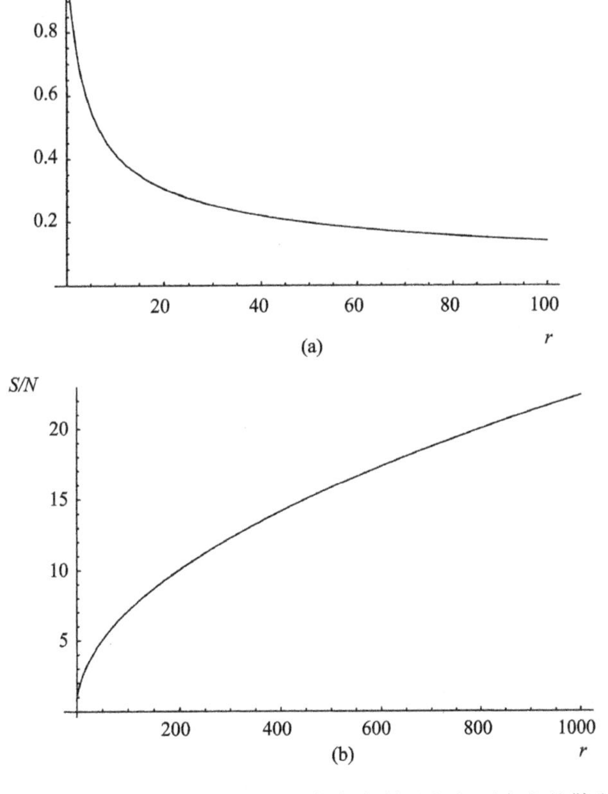

图 3.4 由已知的相幅矢量与随机相幅矢量和相加而产生的散斑的(a)对比度及(b)信噪比与束比 r 的函数关系

$$C=\frac{\sigma_I}{\bar{I}}=\frac{\sqrt{1+2r}}{1+r}$$
$$S/N=\frac{\bar{I}}{\sigma_I}=\frac{1+r}{\sqrt{1+2r}}. \tag{3-30}$$

在图 3.4 中我们画出了对比度和信噪比与束比 r 的函数关系. 注意:在 $r=0$ 时,对比度和信噪比之值均为 1,与此时的负指数分布相符,然后,它们作为束比的函数分别缓慢地下降和增加.

在某些应用中,我们关心的是总强度超过某一阈值 I_t 的概率,这个概率可以求出如下:

$$P(I\geqslant I_t)=\int_{I_t}^{\infty}\frac{1}{\bar{I}_n}\exp\left\{-\left(\frac{I}{\bar{I}_n}+r\right)\right\}I_0\left(2\sqrt{\frac{I}{\bar{I}_n}r}\right)\mathrm{d}I. \tag{3-31}$$

作变量变换 $x=\sqrt{2y}$,积分变成

$$P(I\geqslant I_t)=\mathrm{e}^{-r}\int_{\sqrt{2\beta}}^{\infty}x\,\mathrm{e}^{-\frac{1}{2}x^2}I_0(\sqrt{2r}x)\,\mathrm{d}x, \tag{3-32}$$

其中 $\beta=I_t/\bar{I}_n$. 这个积分可以表示为所谓 Marcum Q 函数[107],它有数值表可查阅,

$$P(I\geqslant I_t)=Q(\sqrt{2r},\sqrt{2\beta}). \tag{3-33}$$

也可用数值积分程序直接计算.

图 3.5 是对束比 r 的几个不同的值 $P(I\geqslant I_t)$ 和 $I_t/\bar{I}_n$ 的函数关系.

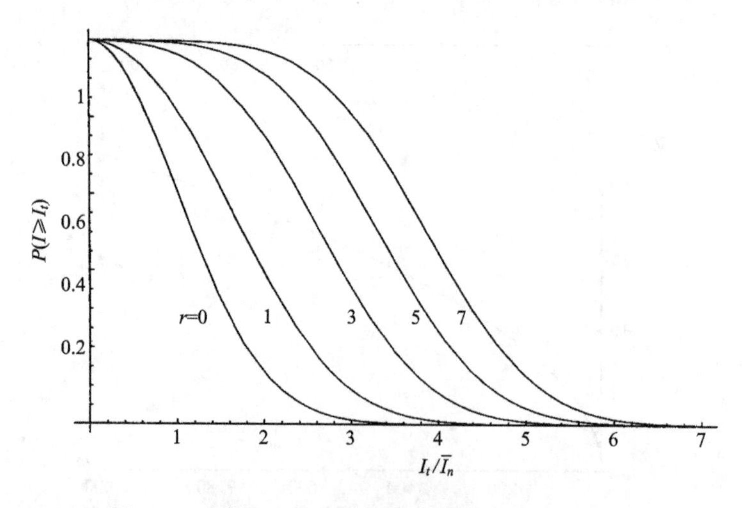

图 3.5　对束比 r 的不同的值,强度 I 超过阈值 I_t 的概率与归一化阈值 $I_t/\bar{I}_n$ 的函数关系

3.2.3 有限数目的等长相幅矢量

我们现在简要地考察一下具有等长度而随机相位的有限步数的随机相幅矢量和的强度的统计性质. 这个问题和 2.5 节所讨论的问题相似,仅有的不同是我们现在感兴趣的是和的强度而不是振幅的统计性质. 一个有用的参考文献是文献[170].

将概率变换规则(3-10)式应用到前已推出来的振幅的概率密度函数的表示式(如(2-41)式给出的),得到以等长相幅矢量的数目 N 为参数的强度概率密度函数为

$$p_I(I) = 2\pi^2\int_0^\infty \rho J_0^N\left(\frac{2\pi a\rho}{\sqrt{N}}\right)J_0(2\pi\sqrt{I}\rho)\,\mathrm{d}\rho, \tag{3-34}$$

其中,$a/\sqrt{N}$是求和的任何一个分相幅矢量的**振幅**,N 是这些相幅矢量的数目. 如前,假设所有分相幅矢量的相位是在$(-\pi,\pi)$区间上的均匀分布,并且它们是独立的.

图 3.6 表示,在假设 $a=1$ 的条件下,对不同的 N 值,算出的总强度的概率密度函数. 注意对单个相幅矢量,强度必定是 1,用 δ 函数所示. 对两个相幅矢量的情形,前面已经求得一个解析解(见文献[70]的图 4-12). 还请注意,对 $N=\infty$,概率密度函数是负指数分布,它对由很大数目的单个相幅矢量相加而成的完全散射散斑图样是合适的.

尽管我们为求出合成强度的概率密度函数不得不求助于数值计算,但还是有可能求出强度的最重要的矩的解析表示式. 例如,用(2-1)式,可求出合成强度的平均值如下:

$$E[I] = \frac{1}{N}E\left[\left|\sum_{n=1}^{N}a_n\mathrm{e}^{\mathrm{j}\phi_n}\right|^2\right] = \frac{a^2}{N}\sum_{n=1}^{N}\sum_{m=1}^{N}E[\mathrm{e}^{\mathrm{j}(\phi_n-\phi_m)}] = a^2, \tag{3-35}$$

其中我们又一次假设 $a_n=a_m=a$,ϕ_n 和 ϕ_m 在$(-\pi,\pi)$区间上均匀分布,并且 $n\neq m$ 时它们互不相关. 类似地,二阶矩取如下形式:

$$E[I^2] = \frac{a^4}{N^2}\sum_{n=1}^{N}\sum_{m=1}^{N}\sum_{p=1}^{N}\sum_{q=1}^{N}E[\mathrm{e}^{\mathrm{j}(\phi_n-\phi_m-\phi_p+\phi_q)}]. \tag{3-36}$$

由于相位均匀分布,各相位间又互不相关,在求平均值后,只有下列项存在:

$$\begin{aligned}&n=m=p=q\ \text{的}\ N\ \text{项,每一项的大小是}\ a^4/N^2;\\&n=m,p=q,n\neq p\ \text{的}\ N(N-1)\ \text{项,每一项的大小是}\ a^4/N^2;\\&n=p,m=q,n\neq m\ \text{的}\ N(N-1)\ \text{项,每一项的大小是}\ a^4/N^2.\end{aligned} \tag{3-37}$$

结果是一个二阶矩,为

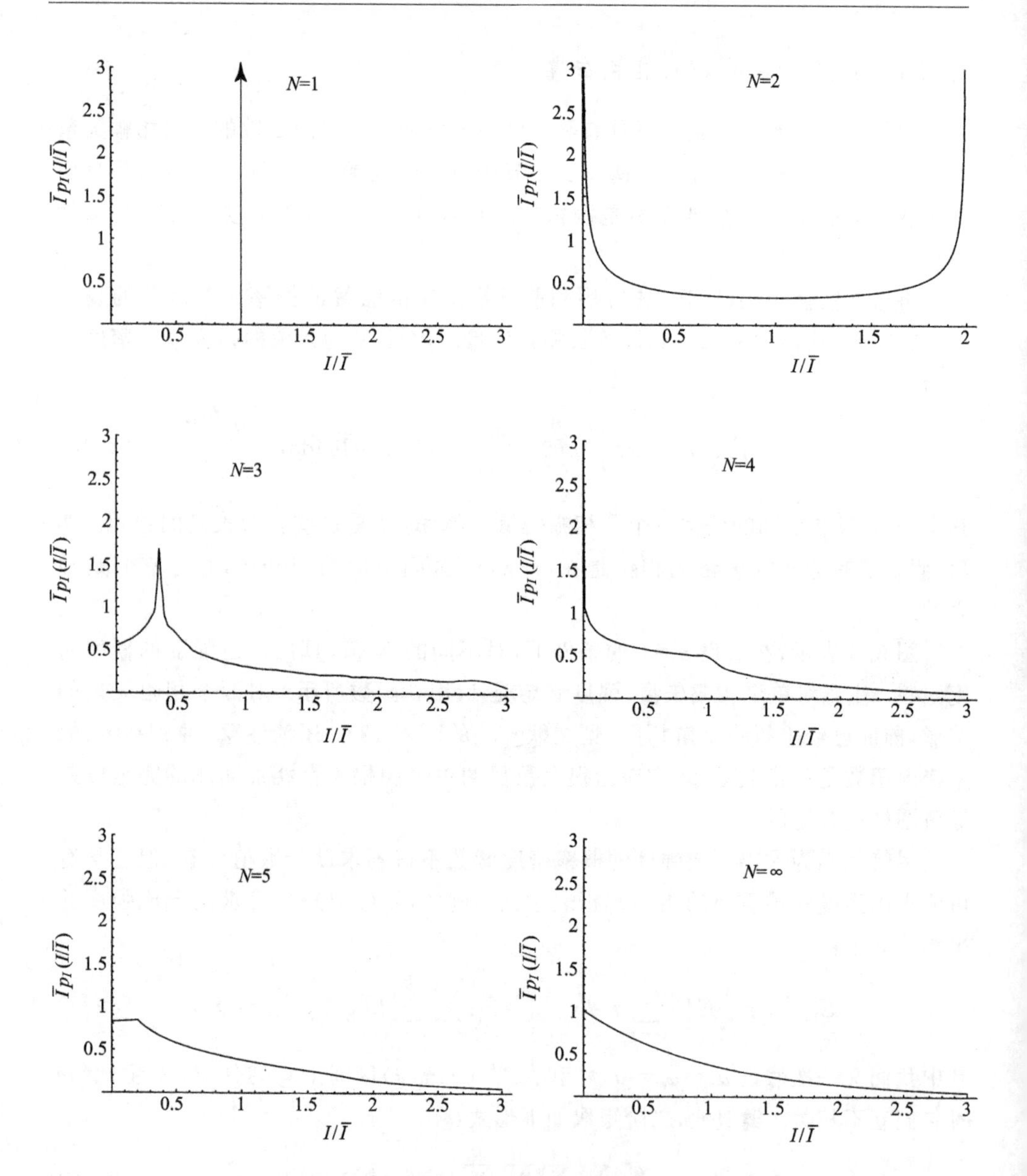

图 3.6　当 $N=1,2,3,4,5$ 及 ∞ 步时，每一步的振幅长度为 $1/\sqrt{N}$ 的随机相幅矢量和的强度的概率密度函数. 对 $N=\infty$，密度函数为负指数函数

$$E[I^2]=\frac{a^4}{N^2}[N+2N(N-1)]=\left(2-\frac{1}{N}\right)a^4. \tag{3-38}$$

由此可得散斑的方差是

$$\sigma_I^2 = E[I^2] - E[I]^2 = \left(1 - \frac{1}{N}\right)a^4. \tag{3-39}$$

应用中尤其重要的是散斑的对比度及信噪比，容易看出它们是

$$\begin{aligned} C &= \frac{\sigma_I}{\bar{I}} = \sqrt{1 - \frac{1}{N}} \\ \frac{S}{N} &= \frac{\bar{I}}{\sigma_I} = \sqrt{\frac{N}{N-1}}. \end{aligned} \tag{3-40}$$

图 3.7 画的是对比度与独立贡献数目 N 的函数关系图. 注意当 $N=1$ 时，对比度是零(意味着没有强度的涨落)，当 $N \to \infty$ 时，对比度渐近地趋于 1，这是对无限多个独立贡献求和所得到的结果.

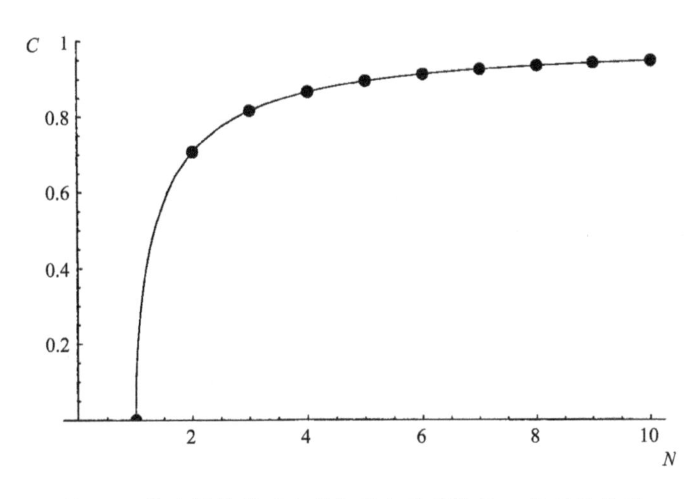

图 3.7 散斑图样的对比度与独立贡献数目 N 的函数关系

3.3 散斑图样的和

我们在这一节探讨完全散射散斑图样和的强度统计. 先在振幅的基础上求和，然后分别对相关的和非相关的图样在强度的基础上求和. 后一种情况的结果是理解第 4 章中要讨论的各种抑制散斑的方法的基础.

3.3.1 在振幅基础上求和

在 2.4 节，我们考虑了几个随机相幅矢量和之和的振幅统计，而且论证了在振幅基础上求和对振幅统计分布的形式没有影响. 当两个或多个散斑图样在振幅基础上相加时，对强度统计也同样没有影响. 尤其是，我们要再三地强调：**散斑图样**

在振幅基础上相加不降低散斑的对比度,同样对信噪比也没有影响. 如果我们期望对涨落有任何抑制,散斑图样必须在强度基础上相加. 不仅如此,如我们即将讨论的,只有在相加的图样之间有某种程度的退相关时,才能发生这种抑制.

3.3.2 两个独立散斑强度的和

我们现在考虑当已知两个散斑图样是彼此独立时,这两个散斑图样在强度基础上的求和. 附带提一下,我们注意到,对完全散射的散斑,**独立的**和**非相关的**这两个术语在我们的讨论中是可以互换的,这是因为所讨论的振幅的统计是圆型复值高斯分布,而对这种统计,缺乏相关就意味着统计独立([70],2.8.2 节)

独立的散斑图样可以在多种情况下出现,下面几节中将会讨论到. 许多可能的例子之一是,如果两个散斑图样是由光从一个粗糙表面的两个不交叠的部分反射造成,可以预期所得到的每个散斑图样的强度是统计独立的. 独立的散斑强度也可以在适当的场合下(后几节会讨论)由正交的偏振分量,由不同的光波波长以及由不同的照明角度产生.

如果单个探测器相继(参见 3.3.4 节)积分两个独立的散斑图样,那么总的探测器的响应和这两个强度图样的和成比例. 因此,探测得的总强度 I_s 可以表示为两个独立强度 I_1 和 I_2 之和:

$$I_s = I_1 + I_2. \tag{3-41}$$

假设 I_1 和 I_2 都是完全散射散斑图样,因此他们的强度分布服从负指数概率密度函数:

$$\begin{aligned} p_1(I_1) &= \frac{1}{\overline{I}_1}\exp(-I_1/\overline{I}_1) \\ p_2(I_2) &= \frac{1}{\overline{I}_2}\exp(-I_2/\overline{I}_2). \end{aligned} \tag{3-42}$$

概率论的一个基本结果是,独立的随机变量之和的概率密度函数是和各分量的概率密度函数的**卷积**([70],2.6.2 节). 根据卷积定理,这就相当于和的特征函数是各分量的特征函数之积. 如果 $\boldsymbol{M}_s$,$\boldsymbol{M}_1$ 和 $\boldsymbol{M}_2$ 分别表示 I_s,I_1 和 I_2 的特征函数,那么

$$\boldsymbol{M}_s = \boldsymbol{M}_1\boldsymbol{M}_2. \tag{3-43}$$

现在,由(3-21)式有

$$\begin{aligned} \boldsymbol{M}_1 &= \frac{1}{1-\mathrm{j}\omega\overline{I}_1} \\ \boldsymbol{M}_2 &= \frac{1}{1-\mathrm{j}\omega\overline{I}_2}, \end{aligned} \tag{3-44}$$

就得到

$$\boldsymbol{M}_s = \frac{1}{1-\mathrm{j}\omega\,\overline{I_1}}\,\frac{1}{1-\mathrm{j}\omega\,\overline{I_2}}. \tag{3-45}$$

(3-45)式的逆傅里叶变换给出

$$\begin{aligned} p_s(I_s) &= \frac{1}{\overline{I_1}-\overline{I_2}}\left[\exp\left(-\frac{I_s}{\overline{I_1}}\right)-\exp\left(-\frac{I_s}{\overline{I_2}}\right)\right] \quad 当\overline{I_1}>\overline{I_2}, \\ p_s(I_s) &= \frac{I_s}{\overline{I}^2}\exp\left(-\frac{I_s}{\overline{I}}\right) \quad 当\overline{I_1}=\overline{I_2}=\overline{I}. \end{aligned} \tag{3-46}$$

图 3.8 画出了比率 $r=\overline{I_2}/\overline{I_1}$在 0 和 1 之间的各个不同值上的概率密度函数. 量$\overline{I_s}$表示平均总强度,由$\overline{I_1}+\overline{I_2}$给出. 图 3.9 是这个三维图的切片. 注意 $r=0$ 的曲线对应于**单个**散斑图样的概率密度函数,它是负指数分布,而 $r=0.5$ 的曲线对应于(3-46)式的第二行,它适用于平均强度相等的两个独立的散斑图样的和.

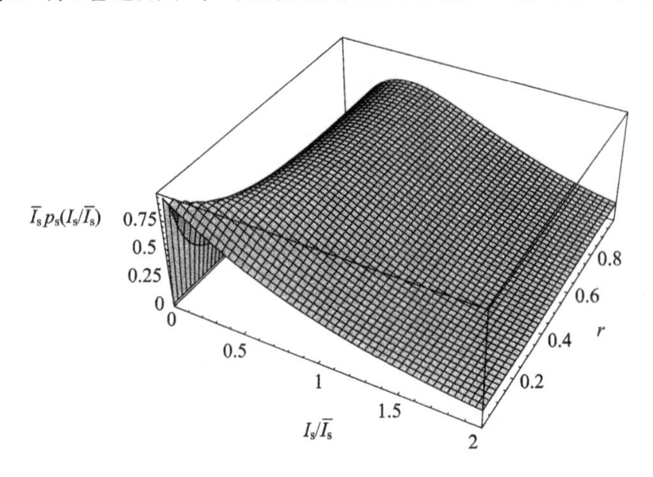

图 3.8 两个独立的散斑图样的和的概率密度函数与 $I_s/\overline{I_s}$及 $r=\overline{I_2}/\overline{I_1}$的函数关系

容易求出总强度的对比度,不必直接引用刚才求出的概率密度函数. 总强度的一阶矩和二阶矩为

$$\begin{aligned} \overline{I_s} &= \overline{I_1+I_2} = \overline{I}_1+\overline{I}_2 \\ \overline{I_s^2} &= \overline{(I_1+I_2)^2} = \overline{I_1^2}+\overline{I_2^2}+2\,\overline{I}_1\,\overline{I}_2 \end{aligned} \tag{3-47}$$

这里我们用了 I_1 和 I_2 独立的假定,将 $2\,\overline{I_1 I_2}$用 $2\overline{I}_1\overline{I}_2$ 代替. 我们还能利用已知 I_1 和 I_2 为负指数分布的事实写出$\overline{I_1^2}=2\overline{I}_1^2$,$\overline{I_2^2}=2\,\overline{I_2}^2$, 得到

$$\sigma_s^2 = \overline{I_s^2}-\overline{I}_s^{\,2} = \overline{I}_1^{\,2}+\overline{I}_2^{\,2}. \tag{3-48}$$

由此得到对比度为

$$C=\frac{\sigma_s}{\bar{I}_s}=\frac{\sqrt{\bar{I}_1^{\,2}+\bar{I}_2^{\,2}}}{\bar{I}_1+\bar{I}_2}=\frac{\sqrt{1+r^2}}{1+r},\tag{3-49}$$

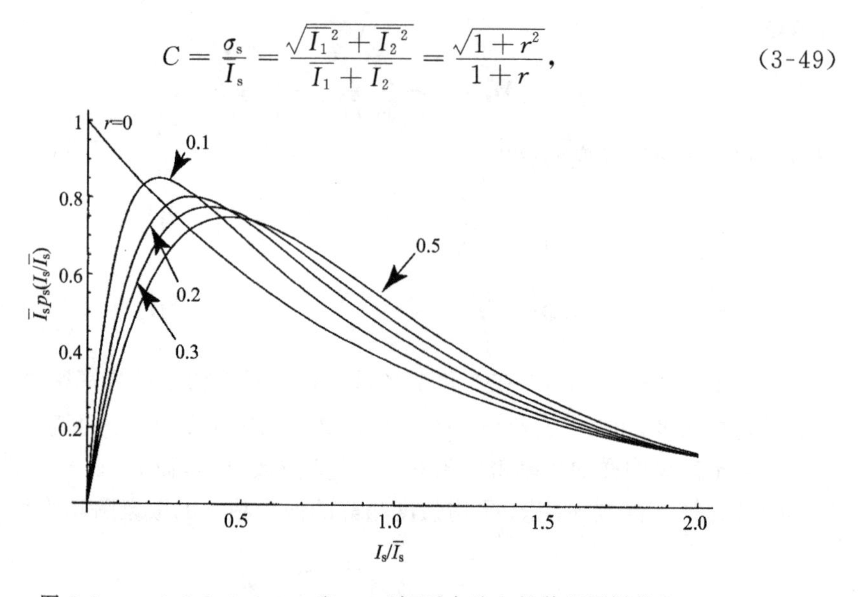

图 3.9　$r=0,0.1,0.2,0.3$ 和 0.5 时，两个独立的散斑图样的和的概率密度函数与 $I_s/\bar{I}_s$ 的函数关系

其中再次用了 $r=\bar{I}_2/\bar{I}_1$. 图 3.10 为此对比度关于 r 的式子的曲线图. 注意，当 $r=1$，即两个散斑图样有相同的平均强度时，对比度最小为 $1/\sqrt{2}$.

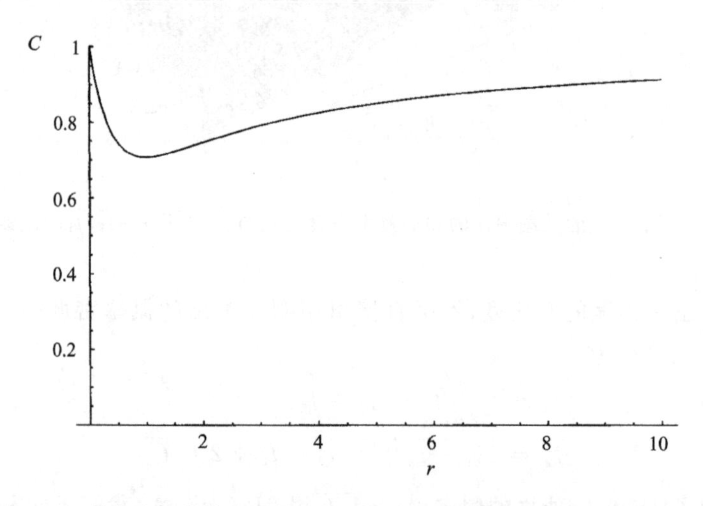

图 3.10　两个独立的散斑图样和的对比度与平均强度之比 r 的函数关系

同一结果的另一种表示见图 3.11，它是对比度 C 与其一个分量在平均强度中所占份额，即 $\bar{I}_1/(\bar{I}_1+\bar{I}_2)$ 的函数关系.

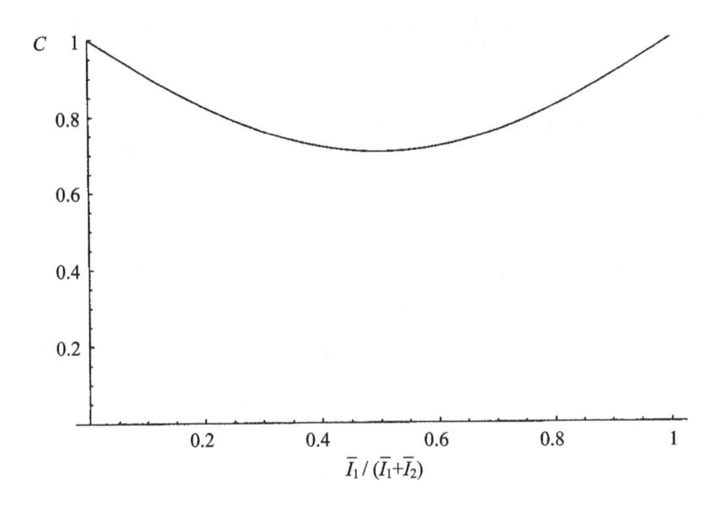

图 3.11 两个独立散斑图样之和的对比度 C 与其一个分量在平均强度中所占份额的函数关系

3.3.3 N 个独立散斑强度的和

现在我们来推广上一节考虑的情况，研究 N 个独立散斑图样的和的性质. 现在的总强度由下式给出：

$$I_s = \sum_{n=1}^{N} I_n. \tag{3-50}$$

仿照前几节的推理，假设的单个散斑图像的统计独立性使我们可以将和的特征函数写成各分量强度的特征函数之积，即

$$\boldsymbol{M}_s(\omega) = \prod_{n=1}^{N} \boldsymbol{M}_n(\omega), \tag{3-51}$$

其中 $\boldsymbol{M}_n(\omega)$是 I_n 的特征函数. 再次应用单个散斑图样的特征函数(3-21)式，我们得到

$$\boldsymbol{M}_s(\omega) = \prod_{n=1}^{N} \frac{1}{1 - \mathrm{j}\omega\,\overline{I_n}}, \tag{3-52}$$

其中$\overline{I_n}$是第 n 个散斑图样分量的强度的平均值.

这个特征函数的逆傅里叶变换将给出总强度的概率密度函数 $p_s(I_s)$. 这个密度函数的形式依赖于各个平均强度$\overline{I_n}$值之间的关系. 下面是两个重要案例的结果.

当各个平均强度$\overline{I_n}$的值都非零而且互不相等时(即没有两个是一样的)，我们求得(对 $I_s \geqslant 0$)：

$$p_s(I_s)=\sum_{n=1}^{N}\frac{\overline{I_n}^{(N-2)}}{\prod\limits_{p=1,p\neq n}^{N}(\overline{I_n}-\overline{I_p})}\exp\left(-\frac{I_s}{\overline{I_n}}\right). \tag{3-53}$$

另一情况，当所有的$\overline{I_n}$都相同且等于 I_0 时，相应的结果是

$$p_s(I_s)=\frac{I_s^{N-1}}{\Gamma(N)I_0^N}\exp\left(-\frac{I_s}{I_0}\right)=\frac{N^N I_s^{N-1}}{\Gamma(N)\bar{I}^N}\exp\left(-N\frac{I_s}{\bar{I}}\right), \tag{3-54}$$

其中，$\bar{I}=NI_0$ 表示总平均强度. 这种密度函数叫做 N 阶 Γ 函数.

在更复杂的情况下，有些平均强度相同，有些则不同，这时可以将部分分式展开的标准做法应用于 $\boldsymbol{M}_s(\omega)$以得出 $P_s(I_s)$的表示式，它是以上两种形式的组合.

图 3.12 画的是对不同的 N 值，N 个等强度的独立的散斑图样在强度基础上相加后的概率密度函数. 改变 N 时和的平均强度保持不变. 我们看到，概率密度函数从负指数($N=1$ 时)变为开始与高斯密度函数相像(N 大时)，这与中心极限定理的预期一致.

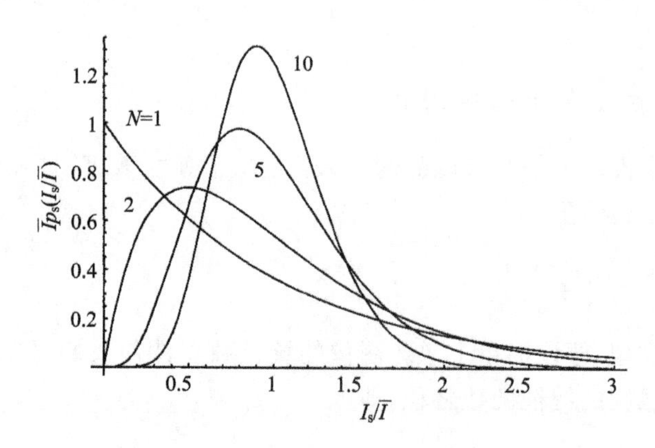

图 3.12 N 个等强度的独立散斑图样之和的概率密度函数，其中和的平均强度保持恒定

最后我们来计算当分量的平均值为任意时，N 个独立散斑图样强度的和的对比度和信噪比. 总强度可写为

$$I_s=\sum_{n=1}^{N}I_n, \tag{3-55}$$

其中每一个 I_n 之平均值为$\overline{I_n}$. 很清楚，总强度的平均值显然为

$$\overline{I_s}=\sum_{n=1}^{N}\overline{I_n}. \tag{3-56}$$

总强度的二阶矩为

$$\overline{I_s^2} = \sum_{n=1}^{N}\sum_{m=1}^{N}\overline{I_n I_m} = \sum_{n=1}^{N}\overline{I_n^2} + \sum_{n=1}^{N}\sum_{m=1,m\neq n}^{N}\overline{I_n}\,\overline{I_m} \tag{3-57}$$

其中用了 $n\neq m$ 时 I_n 和 I_m 独立的假定. 这里,因为事实上单个分量强度是散斑图样,所以它们服从负指数概率分布,$\overline{I_n^2}=2\overline{I}_n^2$. $\overline{I_s^2}$的表示式变为

$$\overline{I_s^2} = 2\sum_{n=1}^{N}\overline{I_n}^2 + \sum_{n=1}^{N}\sum_{m=1,m\neq n}^{N}\overline{I_n}\,\overline{I_m} = \sum_{n=1}^{N}\overline{I_n}^2 + \left(\sum_{n=1}^{N}\overline{I_n}\right)^2 = \sum_{n=1}^{N}\overline{I}_n^2 + \overline{I_s}^2, \tag{3-58}$$

由此,总强度的方差为

$$\sigma_s^2 = \sum_{n=1}^{N}\overline{I_n}^2. \tag{3-59}$$

总强度的对比度和信噪比分别是

$$C = \frac{\sigma_s}{\overline{I_s}} = \frac{\sqrt{\sum_{n=1}^{N}\overline{I_n}^2}}{\sum_{n=1}^{N}\overline{I_n}}$$

$$S/N = 1/C = \frac{\sum_{n=1}^{N}\overline{I_n}}{\sqrt{\sum_{n=1}^{N}\overline{I_n}^2}}. \tag{3-60}$$

对各分量平均强度相等的特殊情况(对所有的 n 有 $\overline{I}_n=I_0$),(3-60)式简化为重要的表示式:

$$C = \frac{1}{\sqrt{N}}$$

$$S/N = \sqrt{N}. \tag{3-61}$$

于是,随着独立图样个数 N 的增加,对比度与 $1/\sqrt{N}$成正比下降,信噪比相应按$\sqrt{N}$增大.

在结束这一节时,我们要注意,所有的结果是依赖于 N 个散斑各自统计独立的假设得出的. 下一节我们要考虑部分相关的散斑图样的和的情形.

3.3.4 相关散斑强度的和

散斑图样之间的相关可能由许多不同的原因引起. 例如,假定一个随机反射面被相干光照射,在离这个反射面一定距离处记录散射图样. 现在假定随机表面移动稍许,再用同样的相干光照明,记录第二个图样,用这种方式记录的两个散斑图样一般是部分相关的. 相关的程度依赖于几种因素,包括表面移动了多远、精确

的几何关系以及散斑的大小.

N 个散斑的和表示为

$$I_s = \sum_{n=1}^{N} I_n = \sum_{n=1}^{N} |\boldsymbol{A}_n|^2. \tag{3-62}$$

第 n 个和 m 个散斑图样强度之间的归一化的相关由下式表示：

$$\rho_{n,m} = \frac{\overline{I_n I_m} - \overline{I_n}\,\overline{I_m}}{[\overline{(I_n - \overline{I}_n)^2}\;\overline{(I_m - \overline{I}_m)^2}]^{1/2}}. \tag{3-63}$$

只有当它们的场相关时，这种强度相关才能出现. 场的相关用下式表示：

$$\boldsymbol{\mu}_{n,m} = \frac{\overline{\boldsymbol{A}_n \boldsymbol{A}_m^*}}{[\overline{|\boldsymbol{A}_n|^2}\;\overline{|\boldsymbol{A}_m|^2}]^{1/2}} \tag{3-64}$$

对完全散射散斑，场遵从圆型复值高斯统计，这意味着([70],P. 44)强度相关与场相关通过下式相联系(参见(4-43)式)：

$$\overline{I_n I_m} = \overline{I}_n\,\overline{I}_m[1 + |\boldsymbol{\mu}_{n,m}|^2], \tag{3-65}$$

由此得到

$$\rho_{n,m} = |\boldsymbol{\mu}_{n,m}|^2 \tag{3-66}$$

及

$$\boldsymbol{\mu}_{n,m} = \sqrt{\rho_{n,m}}\exp \mathrm{j}\psi_{n,m}, \tag{3-67}$$

其中 $\psi_{n,m}$，是一个相位因子，对应于第 n 个振幅图样 $\boldsymbol{A}_n$ 和第 m 个振幅图样 $\boldsymbol{A}_m$ 的相关.

这里有一个基本问题，即是否存在 N 个场 $\boldsymbol{A}_n$ 的一个变换，这个变换保持总强度 I 不变，但是消去了各个分量场之间的相关，在变换中可能改变单个的强度 I_n. 为了帮助回答这个问题，我们先定义一个由 N 个不同的复值散斑场构成的列矢量 $\underline{\boldsymbol{\mathcal{A}}}$

$$\underline{\boldsymbol{\mathcal{A}}} = \begin{bmatrix} \boldsymbol{A}_1 \\ \boldsymbol{A}_2 \\ \vdots \\ \boldsymbol{A}_N \end{bmatrix}. \tag{3-68}$$

然后再定义一个**相干矩阵** $\underline{\boldsymbol{\mathcal{J}}}$：

$$\underline{\boldsymbol{\mathcal{J}}} = \overline{\underline{\boldsymbol{\mathcal{A}}}\,\underline{\boldsymbol{\mathcal{A}}}^\dagger}, \tag{3-69}$$

其中，上标 † 代表厄米转置运算(即所讨论的矩阵的复共轭转置). 因此，$\underline{\boldsymbol{\mathcal{J}}}$ 的元素 $\boldsymbol{J}_{n,m}$ 为

$$\boldsymbol{J}_{n,m} = \overline{\boldsymbol{A}_n \boldsymbol{A}_m^*} = \sqrt{\overline{I}_n\,\overline{I}_m}\,\boldsymbol{\mu}_{n,m}, \tag{3-70}$$

而相干矩阵由下式给出：

$$\underline{\boldsymbol{\mathcal{T}}}=\begin{bmatrix} \overline{I_1} & \sqrt{\overline{I_1}\ \overline{I_2}}\boldsymbol{\mu}_{1,2} & \cdots & \sqrt{\overline{I_1}\ \overline{I_N}}\boldsymbol{\mu}_{1,N} \\ \sqrt{\overline{I_1}\ \overline{I_2}}\boldsymbol{\mu}_{1,2}^{*} & \overline{I_2} & \cdots & \sqrt{\overline{I_2}\ \overline{I_N}}\boldsymbol{\mu}_{2,N} \\ \vdots & \vdots & & \vdots \\ \sqrt{\overline{I_1}\ \overline{I_N}}\boldsymbol{\mu}_{1,N}^{*} & \sqrt{\overline{I_2}\ \overline{I_N}}\boldsymbol{\mu}_{2,N}^{*} & \cdots & \overline{I_N} \end{bmatrix}. \tag{3-71}$$

对角线上下的复共轭对称确保了$\underline{\boldsymbol{\mathcal{T}}}$是所谓的**厄米矩阵**(Hermitian matrix).

我们来找场矩阵$\underline{\boldsymbol{\mathcal{A}}}$的一个线性变换，它能使得场退相关而不损失总强度(总强度是沿相干矩阵的对角线求和而得到). 令$\underline{\boldsymbol{\mathcal{L}}}$表示一个$N\times N$的变换矩阵，它按下式将场从$\underline{\boldsymbol{\mathcal{A}}}$变换为一个新的场$\underline{\boldsymbol{\mathcal{A}}}'$：

$$\underline{\boldsymbol{\mathcal{A}}}' = \underline{\boldsymbol{\mathcal{L}}}\underline{\boldsymbol{\mathcal{A}}}. \tag{3-72}$$

在这个变换后，相干矩阵变为

$$\underline{\boldsymbol{\mathcal{T}}}' = \overline{\underline{\boldsymbol{\mathcal{A}}}'\underline{\boldsymbol{\mathcal{A}}}'^{\dagger}} = \underline{\boldsymbol{\mathcal{L}}}\overline{\underline{\boldsymbol{\mathcal{A}}}\underline{\boldsymbol{\mathcal{A}}}^{\dagger}}\underline{\boldsymbol{\mathcal{L}}}^{\dagger} = \underline{\boldsymbol{\mathcal{L}}}\underline{\boldsymbol{\mathcal{T}}}\underline{\boldsymbol{\mathcal{L}}}^{\dagger}. \tag{3-73}$$

我们现在求助于矩阵理论的一个著名结果[153]：对每一个厄米矩阵$\underline{\boldsymbol{\mathcal{T}}}$，存在一个幺正线性变换$\underline{\boldsymbol{\mathcal{L}}}_0$使$\underline{\boldsymbol{\mathcal{T}}}$对角化，即

$$\underline{\boldsymbol{\mathcal{T}}}' = \underline{\boldsymbol{\mathcal{L}}}_0\underline{\boldsymbol{\mathcal{T}}}\underline{\boldsymbol{\mathcal{L}}}_0^{\dagger} = \begin{bmatrix} \lambda_1 & 0 & \cdots & 0 \\ 0 & \lambda_2 & \cdots & 0 \\ \vdots & \vdots & & \vdots \\ 0 & 0 & \cdots & \lambda_N \end{bmatrix}, \tag{3-74}$$

其中λ_n代表矩阵$\underline{\boldsymbol{\mathcal{T}}}$的各个本征值. 此外，由此导致对角化的变换是幺正的，即$\underline{\boldsymbol{\mathcal{L}}}_0\underline{\boldsymbol{\mathcal{L}}}_0^{\dagger}$等于单位矩阵，这个变换是无损的，相干矩阵对角元之和保持不变. 相干矩阵像一切相关矩阵一样，具有非负定的性质，即其本征值都是非负的. 因为它们都在新的相干矩阵的对角线上，所以λ_n代表在线性变换后的新的场分量的强度.

可以说，我们已成功地将原来散斑图样的N个相关的圆高斯复场变换成N个不相关的圆高斯复场，它们代表一组新的散斑图样，它们的平均强度加起来与原来的相同. 新场是通过线性变换来产生的，这一事实保证了它们是复高斯分布. 然而，变换后的变量也是**圆**分布，这一点却不一定显而易见. 附录A讨论了这个问题，并且证明了圆型随机变量的任何线性变换保持其圆分布性质.

我们来总结这一节的结果：N个相关的散斑图样的和可以变换为N个不相关的散斑图样的相当的和. 虽然和的总平均强度在这个变换下保持不变，但是构成和的各个特定的平均强度一般是变的. 一旦知道原来的相干矩阵的各个本征值，构成和的各个平均强度就知道了，于是就可以直接应用上一节关于非相关的散斑图样之和的结果.

3.4 部分偏振散斑

线偏振入射光被不同类型的表面反射后的偏振性质可能很不相同. 例如,当光从一个粗糙的电介质(如纸张)表面反射时,通常发生多重散射,光射出的状态可以合理地称之为非偏振态. 如果经过一个检偏器观察光的强度,检偏器的方向先沿 x 方向再沿 y 方向,那么观察到的两个散斑图样将很少有相似之处. 另一方面,当线偏振的入射光从粗糙的金属表面反射时,反射光的偏振状态常常可以有理由称之为偏振的,也就是说,在两个正交的偏振方向观察到的散斑图样常常是高度相关的. 我们所谓的"偏振"和"不偏振"这两个术语的精确定义,将在这一节的稍后部分给出.

在以下的讨论中,我们假设,入射到粗糙表面上的光的振幅在 x 方向线偏振,因此用下式描述:

$$\vec{\boldsymbol{A}}_{\mathrm{i}} = \sqrt{I_{\mathrm{i}}}\hat{x}, \tag{3-75}$$

其中 I_{i} 是入射光强度,$\hat{x}$ 是 x 方向的单位矢量. 这时反射光振幅的复振幅可以写成

$$\vec{\boldsymbol{A}}_{\mathrm{r}} = \boldsymbol{A}_x\hat{x} + \boldsymbol{A}_y\hat{y}. \tag{3-76}$$

观察到的总强度由光的 x 分量和 y 分量的强度的和给出

$$I = I_x + I_y = |\boldsymbol{A}_x|^2 + |\boldsymbol{A}_y|^2. \tag{3-77}$$

当反射光波的表面十分粗糙(从一个光波波长的尺度来看)时,I_x 和 I_y 都是完全散射散斑图样. 我们从 3.3.4 节知道,总强度的统计依赖于强度 I_x 和 I_y 之间的**相关**. I_x 和 I_y 之间的相关又依赖于场 $\boldsymbol{A}_x$ 和 $\boldsymbol{A}_y$ 之间的相关,如(3-66)式所述. 我们在这里对它稍加修改,以应用于当前的情况,

$$\rho_{x,y} = |\boldsymbol{\mu}_{x,y}|^2. \tag{3-78}$$

两个正交的光场分量的偏振性质由一个 2×2 的相干矩阵描述:

$$\underline{\boldsymbol{\mathcal{T}}} = \begin{bmatrix} \overline{I_x} & \sqrt{\overline{I_x}\,\overline{I_y}}\boldsymbol{\mu}_{x,y} \\ \sqrt{\overline{I_x}\,\overline{I_y}}\boldsymbol{\mu}^*_{x,y} & \overline{I_y} \end{bmatrix}. \tag{3-79}$$

如同上节考虑的 N 个相关的散斑图样的情况那样,存在一个使相干矩阵对角化的幺正矩阵$\underline{\boldsymbol{\mathcal{L}}}$. 在现在的情况下,这个变换矩阵可以解释为一个坐标旋转和两个偏振分量的一个相对延迟的组合的琼斯(Jones)矩阵[87]表示. 转换之后,相干矩阵变成

$$\underline{\boldsymbol{\mathcal{T}}}' = \begin{bmatrix} \lambda_1 & 0 \\ 0 & \lambda_2 \end{bmatrix}, \tag{3-80}$$

其中 λ_1 和 λ_2 是原来的相干矩阵的本征值(非负的实值). 两个本征值由下式具体给出：

$$\lambda_{1,2} = \frac{1}{2}\mathrm{tr}(\underline{\boldsymbol{T}})\left[1 \pm \sqrt{1 - 4\frac{\det(\underline{\boldsymbol{T}})}{(\mathrm{tr}(\underline{\boldsymbol{T}}))^2}}\right], \tag{3-81}$$

其中,“tr”表示求迹运算,“det”表示行列式.

因此我们看到,具有两个相关的 x 和 y 偏振分量的波等价于一个具有两个不相关的偏振分量的波,两个偏振分量的强度与原来不同,但是两个分量的强度之和不变：

$$I_x + I_y = \lambda_1 + \lambda_2 = \bar{I}. \tag{3-82}$$

Wolf[178] 认识到一个一般的部分偏振波可以看成为两个分量的和,一个是线偏振的,另一个是完全非偏振的(一个**完全非偏振波**具有平均强度相等的两个不相关的强度分量). 这样的分解可以通过将对角的相干矩阵重写为以下形式来完成：

$$\underline{\boldsymbol{T}} = \begin{bmatrix} \lambda_2 & 0 \\ 0 & \lambda_2 \end{bmatrix} + \begin{bmatrix} \lambda_1 - \lambda_2 & 0 \\ 0 & 0 \end{bmatrix}. \tag{3-83}$$

第一个矩阵代表一个完全非偏振波,而第二个矩阵代表一个完全偏振波(全部功率都在偏振的 x 分量中). 偏振度可以合理地定义为完全偏振波分量的强度和波的总强度之比：

$$\mathcal{P} = \left|\frac{\lambda_1 - \lambda_2}{\lambda_1 + \lambda_2}\right|. \tag{3-84}$$

注意偏振度永远在 1(对一个完全偏振波)和 0(对一个完全非偏振波)之间. 借助于(3-81)式,我们可以将偏振度用原来的相干矩阵表示为

$$\mathcal{P} = \left[1 - 4\frac{\det(\underline{\boldsymbol{T}})}{(\mathrm{tr}(\underline{\boldsymbol{T}}))^2}\right]^{\frac{1}{2}}, \tag{3-85}$$

借助于(3-84)式,我们可以将本征值用偏振度表示为

$$\begin{aligned} \lambda_1 &= \frac{1}{2}\bar{I}(1 + \mathcal{P}) \\ \lambda_2 &= \frac{1}{2}\bar{I}(1 - \mathcal{P}). \end{aligned} \tag{3-86}$$

从(3-46)式,部分偏振波的强度概率密度函数由下式给出：

$$p_I(I) = \frac{1}{\mathcal{P}\bar{I}}\left[\exp\left(-\frac{2}{1+\mathcal{P}}\frac{I}{\bar{I}}\right) - \exp\left(-\frac{2}{1-\mathcal{P}}\frac{I}{\bar{I}}\right)\right]. \tag{3-87}$$

图 3.13 是这个概率密度函数与偏振度 $\mathcal{P}$ 及强度 $I/\bar{I}$ 的函数关系. 注意概率密度函数从负指数分布($\mathcal{P}=1$)变为 $x\exp(-x)$ 形式的函数(对 $\mathcal{P}=0$).

可以直接证明,部分偏振散斑的对比度可由下式给出：

$$C = \sqrt{\frac{1+\mathcal{P}^2}{2}}, \tag{3-88}$$

它画在图 3.14 中.

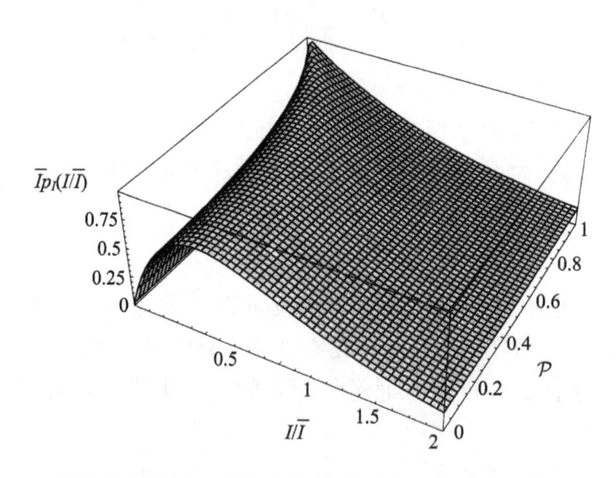

图 3.13 部分偏振散斑图样的强度概率密度函数作为 $I/\bar{I}$ 和 $\mathcal{P}$ 的函数

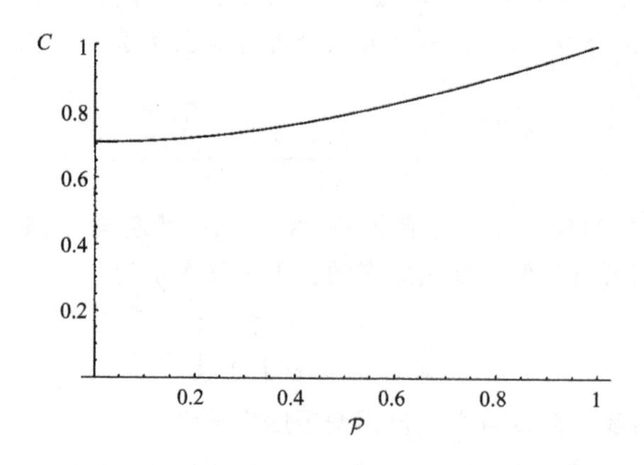

图 3.14 部分偏振散斑的对比度 C 和偏振度 $\mathcal{P}$ 的函数关系

3.5 部分散射散斑

当大量的相位非均匀分布的相幅矢量相加时,其结果是一个所谓"部分散射"散斑. 我们已经在 2.6 节中接触过这种随机相幅矢量和. 在这一节里,我们考虑这种和的**强度**统计分布.

在第 2.6 节,我们已经说过,在一般的情况下,振幅统计没有封闭形式的解.

因此不能将已知的振幅统计通过简单的变换来得到强度的统计. 相反,我们只能满足于求出平均强度和强度标准偏差的表示式,由它们又可以继续求出散斑的对比度的表示式.

我们从所关注的随机和的显性表示式开始. 既然随机行走的振幅可以由下式表示:

$$\boldsymbol{A} = \frac{1}{\sqrt{N}}\sum_{n=1}^{N} a_n \mathrm{e}^{\mathrm{j}\phi_n}, \tag{3-89}$$

其强度必定是

$$I = \boldsymbol{A}\boldsymbol{A}^* = \frac{1}{N}\sum_{n=1}^{N}\sum_{m=1}^{N} a_n a_m \exp[\mathrm{j}(\phi_n - \phi_m)]. \tag{3-90}$$

暂且允许振幅 a_n 及相位 ϕ_n 可以有任意的统计性质,但是假设振幅和相位是相互独立的,我们可以将平均强度表示为

$$\begin{aligned}\overline{I} &= \frac{1}{N}\sum_{n=1}^{N}\sum_{m=1}^{N} \overline{a_n a_m}\ \overline{\mathrm{e}^{\mathrm{j}(\phi_n-\phi_m)}} \\ &= \frac{1}{N}\sum_{n=1}^{N}\overline{a_n^2} + \frac{1}{N}\sum_{n=1}^{N}\sum_{\substack{m=1\\ m\neq n}}^{N}\overline{a_n a_m}\boldsymbol{M}_\phi(1)\boldsymbol{M}_\phi(-1) \\ &= \overline{a^2} + (N-1)\,(\overline{a})^2\boldsymbol{M}_\phi(1)\boldsymbol{M}_\phi(-1)\end{aligned} \tag{3-91}$$

这里,我们假设所有 a_n 的统计分布相同,具有平均值 $\overline{a}$ 和二阶矩$\overline{a^2}$. 我们也假设所有的 ϕ_n 的分布相同,因此有一个共同的特征函数 $M_\phi(\omega)$.

我们现在转而注意更难的计算强度的二阶矩的问题. 这一计算的细节在附录 B 中给出. 结果是

$$\begin{aligned}\overline{I^2} = \frac{1}{N}\big[&\overline{a^4} + (N-1)(4\overline{a}\,\overline{a^3}\boldsymbol{M}_\phi(1)\boldsymbol{M}_\phi(-1) + (N-2)(N-3)\,\overline{a^4}\boldsymbol{M}_\phi^2(1)\boldsymbol{M}_\phi^2(-1) \\ &+ (\overline{a^2})^2(1+\boldsymbol{M}_\phi(2)\boldsymbol{M}_\phi(-2)) + (\overline{a})^2\,\overline{a^2}(1+(N-2)[4\boldsymbol{M}_\phi(1)\boldsymbol{M}_\phi(-1) \\ &+ \boldsymbol{M}_\phi^2(1)\boldsymbol{M}_\phi(-2) + \boldsymbol{M}_\phi^2(-1)\boldsymbol{M}_\phi(2)]))\big].\end{aligned} \tag{3-92}$$

减去(3-91)式给出的 I 的平均值的平方,就给出方差. 标准偏差是方差的平方根,对比度是 I 的标准偏差与 I 的平均值之比.

这些量的表示式是复杂的(见附录 B),但是作一些假设后可以简化. 这里将采用的假设是:

1. 所有随机相幅矢量的长度是 1,从而$\overline{a^4}=\overline{a^3}=\overline{a^2}=\overline{a}=1$;

2. 相位 ϕ 是平均值为零的高斯随机变量,其标准偏差为 σ_ϕ. 它给出的特征函数的形式为

$$\boldsymbol{M}_\phi(\omega) = \exp\left(-\frac{\omega^2\sigma_\phi^2}{2}\right). \tag{3-93}$$

由此得到的散斑的对比度表示为(见附录B)

$$C=\sqrt{\frac{8(N-1)[N-1+\cosh(\sigma_\phi^2)]\sinh^2(\sigma_\phi^2/2)}{N[N-1+\exp(\sigma_\phi^2)]^2}} \tag{3-94}$$

图3.15画的是(a)对不同的N值,对比度C与σ_ϕ的函数关系,和(b)对不同σ_ϕ值,C与N的关系. 在图(a)中,注意当$N=1$时,对比度永远是零,图中画出了$N=2$,5,10,100和1000的曲线.

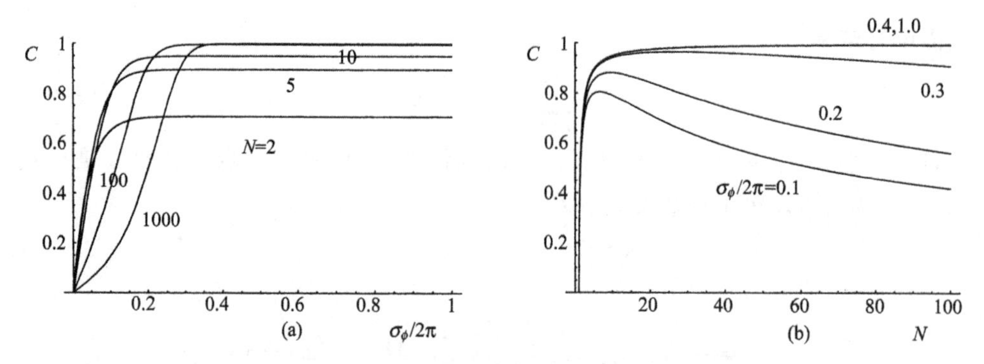

图3.15 相位呈高斯分布的情况:(a)对不同的N值,部分散射的散斑的对比度C与相位标准偏差σ_ϕ的函数关系;(b)对不同的σ_ϕ值,C与N的函数关系

对这些曲线的行为需要作一些解释. 尤其是,读者可能会奇怪为什么对有一些σ_ϕ,它们先随着N的增大而显示出一个明显的最大值,然后朝零的方向下降. 图3.15(b)中看不到的令人惊奇的现象是,**所有**C曲线最终都下降到零,不论σ_ϕ的值是多少. 但是对大的σ_ϕ值,开始发生这种现象的N值非常大. 对这种现象的解释是$\bar{I}$和σ_I对N有不同的依赖关系. 对于(3-89)式中所选择的归一化,平均强度对N(N大时)的依赖关系是$\bar{I}\propto N$,而σ_I对N的依赖关系是$\sigma_I\propto\sqrt{N}$. 因此,对任何σ_ϕ值,当N足够大时,对比度的分母项最终会更占优势,从而使对比度下降(尽管当σ_ϕ大时,看到这个效应所需的N值可能极其之大). 注意:这个性质是假定相位统计是高斯分布的结果(在这种情况下,总是存在一个非零的平均强度),当相位统计是在$(-\pi,\pi)$上均匀分布时不会发生.

出自好奇,我们在图3.16中,对相位在区间$(-\sqrt{3}\sigma_\phi,\sqrt{3}\sigma_\phi)$上均匀分布的概率密度函数画出图3.15中所示的类似的结果. 这种情况下的$M_\phi(\omega)=\frac{\sin(2\sqrt{3}\pi\sigma_\phi\omega)}{2\sqrt{3}\pi\sigma_\phi\omega}$. 对图3.15的讨论在这里也适用,但是在$N$值大时,多了一个$C$对$\sigma_\phi$的准振荡行为的现象. 振荡现象是由于将$(-\sqrt{3}\sigma_\phi,\sqrt{3}\sigma_\phi)$内的均匀分布折换到主区间$(-\pi,\pi)$上引起的. 对某些$\sigma_\phi$值,折换后的分布刚好在主区间上是均匀分布,

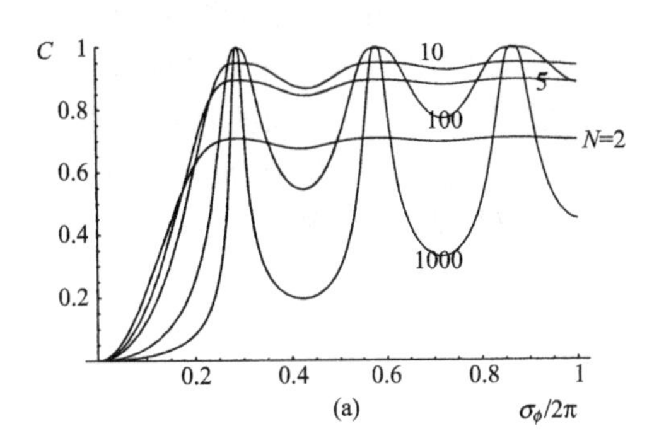

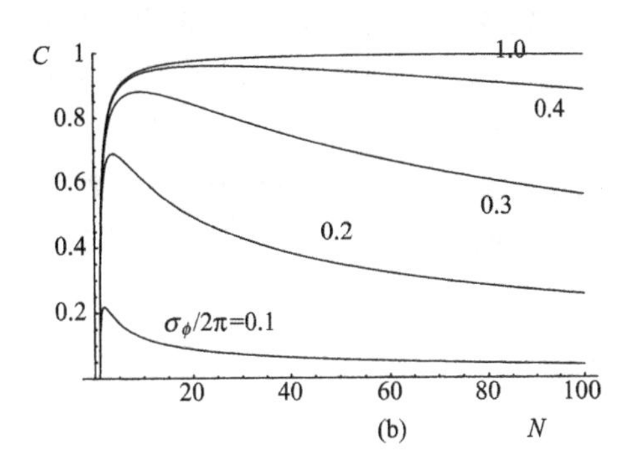

图 3.16 相位均匀分布的情况:(a)各个不同的 N 值下,部分散射散斑的对比度与 σ_ϕ 的函数关系;(b)各个不同 σ_ϕ 值下,C 与 N 的函数关系

这时,对比度上升到 1. N 值大时对比度的振荡是由相位在主区间上由均匀分布变为非均匀分布时 $\bar{I}$ 和 σ_ϕ 的振荡引起的.

3.6 散斑驱动的散斑或复合散斑的统计

在后面几章中我们将会看到一些场合的例子,在这些场合中,散斑形成过程是由另一个随机过程"驱动"的. 例如,当光通过一个漫射体,然后来自这个漫射体的已散斑化的光落到有限大小的第二个漫射体上时,就可能发生两种散斑统计的复合. 当光穿过地球的大气传播,然后落到一个粗糙表面上,从粗糙表面反射形成散斑时会发生相似的过程,但是两者具有不同的统计性质. 这是一个由大气引入的强度涨落和散斑涨落组合的复合效应.

这类问题可以用条件散斑统计来分析. 通常,散斑的概率密度函数是负指数分布. 但是我们可以将这种分布看成**条件**密度函数,以关于平均强度的知识为条件,这里我们用变量 x 来表示这个平均强度:

$$p_{I|x}(I \mid x) = \frac{1}{x}\exp\left[-\frac{I}{x}\right]. \tag{3-95}$$

强度的无条件概率密度函数可以通过对上述密度函数关于条件平均强度 x 的统计求平均来求得

$$p_I(I) = \int_0^\infty p_{I|x}(I \mid x) p_x(x)\mathrm{d}x = \int_0^\infty \frac{1}{x}\exp\left[-\frac{I}{x}\right] p_x(x)\mathrm{d}x. \tag{3-96}$$

3.6.1 负指数强度分布驱动的散斑

假定我们用通过一个漫射体的相干光来照明一个小的光学粗糙的反射盘. 我

们假定这个盘足够小，只有来自漫射体的一个散斑元胞照在它上面(我们将在第 4 章里考虑一个散斑元胞的空间大小). 于是，反射盘被一个近似恒定的光强度照明，该强度在照明漫射体的系综上，服从负指数统计分布. 在已知的照明光强下，从反射盘反射的光强也产生一个散斑图样，服从负指数统计. 然而，现在的照明强度是随机的，我们要计算从盘子反射到一个点上的散斑强度的统计.

我们利用(3-96)式，从

$$p_x(x) = \frac{1}{\bar{I}}\exp\left[-\frac{x}{\bar{I}}\right] \tag{3-97}$$

得出

$$p_I(I) = \frac{1}{\bar{I}}\int_0^\infty \frac{1}{x}\exp\left[-\left(\frac{I}{x}+\frac{x}{\bar{I}}\right)\right]\mathrm{d}x = \frac{2}{\bar{I}}K_0\left(2\sqrt{\frac{I}{\bar{I}}}\right), \tag{3-98}$$

其中 $K_0(x)$是 0 阶的第二类修正贝塞尔函数.

这个密度函数是更一般的一类密度函数(叫做“K”分布)的一个例子. 我们会在下面两小节中看到这种密度函数的更一般的形式. K 分布由 E. Jakeman 和 P. N. Pusey[84]在 1976 年首次引入到散射问题中，但是他们的导致这种分布的模型和这里所用的不同②. 图 3.17 画的是对上述密度函数的 $\bar{I}p_{\bar{I}}(I/\bar{I})$对 $I/\bar{I}$ 的曲线图.

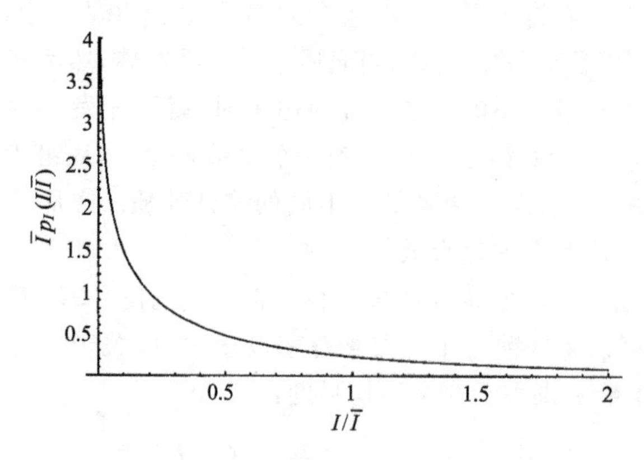

图 3.17 负指数分布驱动的散斑强度的概率密度函数

观察到的散斑图样的 q 阶矩可以算出如下：

$$\overline{I^q} = \int_0^\infty I^q p_I(I)\mathrm{d}I = \int_0^\infty I^q\ \frac{2}{\bar{I}}K_0\left(2\sqrt{\frac{I}{\bar{I}}}\right)\mathrm{d}I = \bar{I}^q(q!)^2. \tag{3-99}$$

② Jakeman 和 Pusey 在导出 K 分布时假设了具有有限项的随机行走，其中，散射贡献的数目服从负二项式统计. 见文献[85],[82]和[83].

我们特别感兴趣的是复合散斑的标准偏差和其平均值之比(对比度). 在这个案例中,我们求得

$$\frac{\sigma_I}{\bar{I}} = \sqrt{3} \approx 1.73. \tag{3-100}$$

虽然我们通常认为对比度是一个处于 0 和 1 之间的量,但是本例中,我们定义为对比度的两个平均的量的比,却不受这样的约束. 它可以大于 1,这是两个涨落源(照明光强和散斑)复合造成的结果.

3.6.2 Γ 强度分布驱动的散斑

前例的一个推广是,小的反射盘不是被单个散斑图样照明,而是被 N 个独立的散斑图样之和照明,每一个有相等的平均强度 I_0,就像几个等强度的独立激光器[③]照射在分开的漫射体上,漫射光再落到小反射盘上可能产生的情况. 我们仍然假设盘足够小,使得只有来自每个散斑图样的单个散斑照在反射盘上. 从(3-54)式,这时照在反射盘上的强度服从 Γ 密度分布,用(3-96)式,得到

$$\begin{aligned} p_I(I) &= \int_0^\infty \frac{1}{x}\exp\left[-\frac{I}{x}\right]\frac{x^{N-1}}{\Gamma(N)I_0^N}\exp\left[-\frac{x}{I_0}\right]\mathrm{d}x \\ &= \int_0^\infty \frac{1}{x}\exp\left[-\frac{I}{x}\right]\frac{N^N x^{N-1}}{\Gamma(N)\bar{I}^N}\exp\left[-N\frac{x}{\bar{I}}\right]\mathrm{d}x, \end{aligned} \tag{3-101}$$

其中总平均强度 $\bar{I}$ 是 N 个源所提供的强度之和,即 NI_0. 上述积分的结果可简化为

$$p_I(I) = \frac{2N^{\frac{N+2}{2}}}{\bar{I}\Gamma(N)}\left(\frac{I}{\bar{I}}\right)^{\frac{N-1}{2}} K_{N-1}\left(2\sqrt{\frac{NI}{\bar{I}}}\right), \tag{3-102}$$

这是一个比上一节所举的更加一般形式的 K 分布. 这里 $K_N(x)$是一个 N 阶第二类修正贝塞尔函数. 注意当$N=1$ 时,结果简化为前一小节所求得的结果. 图 3.18 是 $N=1,3,6$ 和 10 时这个密度函数的曲线图. 当$N\geqslant 10$,这些曲线已不能和负指数分布相区别,这是因为随着 N 增大,Γ 密度函数趋于 δ 函数. 在(3-96)式中以 δ 函数代替 $p_x(x)$,显然给出一个负指数分布.

(3-102)式中的更一般的 K 分布的 q 阶矩可求得为

$$\overline{I^q} = \left(\frac{\bar{I}}{N}\right)^q \frac{q!\,\Gamma(q+N)}{\Gamma(N)}. \tag{3-103}$$

强度的标准方差与平均值之比求得为

$$\frac{\sigma_I}{\bar{I}} = \sqrt{1+\frac{2}{N}}. \tag{3-104}$$

---

③ 激光独立地振荡,相互没有锁相,这一事实使得我们可以在小反射盘上按强度而不是振幅相加.

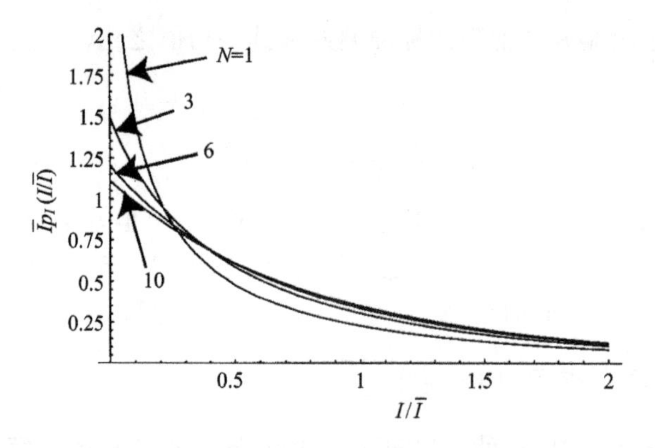

图 3.18 N 阶 Γ 分布驱动的散斑强度概率密度函数

注意当 $N=1$，此比值是$\sqrt{3}$，即上一小节求得的结果；当 $N\to\infty$时，此比值趋于 1，此结果对应于强度的负指数分布. $\sigma_I/\bar{I}$ 与 $I/\bar{I}$ 的关系曲线画在图 3.19 中.

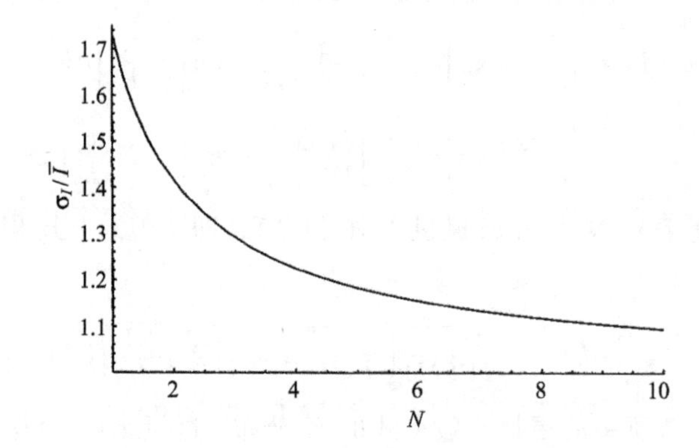

图 3.19 N 阶 Γ 分布驱动的散斑强度涨落的“对比度”

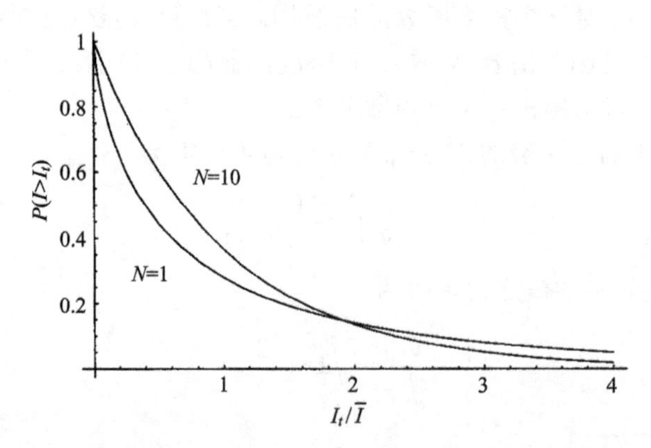

图 3.20 服从 K 分布的散斑，强度 I 超过阈值 I_t 的累积概率与 $I_t/\bar{I}$ 的函数关系

最后,强度超过阈值 I_t 的累计概率,在本例中由下式给出:

$$P(I \geqslant I_t) = 1 - \int_0^{I_t} p_I(I)\mathrm{d}I = \frac{2(NI_t/\overline{I})^{N/2}}{\Gamma(N)} K_N(2\sqrt{NI_t/\overline{I}}). \tag{3-105}$$

图 3.20 是 $N=1$ 和 $N=10$ 时,$I>I_t$ 的累积概率与 $I_t/\overline{I}$ 的函数关系.

3.6.3 Γ 强度分布驱动的独立散斑图样之和

作为复合散斑的最后的也是最一般的案例,我们来考虑前面已分析过的案例的进一步推广. 前面,我们假设条件散斑统计是负指数分布,而驱动强度的统计是 Γ 分布. 在我们现在考虑的案例中,条件强度统计是 Γ **分布**,而驱动强度的统计仍为 Γ 统计.

在几种物理场合中,实际上会发生这种情况. 举例来说明:再次考虑一个小的粗糙反射盘,用 N 个独立的激光器经过不同的漫射体照明. 盘截得来自每一漫射体的单个散斑,于是与前相同,盘上的照明强度依然服从 N 阶 Γ 统计. 然而现在我们不是在空间一点上探测反射强度,而是用一个积分探测器,在比一个散斑大得多的区域上积分. 我们在第 4 章将证明,以照明小反射盘的强度为条件,探测到的散斑统计也是 Γ 分布,不过是 M 阶的,M 依赖于散斑的宽度(在第 4 章定义)和探测器的积分区域的面积. 与(3-96)式相似,我们现在得到探测到的强度的密度函数为

$$\begin{aligned} p_I(I) &= \int_0^{\infty} p_{I|x}(I \mid x) p_x(x)\mathrm{d}x = \int_0^{\infty} \frac{M^M I^{M-1}}{\Gamma(M) x^M} \exp\left(-M\frac{I}{x}\right) p_x(x)\mathrm{d}x \\ &= \int_0^{\infty} \left[\frac{M^M I^{M-1}}{\Gamma(M) x^M} \exp\left(-M\frac{I}{x}\right)\right]\left[\frac{N^N x^{N-1}}{\Gamma(N)\overline{I}^N} \exp\left(-N\frac{x}{\overline{I}}\right)\right]\mathrm{d}x \\ &= \frac{2(MN)^{\frac{M+N}{2}}}{\overline{I}\Gamma(M)\Gamma(N)}\left(\frac{I}{\overline{I}}\right)^{\frac{M+N-2}{2}} K_{|N-M|}\left(2\sqrt{NM\frac{I}{\overline{I}}}\right). \end{aligned} \tag{3-106}$$

这个分布由 A1-Habash,Andrews 和 Philips 引入[2],作为一个适合在中等强度的扰动条件下通过大气传播所遇到的强度涨落的统计模型. 它们称之为"Γ-Γ"分布,但是我们这里宁愿把它看成前一节中所讨论的 K 分布的自然推广.

可求出这个分布的 q 阶矩为

$$\overline{I^q} = \left(\frac{\overline{I}}{MN}\right)^q \frac{\Gamma(M+q)\Gamma(N+q)}{\Gamma(N)\Gamma(M)}, \tag{3-107}$$

其标准偏差对平均强度的比值为

$$\frac{\sigma_I}{\overline{I}} = \sqrt{\frac{\Gamma(M)\Gamma(2+M)\Gamma(N)\Gamma(2+N)}{\Gamma^2(1+M)\Gamma^2(1+N)} - 1} = \sqrt{\frac{N+M+1}{NM}}, \tag{3-108}$$

其中最后一步简化当 M 和 N 是整数时是可能的.

第 4 章　散斑的高阶统计性质

基于第 3 章所述的内容,我们对空间一点上 (或对动态变化的散斑而言在时间一点上)的散斑的统计性质已有所了解.现在我们转而讨论散斑在两点而不是在一点上的联合统计性质.散斑的两个值可以代表空间两点上的值、时间两点上的值或两个不同的散斑图样中一点上的值.这些考虑使我们能够导出关于散斑图样中散斑尺寸大小(粗糙度)的信息,影响散斑尺寸大小的物理性质,并对散斑图样的其他重要性质进行讨论.

4.1　多元高斯统计

完全散射的散斑场的基本统计模型是圆型高斯复值随机过程,它的实部和虚部二者都是实值联合高斯随机过程,因此我们必须首先简略讨论多元高斯分布.

用一个列矢量 $\vec{u}=\{u_1,u_2,\cdots,u_M\}^{t}$ 表示一组 M 个高斯随机变量,其特征函数由下式给出

$$\boldsymbol{M}_u(\vec{\omega}) = \exp\left\{\mathrm{j}\vec{\bar{u}}^{t}\vec{\omega} - \frac{1}{2}\vec{\omega}^{t}\underline{\mathcal{C}}\vec{\omega}\right\}, \tag{4-1}$$

其中,上标 t 表示矩阵的转置,$\vec{\bar{u}}$ 是 u_m 的平均值的列矢量,列矢量 $\vec{\omega}$ 的分量是 ω_1, $\omega_2,\cdots,\omega_M$.符号 $\underline{\mathcal{C}}$ 表示协方差矩阵,它的第 n 行与 m 列元素 $c_{n,m}$ 由下面的期望值给出

$$c_{n,m} = E[(u_n - \overline{u_n})(u_m - \overline{u_m})]. \tag{4-2}$$

这个特征函数的 M 维逆傅里叶变换给出 M 维高斯概率密度函数①([70], P. 42 和[151],P. 170)

$$p(\vec{u}) = p(u_1,u_2,\cdots,u_M) = \frac{1}{(2\pi)^{M/2}\,|\underline{\mathcal{C}}|^{1/2}}\exp\left[-\frac{1}{2}(\vec{u}-\vec{\bar{u}})^{t}\,\underline{\mathcal{C}}^{-1}(\vec{u}-\vec{\bar{u}})\right]. \tag{4-3}$$

其中 $|\underline{\mathcal{C}}|$ 是协方差矩阵的行列式,$\underline{\mathcal{C}}^{-1}$ 是逆矩阵.

对任何一种多元分布,任何一阶矩都可以对特征函数求微商得出

$$\overline{u_1^{p}u_2^{q}\cdots u_m^{k}} = \frac{1}{\mathrm{j}^{p+q+\cdots+k}}\,\frac{\partial^{p+q+\cdots+k}}{\partial\omega_1^{p}\partial\omega_2^{q}\cdots\partial\omega_n^{k}}\boldsymbol{M}_u(\vec{\omega})\Big|_{\vec{\omega}=\vec{0}}, \tag{4-4}$$

---

① 在整个这一章,我们不对概率密度函数用相应的随机变量的符号做下标,除了在个别情况为了清晰需要加这种下标.

其中 p,q 和 k 是整数. 对多元零均值的高斯分布这一特殊情况,将(4-4)式用于(4-1)式,就得出所谓实高斯变量的**矩定理**:

$$\overline{u_1 u_2 \cdots u_{2k+1}} = 0$$

$$\overline{u_1 u_2 \cdots u_{2k}} = \sum_p (\overline{u_j u_m}\ \overline{u_l u_p} \cdots \overline{u_q u_s})_{j \neq m, l \neq p, q \neq s}, \tag{4-5}$$

其中符号 $\sum_p$ 表示对在 $2k$ 个变量中取一对所有可能的$(2k)!/2^k k!$ 个不同的组合求和. 对于最常见的 $k=2$ 的情况,这个结果变成

$$\overline{u_1 u_2 u_3 u_4} = \overline{u_1 u_2}\ \overline{u_3 u_4} + \overline{u_1 u_3}\ \overline{u_2 u_4} + \overline{u_1 u_4}\ \overline{u_2 u_3}. \tag{4-6}$$

4.2 对散斑场的应用

让 $\mathbf{A}_1, \mathbf{A}_2, \cdots, \mathbf{A}_N$ 表示一个完全散射的散斑场在空域中点$(x_1, y_1), (x_2, y_2), \cdots, (x_N, y_N)$上,或时域中点 $t_1, t_2, \cdots, t_N$ 上的 N 个复数值. 此外,在第 n 点上的复场的实部与虚部表示为

$$\mathcal{R}_n = \text{Re}\{\mathbf{A}_n\}$$

$$\mathcal{I}_n = \text{Im}\{\mathbf{A}_n\}.$$

在这里感兴趣的情况,矢量 $\vec{u}$ 有 $M=2N$ 个分量,即

$$\vec{u} = \{\mathcal{R}_1, \mathcal{R}_2, \cdots, \mathcal{R}_N, \mathcal{I}_1, \mathcal{I}_2, \cdots, \mathcal{I}_N\}^{\mathrm{t}}.$$

因为感兴趣的场是**圆型**复数随机变量 $\mathbf{A}_n$ 及 $\mathbf{A}_m$,我们有

$$\begin{aligned}
\overline{\mathcal{R}_n} = \overline{\mathcal{I}_n} = \overline{\mathcal{R}_m} = \overline{\mathcal{I}_m} = 0 \\
\overline{\mathcal{R}_n^2} = \overline{\mathcal{I}_n^2} = \overline{\mathcal{R}_m^2} = \overline{\mathcal{I}_m^2} = \sigma^2 \\
\overline{\mathcal{R}_n \mathcal{I}_n} = \overline{\mathcal{R}_m \mathcal{I}_m} = 0 \\
\overline{\mathcal{R}_n \mathcal{I}_m} = -\overline{\mathcal{R}_m \mathcal{I}_n} \\
\overline{\mathcal{R}_n \mathcal{R}_m} = \overline{\mathcal{I}_n \mathcal{I}_m}.
\end{aligned} \tag{4-7}$$

这些关系简化了协方差矩阵的结构. 首先,注意矩阵有一个方块结构,表示为

$$\underline{\mathcal{C}} = \begin{bmatrix} \underline{\mathcal{C}}_{\mathcal{RR}} & \underline{\mathcal{C}}_{\mathcal{RI}} \\ \underline{\mathcal{C}}_{\mathcal{IR}} & \underline{\mathcal{C}}_{\mathcal{II}} \end{bmatrix}, \tag{4-8}$$

其中,$\underline{\mathcal{C}}_{\mathcal{RR}}$是场的实部的自协方差矩阵,$\underline{\mathcal{C}}_{\mathcal{II}}$是场的虚部的自协方差,而$\underline{\mathcal{C}}_{\mathcal{RI}}$和$\underline{\mathcal{C}}_{\mathcal{IR}}$是场的实部和虚部的交叉协方差矩阵. (4-3)式的概率密度的形式变为

$$p(\vec{u}) = \frac{1}{(2\pi)^N |\underline{\mathcal{C}}|^{1/2}} \exp\left(-\frac{1}{2}\vec{u}^{\mathrm{t}}\ \underline{\mathcal{C}}^{-1}\vec{u}\right), \tag{4-9}$$

(4-7)式意味着

$$\underline{\mathcal{C}} = \begin{bmatrix} \underline{\mathcal{C}}_{\mathcal{RR}} & \underline{\mathcal{C}}_{\mathcal{RI}} \\ -\underline{\mathcal{C}}_{\mathcal{RI}} & \underline{\mathcal{C}}_{\mathcal{RR}} \end{bmatrix}. \tag{4-10}$$

此外，我们还知道关于$\underline{\mathcal{C}}_{\mathcal{RR}}$及$\underline{\mathcal{C}}_{\mathcal{RI}}$的结构的一些情况. $\underline{\mathcal{C}}_{\mathcal{RR}}$的所有对角元等于$\sigma^2$，而非对角元则关于对角线对称；$\underline{\mathcal{C}}_{\mathcal{RI}}$的所有对角元为零，而非对角元则在对角线上下呈现负对称性.

我们感兴趣的一个特殊情况是在空域(或时域)的两点的散斑，这时 $N=2$，我们必须用一个 4 维的概率密度函数 $p(\mathcal{R}_1, \mathcal{R}_2, \mathcal{I}_1, \mathcal{I}_2)$来描写场的实部与虚部. 这时的子矩阵$\underline{\mathcal{C}}_{\mathcal{RR}}$和$\underline{\mathcal{C}}_{\mathcal{RI}}$有以下形式：

$$\underline{\mathcal{C}}_{\mathcal{RR}} = \sigma^2 \begin{bmatrix} 1 & \rho_c \\ \rho_c & 1 \end{bmatrix}, \tag{4-11}$$

和

$$\underline{\mathcal{C}}_{\mathcal{RI}} = \sigma^2 \begin{bmatrix} 0 & \rho_s \\ -\rho_s & 0 \end{bmatrix}. \tag{4-12}$$

容易证明$\underline{\mathcal{C}}$的行列式为

$$|\underline{\mathcal{C}}| = \sigma^8 (1 - \rho_c^2 - \rho_s^2)^2, \tag{4-13}$$

$\underline{\mathcal{C}}$的逆矩阵为

$$\underline{\mathcal{C}}^{-1} = \frac{\sigma^2}{\sqrt{|\underline{\mathcal{C}}|}} \begin{bmatrix} -1 & \rho_c & 0 & \rho_s \\ \rho_c & -1 & -\rho_s & 0 \\ 0 & -\rho_s & -1 & \rho_c \\ \rho_s & 0 & \rho_c & -1 \end{bmatrix}. \tag{4-14}$$

于是可以证明相应的 4 阶高斯概率密度函数为

$$p(\vec{u}) = \frac{\exp\left[-\dfrac{\mathcal{R}_1^2 + \mathcal{R}_2^2 + \mathcal{I}_1^2 + \mathcal{I}_2^2 - 2\rho_s(\mathcal{R}_1\mathcal{I}_2 - \mathcal{I}_1\mathcal{R}_2) - 2\rho_c(\mathcal{R}_1\mathcal{R}_2 + \mathcal{I}_1\mathcal{I}_2)}{2\sigma^2(1 - \rho_c^2 - \rho_s^2)}\right]}{4\pi^2\sigma^4(1 - \rho_c^2 - \rho_s^2)}. \tag{4-15}$$

对各个散斑样本互不相关的特殊情况($\rho_c = \rho_s = 0$)，上面的结果简化为

$$p(\vec{u}) = \frac{\exp\left[-\dfrac{\mathcal{R}_1^2 + \mathcal{R}_2^2 + \mathcal{I}_1^2 + \mathcal{I}_2^2}{2\sigma^2}\right]}{4\pi^2\sigma^4}, \tag{4-16}$$

它简单地是随机变量 $\mathcal{R}_1, \mathcal{R}_2, \mathcal{I}_1, \mathcal{I}_2$的四个一阶密度函数的边缘概率密度函数的乘积.

从(4-5)式和上述性质导出的一个普遍结果对圆型复高斯随机变量 $\mathbf{A}_1, \mathbf{A}_2, \cdots, \mathbf{A}_{2k}$的联合矩成立：

$$\overline{\mathbf{A}_1^* \mathbf{A}_2^* \cdots \mathbf{A}_k^* \mathbf{A}_{k+1} \mathbf{A}_{k+2} \cdots \mathbf{A}_{2k}} = \sum_{\Pi} \overline{\mathbf{A}_1^* \mathbf{A}_p}\, \overline{\mathbf{A}_2^* \mathbf{A}_q} \cdots \overline{\mathbf{A}_k^* \mathbf{A}_r}, \tag{4-17}$$

其中 $\sum_{\Pi}$ 表示对(1,2,…,k)的 $k!$ 种可能的排列(p,…,r)求和. 这个结果称为复高斯矩定理. 对 4 个变量($k=2$)的特殊情况,我们有

$$\overline{\boldsymbol{A}_1^* \boldsymbol{A}_2^* \boldsymbol{A}_3 \boldsymbol{A}_4} = \overline{\boldsymbol{A}_1^* \boldsymbol{A}_3}\ \overline{\boldsymbol{A}_2^* \boldsymbol{A}_4} + \overline{\boldsymbol{A}_1^* \boldsymbol{A}_4}\ \overline{\boldsymbol{A}_2^* \boldsymbol{A}_3}. \tag{4-18}$$

有以上的结果做背景,我们现在已经为研究散斑振幅和强度的多维统计做好了准备.

4.3 散斑振幅、相位和强度的多维统计

第 3 章讨论过,在空域/时域的一点的散斑图样的振幅 A 定义为复相幅矢量 $\boldsymbol{A}$ 的长度,其相位定义为相幅矢量的相位. 我们想要计算一个散斑图样的振幅和相位的 N 个样本的多维概率密度函数,即 $p(A_1,A_2,\cdots,A_N)$ 和 $p(\theta_1,\theta_2,\cdots,\theta_N)$. 这些密度函数依赖于基本的场的实部和虚部的 $2N$ 阶密度函数. 我们的做法是求出所有 $2N$ 变量 $A_1,\theta_1,A_2,\theta_2,\cdots,A_N,\theta_N$ 的联合密度函数,然后对恰当的变量积分以求出有关的边缘密度函数.

求我们感兴趣的密度函数的一个正式方法是做以下的变量变换:

$$\begin{array}{ll} \mathcal{R}_1 = A_1 \cos\theta_1 & \mathcal{I}_1 = A_1 \sin\theta_1 \\ \mathcal{R}_2 = A_2 \cos\theta_2 & \mathcal{I}_2 = A_2 \sin\theta_2 \\ \vdots & \vdots \\ \mathcal{R}_N = A_N \cos\theta_N & \mathcal{I}_N = A_N \sin\theta_N \end{array}. \tag{4-19}$$

必须把这些表示式代入概率密度函数(4-9)中,并将结果乘以变换的雅可比行列式的模[②]:

$$|J| = \left\| \begin{array}{ccccc} \partial\mathcal{R}_1/\partial A_1 & \partial\mathcal{I}_1/\partial A_1 & \cdots & \partial\mathcal{R}_N/\partial A_1 & \partial\mathcal{I}_N/\partial A_1 \\ \partial\mathcal{R}_1/\partial\theta_1 & \partial\mathcal{I}_1/\partial\theta_1 & \cdots & \partial\mathcal{R}_N/\partial\theta_1 & \partial\mathcal{I}_N/\partial\theta_1 \\ \vdots & \vdots & & \vdots & \vdots \\ \partial\mathcal{R}_1/\partial A_N & \partial\mathcal{I}_1/\partial A_N & \cdots & \partial\mathcal{R}_N/\partial A_N & \partial\mathcal{I}_N/\partial A_N \\ \partial\mathcal{R}_1/\partial\theta_N & \partial\mathcal{I}_1/\partial\theta_N & \cdots & \partial\mathcal{R}_N/\partial\theta_N & \partial\mathcal{I}_N/\partial\theta_N \end{array} \right\|. \tag{4-20}$$

(4-2)式中符号‖ · ‖表示行列式的大小. 这个雅可比行列式的许多元素是零,事实上,这个矩阵是带状的,只有对角线上及对角线上下的次对角线上的元素不是零. 最后,我们必须将密度函数 $p(A_1,\theta_1,\cdots,A_N,\theta_N)$ 的表示式对所有的 θ_n 积分以求出所有 A_n 的联合密度函数,及对所有的 A_n 积分以求出所有 θ_n 的联合密度函数. 对

---

② 我们一贯用符号 $|\underline{M}|$ 代表矩阵 $\underline{M}$ 的行列式,用符号 $\|\underline{M}\|$ 表示行列式的模. 雅可比行列式用 J 表示,它本身是一个行列式,因此,其大小用 $|J|$ 表示.

普遍的 N 阶情况，这个计算是令人生畏的.

这里我们限于只有两个散斑样本 A_1 和 A_2 的情况. 于是，雅可比行列式只涉及一个 4×4 的矩阵：

$$|J| = \begin{Vmatrix} \partial\mathcal{R}_1/\partial A_1 & \partial\mathcal{I}_1/\partial A_1 & \partial\mathcal{R}_2/\partial A_1 & \partial\mathcal{I}_2/\partial A_1 \\ \partial\mathcal{R}_1/\partial\theta_1 & \partial\mathcal{I}_1/\partial\theta_1 & \partial\mathcal{R}_2/\partial\theta_1 & \partial\mathcal{I}_2/\partial\theta_1 \\ \partial\mathcal{R}_1/\partial A_2 & \partial\mathcal{I}_1/\partial A_2 & \partial\mathcal{R}_2/\partial A_2 & \partial\mathcal{I}_2/\partial A_2 \\ \partial\mathcal{R}_1/\partial\theta_2 & \partial\mathcal{I}_1/\partial\theta_2 & \partial\mathcal{R}_2/\partial\theta_2 & \partial\mathcal{I}_2/\partial\theta_2 \end{Vmatrix}$$

$$= \begin{Vmatrix} \cos\theta_1 & \sin\theta_1 & 0 & 0 \\ -A_1\sin\theta_1 & A_1\cos\theta_1 & 0 & 0 \\ 0 & 0 & \cos\theta_2 & \sin\theta_2 \\ 0 & 0 & -A_2\sin\theta_2 & A_2\cos\theta_2 \end{Vmatrix}, \tag{4-21}$$

它可以简化为

$$|J| = A_1 A_2. \tag{4-22}$$

因此，用(4-15)式和三角关系作简化，$A_1, \theta_1, A_2, \theta_2$ 的联合密度函数是

$$p(A_1, \theta_1, A_2, \theta_2) = \frac{A_1 A_2}{4\pi^2\sigma^4(1-\rho_c^2-\rho_s^2)} \times \exp\left[-\frac{A_1^2 + A_2^2 + 2\rho_s A_1 A_2\sin(\theta_1-\theta_2) - 2\rho_c A_1 A_2\cos(\theta_1-\theta_2)}{2\sigma^2(1-\rho_c^2-\rho_s^2)}\right]. \tag{4-23}$$

进一步简化(4-23)式是可能的. 定义散斑场 $\mathbf{A}_1$ 和 $\mathbf{A}_2$ 之间的复相关系数为

$$\boldsymbol{\mu} = \mu e^{j\phi} = \frac{\overline{\mathbf{A}_1\mathbf{A}_2^*}}{\sqrt{\overline{|\mathbf{A}_1|^2}\,\overline{|\mathbf{A}_2|^2}}} = \frac{\overline{\mathcal{R}_1\mathcal{R}_2} + \overline{\mathcal{I}_1\mathcal{I}_2} + j\,\overline{\mathcal{R}_2\mathcal{I}_1} - j\,\overline{\mathcal{R}_1\mathcal{I}_2}}{\sqrt{(\overline{\mathcal{R}_1^2} + \overline{\mathcal{I}_1^2})(\overline{\mathcal{R}_2^2} + \overline{\mathcal{I}_2^2})}}$$

$$= \frac{2\sigma^2\rho_c + j2\sigma^2\rho_s}{2\sigma^2} = \rho_c + j\rho_s. \tag{4-24}$$

将 $\rho_c = \mu\cos\phi$ 及 $\rho_s = \mu\sin\phi$ 代入，并用三角关系简化，得到

$$p(A_1, \theta_1, A_2, \theta_2) = \frac{A_1 A_2}{4\pi^2\sigma^4(1-\mu^2)}\exp\left[-\frac{A_1^2 + A_2^2 - 2A_1 A_2\mu\cos(\phi+\theta_1-\theta_2)}{2\sigma^2(1-\mu^2)}\right]. \tag{4-25}$$

(4-25)式在 $A_1, A_2 \geqslant 0$ 及 $-\pi < \theta_1, \theta_2 < \pi$ 成立. 剩下的问题是对(4-25)式积分以求出我们所感兴趣的边缘密度函数.

4.3.1 振幅的联合密度函数

为求出两个振幅 A_1 和 A_2 的联合密度函数，我们把(4-25)式对 θ_1 及 θ_2 积分. 为简化积分，首先让 θ_2 保持恒定，考虑对 θ_1 的积分. 因为我们是在 cos 函数的一个

整周期上积分，我们也可以在 2π 弧度的整周期上对一个新变量 $\alpha=\phi+\theta_1-\theta_2$ 做积分. 于是积分变为

$$p(A_1,A_2)=\int_{-\pi}^{\pi}\mathrm{d}\theta_2\int_{-\pi}^{\pi}\frac{A_1A_2}{4\pi^2\sigma^4(1-\mu^2)}\exp\left[-\frac{A_1^2+A_2^2-2A_1A_2\mu\cos(\alpha)}{2\sigma^2(1-\mu^2)}\right]\mathrm{d}\alpha. \quad (4\text{-}26)$$

积分很易积出，结果为

$$p(A_1,A_2)=\frac{A_1A_2}{(1-\mu^2)\sigma^4}\exp\left[-\frac{A_1^2+A_2^2}{2\sigma^2(1-\mu^2)}\right]I_0\left[\frac{\mu A_1A_2}{(1-\mu^2)\sigma^2}\right], \quad (4\text{-}27)$$

上述结果在 $0\leqslant A_1,A_2\leqslant\infty$ 上成立，其中 I_0 仍是一个零阶第一类修正的 Bessel 函数.

作为对此结果的一个检验，我们来求关于单个振幅 A_1 的边缘密度函数：

$$p(A_1)=\int_0^{\infty}p(A_1,A_2)\mathrm{d}A_2=\frac{A_1}{\sigma^2}\mathrm{e}^{-\frac{A_1^2}{2\sigma^2}} \quad (4\text{-}28)$$

它是一个**瑞利**密度函数，与前面的结果相符.

图 4.1 画的是不同的 μ 值下的归一化联合密度函数 $\sigma p(A_1/\sigma,A_2/\sigma)$ 的形状. 右图是左图的等值线. 可以看出，随着相关系数的增大，联合密度函数趋于一个沿着线 $A_1=A_2$ 的形状如 δ 函数的薄片.

我们有兴趣的另一个量是 A_2 之值已知时 A_1 的**条件**密度. 这个密度函数由 $p(A_1|A_2)$ 表示，可用 Bayes 定则求出如下：

$$p(A_1\mid A_2)=\frac{p(A_1,A_2)}{p(A_2)}=\frac{A_1}{(1-\mu^2)\sigma^2}\exp\left[-\frac{A_1^2+\mu^2A_2^2}{2\sigma^2(1-\mu^2)}\right]I_0\left[\frac{\mu A_1A_2}{(1-\mu^2)\sigma^2}\right]. \quad (4\text{-}29)$$

当 $\mu=0$ 时，两个振幅是独立的，A_1 的密度函数仍然化为瑞利密度.

4.3.2 相位联合密度函数

为了求联合密度函数 $p(\theta_1,\theta_2)$，我们必须将(4-25)式的 $p(A_1,\theta_1,A_2,\theta_2)$ 对变量 A_1 和 A_2 在 $(0,\infty)$ 区间上积分：

$$p(\theta_1,\theta_2)=\int_0^{\infty}\int_0^{\infty}\frac{A_1A_2}{4\pi^2\sigma^4(1-\mu^2)}\times\exp\left[-\frac{A_1^2+A_2^2-2A_1A_2\mu\cos(\phi+\theta_1-\theta_2)}{2\sigma^2(1-\mu^2)}\right]\mathrm{d}A_1\mathrm{d}A_2. \quad (4\text{-}30)$$

为了求出要求的积分，我们改变积分变量，作替换

$$A_1=\sigma\sqrt{1-\mu^2}z^{1/2}\mathrm{e}^{\psi/2}$$
$$A_2=\sigma\sqrt{1-\mu^2}z^{1/2}\mathrm{e}^{-\psi/2}, \quad (4\text{-}31)$$

其中 $-\infty<\psi<\infty$ 及 $0\leqslant z<\infty$. 这个变换的雅可比行列式大小是 $\sigma^2(1-\mu^2)/2$，因此

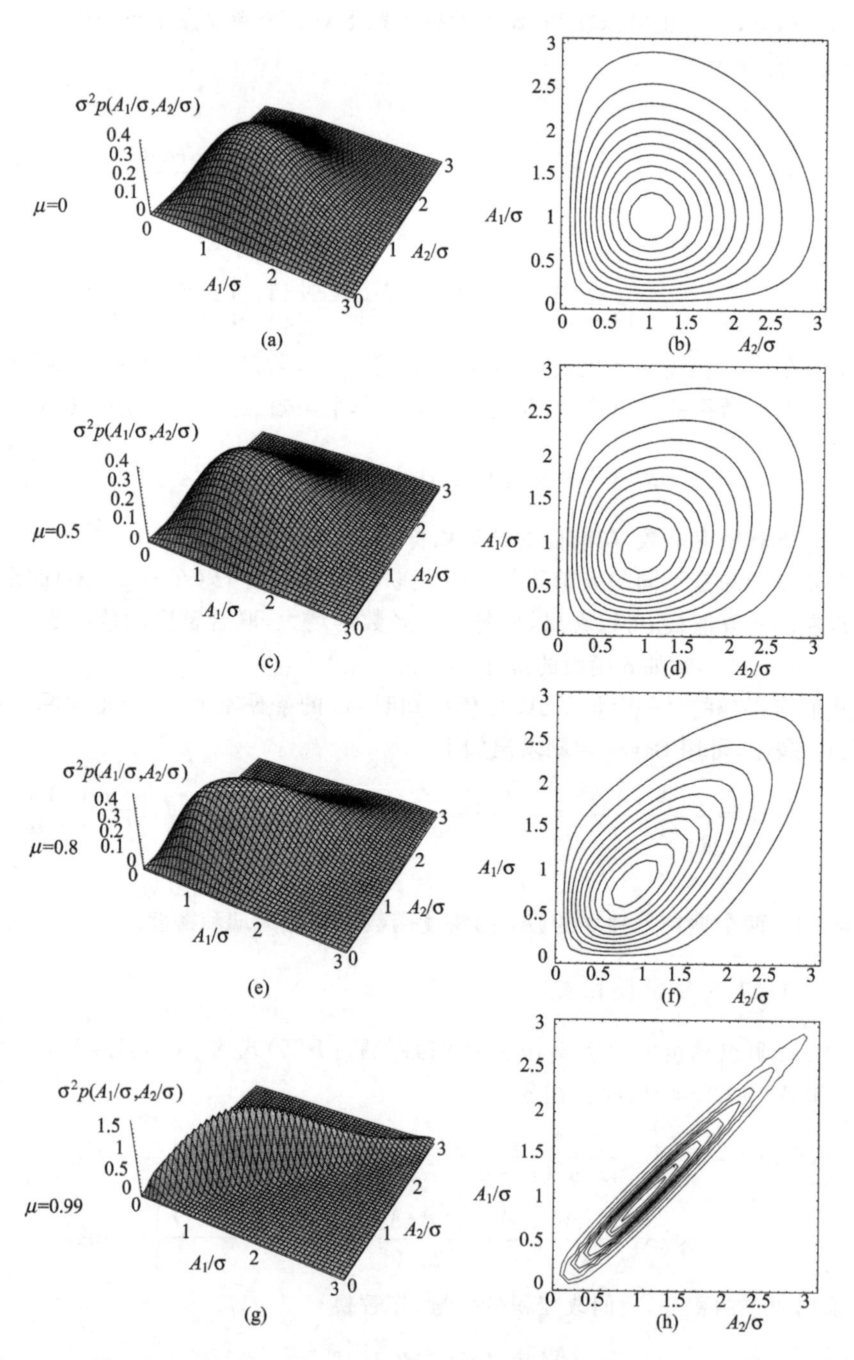

图 4.1 不同 μ 值下两个振幅 A_1 和 A_2 的归一化联合密度函数，右图是左图的等值线图

积分变成

$$p(\theta_1,\theta_2)=\frac{1-\mu^2}{4\pi^2}\int_0^{\infty}z\mathrm{e}^{\mu\cos(\phi+\theta_1-\theta_2)z}\ \frac{1}{2}\int_{-\infty}^{\infty}\mathrm{e}^{-z\cosh\psi}\mathrm{d}\psi\mathrm{d}z. \tag{4-32}$$

对 $z>0$ 用积分恒等式

$$\frac{1}{2}\int_{-\infty}^{\infty}\mathrm{e}^{-z\cosh\psi}\mathrm{d}\psi=K_0(z)$$

将密度函数改写为

$$p(\theta_1,\theta_2)=\frac{1-\mu^2}{4\pi^2}\int_0^{\infty}z\mathrm{e}^{\mu\cos(\phi+\theta_1-\theta_2)z}K_0(z)\mathrm{d}z. \tag{4-33}$$

这个剩下的积分可以算出([111],P. 404),结果为

$$p(\theta_1,\theta_2)=\left(\frac{1-\mu^2}{4\pi^2}\right)\frac{(1-\beta^2)^{1/2}+\beta\pi-\beta\cos^{-1}\beta}{(1-\beta^2)^{3/2}}, \tag{4-34}$$

其中 $\beta=\mu\cos(\phi+\theta_1-\theta_2)$. (4-34)式在 $-\pi\leqslant\theta_1,\theta_2\leqslant\pi$ 成立,在别处 $p(\theta_1,\theta_2)$ 为零.

从这个结果我们观察到重要的两点. 首先,对固定的 ϕ,相位的联合密度函数只依赖于相位差 $\theta_1-\theta_2$. 其次,虽然我们看到振幅 A 和相位 θ 在任一点都是独立的,但是 A_1 和 A_2 与 θ_1 和 θ_2 并不是联合独立的,因为

$$p(A_1,\theta_1,A_2,\theta_2)\neq p(A_1,A_2)p(\theta_1,\theta_2).$$

一个例外发生在 $\mu=0$ 时,这时密度函数可以分解因式.

读者或许会以为,上面关于 $p(\theta_1,\theta_2)$ 的结果也是相位差 $\Delta\theta=\theta_1-\theta_2$ 的密度函数. 但是我们下面将证明,这并不正确,做以下的变量变换:

$$\begin{aligned}\Delta\theta&=\phi+\theta_1-\theta_2\\ \theta_2&=\theta_2,\end{aligned} \tag{4-35}$$

或等价地

$$\begin{aligned}\theta_1&=\Delta\theta+\theta_2-\phi\\ \theta_2&=\theta_2.\end{aligned} \tag{4-36}$$

这个变换的雅可比行列式的值为 1,因此我们得到

$$p_{\Delta\theta}(\Delta\theta)=\int_{-\pi}^{\pi}p_{\theta_1,\theta_2}(\Delta\theta+\theta_2-\phi,\theta_2)\mathrm{d}\theta_2, \tag{4-37}$$

其中右边的密度函数的形式与 θ_1 和 θ_2 的联合密度函数的形式相同. 作了这个变量变换之后,被积函数显得与 θ_1 无关,积分只是给出一个 2π 因子,给出相位差 $\Delta\theta$ 的密度函数为

$$p_{\Delta\theta}(\Delta\theta)=\left(\frac{1-\mu^2}{2\pi}\right)\frac{(1-\beta^2)^{1/2}+\beta\pi-\beta\cos^{-1}\beta}{(1-\beta^2)^{3/2}}, \tag{4-38}$$

其中的 $\beta=\mu\cos(\Delta\theta)$,并且 $-\pi\leqslant\Delta\theta\leqslant\pi$.

图 4.2 是不同的 μ 值下密度函数 $p_{\Delta\theta}(\Delta\theta)$ 的曲线图. 注意:随着 $\mu\to0$,密度函数变成高度为 $1/2\pi$ 的均匀分布;而随着 $\mu\to1$,密度函数趋于一个在 $\Delta\theta=0$ 的 δ

函数.

我们有兴趣的最后一个量是相位差 $\Delta\theta$ 的标准偏差 $\sigma_{\Delta\theta}$，及其与 μ(复相关系数的大小)的函数关系.这个问题的解析解由下式给出③：

$$\sigma_{\Delta\theta} = \sqrt{\frac{\pi^2}{3} - \pi\arcsin(\mu) + \arcsin^2(\mu) - \frac{1}{2}\mathrm{Li}_2(\mu^2)}, \tag{4-39}$$

其中 Li_2 是双对数函数.这个结果示于图 4.3 中，相位差的标准偏差和参数 μ 的关系曲线.由图看到，标准偏差从 $\mu=0$ 时之值 $\pi/\sqrt{3}=1.81$ 往下降，随着 $\mu\to1$ 它趋于零.

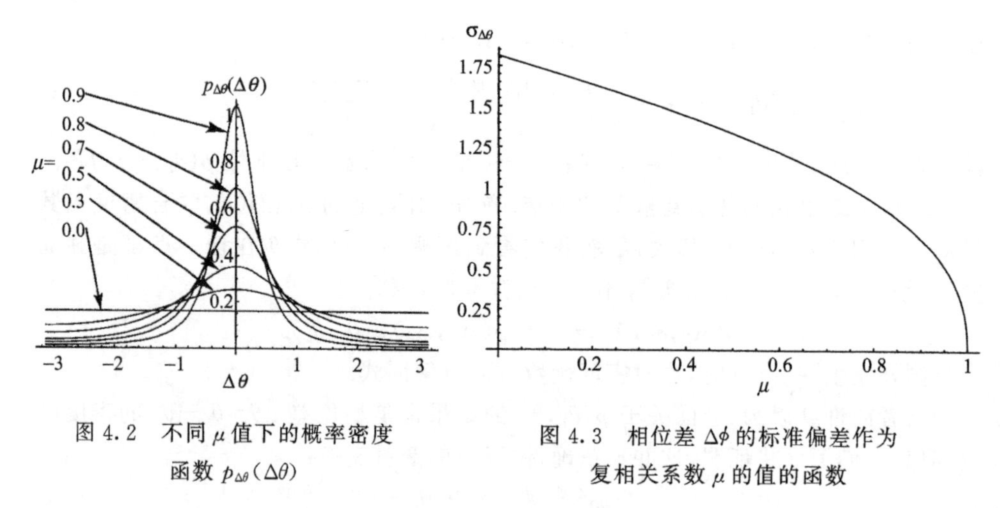

图 4.2 不同 μ 值下的概率密度函数 $p_{\Delta\theta}(\Delta\theta)$

图 4.3 相位差 $\Delta\phi$ 的标准偏差作为复相关系数 μ 的值的函数

我们现在将注意力转向空间两点上的散斑强度的联合密度函数.

4.3.3 强度的联合密度函数

通过简单的变量变换，从振幅的联合密度函数很容易求出散斑强度的联合密度函数.令 $I_1=A_1^2$ 及 $I_2=A_2^2$，或等价地，

$$\begin{aligned} A_1 &= \sqrt{I_1} \quad A_2 = \sqrt{I_2} \\ \theta_1 &= \theta_1 \quad\;\; \theta_2 = \theta_2. \end{aligned} \tag{4-40}$$

这个变换的雅可比行列式的大小是 $1/(4\sqrt{I_1 I_2})$，对(4-27)式中的 A_1 及 A_2 作替换，并且乘以雅可比行列式的大小，给出结果：

$$p(I_1,I_2) = \frac{1}{\bar{I}^2(1-\mu^2)}\exp\left[-\frac{I_1+I_2}{\bar{I}(1-\mu^2)}\right] I_0\left[\frac{2\mu\sqrt{I_1 I_2}}{\bar{I}(1-\mu^2)}\right], \tag{4-41}$$

③ Middleton([111],P. 405)和 Donati 与 Martini[34] 都给出了一个含有无穷级数的解析解，但无穷级数求和就给出双对数函数.

其中从强度的 1 阶统计我们已经注意到 $2\sigma^2=\bar{I}$.(4-41)式在区间 $0\leqslant I_1, I_2<\infty$ 上成立,在其外为零.

图 4.4 为在相关系数 μ 的不同的值的联合密度函数,右图是左图的等值线. 注

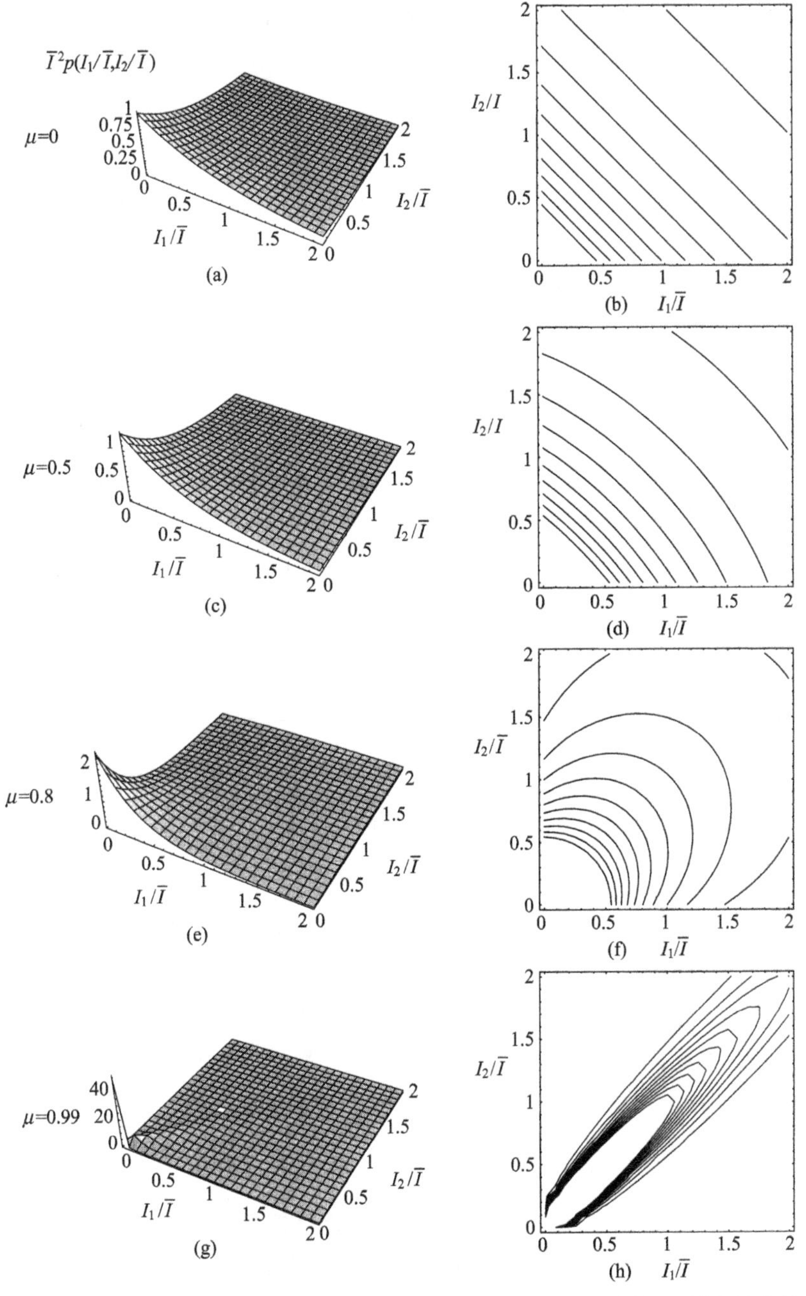

图 4.4 各个不同 μ 值下散斑强度的归一化联合密度函数,右图是左图的等值线

意当$\mu=0$时,联合密度是两个指数分布的乘积. 在μ趋于1时,联合分布趋于一个形状如δ函数的薄片,下面我们会详细解释.

可以证明I_1和I_2的联合矩为(见文献[111],P. 402)

$$\overline{I_1^n I_2^m} = \bar{I}^{n+m} n!m!{}_2F_1(-n,-m;1;\mu^2), \tag{4-42}$$

其中n和m是非负整数,${}_2F_1$是高斯超几何函数. 对于$n=m=1$的情况,这个矩是I_1和I_2的一阶相关,(4-42)式简化为

$$\Gamma_I = \overline{I_1 I_2} = \bar{I}^2(1+\mu^2), \tag{4-43}$$

此结果也可以用复值高斯矩定理验证. 因此,强度相关可以从所讨论的复场相关的大小求出.

我们注意到给定I_2值时I_1的条件密度函数是

$$p(I_1 \mid I_2) = \frac{p(I_1,I_2)}{p(I_2)} = \frac{1}{\bar{I}(1-\mu^2)}\exp\left[-\frac{I_1-\mu^2 I_2}{\bar{I}(1-\mu^2)}\right]I_0\left[\frac{2\mu\sqrt{I_1 I_2}}{\bar{I}(1-\mu^2)}\right]. \tag{4-44}$$

对$\mu=0$,这个表示式化简为通常的关于I_1的负指数密度分布. 当$\mu\to1$,所讨论的场完全相关,这确保了$I_1=I_2$,这个**条件**概率密度函数趋于一个δ函数,

$$p(I_1 \mid I_2) \longrightarrow \delta(I_1-I_2).$$

还要注意,这个结果隐含着,随着$\mu\to1$,(4-41)式中的I_1和I_2的联合密度函数趋于

$$p(I_1,I_2) = p(I_1 \mid I_2)p(I_2) = p(I_2)\delta(I_1-I_2) \longrightarrow \frac{1}{\bar{I}}\exp\left(-\frac{I_2}{\bar{I}}\right)\delta(I_1-I_2). \tag{4-45}$$

出于好奇,我们还要注意到,倘若作以下的变换:

$$A_0^2 = I_0 \longrightarrow \mu^2 I_2,$$

$$2\sigma^2 = \overline{I_n} \longrightarrow \bar{I}(1-\mu^2).$$

(4-44)式的形式便和(3-24)式的修正的 Rice 分布的形式完全相同.

最后我们考虑强度差($\Delta I=I_1-I_2$)的密度函数与复相关系数μ的大小的函数关系. 沿用推导(4-37)式用过的步骤,我们将ΔI的概率密度函数用联合密度函数$P_{I_1,I_2}(I_1,I_2)$表示如下:

$$p_{\Delta I}(\Delta I) = \int_0^\infty p_{I_1,I_2}(\Delta I+I_2,I_2)\mathrm{d}I_2. \tag{4-46}$$

把(4-41)式代入这个积分,应该给出我们寻求的结果. 解析解仍是难求的,但是数值积分给出了图4.5所示的各种不同的μ值下的结果. 如所预期,强度差可以正也可以负,其密度函数关于原点对称. 当$\mu=0$时,它是一个双侧的指数函数(或 Laplace 密度)，而当 $\mu\to1$，密度函数趋于一个在 $\Delta I=0$ 处的 δ 函数.

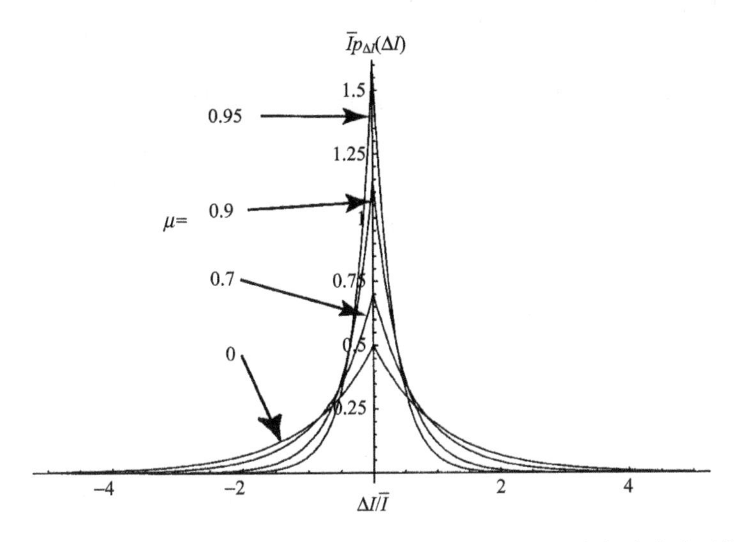

图 4.5 对复相关系数 μ 的不同大小，强度差 $\Delta I=I_1-I_2$ 的概率密度函数

在结束这一节时，我们计算强度差 ΔI 的方差：

$$\begin{aligned}\sigma_{\Delta I}^2&=\overline{\Delta I^2}=\overline{(I_1-I_2)^2}=\overline{I_1^2}+\overline{I_2^2}-2\,\overline{I_1I_2}\\&=4\bar{I}^2-2\bar{I}^2(1+\mu^2)=2\bar{I}^2(1-\mu^2),\end{aligned}\tag{4-47}$$

其中我们已假定 $\overline{I_1^2}=2\bar{I}^2$ 及 $\overline{I_2^2}=2\bar{I}^2$，这与已知的指数变量的二阶矩一致. 于是强度差的标准偏差与平均强度之比为

$$\frac{\sigma_{\Delta I}}{\bar{I}}=\sqrt{2(1-\mu^2)}\tag{4-48}$$

它与 μ 的函数关系曲线画在图 4.6 中.

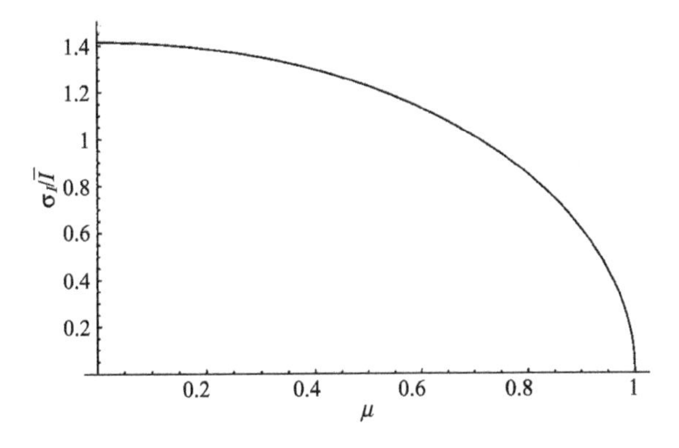

图 4.6 归一化的强度差的标准偏差与复相关系数模的函数关系

4.4 散斑的自相关函数和功率谱

在前一节的讨论中,我们频繁地遇到相关系数 μ,它描述一个散斑图样中两点的场 $\mathbf{A}_1$ 和 $\mathbf{A}_2$ 之间的归一化相关. 我们还看到,对完全散射的散斑,强度的相关 Γ_I 可以通过 μ 表示,如在(4-43)式中看到的. 在这一节,我们要探讨这些相关对产生散斑的光学系统的光路的依赖关系. 我们将考虑两种不同的情况,第一种是自由空间传播光路,第二种是成像光路.

关于散斑的自相关函数和功率谱密度的最早的出版物是 Goldfischer[64] 和 Goodman[66] 的文章.

4.4.1 自由空间传播光路

我们首先考虑这种情况:相干光源照明平的粗糙表面,在离表面一个距离 z 处观察散射光,如图 4.7 所示,得到的结果同样适用于光波穿过漫射体透射的情况. 在这两种情况下,我们都假设入射波遭受的相位扰动至少是 2π 弧度的几倍. 设入射辐射的波长为 λ,散射表面不随时间变化,散射光斑的形状暂且不作规定. 假设传播是旁轴的(即只含小散射角),在观察平面的点 (x,y) 上光的复振幅为 $\mathbf{A}(x,y)$,在一个紧邻散射表面右方的平面上的点 (α,β) 上散射光的复振幅为 $\boldsymbol{a}(\alpha,\beta)$,二

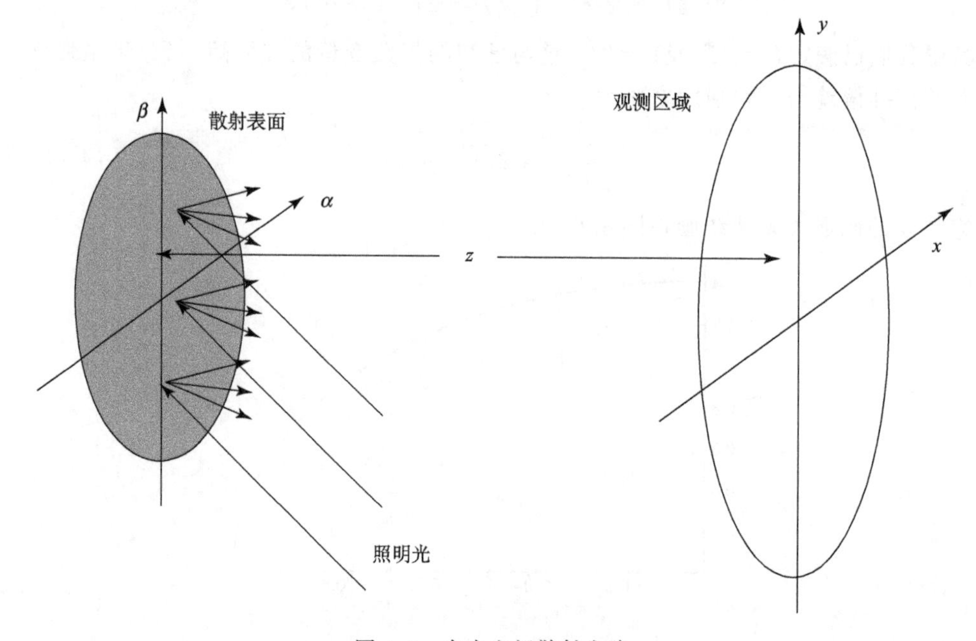

图 4.7 自由空间散射光路

者通过菲涅尔(Fresnel)衍射积分相联系(文献[71],P.67),

$$\mathbf{A}(x,y)=\frac{e^{jkz}}{j\lambda z}\exp\left[j\frac{k}{2z}(x^2+y^2)\right]\iint_{-\infty}^{\infty}\boldsymbol{a}(\alpha,\beta)\exp\left[j\frac{k}{2z}(\alpha^2+\beta^2)\right]\exp\left[-j\frac{2\pi}{\lambda z}(x\alpha+y\beta)\right]d\alpha\, d\beta. \tag{4-49}$$

我们第一步目标是计算散斑场 $\mathbf{A}(x,y)$ 在两个点 (x_1,y_1) 及 (x_2,y_2) 上的自相关函数 $\mathbf{\Gamma_A}$,即

$$\mathbf{\Gamma_A}(x_1,y_1;x_2,y_2)=\overline{\mathbf{A}(x_1,y_1)\mathbf{A}^*(x_2,y_2)}.$$

如果我们将 A 代入(4-49)式,并交换求平均和双重积分的次序,便得到

$$\mathbf{\Gamma_A}(x_1,y_1;x_2,y_2)=\frac{1}{\lambda^2 z^2}\exp\left[j\frac{k}{2z}(x_1^2+y_1^2-x_2^2-y_2^2)\right]\iiiint_{-\infty}^{\infty}\overline{\boldsymbol{a}(\alpha_1,\beta_1)\boldsymbol{a}^*(\alpha_2,\beta_2)}$$
$$\times\exp\left[j\frac{k}{2z}(\alpha_1^2+\beta_1^2-\alpha_2^2-\beta_2^2)\right]\exp\left[-j\frac{2\pi}{\lambda z}(x_1\alpha_1+y_1\beta_1-x_2\alpha_2-y_2\beta_2)\right]d\alpha_1\, d\beta_1\, d\alpha_2\, d\beta_2, \tag{4-50}$$

或

$$\mathbf{\Gamma_A}(x_1,y_1;x_2,y_2)=\frac{1}{\lambda^2 z^2}\exp\left[j\frac{k}{2z}(x_1^2+y_1^2-x_2^2-y_2^2)\right]\iiiint_{-\infty}^{\infty}\mathbf{\Gamma}_{\boldsymbol{a}}(\alpha_1,\beta_1;\alpha_2,\beta_2)$$
$$\times\exp\left[j\frac{k}{2z}(\alpha_1^2+\beta_1^2-\alpha_2^2-\beta_2^2)\right]\exp\left[-jz\frac{2\pi}{\lambda z}(x_1\alpha_1+y_1\beta_1-x_2\alpha_2-y_2\beta_2)\right]d\alpha_1\, d\beta_1\, d\alpha_2\, d\beta_2 \tag{4-51}$$

其中

$$\mathbf{\Gamma}_{\boldsymbol{a}}(\alpha_1,\beta_1;\alpha_2,\beta_2)=\overline{\boldsymbol{a}(\alpha_1,\beta_1)\boldsymbol{a}^*(\alpha_2,\beta_2)} \tag{4-52}$$

是紧挨着散射表面右方的场的相关函数.

在这里我们必须采用一个关于 $\mathbf{\Gamma}_{\boldsymbol{a}}$ 的性质的假定. 这个相关函数部分由表面高度相关函数来决定,部分由光的有限波长决定(例如,见文献[70],8.3.2 节). 现在我们假定,对于一切实用目的,波场 $\boldsymbol{a}(\alpha,\beta)$ 的相关函数显著不为零的区间都很小,小到这个相关可以用一个 δ 函数来恰当表示④:

$$\mathbf{\Gamma}_{\boldsymbol{a}}(\alpha_1,\beta_1;\alpha_2,\beta_2)=\kappa I(\alpha_1,\beta_1)\delta(\alpha_1-\alpha_2,\beta_1-\beta_2), \tag{4-53}$$

其中 κ 是量纲为长度平方的常量,$I(\alpha_1,\beta_1)$ 是紧靠散射表面右面的光强,$\delta(\alpha_1-\alpha_2,\beta_1-\beta_2)$ 是二维 δ 函数. 将(4-53)式代入(4-51)式,利用 δ 函数的筛选性质,我们得到

$$\mathbf{\Gamma_A}(x_1,y_1;x_2,y_2)=\frac{\kappa}{\lambda^2 z^2}e^{j\frac{k}{2z}(x_1^2+y_1^2-x_2^2-y_2^2)}\iint_{-\infty}^{\infty}I(\alpha,\beta)e^{-j\frac{2\pi}{\lambda z}[\alpha\Delta x+\beta\Delta y]}d\alpha\, d\beta, \tag{4-54}$$

---

④ 在第 4.5 节,我们会对这个假定作推广.

其中 $\Delta x = x_1 - x_2$，$\Delta y = y_1 - y_2$，并且将符号(α_1,β_1)换为简单的(α,β).

在大多数应用中，复场的相关函数的**模**才是最要紧的. 因此，(4-54)式中积分前面的二次相位复指数因子可以略去. 在任何需要它们的场合，可以重新引入. 于是我们有

$$\boldsymbol{\Gamma}_A(\Delta x,\Delta y) = \frac{\kappa}{\lambda^2 z^2}\iint\limits_{-\infty}^{\infty} I(\alpha,\beta)\exp\left\{-\mathrm{j}\,\frac{2\pi}{\lambda z}[\alpha\,\Delta x + \beta\,\Delta y]\right\}\mathrm{d}\alpha\,\mathrm{d}\beta, \tag{4-55}$$

(4-55)式除了标度因子外，简单地就是离开散射光斑的光强分布的二维傅里叶变换. 在许多情况下，这个强度分布与入射到散射光斑上的强度分布成正比，但是我们在用到它时将专门提起这个假设. 这个结果完全等价于经典相干理论的范西特-泽尼克(van Cittert-Zernike)定理(见文献[70]，5.6 节).

复相关系数定义为

$$\boldsymbol{\mu}_A(\Delta x,\Delta y) = \boldsymbol{\Gamma}_A(\Delta x,\Delta y)/\boldsymbol{\Gamma}_A(0,0),$$

它取如下形式：

$$\boldsymbol{\mu}_A(\Delta x,\Delta y) = \frac{\iint\limits_{-\infty}^{\infty} I(\alpha,\beta)\exp\left\{-\mathrm{j}\,\frac{2\pi}{\lambda z}[\alpha\,\Delta x + \beta\Delta y]\right\}\mathrm{d}\alpha\,\mathrm{d}\beta}{\iint\limits_{-\infty}^{\infty} I(\alpha,\beta)\,\mathrm{d}\alpha\,\mathrm{d}\beta}, \tag{4-56}$$

并且具有性质 $\boldsymbol{\mu}_A(0,0)=1$.

注意(4-55)式和(4-56)式在散射光斑的近场和远场中都成立，它们只受到假设菲涅尔衍射(4-49)式成立这一限制.

我们现在已为求散斑图样中**强度**分布的自相关函数作好了准备. 参考(4-43)式，强度分布的相关函数和归一化的振幅相关函数通过下式相联系：

$$\begin{aligned}\Gamma_I(\Delta x,\Delta y) &= \bar{I}^2[1 + |\boldsymbol{\mu}_A(\Delta x,\Delta y)|^2] \\ &= \bar{I}^2\left[1 + \left|\frac{\iint\limits_{-\infty}^{\infty} I(\alpha,\beta)\,\mathrm{e}^{-\mathrm{j}\frac{2\pi}{\lambda z}[\alpha\Delta x + \beta\Delta y]}\,\mathrm{d}\alpha\,\mathrm{d}\beta}{\iint\limits_{-\infty}^{\infty} I(\alpha,\beta)\,\mathrm{d}\alpha\,\mathrm{d}\beta}\right|^2\right].\end{aligned} \tag{4-57}$$

散斑图样的**功率谱密度函数**$\mathcal{G}_I(\nu_X,\nu_Y)$代表强度涨落功率在二维频率平面上的分布，它由强度自相关函数的傅里叶变换给出

$$\mathcal{G}_I(\nu_X,\nu_Y) = \iint\limits_{-\infty}^{\infty} \Gamma_I(\Delta x,\Delta y)\,\mathrm{e}^{-\mathrm{j}2\pi(\nu_X\Delta x + \nu_Y\Delta y)}\,\mathrm{d}\Delta x\,\mathrm{d}\Delta y. \tag{4-58}$$

借助于自相关定理([71]，P.8)并适当注意标度常数，功率谱密度函数可化为

$$\mathcal{G}_I(\nu_X,\nu_Y)=\bar{I}^2\left[\delta(\nu_X,\nu_Y)+(\lambda z)^2\frac{\iint\limits_{-\infty}^{\infty}I(\alpha,\beta)I(\alpha+\lambda z\nu_X,\beta+\lambda z\nu_Y)\mathrm{d}\alpha\,\mathrm{d}\beta}{\left[\iint\limits_{-\infty}^{\infty}I(\alpha,\beta)\mathrm{d}\alpha\,\mathrm{d}\beta\right]^2}\right].\tag{4-59}$$

(4-59)式中的 δ 函数对应于平均强度 $\bar{I}$ 所贡献的零频率的离散功率. 第二项由在散射光斑上的光强分布 $I(\alpha,\beta)$ 的归一化的并且经过标度的自相关函数组成,它代表散斑图样强度的变化部分的涨落功率随空间频率的分布.

功率谱的第二项(我们用符号 $\widetilde{\mathcal{G}}$ 表示)给出谱的连续部分,它在 $\nu_X=\nu_Y=0$ 的值为

$$\widetilde{\mathcal{G}}(0,0)=\bar{I}^2(\lambda z)^2\frac{\iint\limits_{-\infty}^{\infty}I^2(\alpha,\beta)\mathrm{d}\alpha\,\mathrm{d}\beta}{\left[\iint\limits_{-\infty}^{\infty}I(\alpha,\beta)\mathrm{d}\alpha\,\mathrm{d}\beta\right]^2}.\tag{4-60}$$

两个积分之比的量纲为面积的倒数. 的确,当散射光斑的强度 $I(\alpha,\beta)$ 在一个几何面积上为均匀时,两个积分之比化为 $1/A$,A 是散射光斑的面积. 于是在这种特殊情况下,

$$\widetilde{\mathcal{G}}(0,0)=\bar{I}^2\frac{(\lambda z)^2}{A}=\bar{I}^2\frac{\lambda^2}{\Omega_s},\tag{4-61}$$

其中 Ω_s 是从观察区域观看时散射光斑所张的立体角.

我们现在用两个例子来说明这些结果,它们分别是在散射光斑上一个方形($L\times L$)的和一个圆形的强度均匀分布. 首先令强度分布为

$$I(\alpha,\beta)=I_0\operatorname{rect}\left(\frac{\alpha}{L}\right)\operatorname{rect}\left(\frac{\beta}{L}\right),\tag{4-62}$$

其中矩形函数 $\operatorname{rect}(x)$ 在 $|x|\leqslant\frac{1}{2}$ 之内为 1,之外为零. 这个函数的傅里叶变换是

$$\iint\limits_{-\infty}^{\infty}I_0\operatorname{rect}\left(\frac{\alpha}{L}\right)\operatorname{rect}\left(\frac{\beta}{L}\right)\exp\left[-\mathrm{j}\frac{2\pi}{\lambda z}(\alpha\Delta x+\beta\Delta y)\right]\mathrm{d}\alpha\,\mathrm{d}\beta=L^2I_0\operatorname{sinc}\left(\frac{L\Delta x}{\lambda z}\right)\operatorname{sinc}\left(\frac{L\Delta y}{\lambda z}\right),\tag{4-63}$$

其中 $\operatorname{sinc}(x)=\sin(\pi x)/(\pi x)$. 由此得到本例中散斑强度的自相关函数由下式给出:

$$\Gamma_I(\Delta x,\Delta y)=\bar{I}^2\left[1+\operatorname{sinc}^2\left(\frac{L\Delta x}{\lambda z}\right)\operatorname{sinc}^2\left(\frac{L\Delta y}{\lambda z}\right)\right],\tag{4-64}$$

相应的散斑强度功率谱密度是

$$\mathcal{G}(\nu_X,\nu_Y)=\bar{I}^2\left[\delta(\nu_X,\nu_Y)+\frac{(\lambda z)^2}{A}\Lambda\left(\frac{\lambda z}{L}\nu_X\right)\Lambda\left(\frac{\lambda z}{L}\nu_Y\right)\right],\tag{4-65}$$

其中三角形函数 $\Lambda(x)=1-|x|$ 在 $|x|\leqslant 1$ 内为 1,之外为 0,散射光斑的面积为 $A=L^2$. 图 4.8 表示这两个结果.

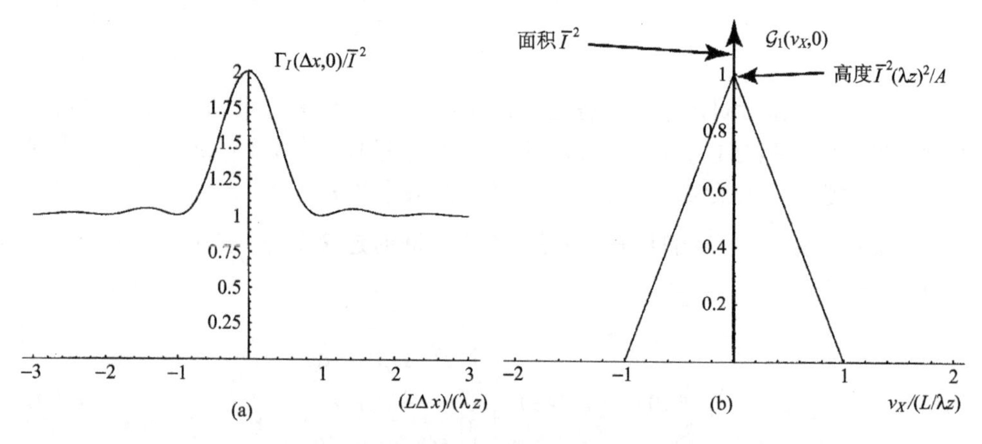

图 4.8 在自由空间传播和矩形均匀散射光斑的情况下,散斑强度的(a)自相关函数和(b)功率谱密度的截面

第二个例子是一个直径为 D 的圆形均匀强度分布的散射光斑:

$$I(\alpha,\beta)=I(\Omega)=\mathrm{circ}\left(\frac{2\rho}{D}\right),\tag{4-66}$$

其中 $\rho=\sqrt{\alpha^2+\beta^2}$,并且

$$\mathrm{circ}(\rho)=\begin{cases}1 & \rho\leqslant 1\\ 0 & \text{其他}.\end{cases}$$

为了计算散斑强度的自相关函数,我们首先必须求圆形斑的傅里叶变换. 这种分布的经过标度的傅里叶变换是

$$\iint\limits_{-\infty}^{\infty}\mathrm{circ}\left(\frac{2\rho}{D}\right)\exp\left[-\mathrm{j}\,\frac{2\pi}{\lambda z}(\alpha\Delta x+\beta\Delta y)\right]\mathrm{d}\alpha\,\mathrm{d}\beta$$

$$=2\pi\int_0^{D/2}\rho J_0\left(2\pi\frac{r}{\lambda z}\rho\right)\mathrm{d}\rho=A\left[2\,\frac{J_1\left(\frac{\pi D}{\lambda z}r\right)}{\frac{\pi D}{\lambda z}r}\right],\tag{4-67}$$

其中 A 仍是散射光斑的面积,现在是 $A=\pi(D/2)^2$. $J_1()$ 是一阶的第一类 Bessel 函数,$r=\sqrt{(\Delta x)^2+(\Delta y)^2}$. 适当地归一化后,散斑强度的自相关函数为

$$\Gamma_I(r) = \bar{I}^2\left[1 + \left|2\frac{J_1\left(\frac{\pi Dr}{\lambda z}\right)}{\frac{\pi Dr}{\lambda z}}\right|^2\right]. \tag{4-68}$$

于是可以证明,对应的散斑强度的功率谱密度为

$$\mathcal{G}(\nu) = \bar{I}^2\left\{\delta(\nu_X,\nu_Y) + \frac{(\lambda z)^2}{A}\frac{2}{\pi}\left[\arccos\left(\frac{\lambda z}{D}\nu\right) - \frac{\lambda z}{D}\nu\sqrt{1-\left(\frac{\lambda z}{D}\nu\right)^2}\right]\right\}, \tag{4-69}$$

其中,$\nu=\sqrt{\nu_X^2+\nu_Y^2}$. 图 4.9 表示通过散斑强度自相关函数的原点和散斑强度功率谱密度的原点的断面.

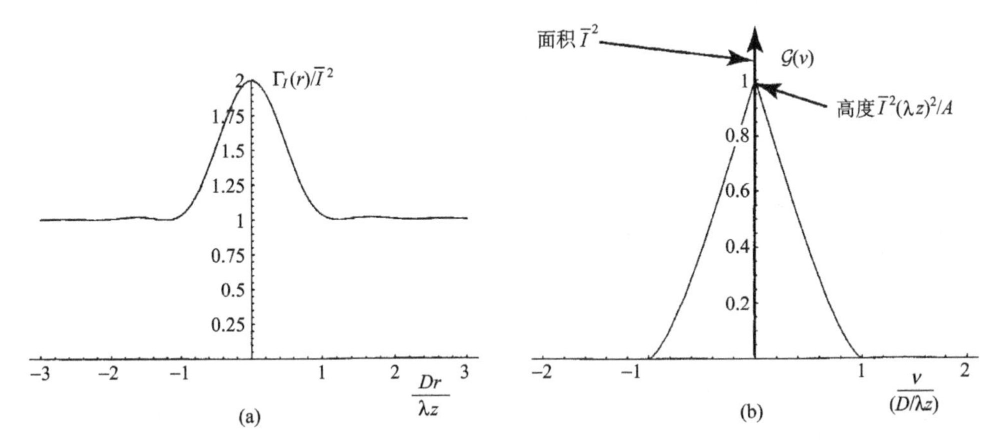

图 4.9 在自由空间传播和圆形均匀散射光斑的情况下,散斑强度的(a)自相关函数和(b)功率谱密度的截面

看了计算散斑强度的自相关函数和功率谱密度的两个例子后,我们回过来制定一个测度散斑平均"尺寸"的尺度. 我们在这里采用的尺度是散斑强度的归一化协方差函数(参考文献[20],第 8 章)的等当面积,我们称它为"相关面积"或"相干面积",用符号 $\mathcal{A}$ 表示. 散斑强度的归一化协方差函数与自相关函数通过下式相联系:

$$c_I(\Delta x,\Delta y) = \frac{\Gamma_I(\Delta x,\Delta y) - \bar{I}^2}{\bar{I}^2}$$

这个量的**等当面积**由下式给出:

$$\mathcal{A} = \iint_{-\infty}^{\infty} c_I(\Delta x,\Delta y)\,\mathrm{d}\Delta x\,\mathrm{d}\Delta y = \iint_{-\infty}^{\infty} |\mu_A(\Delta x,\Delta y)|^2\,\mathrm{d}\Delta x\,\mathrm{d}\Delta y. \tag{4-70}$$

对上面讲的两个例子,这个量是

$$\mathcal{A} = \frac{(\lambda z)^2}{A} = \frac{\lambda^2}{\Omega_s}, \tag{4-71}$$

其中 A 是散射光斑的面积，Ω_s 仍是散射光斑所张的立体角，这个结果对任何形状的均匀亮斑都正确．更一般地，对一个亮度非均匀的散射光斑：

$$\mathcal{A} = (\lambda z)^2 \frac{\iint\limits_{-\infty}^{\infty} I^2(\alpha,\beta)\,\mathrm{d}\alpha\,\mathrm{d}\beta}{\left[\iint\limits_{-\infty}^{\infty} I(\alpha,\beta)\,\mathrm{d}\alpha\,\mathrm{d}\beta\right]^2}. \tag{4-72}$$

因为我们讨论的光路根本上是二维的，并没有独一无二的定义散斑的一维**宽度**的办法，但是上面讨论的等当面积的平方根是这个量的一个合理的近似．

4.4.2 成像光路

我们现在转而注意图 4.10 所示的**成像**光路．位于左侧的粗糙散射物由相干光照明⑤．部分散射光被一块单正透镜收集，送到右边像平面中的焦点．物到透镜的距离为 z_o，像到透镜的距离为 z_i，透镜的焦距为 f．在以下的讨论中，我们假设物是一个均匀的粗糙表面，其强度反射率不变．

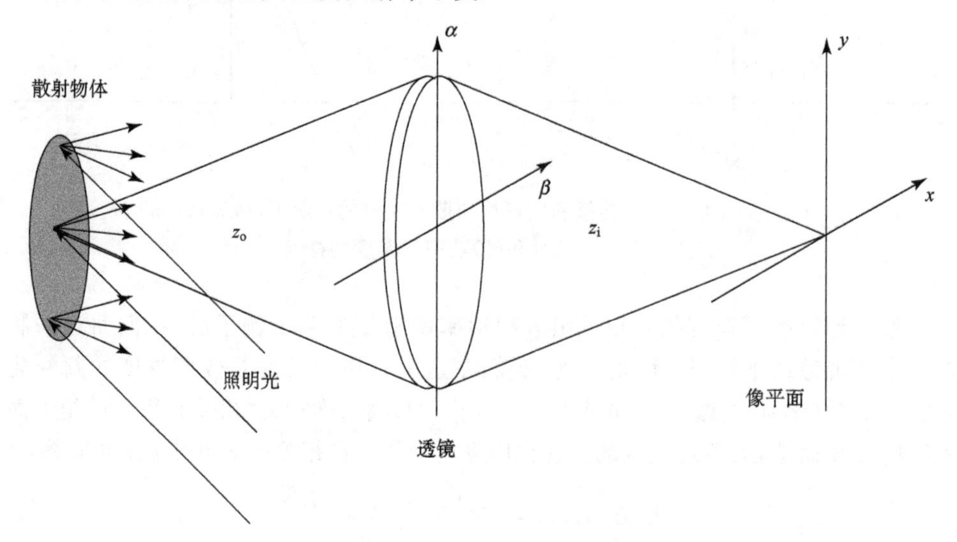

图 4.10 形成带散斑的像的成像光路

求(x,y)平面上的场的自相关函数 $\mathbf{\Gamma}_A$ 的一种可能的办法是让场的自相关函数传播过整个系统，即从(4-51)式出发，在散射表面(即在物上)使用 δ 函数相关近似，

⑤ 与下述论点相似的论点对通过一个漫射体的光照明的透射物体也适用．

对透镜使用二次相位透过函数(见文献[71],5.1 节),由此计算透镜后的相关函数,然后再用(4-51)式(不用 δ 函数近似)从透镜过渡到像平面.这种方法可行,但是冗长而乏味.

我们不用这个办法,而用泽尼克(Zernike)在一个密切相关的问题中首先引入的近似[183].这一近似背后的假设是①物上被照明的面积和表面反射的波前的相关面积相比很大,②物上的照明区域和单透镜在物上分辨元胞的尺寸相比要大得多.第一个假设确保了入射到透镜孔径上的波前的相位变化在 2π 弧度上近似均匀分布,因为它是由物上大量的相关区域的多个随机相位的贡献干涉形成.第二个假设保证了投射到透镜孔径上的散斑尺寸比透镜孔径小很多.在附录 D.2 中,作为分析一个不同问题的副产品,在该附录的结尾处我们证明了在大多数感兴趣的条件下泽尼克近似是正确的.

有了这些假设,我们能够将**透镜光瞳**本身当做一个 δ 相关的、亮度均匀的有效散射源处理,只要用(4-56)式来考虑从透镜到像平面的传播就行了.于是散斑振幅的相关在像平面内由透镜光瞳上光强分布的傅里叶变换决定.对于通常的圆形透镜孔径并且其表面上的平均强度均匀的情况,上节末的第二个例子适用,唯一要做的变化是距离 z 用 z_ix 代替.因此像平面散斑的强度自相关函数和功率谱密度如前面图 4.9 所示.

这里得做两点附加说明.第一,由于透镜光瞳的行为像是一个相位随机的 δ 相关的源,通常表现为透镜光瞳上各处的相位误差的透镜像差,对在像平面中观察到的散斑相关性质没有影响.第二,虽然我们在这个分析中只考虑了单个薄透镜,但是对任何成像系统将会得到完全相同的结果,只要把成像系统的**出射光瞳**⑥看成是等价的 δ 相关源,以及距离 z_i 是从出射光瞳到像平面的距离.这个结果隐含的结论是:成像透镜的像差对散斑的相关性没有影响.只要下述两个条件成立,这个结论就正确.这两个条件是:①散斑是完全散射的,因此镜向分量不大(此条件不成立的情况的讨论见文献[116]),及②在与散射波前⑦的相关面积可比的距离上像差对相位的改变不大.

4.4.3 深度方向上的散斑尺寸

迄今为止,我们只考虑了散斑在一个与散射面平行的测量平面上横向的性质.现在我们将注意力转向散斑的深度方向,即垂直于散射平面方向的性质⑧.特别是,像我们前面求横向的相关宽度那样,我们想求散斑图样的深度方向保持相关的距离.虽然相关深度会随所选的特定点(x,y)而变,但是在原点$(x=0,y=0)$的结

---

⑥ 成像系统出射光瞳的定义见文献[71]附录 B 第 5 节.

⑦ 在现在的情况下散射波前是 δ 相关的,但是在随后的推广中此条件不成立.δ 相关的波前这种理想化情况意味着像平面均匀照明,当物通过系统成像时这当然不成立.见 4.5 节.

⑧ 关于这个问题的详尽处理,参阅文献[100].

果对别处的结果是有代表性的，尤其是涉及的角度很小时. 因此，我们来计算所观察的场在横向坐标($x=0, y=0$)但是不同深度 z 和 $z+\Delta z$ 上的交叉相关：

$$\boldsymbol{\Gamma}_A(0,0;\Delta z)=\overline{\boldsymbol{A}(0,0;z)\boldsymbol{A}^*(0,0;z+\Delta z)},$$

式中的场可写为(参见(4-49)式)

$$\boldsymbol{A}(0,0;z)=\frac{1}{\mathrm{j}\lambda z}\iint_{-\infty}^{\infty}\boldsymbol{a}(\alpha,\beta)\mathrm{e}^{\mathrm{j}\frac{k}{2z}(\alpha^2+\beta^2)}\mathrm{d}\alpha\,\mathrm{d}\beta$$

$$\boldsymbol{A}^*(0,0;z+\Delta z)=\frac{1}{-\mathrm{j}\lambda(z+\Delta z)}\iint_{-\infty}^{\infty}\boldsymbol{a}^*(\alpha,\beta)\exp\left[-\mathrm{j}\,\frac{k}{2(z+\Delta z)}(\alpha^2+\beta^2)\mathrm{d}\alpha\right]\mathrm{d}\beta. \tag{4-73}$$

假定 $\Delta z\ll z$，这使得第二个积分前的乘数中的 $z+\Delta z$ 可以用 z 代替，但指数中则不能，因为 λ 很小. 将这些式子代入 $\boldsymbol{\Gamma}_A$ 的表示式，得到

$$\boldsymbol{\Gamma}_A(0,0;\Delta z)=\frac{1}{\lambda^2z^2}\iint_{-\infty}^{\infty}\iint_{-\infty}^{\infty}\overline{\boldsymbol{a}(\alpha_1,\beta_1)\boldsymbol{a}^*(\alpha_2,\beta_2)}$$
$$\times\exp\left[\mathrm{j}\,\frac{k}{2z}(\alpha_1^2+\beta_1^2)\right]\exp\left[-\mathrm{j}\,\frac{k}{2(z+\Delta z)}(\alpha_2^2+\beta_2^2)\right]\mathrm{d}\alpha_1\,\mathrm{d}\beta_1\,\mathrm{d}\alpha_2\,\mathrm{d}\beta_2. \tag{4-74}$$

这里再次假定相关情况为 δ 相关：

$$\boldsymbol{\Gamma}_a(\alpha_1,\beta_1;\alpha_2,\beta_2)=\overline{\boldsymbol{a}(\alpha_1,\beta_1)\boldsymbol{a}^*(\alpha_2,\beta_2)}=\kappa I(\alpha_1,\beta_1)\delta(\alpha_1-\alpha_2,\beta_1-\beta_2),$$

并做近似

$$\frac{1}{z+\Delta z}\approx\frac{1}{z}\left(1-\frac{\Delta z}{z}\right),$$

它在 $\Delta z\ll z$ 时成立，结果得到

$$\boldsymbol{\Gamma}_A(0,0;\Delta z)=\frac{\kappa}{\lambda^2z^2}\iint_{-\infty}^{\infty}I(\alpha,\beta)\exp\left[\mathrm{j}\,\frac{k\Delta z}{2z^2}(\alpha^2+\beta^2)\right]\mathrm{d}\alpha\,\mathrm{d}\beta. \tag{4-75}$$

我们还可以用 $\boldsymbol{\Gamma}_A(0,0;0)$归一化这个量来定义一个归一化的相关系数，得到

$$\boldsymbol{\mu}_A(\Delta z)=\frac{\displaystyle\iint_{-\infty}^{\infty}I(\alpha,\beta)\exp\left[\mathrm{j}\,\frac{k\Delta z}{2z^2}(\alpha^2+\beta^2)\right]\mathrm{d}\alpha\,\mathrm{d}\beta}{\displaystyle\iint_{-\infty}^{\infty}I(\alpha,\beta)\,\mathrm{d}\alpha\,\mathrm{d}\beta}. \tag{4-76}$$

归一化的强度相关是这个量的大小的平方.

我们下面举两个特殊情况来说明，一个是大小为 $L\times L$ 的均匀照明的方形光斑，还有一个是直径为 D 的均匀照明的圆形光斑. 所需要的运算示于下面两式中：

$$\text{圆形}\quad |\boldsymbol{\mu}_A(\Delta z)|^2 = \left| \frac{\int_0^{D/2} r\exp\left(\mathrm{j}\frac{k\Delta z}{2z^2}r^2\right)\mathrm{d}r}{\int_0^{D/2} r\mathrm{d}r} \right|^2$$

$$= \operatorname{sinc}^2\left(\frac{x}{8\pi}\right) \quad \text{及 } x = \frac{\pi D^2}{\lambda z^2}\Delta z; \tag{4-77}$$

$$\text{方形}\quad |\boldsymbol{\mu}_A(\Delta z)|^2 = \frac{1}{L^2}\left| \iint_{-L/2}^{L/2} \exp\left[\mathrm{j}\frac{k\Delta z}{2z^2}(\alpha^2+\beta^2)\right]\mathrm{d}\alpha\mathrm{d}\beta \right|^2$$

$$= \left| \sqrt{\frac{2\pi}{x}}\left[C\left(\sqrt{\frac{x}{2\pi}}\right)+\mathrm{j}S\left(\sqrt{\frac{x}{2\pi}}\right)\right] \right|^4 \quad \text{及 } x = \frac{\pi L^2}{\lambda z^2}\Delta z. \tag{4-78}$$

(4-78)式中 $C(z)$ 和 $S(z)$ 分别是菲涅耳余弦和正弦积分. 图 4.11 是上述结果的曲线图. 相关宽度用曲线在极大高度之半处的宽度来量度,近似为

$$\begin{aligned} &\text{圆形} \quad (\Delta z)_{1/2} = 6.7\lambda(z/D)^2 \\ &\text{方形} \quad (\Delta z)_{1/2} = 4.8\lambda(z/L)^2. \end{aligned} \tag{4-79}$$

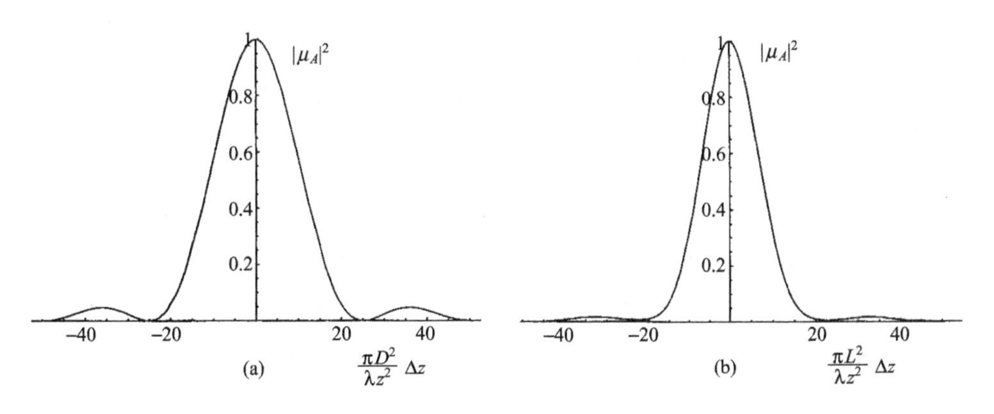

图 4.11 $|\boldsymbol{\mu}_A(\Delta z)|^2$ 的曲线图:(a)圆孔径;(b)方孔径

为比较起见,**横向**归一化相关函数的半极大值宽度是

$$\begin{aligned} &\text{圆形} \quad (\Delta r)_{1/2} = 1.4\lambda(z/D) \\ &\text{方形} \quad (\Delta x)_{1/2} = (\Delta y)_{1/2} = 0.9\lambda(z/L). \end{aligned} \tag{4-80}$$

如果光斑的大小比起它到观察平面的距离小得多,那么散斑在轴向的大小比横向的大小大得多.

虽然我们集中注意力的是自由空间光路,但对于成像光路,若将成像系统的出瞳看成有效散射光斑,其结果与自由空间的相同.

4.5 散斑对散射体微结构的依赖关系

在这一节里,我们要探讨散斑的各种性质如何依赖光发生散射的粗糙表面(或体散射物)的微结构.我们不再用对散射波的 δ 相关假设,而是通过一系列近似来求有限尺度的散射波相关对观察到的散斑性质的影响.此外,我们还要探索散斑的一些与散射体的微结构有关的其他性质.

4.5.1 面散射与体散射的对比

产生散斑的散射现象大体上可分两类:①**面散射**,它的散射场主要来自一种表面和空气之间的随机界面;②**体散射**,这种散射的入射光波穿透表面,可能发生多次散射后才穿过这个表面奔向探测器或集光系统.从粗糙金属表面散射非常近似于面散射,从一块一面磨砂为粗糙程度大于一个波长的玻璃板散射主要是面散射.但是,从一块内嵌有小的金属或绝缘颗粒的塑料板散射则通常是体散射.在体散射占优势的情况下,也可能有一个面散射分量出现.此外,即使是单纯来自一个表面的散射,也可以发生从多于一个表面面元产生的多次反射,这时的情况介于两种极端之间.

这两种散射的重要区别是:对于面散射,入射光波所受的延迟主要由所遇到的表面高度的随机涨落决定,而体散射的延迟则是由光在多次散射中光子所走的路程的随机长度决定的.面散射中表面高度的涨落和体散射中程长的平均分布起着相似的作用.

体散射中程长的平均分布可以用极短的光脉冲照明一小块表面,测量所得的散射光的平均脉冲响应来测定.这个平均脉冲响应,将其时间自变量换为程长除以光速,就给出散射光的程长的平均分布.在一定条件下,这种分布可以用扩散方程从理论上算出[160].

4.5.2 散射波的相关面积为有限的效应

不论是面散射还是体散射,光都可以用刚离开散射媒质的散射光的空间相关函数来表征.在这一节中,我们要决定这种相关函数对散斑性质的影响.考虑两种光路.第一种是散射媒质在一块透镜之前,观察区域在此透镜的后焦面上.第二种是自由空间光路.

观察平面在一块正透镜的后焦面上

假定散射表面在一块正透镜之前,观察区域在此透镜的后焦平面上.其光路如图 4.12 所示.这时两个平面上的场通过下式相联系([71],P.106):

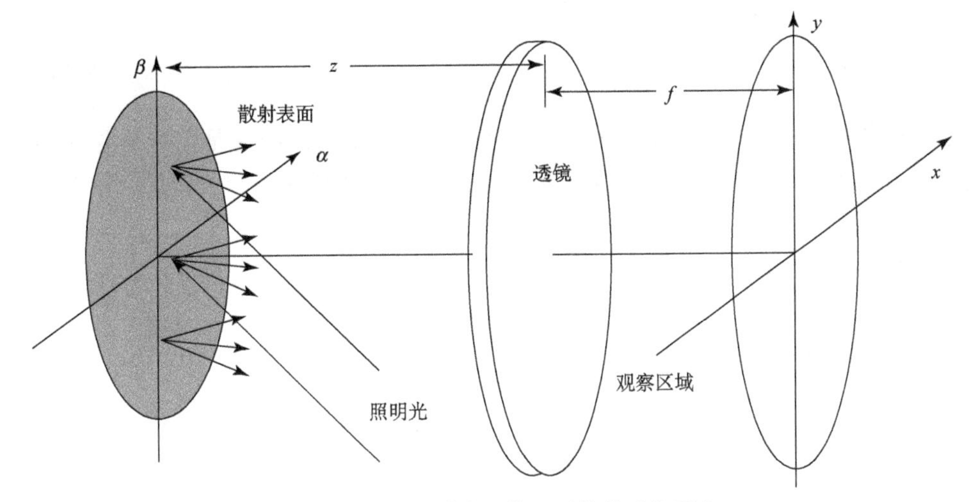

图 4.12 观察区域在一块正透镜的后焦面上

$$\mathbf{A}(x,y)=\frac{\exp\left[\mathrm{j}\frac{\pi}{\lambda f}\left(1-\frac{z}{f}\right)(x^2+y^2)\right]}{\lambda f}\iint_{-\infty}^{\infty}\boldsymbol{a}(\alpha,\beta)\exp\left[-\mathrm{j}\frac{2\pi}{\lambda f}(\alpha x+\beta y)\right]\mathrm{d}\alpha\,\mathrm{d}\beta, \tag{4-81}$$

这里和往常一样，$\boldsymbol{a}$ 是紧靠散射表面右边的场，$\mathbf{A}$ 是观察区域的场，f 是这块透镜的焦距，z 是散射表面到透镜的距离.

我们现在可以用散射场的相关函数来计算观察到的场的相关函数：

$$\mathbf{\Gamma}_A(x_1,y_1;x_2,y_2)=\frac{\exp\left[\mathrm{j}\frac{\pi}{\lambda f}(1-\frac{z}{f})(x_1^2+y_1^2-x_2^2-y_2^2)\right]}{\lambda^2 f^2}$$
$$\times\iint_{-\infty}^{\infty}\iint_{-\infty}^{\infty}\mathbf{\Gamma}_a(\alpha_1,\beta_1;\alpha_2,\beta_2)\exp\left[-\mathrm{j}\frac{2\pi}{\lambda f}(x_1\alpha_1+y_1\beta_1-x_2\alpha_2-y_2\beta_2)\right]\mathrm{d}\alpha_1\,\mathrm{d}\beta_1\,\mathrm{d}\alpha_2\,\mathrm{d}\beta_2. \tag{4-82}$$

为了简化这个表示式，采用以下的定义有好处：

$$\begin{aligned}\Delta x&=x_1-x_2 \qquad \Delta\alpha=\alpha_1-\alpha_2\\ \Delta y&=y_1-y_2 \qquad \Delta\beta=\beta_1-\beta_2.\end{aligned} \tag{4-83}$$

由此得到

$$\begin{aligned}&x_1\alpha_1+y_1\beta_1-x_2\alpha_2-y_2\beta_2\\ &\quad=\alpha_2\Delta x+\beta_2\Delta y+x_2\Delta\alpha+y_2\Delta\beta+\Delta\alpha\Delta x+\Delta\beta\Delta y\\ &\quad=\alpha_2\Delta x+\beta_2\Delta y+\Delta\alpha x_1+\Delta\beta y_1.\end{aligned} \tag{4-84}$$

此外，我们不像在(4-53)式中那样，采用一个 δ 相关的 $\mathbf{\Gamma}_a$ 做近似，而是假设相关函数取可分离变量的形式：

$$\boldsymbol{\Gamma}_a(\alpha_1,\beta_1;\alpha_2,\beta_2)=\sqrt{I(\alpha_1,\beta_1)I(\alpha_2,\beta_2)}\boldsymbol{\mu}_a(\Delta\alpha,\Delta\beta)\approx I(\alpha_2,\beta_2)\boldsymbol{\mu}_a(\Delta\alpha,\Delta\beta),\tag{4-85}$$

这个形式中隐含了两个近似，一个是表面上的散射复场的涨落是广义平稳的(即 $\boldsymbol{\mu}_a$ 只依赖于 $\Delta\alpha$ 和 $\Delta\beta$)，另一个是散射光斑的宽度要比场 $\boldsymbol{a}$ 的相关宽度大得多，因此在相关宽度内 $I(\alpha_1,\beta_1)\approx I(\alpha_2,\beta_2)$.

我们因而得到

$$\begin{aligned}\boldsymbol{\Gamma}_A(x_1,y_1;x_2,y_2)=&\frac{\exp\left[\mathrm{j}\frac{\pi}{\lambda f}\left(1-\frac{z}{f}\right)(x_1^2+y_1^2-x_2^2-y_2^2)\right]}{\lambda^2 f^2}\\&\iint\limits_{-\infty}^{\infty}I(\alpha_2,\beta_2)\exp\left\{-\mathrm{j}\frac{2\pi}{\lambda f}[\Delta x\alpha_2+\Delta y\beta_2]\right\}\mathrm{d}\alpha_2\mathrm{d}\beta_2\\&\times\iint\limits_{-\infty}^{\infty}\boldsymbol{\mu}_a(\Delta\alpha,\Delta\beta)\exp\left\{-\mathrm{j}\frac{2\pi}{\lambda f}[x_1\Delta\alpha+y_1\Delta\beta]\right\}\mathrm{d}\Delta\alpha\,\mathrm{d}\Delta\beta.\end{aligned}\tag{4-86}$$

于是双重积分就分解为两个积分的乘积，一个对(α_2,β_2)积分，另一个对$(\Delta\alpha,\Delta\beta)$积分. 两个积分中的第一个是傅里叶变换，事实上，它和我们假定在散射表面上的波振幅是 δ 相关时所得到的结果相同. 的确，只要我们将一个 δ 函数形式的归一化的自相关函数代入 $\boldsymbol{\mu}_a$，现在的结果就化成与前相同的结果. 第二个积分也是一个傅里叶变换，它是散射波不是 δ 相关的直接结果. 实际上，这个狭窄的归一化相关函数的积分在观察区域内产生了平均强度的大范围变化. 我们在图 4.13 中画出了这个结果.

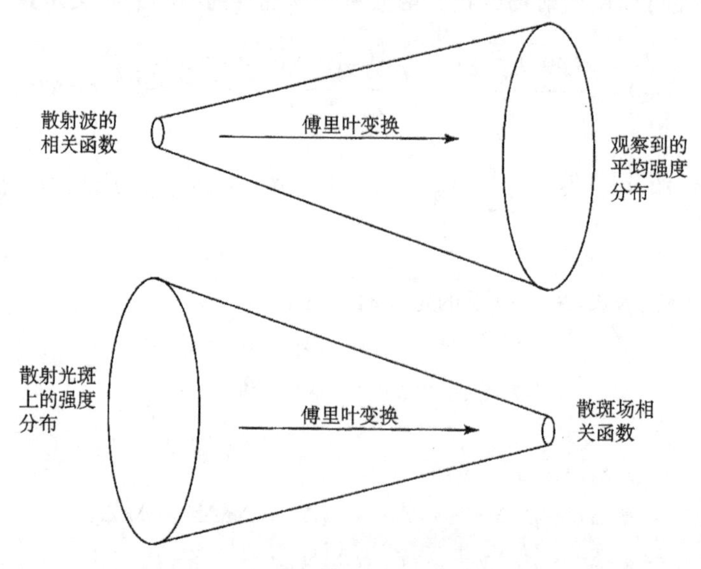

图 4.13 相关函数和强度分布之间的傅里叶关系

这些结果的一个有用的解释是:散射场的振幅相关函数决定了从散射表面上每个点离开的光所散开的角度,而散射光斑上的强度分布决定了散斑结构的精细程度.注意,在透镜的后焦平面上进行观察时,透镜之前的角度转换为焦平面上的空间位置,因此,对于表面的粗糙程度是统计平稳的情况,散射光斑上所有相关面积在焦平面上贡献的光分布相同,都以光轴为中心⑨.

散射场的归一化相关函数 $\boldsymbol{\mu}_a$ 和观察区域上平均强度的这一关系在文献[66]对散射的讨论中首次得到证明(在自由空间几何的情况下,如下一小节所述).我们管这个关系叫**广义的范西特-泽尼克定理**.

广义的范西特-泽尼克定理提供了离开散射表面的波场的相关函数和观察区域上的平均强度分布之间的联系.于是通过测量观察到的平均强度信息,原则上可以通过傅里叶变换推出在散射面上场的相关的形式.但是如果我们感兴趣的是散射面微观结构的特征,那我们的信息还不够——表面高度的涨落怎样和散射场 $\boldsymbol{a}(\alpha,\beta)$ 的涨落相联系?在下两小节中我们暂时避开这个问题,然后在后面一节再回到这个问题.

自由空间光路

自由空间传播的光路已示于前面的图 4.7 中.参考(4-51)式,我们通过紧靠散射光斑右面的场的自相关函数来求观察区域上的场的自相关函数:

$$\begin{aligned}\boldsymbol{\Gamma}_A(x_1,y_1;x_2,y_2) = &\frac{1}{\lambda^2 z^2}\exp\left[\mathrm{j}\,\frac{\pi}{\lambda z}(x_1^2+y_1^2-x_2^2-y_2^2)\right]\\ &\times\iint\limits_{-\infty}^{\infty}\iint\limits_{-\infty}^{\infty}\boldsymbol{\Gamma}_a(\alpha_1,\beta_1;\alpha_2,\beta_2)\exp\left[\mathrm{j}\,\frac{\pi}{\lambda z}(\alpha_1^2+\beta_1^2-\alpha_2^2-\beta_2^2)\right]\\ &\times\exp\left[-\mathrm{j}\,\frac{2\pi}{\lambda z}(x_1\alpha_1+y_1\beta_1-x_2\alpha_2-y_2\beta_2)\right]\mathrm{d}\alpha_1\,\mathrm{d}\beta_1\,\mathrm{d}\alpha_2\,\mathrm{d}\beta_2.\end{aligned} \tag{4-87}$$

我们再次假设相关函数取(4-85)式的可分离变量的形式.如前,如果我们将 $\boldsymbol{\Gamma}_a$ 的这一表示式代入 $\boldsymbol{\Gamma}_A$ 的式子,将积分变量改为 (α_2,β_2) 和 $(\Delta\alpha,\Delta\beta)$,将所有的变量像前面一样作变换,散斑场的相关函数的表示式就变为

$$\begin{aligned}\boldsymbol{\Gamma}_A(x_1,y_1;x_2,y_2) = &\frac{1}{\lambda^2 z^2}\exp\left[\mathrm{j}\,\frac{\pi}{\lambda z}(x_1^2+y_1^2-x_2^2-y_2^2)\right]\\ &\times\iint\limits_{-\infty}^{\infty}\mathrm{d}\alpha_2\,\mathrm{d}\beta_2\iint\limits_{-\infty}^{\infty}\mathrm{d}\Delta\alpha\,\mathrm{d}\Delta\beta I(\alpha_2,\beta_2)\boldsymbol{\mu}_a(\Delta\alpha,\Delta\beta)\\ &\times\exp\left\{\mathrm{j}\,\frac{\pi}{\lambda z}[2\alpha_2\Delta\alpha+\Delta\alpha^2+2\beta_2\Delta\beta+\Delta\beta^2]\right\}\\ &\exp\left\{-\mathrm{j}\,\frac{2\pi}{\lambda z}[x_1\Delta\alpha+y_1\Delta\beta]\right\}\exp\left\{-\mathrm{j}\,\frac{2\pi}{\lambda z}[\Delta x\alpha_2+\Delta y\beta_2]\right\}.\end{aligned} \tag{4-88}$$

---

⑨ 我们已经假定散射光斑和观察区域都很小,而透镜却很大,因此渐晕现象不是问题.

这里需要作两个近似. 首先,我们假设

$$z \gg \frac{\pi}{\lambda}(\Delta\alpha_2 + \Delta\beta_2)_{\max}, \tag{4-89}$$

其中$(\Delta\alpha^2+\Delta\beta^2)_{\max}$是$(\Delta\alpha^2+\Delta\beta^2)$的最大值,在此值下归一化相关函数 $\boldsymbol{\mu}_a$ 仍有可观的大小. 与此等价,我们假设观察区是散射表面上复场 $\boldsymbol{a}$ 中的很小的相关面积的远场. 这允许我们弃去含 $\Delta\alpha^2$ 及 $\Delta\beta^2$ 的指数项. 这个条件的一个等价的表示式是

$$z > 2\frac{L_c^2}{\lambda}, \tag{4-90}$$

其中,L_c 是散射波的相关面积的线性尺寸.

另一个更严格的要求是,我们得假设距离 z 满足

$$z \gg \frac{2\pi}{\lambda}(\alpha_2\Delta\alpha + \beta_2\Delta\beta)_{\max}. \tag{4-91}$$

这个要求的解释是:观察区处于孔径的远场内,孔径的面积是表面散射波的相关面积和散射光斑本身面积的几何平均. 与此等价,如果 L_s 是散射光斑的线性尺寸,我们要求

$$z > 2\frac{L_s L_c}{\lambda}. \tag{4-92}$$

我们稍后就要对这个近似做更多的讨论.

有了这两个近似,散斑场相关函数的表示式就变为

$$\begin{aligned}\boldsymbol{\Gamma}_{\boldsymbol{A}}(x_1,y_1;x_2,y_2) = {} & \frac{1}{\lambda^2 z^2}\mathrm{e}^{\mathrm{j}\frac{\pi}{\lambda z}(x_1^2+y_1^2-x_2^2-y_2^2)} \\ & \times \iint\limits_{-\infty}^{\infty} I(\alpha_2,\beta_2)\mathrm{e}^{-\mathrm{j}\frac{2\pi}{\lambda z}[\Delta x\alpha_2+\Delta y\beta_2]}\,\mathrm{d}\alpha_2\,\mathrm{d}\beta_2 \\ & \times \iint\limits_{-\infty}^{\infty} \boldsymbol{\mu}_a(\Delta\alpha,\Delta\beta)\mathrm{e}^{-\mathrm{j}\frac{2\pi}{\lambda z}[x_1\Delta\alpha+y_1\Delta\beta]}\,\mathrm{d}\Delta\alpha\,\mathrm{d}\Delta\beta,\end{aligned} \tag{4-93}$$

除了积分号前不重要的相位因子的细节外,它和在透镜后焦面上的观察结果是一样的.

4.5.3 一种散斑大小与散射光斑大小无关的机制

有着这样一种机制,这时散斑平均尺寸大小与散射光斑强度分布的尺寸大小无关. 在这种机制下,散斑的大小也与散射光斑所在平面与测量平面的距离无关,也与所用的光的波长无关. 我们将要解释,只有在一组严格的条件下才是这样. 这个现象与(4-91)式的假设密切相关,事实上,当违反这个假设时就出现这个现象. 这个机制首先被 M. Giglio 和他的合作者认识到(见文献[61]和[21]).

和焦平面上的测量结果不同,自由空间光路并不将散射平面内的角度映射到

观察区域内的空间位置.其结果是,如图 4.14 所示,由散射表面上一个特定的相关面积贡献的光角锥落到观察区域内,其中心在原来位置的几何投影处,投影方向和光轴平行.因此,不同的相关面积所贡献的强度分布得很宽,并不集中到同一观察点上.当这个现象很重要时,就破坏了散射平面上的相关函数和观察平面上平均强度分布间的傅里叶变换关系.但是当(4-91)式成立时,例外出现了,因为这时一个相关面积的角散射是如此之大,而散射光斑的尺寸又充分小,使得不同的相关面积所贡献的在观察区域内的强度分布的中心位置,只差平均强度分布的宽度的一个很小的部分.在这种情况下,$\boldsymbol{\mu}_a$ 和平均的观察强度分布的之间的傅里叶变换关系成立.

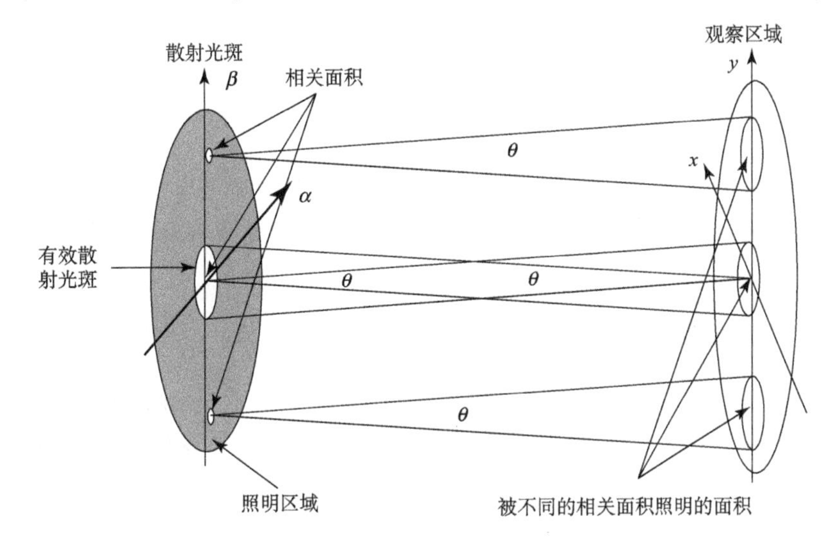

图 4.14 有效散射光斑比实际散射光斑小的状况的图示.
θ是来自单个相关元胞的角扩展,也是有效散射光斑所张的角

对本小节将讨论的题目,我们想要考虑违反(4-91)式时,即当

$$z < 2\,\frac{L_s L_c}{\lambda} \tag{4-94}$$

时的情况.假定散射场的相关面积,即函数 $\boldsymbol{\mu}_a$ 的等价面积充分大,从而 $\boldsymbol{\mu}_a$ 的傅里叶变换的角宽度相对地窄(见图 4.13 顶部的傅里叶变换关系).在这个情况下,当从观察平面上一个点来观察散射光斑时,光斑的外围部分可能看不到,因为来自这部分的光被散射得太窄,到达不了观察点.因此,在这种条件下,存在一个有效散射光斑尺寸,它比实际散射光斑小,与它相应的观察平面上散斑的相关要比情况不是这样的话所预期的相关宽.如果散射表面和观察平面之间的距离增加,散射光斑的有效尺寸也会增大,正好抵消了散斑尺寸不然会有的增加,从而使得散斑的尺寸和距离无关.同样的抵消效应出现在当波长变化时.在这里假设的条件下,实际上存

在一个散斑的最小尺寸,不论使散射光斑变成多大,或观察距离有多小.

考虑所包含的傅里叶变换关系,想一想会知道,**散斑场相关面积的最小尺寸和粗糙表面上的散射场的相关面积的尺寸完全相同**.这个条件只有当图 4.13 顶部右边所示的面积比该图底部左边所示的面积小的时候才成立.也就是说,这个机制要求来自于单个相关元胞的散射波照在观察平面的面积比入射光照到散射平面的面积小.在这种情况下,有效散射光斑的尺寸小于实际的散射光斑尺寸.在一维近似下,(4-94)式意味着只有当

$$\frac{z}{L_{\mathrm{s}}} < 2\,\frac{L_{\mathrm{c}}}{\lambda} \tag{4-95}$$

时,这个条件才成立.立即可知,如果散射波的相关宽度是 λ 的量级(实际情况常常如此),这里所描述的效应只有当距离 z 小于实际散射光斑尺寸约二倍($2L_{\mathrm{s}}$)时才会观察到.

这个机制的有趣是因为它不像通常的机制那样,散斑尺寸随散射光斑的尺寸的减小而减小,随距离的增大而增大.尽管在实践中可以观察到这种机制的效应,但这不是通常遇到的情况.

4.5.4 散射波的相关面积和表面高度涨落的关系——表面散射

我们仍然假设一个自由空间反射的光路,如图 4.15 所示.假设散射光斑的表面是粗糙的并且广义平稳(即相关函数仅仅依赖于测量坐标的差).图 4.16 表示了

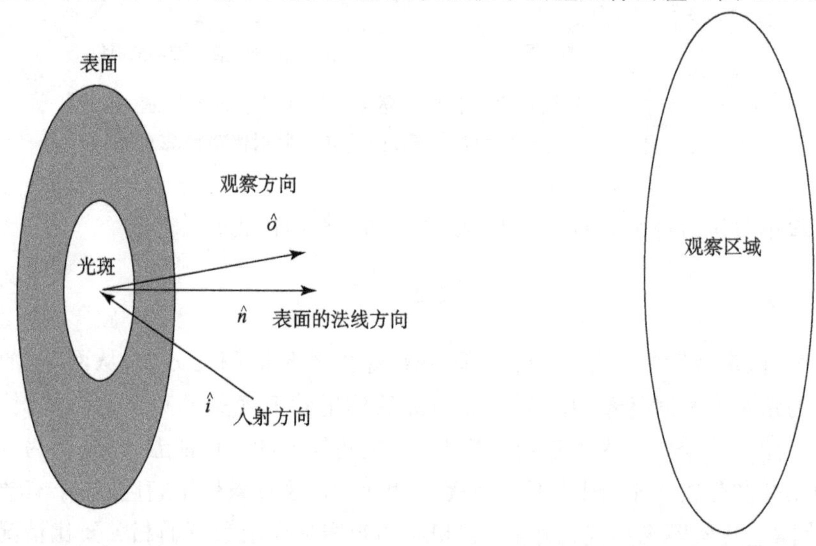

图 4.15 用来考虑表面效应的光路,$\hat{n}$ 表示指向平均的表面法线方向的单位矢量,$\hat{i}$ 表示指向入射照明方向的单位矢量,$\hat{o}$ 表示指向右边的平面上观察点方向的单位矢量

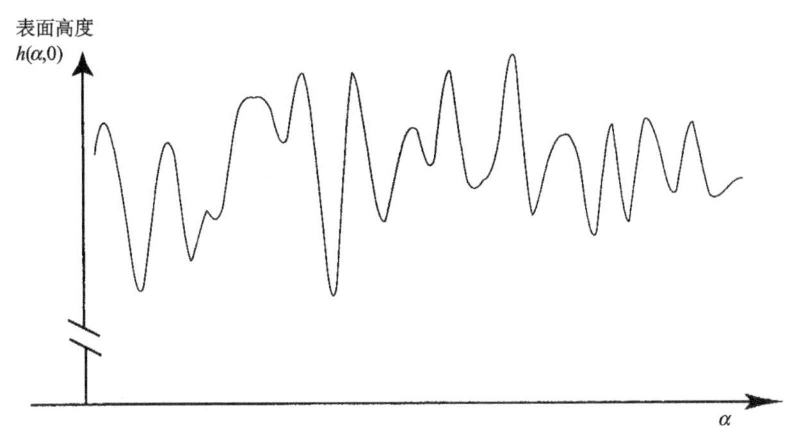

图 4.16 典型的随机表面高度涨落的剖面的例子

表面高度 $h(\alpha,\beta)$ 在微尺度上的一个典型的截面图，暂时设表面高度涨落有任意的标准偏差. 这些高度变化和散射波的振幅变化之间的关系通常是极其复杂的，因为它受到表面斜率的变化对反射的影响，还受到多重散射、阴影以及从实际表面到刚好在表面上方的 (α,β) 平面传播的效应的影响. 这里为了便于分析，我们采用一个极其简化的模型，但尽管简单，它还是给出了关于表面高度涨落与散射波涨落之间的关系的物理洞察. 假设在表面紧上方的散射波复振幅 $\boldsymbol{a}(\alpha,\beta)$ 与表面高度通过一个纯粹的几何近似关系相联系，这个关系就是对 $\boldsymbol{a}$ 加一个相位，这个相位是传播到表面又从表面散射所对应的相位延迟. 因此

$$\boldsymbol{a}(\alpha,\beta)=\boldsymbol{r}\boldsymbol{S}(\alpha,\beta)\mathrm{e}^{\mathrm{j}\phi(\alpha,\beta)} \tag{4-96}$$

其中

$$\phi(\alpha,\beta)=\frac{2\pi}{\lambda}(-\hat{i}\cdot\hat{n}+\hat{o}\cdot\hat{n})h(\alpha,\beta), \tag{4-97}$$

$\boldsymbol{r}$ 是表面的平均振幅反射率，$\boldsymbol{S}(\alpha,\beta)$ 代表整个散射光斑上照明的复振幅[⑩]，点积 $\hat{p}\cdot\hat{q}$ 表示单位矢量 $\hat{p}$ 和 $\hat{q}$ 夹角的余弦. ϕ 的表示式中的点积是考虑到当照明或观察方向偏离表面法线时，表面高度的涨落因透视关系而缩小[⑪].

(4-97)式中的相移的方差 σ_ϕ^2 和表面高度涨落的方差 σ_h^2 通过下式相联系：

$$\sigma_\phi^2=\left[\frac{2\pi}{\lambda}(-\hat{i}\cdot\hat{n}+\hat{o}\cdot\hat{n})\right]^2\sigma_h^2, \tag{4-98}$$

相移的相关函数 $\Gamma_\phi(\Delta\alpha,\Delta\beta)$ 和表面高度涨落的归一化相关函数 $\mu_h(\Delta\alpha,\Delta\beta)$ 通过下

---

⑩ 注意：$\boldsymbol{S}$ 除了确定散射光斑的面积及振幅权重之外，还含有一项 $\mathrm{e}^{\mathrm{j}\frac{2\pi}{\lambda}[(-\hat{i}\cdot\hat{\alpha})\alpha+(-\hat{i}\cdot\hat{\beta})\beta]}$，它表示与照明波有关的复场.

⑪ 我们已假设入射场的波前接近于平面，而且散射光斑足够小又离观察区域足够远，因此认为只有单一方向观察是一个合理的近似

式相联系：

$$\Gamma_\phi(\Delta\alpha,\Delta\beta) = \sigma_\phi^2 \mu_h(\Delta\alpha,\Delta\beta). \tag{4-99}$$

复场 $\boldsymbol{a}(\alpha,\beta)$的自相关函数由下式给出：

$$\begin{aligned}\boldsymbol{\Gamma}_a(\alpha_1,\beta_1;\alpha_2,\beta_2) &= \overline{\boldsymbol{a}(\alpha_1,\beta_1)\boldsymbol{a}^*(\alpha_2,\beta_2)} \\ &= |\boldsymbol{r}|^2 \boldsymbol{S}(\alpha_1,\beta_1)\boldsymbol{S}^*(\alpha_2,\beta_2)\overline{\exp[\mathrm{j}(\phi_1-\phi_2)]}.\end{aligned}$$

倘若 $\boldsymbol{S}$ 的变化比散射场的相关宽度粗糙得多，这个表示式将取如下形式：

$$\boldsymbol{\Gamma}_a(\alpha_1,\beta_1;\alpha_1,\beta_2) = |\boldsymbol{r}|^2 I_{\mathrm{inc}}(\alpha_2,\beta_2)\boldsymbol{\mu}_a(\Delta\alpha,\Delta\beta), \tag{4-100}$$

其中 I_{inc}是入射到散射面积上的强度，场的归一化的自相关函数变为

$$\boldsymbol{\mu}_a(\Delta\alpha,\Delta\beta) = \overline{\exp[\mathrm{j}(\phi_1-\phi_2)]}. \tag{4-101}$$

我们看到，(4-101)式与随机变量 ϕ 的特征函数有密切关系. 事实上，我们可以写

$$\boldsymbol{\mu}_a(\Delta\alpha,\Delta\beta) = \boldsymbol{M}_{\phi_1,\phi_2}(1,-1) = \boldsymbol{M}_{\Delta\phi}(1), \tag{4-102}$$

其中，$\boldsymbol{M}_{\phi_1,\phi_2}(\omega_1,\omega_2)$是 ϕ_1 和 ϕ_2 的联合特征函数，而 $\boldsymbol{M}_{\Delta\phi}(\omega)$是随机变量 $\Delta\phi=\phi_1-\phi_2$的特征函数.

只有对随机相位 $\phi(\alpha,\beta)$（或者等价地，对随机表面高度 $h(\alpha,\beta)$）的统计性质再作假设，我们才能有进一步的进展. 最常作的假设为 ϕ 是一个高斯随机变量，这时无论 ϕ_1 和 ϕ_2 如何相关，$\Delta\phi$ 也是高斯变量. 相位差的特征函数是

$$\boldsymbol{M}_{\Delta\phi}(\omega) = \exp\left(-\frac{\sigma_{\Delta\phi}^2\omega^2}{2}\right)$$

在 $\omega=1$ 处取值，它变成

$$\boldsymbol{M}_{\Delta\phi}(1) = \exp\left(-\frac{\sigma_{\Delta\phi}^2}{2}\right) = \exp\left(-\frac{\overline{\Delta\phi^2}}{2}\right) = \exp[-\sigma_\phi^2(1-\mu_\phi(\Delta\alpha,\Delta\beta)].$$

(4-99)式表明 $\mu_\phi(\Delta\alpha,\Delta\beta)=\mu_{\mathrm{h}}(\Delta\alpha,\Delta\beta)$，因此我们得到以下结果：

$$\boldsymbol{\mu}_a(\Delta\alpha,\Delta\beta) = \exp[-\sigma_\phi^2(1-\mu_{\mathrm{h}}(\Delta\alpha,\Delta\beta))]. \tag{4-103}$$

我们记得，相位的方差 σ_ϕ^2通过(4-98)式依赖于表面高度的方差 σ_{h}^2.

现在我们对表面高度的相关函数 μ_{h}的形式做一个方便的数学假设，即令

$$\mu_{\mathrm{h}}(\Delta\alpha,\Delta\beta) = \exp\left[-\left(\frac{r}{r_{\mathrm{c}}}\right)^2\right], \tag{4-104}$$

其中，$r=\sqrt{\Delta\alpha^2+\Delta\beta^2}$，$r_{\mathrm{c}}$ 是归一化的表面相关下降到 1/e 的半径. 于是我们有

$$\boldsymbol{\mu}_a(r) = \exp[-\sigma_\phi^2(1-\exp[-(r/r_{\mathrm{c}})^2])]. \tag{4-105}$$

图 4.17 表示表面高度涨落的归一化自相关函数和 σ_ϕ取几个不同值时散射场的归一化自相关函数. 注意，对小的 σ_ϕ值，在 r/r_{c} 增大时，振幅自相关趋于一个渐近值. 事实上，容易看出这个渐近值是 $\exp(-\sigma_\phi^2)$，随着 σ_ϕ^2增大它迅速趋于零. 渐近行为

明显表明存在有入射波的不可忽略的镜反射，这可从以下事实看出：当 $\sigma_\phi=0$ 时(这时只存在镜反射)的相关函数是平的. 镜反射部分的强度由 $\exp(-2\sigma_\phi^2)$ 给出.

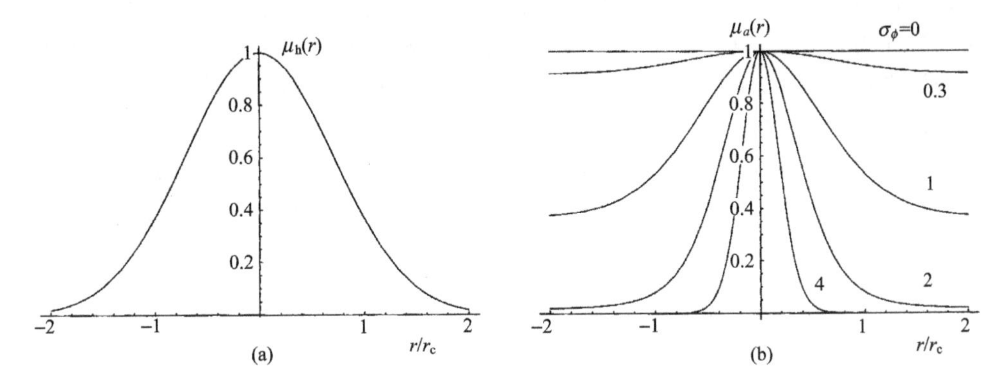

图 4.17 归一化的自相关函数(a)表面高度涨落及(b)粗糙表面紧上方的散射场

为了研究反射波中的非镜面反射分量，一个有用的办法是减去自相关函数中的渐近值，重新归一使原点处之值为 1，给出

$$\boldsymbol{\mu}'_a(r)=\frac{\exp[-\sigma_\phi^2(1-\exp[-(r/r_c)^2])]-\exp(-\sigma_\phi^2)}{1-\exp(-\sigma_\phi^2)}. \tag{4-106}$$

这个非镜面反射分量的相干面积可由下式算出：

$$\mathcal{A}=2\pi\int_0^\infty r\boldsymbol{\mu}'_a(r)\mathrm{d}r, \tag{4-107}$$

对于手头的情况，它取如下形式：

$$\mathcal{A}=\frac{2\pi\mathrm{e}^{-\sigma_\phi^2}}{1-\mathrm{e}^{-\sigma_\phi^2}}\int_0^\infty r[\exp(\sigma_\phi^2\exp[-(r/r_c)^2])-1]\mathrm{d}r,$$

为了计算这个积分的值，我们将指数展开成幂级数，然后交换积分与求和次序：

$$\begin{aligned}\mathcal{A}&=\frac{2\pi\mathrm{e}^{-\sigma_\phi^2}}{1-\mathrm{e}^{-\sigma_\phi^2}}\int_0^\infty r\left[\sum_{k=0}^\infty\frac{\sigma_\phi^{2k}\exp[-k(r/r_c)^2]}{k!}-1\right]\mathrm{d}r\\&=\frac{2\pi\mathrm{e}^{-\sigma_\phi^2}}{1-\mathrm{e}^{-\sigma_\phi^2}}\sum_{k=1}^\infty\frac{\sigma_\phi^{2k}}{k!}\int_0^\infty r\,exp[-k(r/r_c)^2]\mathrm{d}r.\end{aligned} \tag{4-108}$$

上面最后的积分等于 $r_c^2/2k$，因此

$$\mathcal{A}=\frac{\pi r_c^2\mathrm{e}^{-\sigma_\phi^2}}{1-\mathrm{e}^{-\sigma_\phi^2}}\sum_{k=1}^\infty\frac{\sigma_\phi^{2k}}{k\cdot k!}.$$

对级数求和之结果为[1]

$$\mathcal{A}=\frac{\pi r_c^2\mathrm{e}^{-\sigma_\phi^2}}{1-\mathrm{e}^{-\sigma_\phi^2}}[\mathrm{Ei}(\sigma_\phi^2)-\varepsilon-\ln(\sigma_\phi^2)], \tag{4-109}$$

其中,$\mathrm{Ei}(x)$代表指数积分,ε 是 Euler 常数. 图 4.18 画的是被表面高度相关面积 πr_c^2归一的波相关面积 $\mathcal{A}$ 与相位涨落的标准偏差 σ_ϕ 的关系曲线. 注意当相位标准偏差之值达到 π 时,波的相关面积大约是表面高度相关面积的 1/10. 对于法向照明及法向观察方向,这相当于表面高度的标准偏差大约是 $\lambda/4$. 波相关面积随着相位的标准偏差增加而减小,这是由于当相位涨落开始超过 2π 弧度时,它们又折叠回$(0,2\pi)$区间内. 折叠的相位函数(即 $\phi(\alpha,\beta)$ modulo 2π)的相关面积小于不折叠的相位的相关面积. 图 4.19 表示一维的不折叠的变化范围为 2π 的几倍的相位分布,和一个在$(0,2\pi)$上折叠的同一相位分布. 容易看出,折叠版本的相关结构比不折叠的版本精细.

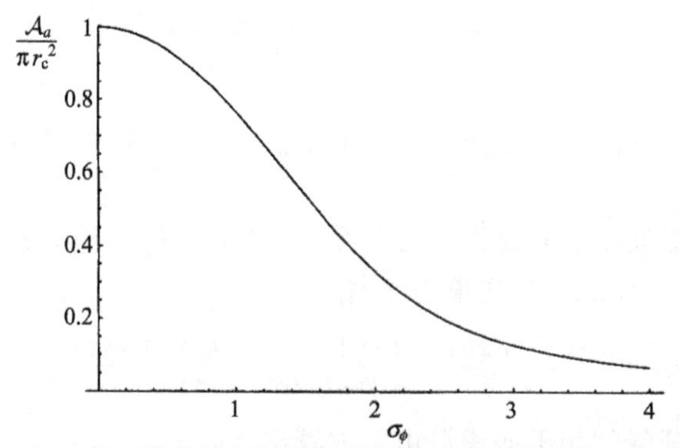

图 4.18 归一化的波相干面积对相位的标准偏差的函数曲线

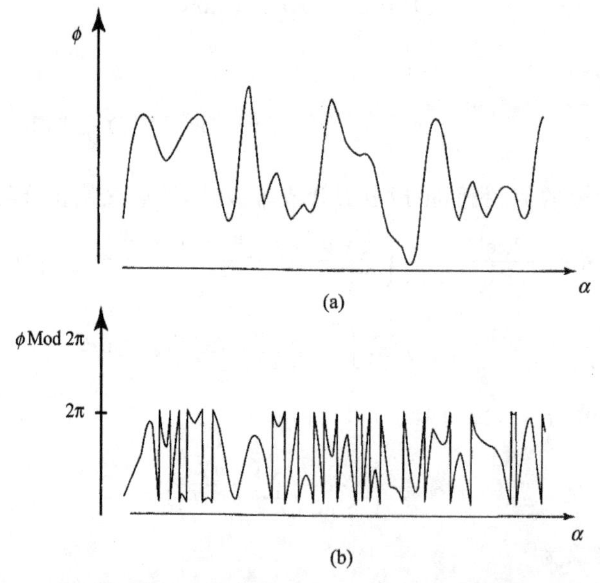

图 4.19 相位函数的一维截面:(a)一个在 2π 的几倍范围内涨落的相位函数;(b)折叠到$(0,2\pi)$区间内的同一相位函数

在结束本节时，注意我们的目标是探索表面高度相关函数与散射表面上的波振幅相关函数的关系. 在对表面高度涨落的统计性质作一些简化假定后，我们完成了这个目标. 我们已经求得，波振幅相关函数以一种复杂的方式既依赖于表面高度相关函数，又依赖于表面高度的标准偏差. 在 8.5.4 节，我们还会回到这个题目.

4.5.5 散斑对比度对表面粗糙度的依赖关系——面散射

我们现在对图 4.20 所示的特定的成像光路，考虑散射对比度对表面粗糙度的依赖关系. 仍假定是面散射. 之所以选择这样的光路，是因为 Fuji 和 Asakura 正是用这种布局来测度这里要分析的这些量[54].

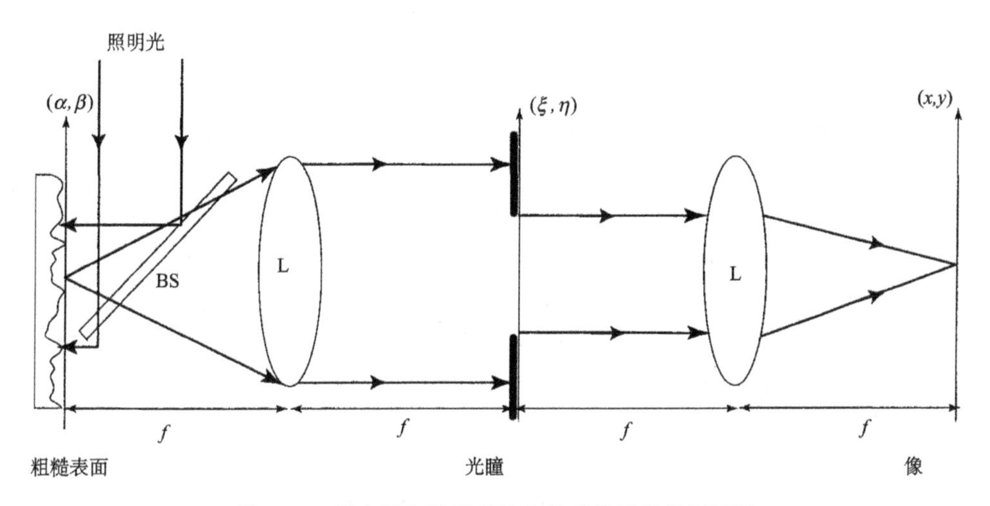

图 4.20 用来研究散斑对比度的成像光路的侧面图
透镜 L 的焦距为 f，BS 表示分束器

由于光垂直入射到表面上，相位和表面高度由下式相联系(见(4-97)式)：

$$\phi(\alpha,\beta) = \frac{2\pi}{\lambda}[1 + (\hat{o} \cdot \hat{n})]h(\alpha,\beta), \tag{4-110}$$

其中，$\hat{n}$ 仍是表面向外的法线，$\hat{o}$ 是指向观察点的单位矢量，当第一个透镜对观察点的张角很小时，它由我们感兴趣的像点在像平面上的位置决定. 对于靠近光轴的像点，(4-110)式的右边简化为 $(4\pi/\lambda)h(\alpha,\beta)$. 在同样的这些条件下，相位涨落的方差与表面高度涨落的方差通过下式相联系：

$$\sigma_\phi^2 = \left(\frac{4\pi}{\lambda}\right)^2 \sigma_{\mathrm{h}}^2. \tag{4-111}$$

由于散斑的对比度是备受关注的量，不失一般性，我们可以假设平均强度反射率和入射强度为 1. 因此紧靠粗糙表面右边的场的振幅可以由下式给出：

$$\boldsymbol{a}(\alpha,\beta) = \exp[\mathrm{j}\phi(\alpha,\beta)] = \exp\left[\mathrm{j}\,\frac{4\pi}{\lambda}h(\alpha,\beta)\right]. \tag{4-112}$$

由于两个透镜的焦距相同，成像系统的放大率为 1，忽略像是倒像，在像坐标系(x,y)中像场可以写成一个卷积：

$$\boldsymbol{A}(x,y) = \iint_{-\infty}^{\infty} \boldsymbol{k}(x-\alpha,y-\beta)\boldsymbol{a}(\alpha,\beta)\,\mathrm{d}\alpha\,\mathrm{d}\beta, \tag{4-113}$$

其中点扩展函数$\boldsymbol{k}(\alpha,\beta)$和成像系统的光瞳函数$\boldsymbol{P}(\xi,\eta)$通过下式相联系(见文献[71],P. 114)：

$$\boldsymbol{k}(\alpha,\beta) = \frac{1}{(\lambda f)^2}\iint_{-\infty}^{\infty} \boldsymbol{P}(\xi,\eta)\exp\left[\mathrm{j}\,\frac{2\pi}{\lambda f}(\alpha\xi+\beta\eta)\right]\mathrm{d}\xi\,\mathrm{d}\eta. \tag{4-114}$$

假设系统没有像差，因此$\boldsymbol{P}(\xi,\eta)=p(\xi,\eta)$为实数值；我们还假设 p 在原点为 1. 最后，对于具有圆对称性或关于光轴在(ξ,η)分别对称的光瞳，我们假设点扩展函数 $\boldsymbol{k}$ 是实数值.

如果选定一个特定的像点(x,y)，那么实值的点扩展函数$\boldsymbol{k}(x-\alpha,y-\beta)$应该看成$(\alpha,\beta)$平面上的一个权重函数，它对从表面到这个特定像点的散射贡献加权. 如果 P 所代表的光瞳关小，那么权重函数变宽，表面上更多的部分对将光散射到讨论中的像点做出贡献. 同样，如果光瞳张开变宽，权重函数就变窄，散射表面更少的部分影响选定像点的强度. 结果，改变光瞳的大小，我们可以控制表面有多少个相关面积对观察到的光强度作出贡献.

在给定的像点，场由来自散射面的波的几个或多个相关面积的独立的贡献组成. 这种独立贡献的个数 N 可以近似为在物上的一个成像分辨光斑的等价面积$(\mathcal{A}_k)$与表面上的散射波的相关面积$(\mathcal{A}_a)$之比：

$$N \approx \begin{cases} \mathcal{A}_k/\mathcal{A}_a & \mathcal{A}_k \geqslant \mathcal{A}_a \\ 1 & \mathcal{A}_k < \mathcal{A}_a. \end{cases} \tag{4-115}$$

这里 $\mathcal{A}_k$ 是点扩展函湿玨(α,β)在物上的等价面积，而 $\mathcal{A}_a$ 是振幅相关函数的等价面积(在除去镜反射之后，见(4-106)式)，即

$$\mathcal{A}_k = \frac{\iint_{-\infty}^{\infty} k(\alpha,\beta)\,\mathrm{d}\alpha\,\mathrm{d}\beta}{k(0,0)} = \frac{P(0,0)}{\dfrac{\mathcal{A}_p}{\lambda^2 f^2}} = \frac{\lambda^2 f^2}{\mathcal{A}_p}$$

$$\mathcal{A}_a = \iint_{-\infty}^{\infty} \boldsymbol{\mu}'_a(\Delta\alpha,\Delta\beta)\,\mathrm{d}\Delta\alpha\;\mathrm{d}\Delta\beta, \tag{4-116}$$

其中，我们用了$\boldsymbol{\mu}'_a(0,0)=1$这一事实，并且为简单起见，我们取光瞳函数为一个面积为 $\mathcal{A}_p$ 的透亮开口$(P(0,0)=1)$. 量 $\mathcal{A}_a$ 已经在上一小节对高斯分布的表面高度涨落

算出，见(4-109)式，对于圆对称的高斯形状的表面高度相关函数，已求出为

$$\mathcal{A}=\frac{\pi r_c^2 e^{-\sigma_\phi^2}}{1-e^{-\sigma_\phi^2}}[Ei(\sigma_\phi^2)-\varepsilon-ln(\sigma_\phi^2)],$$

其中，Ei(x)仍代表指数积分函数，ε 是 Euler 常数. 取 $\mathcal{A}$ 对 $\mathcal{A}$ 的比，我们求得

$$N=\frac{N_0(e^{\sigma_\phi^2}-1)}{\mathrm{Ei}(\sigma_\phi^2)-\varepsilon-\ln(\sigma_\phi^2)},\tag{4-117}$$

其中 N_0 表示在点扩散函数的等价面积内的**表面高度**相关面积的个数：

$$N_0=\frac{\mathcal{A}}{\pi r_c^2}.$$

有了这些定义之后，我们现在可以将 3.5 节的结果应用于手头的问题. 从那一节，特别是(3-94)式，我们得知对比度由下式给出

$$C=\sqrt{\frac{8(N-1)\left\{N-1+\cosh\left[\left(4\pi\frac{\sigma_h}{\lambda}\right)^2\right]\right\}\sinh^2\left[\left(4\pi\frac{\sigma_h}{\lambda}\right)^2/2\right]}{N\left(N-1+\exp\left[\left(4\pi\frac{\sigma_h}{\lambda}\right)^2\right]\right)^2}},\tag{4-118}$$

其中我们代入了 $\sigma_\phi=(4\pi/\lambda)\sigma_h$. 现在将(4-117)式代入上面求 C 的式子，我们求出 C 的一个表示式，它只依赖于 N_0 和 σ_h/λ.

这些结果示于图 4.21 中，图中画的是不同的 N_0 值下对比度与 σ_h/λ 的关系曲线，以及不同的 σ_h/λ 值下对比度与 N_0 的关系曲线. 从该图的(a)部分，我们注意到两个预期的结果：第一，对理想平坦的表面($\sigma_h/\lambda=0$)，散斑对比度为零；第二，随着表面高度涨落的上升(σ_h/λ 增大)，对比度最后在 1 饱和，这正是我们对完全散射的散斑所预期的. 我们还注意到，使对比度饱和为 1 所需的表面粗糙度的大小与 N_0 的值有关，N_0 越大，需要的涨落越大. 这个现象与光的镜反射分量和散射(或“漫反射”)分量不同的增长率有关，下面将结合图 4.21 的(b)部分作一解释.

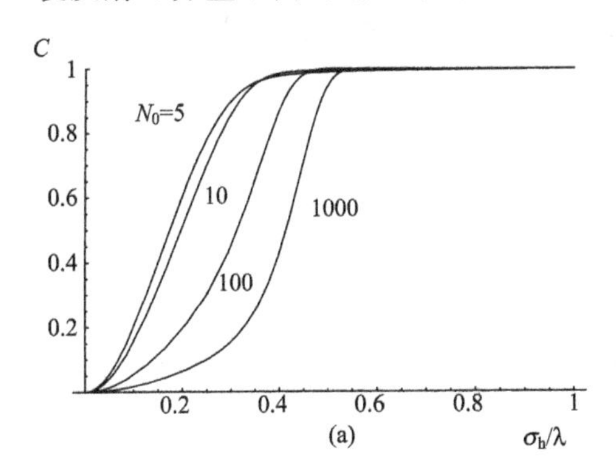

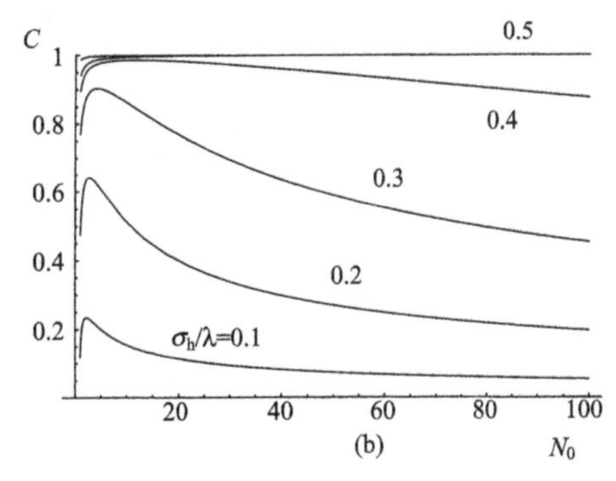

图 4.21 (a)不同的 N_0 值下对比度 C 与 σ_h/λ 的关系；(b)不同的 σ_h/λ 下对比度 C 与 N_0 的关系

在图4.21的(b)部分,我们看到了奇怪的行为:对小的表面粗糙度值,对比度先随参数 N_0 增长,然后向零下降.对这个现象的解释与图3.15之后所说的内容有关,是由于光的镜向反射分量和漫散分量对 N_0 值的不同的依赖关系.特别是,对于这里所分析的光路,反射光中的镜反射分量总是以一个小光点的形式出现在第一个透镜的焦平面内的光轴上,而漫射光则充满整个光瞳.要改变 N_0,我们改变瞳阑的尺寸,减小它以增大 N_0.由于镜反射分量总是限制在光轴区域,当我们减小光瞳直径时它不受影响(至少当光瞳还不是非常小时是这样).另一方面,随着我们缩小光瞳,透过的散射光的平均强度与光瞳面积 A_p 成正比减小.因此,在 σ_h/λ 值小时,N_0 从1(没有散斑)及1以上增加使散斑的对比度从零增加,而最终当 N_0 进一步增加时,σ_I 值下降而 $\bar{I}$ 保持恒定,使对比度下降.因此就有图(b)中所看到的在小的 σ_h/λ 值下对比度随 N_0 变化的行为.最终当光瞳尺寸足够小,不仅影响散射光也影响镜反射光时,C 就不再随 N_0 下降了.

虽然在上面的分析中或许还不明显,在我们分析的光路下散射光的统计性质绝对是**非圆对称型**的,即观察到的场 $A(x,y)$ 的实部的方差不等于场的虚部的方差.对这一事实更多的讨论可以在文献[68]中找到.这种非圆型的行为是像平面所独有的,因为在像平面上对一个纯相位分布形成一个低通滤波像.在不靠近像平面的平面上,圆型统计性质又恢复了,主要是由于点扩展函数 $\boldsymbol{k}(\alpha,\beta)$ 变成了复值,而不是像这里分析的特定成像光路中那样,成像平面上的点扩散函数是实值.

4.5.6 体散射产生的散斑的性质

体散射产生的散斑的理论进展不如面散射产生的散斑,在许多方面比相应的面散射散斑理论更加困难.图4.22是一幅过于简化并且夸张的图,它表示光在一层介电质板体内散射时发生的情况,介电质板含有密集的细小介电质不均匀颗粒的随机集合.图中画了三条进入介质的光线,如果颗粒密度足够高,每条入射光由

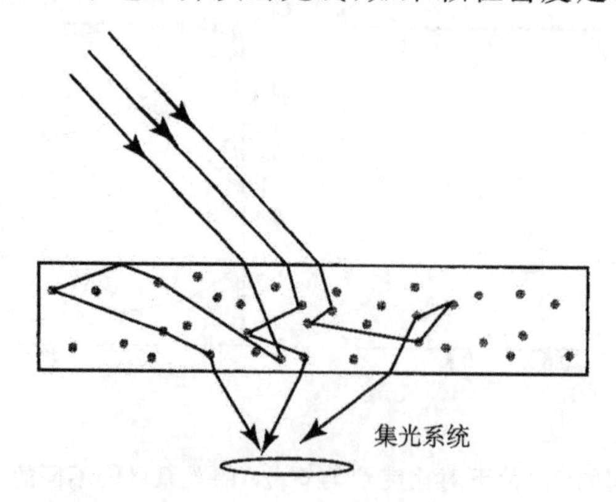

图4.22 三条通过体散射介质的光程表示多重散射

于多重散射会走过不同的路程.图中最左边的那条光线,由于在板的顶部与空气的界面上发生了全内反射,走的路程特别长.在每次发生散射处,一般也有若干概率发生吸收.一些光线会以不进入集光透镜的角度逃离散射介质,从而对测量不做出贡献.发生多次散射事件的光线有很大的概率在某次散射事件中被吸收.

可能观测到以下几种一般情况.第一,多重散射使从光源到探测器的传播中不同程长(因而时间延迟)的散布范围变大.这种散布范围可以比一个中度粗糙表面上发生的面散射大得多.下一节会讨论到,其结果可能是,这种介质产生的散斑对光的频率或波长的变化要比面散射的情况敏感得多.当然,如果延迟时间相当于或超过光源的相干时间,可以预期散斑的对比度会降低.

第二,在集光透镜焦平面上观察到的散斑尺寸主要受投射到该平面上光的角扩展的影响,而角扩展和许多不同的因素有关.不仅测量系统的几何性质和射到发生体散射的物体上的光斑大小会影响散斑大小,而且因内部的多重散射散开到这些体散射物的边界之外的光也对散斑大小有影响.这些因素中哪一个起支配作用取决于测量是在什么空间光路中进行:是自由空间还是成像系统.在自由空间光路中,介质内部任何一种使出射光斑大于入射光斑的现象,都会使观察平面上的散斑尺寸减小.当折射率非均匀性的尺寸大小与波长可比拟时,能够影响散射光的角扩展(粒子越小散射越开[⑫]),从而能够影响射出的光的时间延迟和角展宽的散布范围.而在成像的光路中,到达的光的角展宽主要依赖于成像系统的数值孔径,一般不受散射光斑大小的影响.

关于在不同散射条件下体散射所产生的散斑的特征,已发表了几篇文章(例如,见文献[127],[62],[160]及[161]).应当用什么数学程式来分析散射依赖于散射体的密度.后面的参考文献假定颗粒密度足够大,所以可以对在光在散射介质内的散开作扩散近似,而且用图像方法满足边界条件.采用了这些方法后,就可用数值法算出一个 δ 函数光脉冲的平均时间展宽.

令 (x,y) 为平行于散射介质前后表面的横向坐标,z 是深度坐标,原点取在光进入介质的表面上.光从 $z=L$ 的表面离开介质,L 是介质的厚度.现在想象在坐标 $(x',0,0)$ 处的一个点光源(δ 函数)沿着 x 方向扫过表面,同时在 $(x',0,L)$ 点有一个点探测器,与点光源同步也沿 x 方向扫过表面.在各个 x' 点构成的网格上,测量探测器对单位脉冲的光脉冲的时间响应.如果介质是均匀的,而且源和探测器都远离样品的边缘,这些实验得到的响应可以进行平均以产生一个平均的脉冲影响 $\bar{I}(t)$(这是上述的扩散分析所预言的脉冲响应).于是,光从散射介质的输入到输出所走过的光程长度所服从的概率密度函数可以写为

---

⑫ 在参考文献[62]中,作者证明,如果散斑的大小是在散射光斑的近场并在4.5.3节所述的条件下测量,那么散射体的平均大小可以由散斑大小决定.

$$p_l(l)=\frac{\bar{I}(l/c)}{\int_0^{\infty}\bar{I}(l/c)\mathrm{d}l}. \tag{4-119}$$

概率密度函数 $p_l(l)$所起的作用和面散射中表面高度概率密度函数的作用相同，尽管其形状可能和面散射中观察到的情况非常不同.

上面曾假设测量系统的时间分辨率足够大，能够测量介质极短的脉冲响应.如果情况不是这样，已开发出测量这个量的其他方法，它们用连续激光在三个不同的光学频率上产生散斑图样，并利用这些散斑图样的相关[171,172].

图 4.23 表示对一层厚 3.6 cm 的板所算出的三个光程长度概率密度函数，此图取自文献[161].注意：光程长度密度函数的峰值所在距离是介质的物理厚度的许多倍.在这个图中，μ_a表示吸收系数，μ_s'表示约化的散射系数：

$$\mu_s'=(1-g)\mu_s$$

其中，μ_s 是线散射系数，g 是散射角余弦的平均.当吸收系数小而约化散射系数大时，得到的概率密度函数拖的尾巴最长.

我们在第 6 章考虑散斑图样对频率（或波长）的依赖关系时，会再回到体散射这个题目上来.

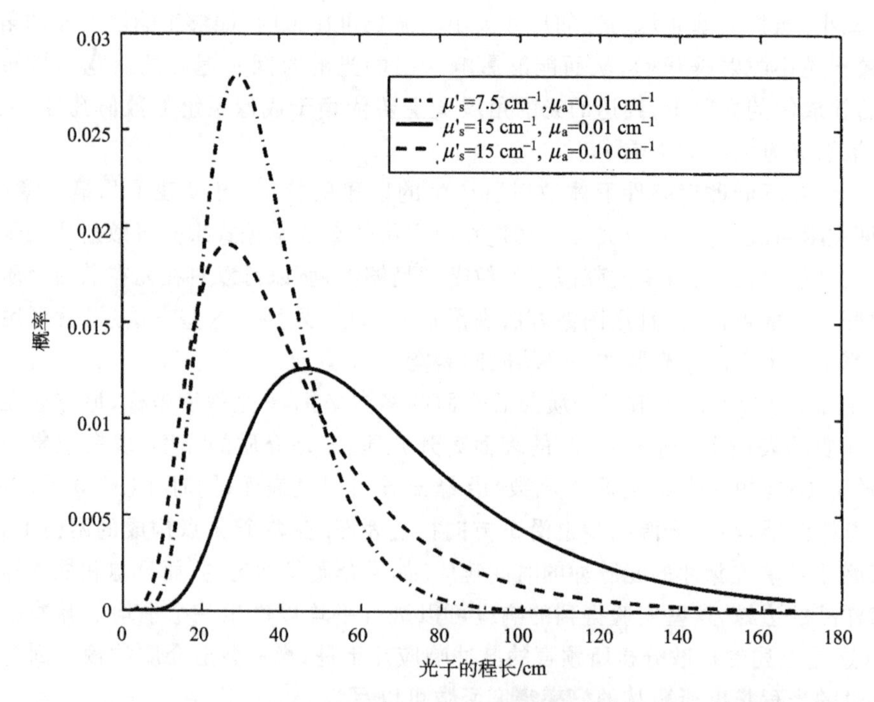

图 4.23 对几组介质参数，由扩散方程预言的概率密度函数（取自文献[161]），介质厚度为 3.6 cm，但由于多重散射，密度函数延展到是厚度许多倍的程长.本图重印经过 K. J. Webb 和美国光学协会的允许

4.6 积分和模糊的散斑的统计学

我们已研究了在空间/时间的一个或多个点上的散斑的性质.然而,在实验中,散斑不可能在一个理想的点上进行测量,而是在一个探测单元的某个有限面积上积分.此外,即使是用一个极小的探测器,我们也可能是在测量一个运动的散斑图样,这时被测的量仍然是对一个散斑图样某些部分的积分.因此,我们现在将注意力转向积分散斑的统计性质.

在有限大小的均匀探测器的情况下,令 W 表示测量到的强度,其定义为

$$W = \frac{1}{\mathcal{A}_D} \iint_{-\infty}^{\infty} D(x,y) I(x,y) \mathrm{d}x \, \mathrm{d}y, \tag{4-120}$$

其中,$D(x,y)$是正实数的权重函数,表示探测器的光电灵敏度在空间的分布,$\mathcal{A}_D = \iint_{-\infty}^{\infty} D(x,y) \mathrm{d}x \mathrm{d}y$,$I(x,y)$ 是被测散斑图样的强度分布.对一个灵敏度均匀的探测器,权重函数之形式为

$$D(x,y) = \begin{cases} 1 & \text{在灵敏区内} \\ 0 & \text{在灵敏区外}, \end{cases} \tag{4-121}$$

$\mathcal{A}_D$ 是探测器的面积.

在用一个很小的探测器探测运动散斑的情况,测得的强度仍然可以用(4-121)式的形式表示,但是权重函数必须根据具体情况适当选择.例如,如果散斑图样沿 x 方向以均匀速率 v 运动,权重函数之形式为

$$D(x,y) = \mathrm{rect}\left(\frac{x}{vT}\right) \delta(y) \tag{4-122}$$

其中,T 是积分时间,$\delta(y)$是一个 δ 函数.

在用一个相对于散斑很小的探测器以积分时间 T 测量随时间变化的散斑图样时,感兴趣的积分的强度可以写成

$$W = \frac{1}{T} \int_0^T I(t) \mathrm{d}t = \frac{1}{T} \int_{-\infty}^{\infty} \mathrm{rect}\left(\frac{t - T/2}{T}\right) I(t) \mathrm{d}t, \tag{4-123}$$

其中 $I(t)$代表散斑图样的随时间变化的强度.

4.6.1 积分散斑的平均值和方差

本节我们先考虑散斑的空间积分,然后叙述时间积分的相应结果.

空间积分

我们的第一个目标是求出测量得出的强度 W 的平均值和方差的精确表示式.

为此,我们将平均强度写为

$$\overline{W}=\frac{1}{\mathcal{A}_{\mathrm{D}}}\iint_{-\infty}^{\infty}D(x,y)\bar{I}\mathrm{d}x\ \mathrm{d}y=\bar{I},\tag{4-124}$$

其中交换了求平均和积分的次序,$\bar{I}$ 是入射散斑图样的平均强度[假设与(x,y)无关]. 于是测得的强度的平均值和散斑图样真实的平均值相同.

为了求 W 的方差,我们先来求它的二阶矩:

$$\overline{W^2}=\frac{1}{\mathcal{A}_{\mathrm{D}}^2}\iint_{-\infty}^{\infty}\iint_{-\infty}^{\infty}D(x_1,y_1)D(x_2,y_2)\ \overline{I(x_1,y_1)I(x_2,y_2)}\mathrm{d}x_1\,\mathrm{d}y_1\,\mathrm{d}x_2\ \mathrm{d}y_2,\tag{4-125}$$

其中仍然交换了求平均和积分的次序. 对一个广义平稳的散斑图样,强度乘积的平均值只依赖于坐标的差 $\Delta x=x_1-x_2$和 $\Delta y=y_1-y_2$,且二阶矩的式子可以直接化为

$$\overline{W^2}=\frac{1}{\mathcal{A}_{\mathrm{D}}^2}\iint_{-\infty}^{\infty}K_{\mathrm{D}}(\Delta x,\Delta y)\Gamma_I(\Delta x,\Delta y)\mathrm{d}\Delta x\,\mathrm{d}\Delta y,\tag{4-126}$$

其中

$$K_{\mathrm{D}}(\Delta x\,\Delta y)=\iint_{-\infty}^{\infty}D(x_1,y_1)D(x_1-\Delta x,y_1-\Delta y)\mathrm{d}x_1\mathrm{d}y_1.\tag{4-127}$$

函数 K_{D} 是函数 $D(x,y)$的确定性的自相关函数,函数 Γ_I 是强度 $I(x,y)$的统计自相关函数.

我们现在援引完全散射的散斑图样的场的圆复数高斯统计性质,写出

$$\Gamma_I(\Delta x,\Delta y)=\bar{I}^2[1+|\boldsymbol{\mu}_{\boldsymbol{A}}(\Delta x,\Delta y|^2].\tag{4-128}$$

以此代入(4-126)式,我们得到

$$\begin{aligned}\overline{W^2}=&\frac{\bar{I}^2}{\mathcal{A}_{\mathrm{D}}^2}\iint_{-\infty}^{\infty}K_{\mathrm{D}}(\Delta x,\Delta y)\mathrm{d}\Delta x\,\mathrm{d}\Delta y\\&+\frac{\bar{I}^2}{\mathcal{A}_{\mathrm{D}}^2}\iint_{-\infty}^{\infty}K_{\mathrm{D}}(\Delta x,\Delta y)\,|\boldsymbol{\mu}_{\boldsymbol{A}}(\Delta x,\Delta y)|^2\mathrm{d}\Delta x\,\mathrm{d}\Delta y.\end{aligned}\tag{4-129}$$

上式第一项化简为 $\bar{I}^2$,于是 W 的方差可写为

$$\sigma_W^2=\frac{\bar{I}^2}{\mathcal{A}_{\mathrm{D}}^2}\iint_{-\infty}^{\infty}K_{\mathrm{D}}(\Delta x,\Delta y)\,|\boldsymbol{\mu}_{\boldsymbol{A}}(\Delta x,\Delta y)|^2\mathrm{d}\Delta x\,\mathrm{d}\Delta y.\tag{4-130}$$

我们很感兴趣的量是检测得到的散斑的对比度和均方根信噪比,它们的定义是

$$C=\sigma_W/\overline{W},\qquad(S/N)_{\mathrm{rms}}=\overline{W}/\sigma_W.\tag{4-131}$$

$$M=\left[\frac{1}{\mathcal{A}_D}\iint_{-\infty}^{\infty}K_D(\Delta x,\Delta y)\left|\boldsymbol{\mu}_A(\Delta x,\Delta y)\right|^2\mathrm{d}\Delta x\,\mathrm{d}\Delta y\right]^{-1},\tag{4-132}$$

我们得到

$$C=1/\sqrt{M},\quad (S/N)_{\mathrm{rms}}=\sqrt{M}.\tag{4-133}$$

参数 M 对决定探测到的强度的统计性质至关重要，因此我们要对它进行较详尽的讨论. 为洞察其物理意义，我们先考虑两种极限情况，一种是探测器的面积比散斑的平均尺寸大很多，另一种情况相反，探测面积相对于散斑的平均尺寸很小. 在第一种情况下，函数 $K_D(\Delta x,\Delta y)$ 比函数 $[\boldsymbol{\mu}_A(\Delta x,\Delta y)]^2$ 宽很多，因此，我们可以将 $K_D(0,0)$ 提出积分，得到

$$M\approx\left[\frac{K_D(0,0)}{\mathcal{A}_D}\iint_{-\infty}^{\infty}\left|\boldsymbol{\mu}_A(\Delta x,\Delta y)\right|^2\mathrm{d}\Delta x\,\mathrm{d}\Delta y\right]^{-1}.\tag{4-134}$$

重积分：

$$K_D(0,0)=\iint_{-\infty}^{\infty}D^2(x_1,y_1)\,\mathrm{d}x_1\,\mathrm{d}x_2,$$

具有面积的量纲. 由此，$\mathcal{A}_D^2/K_D(0,0)$ 也有面积量纲，因此我们称它为有效测量面 $\mathcal{A}_m$：

$$\mathcal{A}_m=\frac{\mathcal{A}_D^2}{\iint_{-\infty}^{\infty}D^2(x_1,y_1)\,\mathrm{d}x_1\,\mathrm{d}x_2}.$$

注意：通常探测器的灵敏度是均匀的，在探测器光阑内 D 为 1，光阑外为零. 在这种情况下 $\mathcal{A}_m=\mathcal{A}_D$. 此外，注意到 $\left|\boldsymbol{\mu}_A(\Delta x,\Delta y)\right|^2$ 是强度的自协方差函数，我们定义

$$\mathcal{A}_c=\iint_{-\infty}^{\infty}\left|\boldsymbol{\mu}_A(\Delta x,\Delta y)\right|^2\mathrm{d}\Delta x\,\mathrm{d}\Delta y\tag{4-135}$$

为散斑强度的相关面积. 有了这个定义，我们就看到参数 M 为

$$M\approx\mathcal{A}_m/\mathcal{A}_c\quad(\mathcal{A}_m\gg\mathcal{A}_c).\tag{4-136}$$

于是在测量面积比散斑尺寸大得多的极限情况，M 值正比于 $\mathcal{A}_m$ 与 $\mathcal{A}_c$ 之比，这个比值可以解释为影响测量结果的散斑的平均个数.

在相反的情况，散斑的平均尺寸比测量面积宽得多，我们将 $\left|\boldsymbol{\mu}_A\right|^2$ 用 1 代替，得出

$$M\approx\left[\frac{1}{\mathcal{A}_D}\iint_{-\infty}^{\infty}K_D(\Delta x,\Delta y)\,\mathrm{d}\Delta x\,\mathrm{d}\Delta y\right]^{-1}=1,\qquad \mathcal{A}_m\ll\mathcal{A}_c.\tag{4-137}$$

在这种情况，M 不可能降到 1 以下. 这和将 M 解释为影响测量的散斑平均个数相

容：无论测量孔径多小，至少有一个散斑会影响结果.

一旦规定了探测器的孔径函数 $D(x,y)$ 和强度协方差函数 $|\boldsymbol{\mu}_A|^2$，就可以求出 M 的精确表示式. 当探测器是均匀的，尺寸为 $L\times L$ 的矩形，并且散射光斑上是高斯形状的强度图样时，我们有

$$\boldsymbol{\mu}_A(\Delta x,\Delta y)=\exp\left[-\frac{\pi}{2\mathcal{A}_c}(\Delta x^2+\Delta y^2)\right], \tag{4-138}$$

我们可以计算所要求的积分，得到

$$M=\left[\sqrt{\frac{\mathcal{A}_c}{\mathcal{A}_m}}\operatorname{erf}\left(\sqrt{\frac{\pi\mathcal{A}_m}{\mathcal{A}_c}}\right)-\left(\frac{\mathcal{A}_c}{\pi\mathcal{A}_m}\right)\left(1-\exp\left(-\frac{\pi\mathcal{A}_m}{\mathcal{A}_c}\right)\right)\right]^{-2}, \tag{4-139}$$

其中 $\operatorname{erf}(x)$ 是标准误差函数. 对于高斯光斑和均匀的圆形探测器的情况，我们也可以求出一个闭合形式的表示式：

$$M=(\mathcal{A}_m/\mathcal{A}_c)\{1-\exp[-2(\mathcal{A}_m/\mathcal{A}_c)][I_0(2\mathcal{A}_m/\mathcal{A}_c)+I_1(2\mathcal{A}_m/\mathcal{A}_c)]\}^{-1}, \tag{4-140}$$

其中 $I_0(x)$ 及 $I_1(x)$ 分别是零级和一级第一类修正的 Bessel 函数. 在其他的情况，M 可以通过数值积分求得. 图 4.24 对标出的三种不同的情况画出了 M 与比值 $\mathcal{A}_m/\mathcal{A}_c$ 的关系曲线. 右边的曲线是左边曲线的简单放大. 可以看到，正如我们预言的，对于一切情况，当 $\mathcal{A}_m/\mathcal{A}_c$ 变小时 M 趋于 1，而当这个比值大时，M 随 $\mathcal{A}_m/\mathcal{A}_c$ 增加.

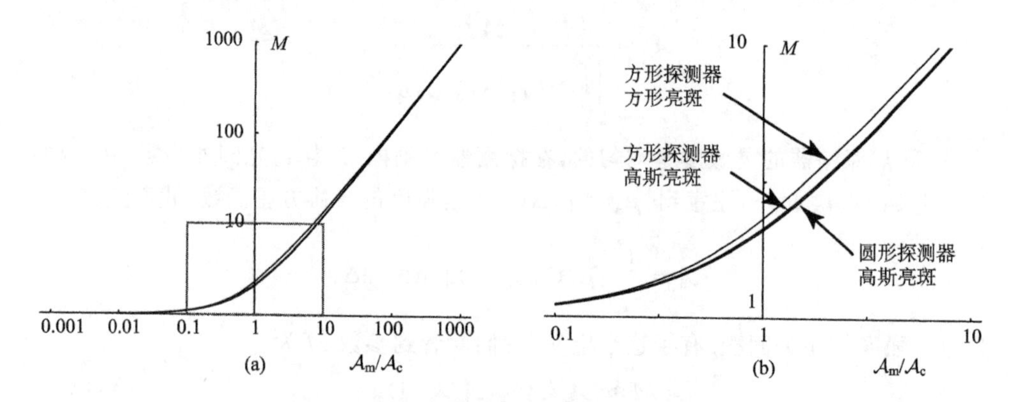

图 4.24 对于亮斑强度分布和探测器形状的各种组合，M 与 $\mathcal{A}_m/\mathcal{A}_c$ 的关系曲线，(b)是(a)中长方框中那一段曲线的放大

时间积分

当空间不变但是随时间变化的散斑对时间积分时，结果与上面推导的结果十分相似(参看文献[70]，6.1 节). 尤其是，我们可以再一次用棚车近似(boxcar approximation)，不过这一次是对强度的时间涨落. 我们再次来求表示自由度数目的

参数 M. 与空间积分的结果类比,积分散斑中的自由度数目为

$$M=\left[\frac{\left(\int_{-\infty}^{\infty}P_{\mathrm{T}}(\tau)\mathrm{d}\tau\right)^{2}}{\int_{-\infty}^{\infty}K_{\mathrm{T}}(\tau)\,|\boldsymbol{\mu}_{\boldsymbol{A}}(\tau)|^{2}\mathrm{d}\tau}\right], \tag{4-141}$$

这个选择将导致积分散斑完全正确的平均值和方差. 这里 $P_{\mathrm{T}}(t)$是积分窗口的权重函数,$K_{\mathrm{T}}(\tau)$是 $P_{\mathrm{T}}(t)$的自相关函数;即积分强度为

$$W=\int_{-\infty}^{\infty}P_{\mathrm{T}}(t)I(t)\mathrm{d}t, \tag{4-142}$$

而 $K_{\mathrm{T}}(\tau)$为

$$K_{\mathrm{T}}(\tau)=\int_{-\infty}^{\infty}P_{\mathrm{T}}(t)P_{\mathrm{T}}(t-\tau)\mathrm{d}t. \tag{4-143}$$

积分散斑的对比度 C 由下式给出:

$$C=\sqrt{\frac{1}{M}}. \tag{4-144}$$

对一个均匀的积分窗口 $P_{\mathrm{T}}(t)=\mathrm{rect}\left(\frac{t-T/2}{T}\right)$,结果变为

$$C=\left[\frac{2}{T}\int_{0}^{T}\left(1-\frac{\tau}{T}\right)|\boldsymbol{\mu}_{\boldsymbol{A}}(\tau)|^{2}\mathrm{d}\tau\right]^{1/2}. \tag{4-145}$$

现在我们已经完成了对积分散斑图样和模糊散斑图样的矩和对比度的精确表示式的探索. 我们现在转向一种程式,它能给出这类测量的真实概率密度函数的极好的近似.

4.6.2 积分强度概率密度函数的近似结果

虽然我们已经成功地得到积分强度的矩和对比度的精确表示式,在许多问题中还需要对积分强度的统计性质的更完备的描述. 因此,我们在这一节来求积分强度的一阶概率密度函数的一些良好近似. 这种近似最早由 S. O. Rice 在分析高斯噪声性质时提出[132],L. Mandel 在分析热光强度的时间统计时曾经用过[105],Goodman 又首先把它用于二维散斑[66].

所提出的关键近似是用一个二维的"棚车"函数来代替落在探测器上的连续的散斑强度图样,"棚车"函数由 m 个相邻的不同高度的直立方盒组成,把单个方盒看成是单个散斑图样的相关面积,在这个相关面积上假设强度取恒定值. 不同的方盒有不同的强度值. 我们假定各个方盒里的强度全都统计独立,而且,对于完全散射的偏振散斑,我们假定方盒内的强度值都服从均值相同的负指数密度分布. 图 4.25表示穿过二维强度图样的一个一维截面和代替它的近似强度图样.

积分强度可以近似为棚车函数下面的归一化体积:

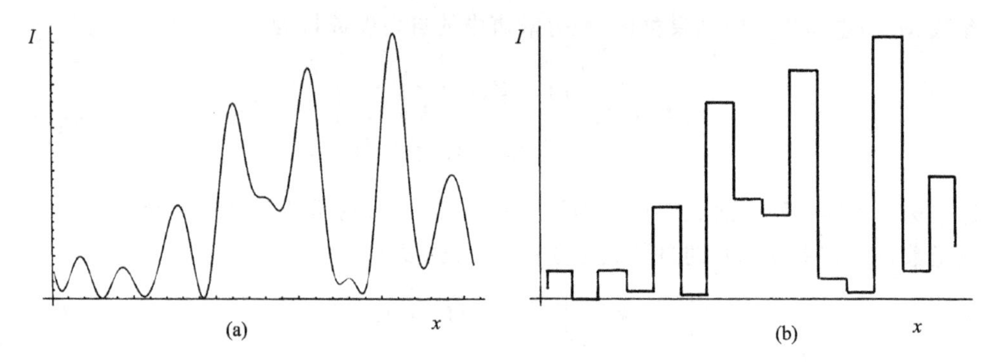

图 4.25 落在探测器上的二维强度分布的一维截面：(a)实际情况和(b)栅车近似

$$W = \frac{1}{\mathcal{A}_D}\iint_{-\infty}^{\infty} D(x,y)I(x,y)\mathrm{d}x\ \mathrm{d}y \approx \frac{1}{\mathcal{A}_D}\sum_{k=1}^{m}\mathcal{A}_0 I_k, \tag{4-146}$$

其中 $\mathcal{A}_0$ 是一切方盒的底的面积(对所有的 k 都相同)，I_K 是第 k 个方盒的高度. 求和是对 m 个方盒的整个二维阵列进行.

既然每个方盒的强度 I_K 服从有同样均值 $\bar{I}$ 的独立的负指数统计，W 的近似值的特征函数必定是

$$M_W(\omega) = \prod_{k=1}^{m}\frac{1}{1-\mathrm{j}\omega\dfrac{\mathcal{A}_0}{\mathcal{A}_D}\overline{W}} = \left[\frac{1}{1-\mathrm{j}\omega\dfrac{\overline{W}}{m}}\right]^{\mathrm{m}}, \tag{4-147}$$

其中用了 $\mathcal{A}_0/\mathcal{A}_D = 1/m$ 这一事实. 对应于这个特征函数的概率密度函数是 Γ 密度，

$$p(W) = \begin{cases}\dfrac{(m/\bar{I})^m W^{m-1}\exp(-mW/\bar{I})}{\Gamma(m)} & W \geqslant 0\\ 0 & \text{其他},\end{cases} \tag{4-148}$$

其中 Γ(m) 是宗量为 m 的 Γ 函数.

Γ 密度函数有两个参量，m 和 $\overline{W}$. 一个合理的做法是，适当选择这两个参数，使近似密度尽可能拟合真实的密度(不论它是什么). 为此，我们这样选择 m 和 $\overline{W}$，使近似分布的平均值和方差与前一节算出的真正的平均值和方差精确相等. 若我们令 $m=M$(这里的 M 是前一节算出的同一参数 M)，并令 $\overline{W}$ 代表精确分布的真正平均值(也是上节算出的)，这个目的就实现了. 于是 Γ 密度近似的形式稍微改变如下：

$$p(W) = \begin{cases}\dfrac{(M/\overline{W})^M W^{M-1}\exp(-MW/\overline{W})}{\Gamma(M)} & W \geqslant 0\\ 0 & \text{其他}.\end{cases} \tag{4-149}$$

注意上节算出的参数 M 不必是一个整数，因此，应当放弃栅车近似中方盒个数是整数的准物理概念. 不论用上节的方法算出的 M 是什么值，是整数或非整数，都应

该用在上面的 Γ 密度函数中. 当然,并不能保证选择这两个参数使平均值和方差刚好正确是最好的选参数的方法,但它是最简单的,也是我们在这里要用的方法.

Γ 密度函数的曲线图已示于图 3.12 中,我们在这里不再重复. 只需提醒: 对 $M=1$,密度函数就是熟悉的指数密度,而当 $M\longrightarrow\infty$,密度函数趋近于中心在平均值($W=\overline{W}$)的 δ 函数. 当 M 很大但仍为有限值时,统计学的中心极限定理隐含着,积分强度的密度函数趋于一个平均值为 $\overline{W}$、标准偏差为 $\overline{W}/\sqrt{M}$的高斯密度. 值得注意的是,参数为 M 的 Γ 密度的 n 阶矩容易证明为

$$\overline{W^n}=\frac{\Gamma(M+n)}{\Gamma(M)}\left(\frac{\overline{W}}{M}\right)^n. \tag{4-150}$$

记住探测器的面积由 M 个不同的独立方盒占据那幅图像,我们将常常称 M 为探测器所接收到的那部分散斑图样的“自由度数”.

4.6.3 积分强度的概率密度函数的“准确”结果

存在着一种数学程式,它允许我们在某些情况下计算积分散斑的更精确的概率密度函数. 这些解常常叫做“精确”解,其实我们将看到,在计算中总是有某种形式的近似. 这个方法叫做 Karhunen-Loève 展开式(见文献[111],P. 380 和[32],P. 96),Condie[27]首先将它应用在散斑的讨论中,他计算了精确的密度函数的累积量,并和 Γ 密度的累积量相比较. Dainty[29]和 Barakat[12]应用同样的方法来求 W 的概率密度函数的一般表示式. Barakat 对一个狭缝孔径和散射光斑上是高斯强度分布的情况画出了精确的密度函数. Scribot[143]对狭缝孔径和矩形条强度分布的情况做了同样的事情.

解的精确部分

我们从真正精确的“精确”解部分开始. 要求出 W 的概率密度函数的更精确的形式,首先把探测器孔径 $\sum$ 上的散斑场展开成一个正交归一级数,

$$\boldsymbol{A}(x,y)=\begin{cases}\dfrac{1}{\sqrt{\mathcal{A}_D}}\displaystyle\sum_{n=0}^{\infty}\boldsymbol{b}_n\boldsymbol{\Psi}_n(x,y) & (x,y)\text{ 在探测器孔径}\sum\text{ 内}\\ 0 & \text{其他,}\end{cases} \tag{4-151}$$

其中 $\mathcal{A}_D$ 仍是探测器孔径的面积. 并且

$$\iint_{\Sigma}\boldsymbol{\Psi}_m^*(x,y)\boldsymbol{\Psi}_n(x,y)\mathrm{d}x\ \mathrm{d}y=\begin{cases}1 & n=m\\ 0 & n\neq m.\end{cases}$$

展开系数由下式给出:

$$\boldsymbol{b}_n=\sqrt{\mathcal{A}_D}\iint_{\Sigma}\boldsymbol{A}(x,y)\boldsymbol{\Psi}^*(x,y)\mathrm{d}x\ \mathrm{d}y. \tag{4-152}$$

有许多可能的正交展开有可能满足以上条件,但是我们想选一个正交展开式,其展开系数是**不相关**的.于是我们要求

$$E[\boldsymbol{b}_n\boldsymbol{b}_m^*]=\begin{cases}\lambda_n & m=n\\ 0 & m\neq n\,.\end{cases}\tag{4-153}$$

注意,由于这些系数是由圆复高斯过程的加权积分来定义的,它们自己也是圆复高斯变量,因此,它们除了不相关之外还是相互独立的.

将(4-152)式代入(4-153)式,得到

$$\begin{aligned}E[\boldsymbol{b}_n\boldsymbol{b}_m^*]&=\mathcal{A}_D\iint\limits_{\Sigma}\iint\limits_{\Sigma}\overline{\mathbf{A}(x_1,y_1)\mathbf{A}^*(x_2,y_2)}\boldsymbol{\psi}_n(x_2,y_2)\boldsymbol{\psi}_m^*(x_1,y_1)\mathrm{d}x_1\mathrm{d}y_1\mathrm{d}x_2\mathrm{d}y_2\\&=\iint\limits_{\Sigma}\left[\mathcal{A}_D\iint\limits_{\Sigma}\boldsymbol{\Gamma}_{\mathbf{A}}(x_1,y_1;x_2,y_2)\boldsymbol{\psi}_n(x_2,y_2)\mathrm{d}x_2\,\mathrm{d}y_2\right]\boldsymbol{\psi}_m^*(x_1,y_1)\mathrm{d}x_1\mathrm{d}y_1\\&=\bar{I}\mathcal{A}_D\iint\limits_{\Sigma}\left[\iint\limits_{\Sigma}\boldsymbol{\mu}_{\mathbf{A}}(x_1,y_1;x_2,y_2)\boldsymbol{\psi}_n(x_2,y_2)\mathrm{d}x_2\,\mathrm{d}y_2\right]\boldsymbol{\psi}_m^*(x_1,y_1)\mathrm{d}x_1\mathrm{d}y_1.\end{aligned}\tag{4-154}$$

(4-153)式的约束关系会满足,只要

$$\bar{I}\mathcal{A}_D\iint\limits_{\Sigma}\boldsymbol{\mu}_{\mathbf{A}}(x_1,y_1;x_2,y_2)\boldsymbol{\psi}_n(x_2,y_2)\mathrm{d}x_2\,\mathrm{d}y_2=\lambda_n\boldsymbol{\psi}_n(x_1,y_1).\tag{4-155}$$

因此,为了得到不相关的系数,就必须选用正交归一函数为积分方程(4-155)的本征函数,常数 λ_n 是相应的本征值.忽略可能的二次相位因子(它们并不重要,因为我们只对强度感兴趣),散斑场将是广义平稳的,积分方程化简为

$$\bar{I}\boldsymbol{A}_D\iint\limits_{\Sigma}\boldsymbol{\mu}_{\mathbf{A}}(x_1-x_2,y_1-y_2)\boldsymbol{\psi}_n(x_2,y_2)\mathrm{d}x_2\,\mathrm{d}y_2=\lambda_n\boldsymbol{\psi}_n(x_1,y_1),\tag{4-156}$$

我们认出(4-156)式的左边是 $\boldsymbol{\mu}_{\mathbf{A}}$ 和 $\boldsymbol{\psi}_n$ 的卷积.因为归一化的振幅相关函数 $\boldsymbol{\mu}_{\mathbf{A}}$ 是厄米的和正定的,可以证明本征函数 $\boldsymbol{\psi}$ 是实值非负的.

测得的强度由下式给出:

$$W=\frac{1}{\mathcal{A}_D}\iint\limits_{\Sigma}\mathbf{A}(x,y)\mathbf{A}^*(x,y)\mathrm{d}x\,\mathrm{d}y.$$

将(4-151)式和(4-153)式代入上式得到

$$W=\sum_{n=0}^{\infty}|\boldsymbol{b}_n|^2.\tag{4-157}$$

但是由于 $\boldsymbol{b}_n$ 是独立的圆高斯随机变量,这是无穷个负指数分布的独立随机变量的和,W 的特征函数必定有形式.

$$M_W(\omega) = \prod_{n=0}^{\infty}(1 - \mathrm{j}\omega\lambda_n)^{-1}. \tag{4-158}$$

如果 λ_n 各不相同，那么相应的概率密度函数是

$$p(W) = \sum_{n=0}^{\infty}\frac{dn}{\lambda_n}\exp(-W/\lambda_n) \quad (W \geqslant 0), \tag{4-159}$$

其中

$$d_n = \prod_{\substack{m=0\\ m\neq n}}^{\infty}\left(1 - \frac{\lambda_m}{\lambda_n}\right)^{-1}. \tag{4-160}$$

由于 $p(W)$ 是概率密度函数，其面积必定是 1，因此 $\sum_{n=0}^{\infty} d_n = 1$．探测强度的 k 阶矩是

$$\overline{W^k} = \sum_{n=0}^{\infty}\mathrm{d}_n\lambda_n^k k\,!, \tag{4-161}$$

我们看出，精确密度的平均值和方差分别为

$$\overline{W} = \sum_{n=0}^{\infty}\mathrm{d}_n\lambda_n$$

$$\sigma_W^2 = \sum_{n=0}^{\infty}2\mathrm{d}_n\lambda_n^2 - \left(\sum_{n=0}^{\infty}\mathrm{d}_n\lambda_n\right)^2. \tag{4-162}$$

下一步要求对具体光斑强度分布和感兴趣的探测器孔径求解积分方程，这样就能确定 λ_n 了．

精确解的近似

虽然迄今的推导一直是精确的，求本征值却总要用到某种程度的近似．但是不论怎么说，用这个方法推导出来的密度函数通常会比早先讨论的近似的 Γ 密度函数更精确．虽然我们选 G 密度函数具有正确的均值和方差，但是其高阶矩一般说将是不正确的，而我们即将讲述的解在高阶矩将会更精确．

虽然求解某些二维问题是可能的，我们在这里还是集中注意一维问题，因为计算一维问题的精确本征值一般更容易完成．我们对一个非常特殊的一维光斑形状和一维探测器的形状来给出问题的解．设照在粗糙表面上的亮斑是一个长 L_s 的狭窄均匀光带，其模型为

$$I(\alpha,\beta) = \mathrm{rect}(\alpha/L_s)\delta(\beta).$$

于是，由范西特-泽尼克定理，在探测器上的场的归一化相关函数是

$$\boldsymbol{\mu}_A(\Delta x) = \mathrm{sinc}(L_s\Delta x). \tag{4-163}$$

作某些变量变换后，一维本征方程可写为

$$\int_{-1}^{1} \frac{\sin[c(x_1 - x_2)]}{\pi(x_1 - x_2)} \psi_n(x_2) \mathrm{d}x_2 = \lambda_n \psi_n(x_1), \tag{4-164}$$

其中,$C=\frac{\pi}{2}L_D/L_c$,L_D 是探测器的长度,L_c 是探测器上场的相关长度(即 $\boldsymbol{\mu}_A$ 的等价宽度)

这个特别的本征方程已在文献中得到广泛的研究,特别是 D. Slepian 和他的同事(例如见文献[148]和文献[149]). 其本征值已经对不同的 c 值列成表,并作为 c 的函数画成图. 因此对这个特别的方程,已经解出了本征值. 但是对于其他形式的归一化相关函数,情况一般并非如此,虽然 Barakat[12] 的确研究过高斯相关函数的情况. 用一台台式电脑(PC)就能对这些本征值进行数值计算,若是对积分方程的核进行离散化并且求得了矩阵的本征值[90]. 我们用上面给出的本征方程说明这个程序如下:

1. 关于 x_1 和 x_2 两个自变量,在区间$(-1,1)$上对从函数$\frac{\sin[c(x_1-x_2)]}{\pi(x_1-x_2)}$取样. 两个自变量的样点间隔应为 $1/N$. 于是我们生成了一个 $2N\times 2N$ 矩阵$\underline{K}=\frac{\sin[c(k-n)/N]}{\pi(k-n)/N}$对 $k=(-N,-N+1,\cdots,N)$和 $n=(-N,-N+1,\cdots,N)$.

2. 用一个求矩阵本征值的程序计算此矩阵的本征值.

3. 将这样得到的本征值乘以 $1/N$ 以得到λ_n.

伴随这种方法的近似来自本征值计算的有限的数值精度,也来自计算概率密度函数时决定保留多少本征值(我们不可能用无限个本征值).

图 4.26 画的是上述的核的前五个本征值与 c 的函数关系曲线,本征值是用一个 4000×4000 矩阵求出的. 这些值和 Slepian 得到的符合得很好.

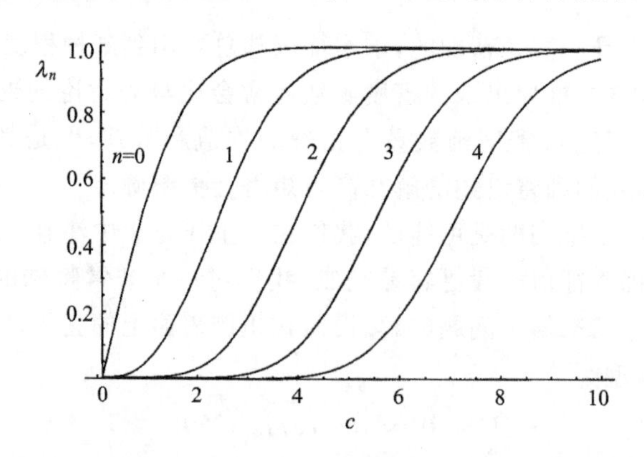

图 4.26 方程(4-164)的前五个本征值与 c 的函数关系

一旦求得了本征值,就能用(4-159)式画出积分强度的概率密度函数,并且与前面的近似分析中得到的相应的 Γ 分布作比较. 于是我们把下式

$$p(W) = \sum_{n=0}^{\infty} \frac{d_n}{\lambda_n} \exp(-W/\lambda_n)$$

和

$$p(W) = \frac{(M/\overline{W})^M W^{M-1} \exp(-MW/\overline{W})}{\Gamma(M)} \tag{4-165}$$

定义的两个密度函数画在一起，其中与给定的 c 对应的参数 M 由下式作数值积分而求得

$$M = 2\left[\int_0^1 (1-y)\operatorname{sinc}^2(2cy/\pi)\mathrm{d}y\right]^{-1}, \tag{4-166}$$

注意 $c=\frac{\pi}{2}\frac{L_D}{L_c}$. 结果示于图 4.27 中，它们和 Scribot[143] 求出的解相似.

“精确”解和近似解的比较

从图 4.27 我们可以看到，当 c 小时，两个概率密度函数都趋于负指数分布，而当 c 大时，两者都趋于一个共同的极限. 事实上，对于大的 c，两者均趋于以 $\overline{W}$ 为中心的高斯分布，这是中心极限定理的结果. 因此，只有在 c 靠近 1 的区域内，在近似

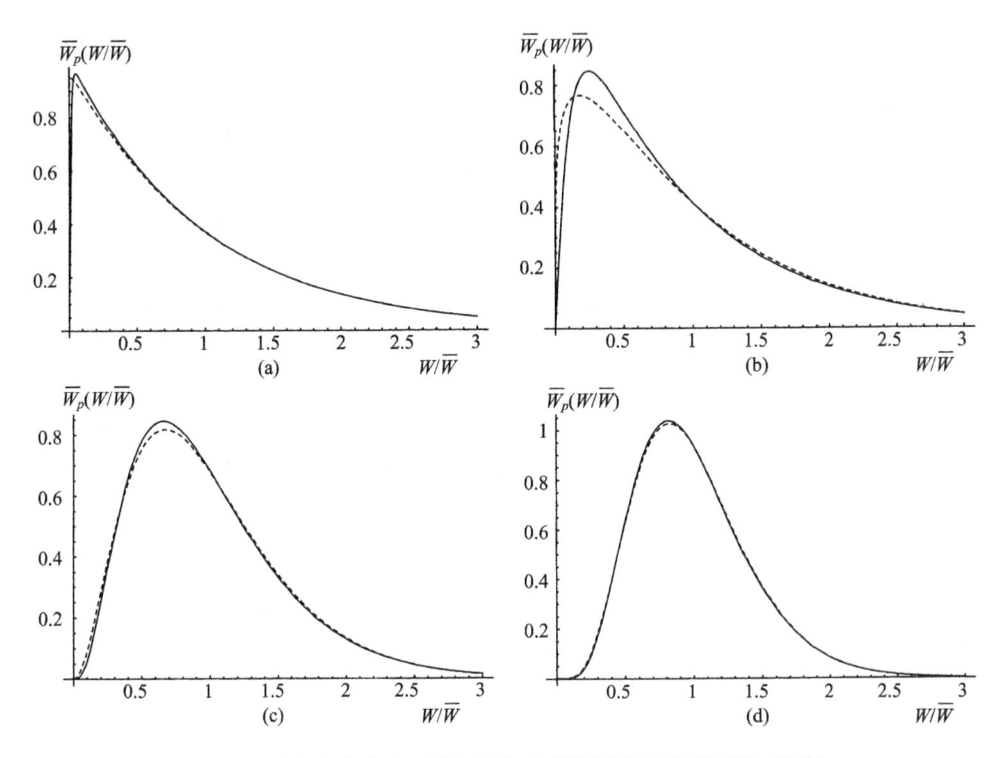

图 4.27 近似概率密度函数(虚线)和“精确”概率密度函数(实线)：
(a)$c=0.25, M=1.01, L_D/L_c=0.16$；(b)$c=1.0, M=1.22, L_D/L_c=0.64$；
(c)$c=4.0, M=3.08, L_D/L_c=2.54$；(d)$c=8.0, M=5.66, L_D/L_c=5.10$

分布和"精确"分布之间才有可观的差异. 我们还记得这两个分布有同样的均值和方差,在大多数问题中使用近似分布是合理的,尤其是因为近似模型预言的散斑对比度是精确的.

最后,Condie[27],Scribot[143]和 Barakat[12]给出了他们关于近似解和"精确"解的关系的一些见解,他们都指出,近似解实质上假设了:对整数 M,指标为 M 或比 M 更小的所有本征值都是 1,而指标大于 M 的所有本征值都是零,这些假设给出了参数为 M 的 Γ 分布. 另一方面,"精确"解使用的是计算出的各不相同的本征值,得到的解是负指数分布之和. 例如,如图 4.28 所示的对 $M=3$ 或 $c=3.88$ 的情况,近似解把本征值的真实值($\lambda_0,\lambda_1,\lambda_2$)用 1 代替,把指标更高的所有本征值用 0 代替,这些本征值的真值已示于图中.

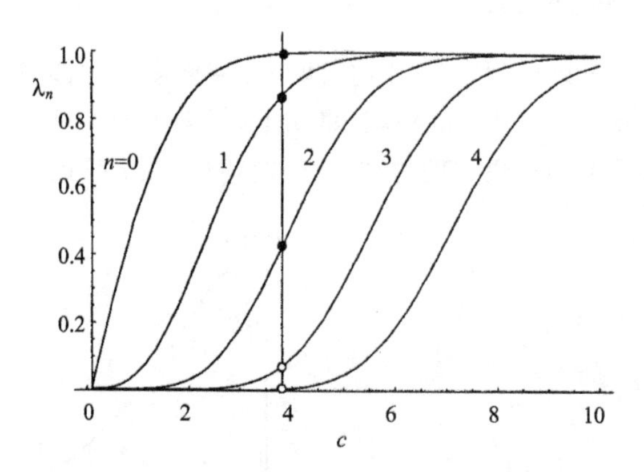

图 4.28 $M=3$ 和 $c=3.88$ 之下的本征值:
实心圆代表的本征值在近似解中用 1 代替,空心圆代表的本征值用 0 代替

4.6.4 部分偏振散斑图样的积分

当感兴趣的散斑图样是部分偏振的时,上面的分析需要作一推广. 上述分析的第一步是找到一个线性变换 $\mathcal{L}$ 将相干矩阵对角化. 有了这个变换,散斑的总强度 $I(x,y)$ 可以表示为两个统计独立的强度之和:

$$I(x,y)=I_{/\!/}(x,y)+I_{\perp}(x,y), \tag{4-167}$$

其中,$I_{/\!/}$ 和 $I_{\perp}$ 都服从负指数统计. 从(3-86)式,我们知道两个强度分量的平均是

$$\overline{I_{/\!/}}=\frac{1}{2}\bar{I}(1+\mathcal{P})$$

$$\overline{I_{\perp}}=\frac{1}{2}\bar{I}(1-\mathcal{P}). \tag{4-168}$$

积分强度现在的形式为

$$W = \frac{1}{\mathcal{A}_0}\iint_{-\infty}^{\infty} D(x,y)[I_{/\!/}(x,y) + I_{\perp}(x,y)]\mathrm{d}x\mathrm{d}y$$

这些符号的意义从(4-120)式应当是清楚的.

容易证明 W 的平均值是 $\overline{W}$. 按照与得出(4-130)式过程中用过的类似的论据，总强度的方差由下式给出：

$$\sigma_W^2 = \frac{1}{4}\frac{\overline{W}^2(1+\mathcal{P})^2}{\mathcal{A}_0}\iint_{-\infty}^{\infty} K_{\mathrm{D}}(\Delta x,\Delta y)\,|\boldsymbol{\mu}_{\boldsymbol{A}_{/\!/}}(\Delta x,\Delta y)|^2\mathrm{d}\Delta x\,\mathrm{d}\Delta y$$
$$+\frac{1}{4}\frac{\overline{W}^2(1-\mathcal{P})^2}{\mathcal{A}_0}\iint_{-\infty}^{\infty} K_{\mathrm{D}}(\Delta x,\Delta y)\,|\boldsymbol{\mu}_{\boldsymbol{A}_{\perp}}(\Delta x,\Delta y)|^2\mathrm{d}\Delta x\,\mathrm{d}\Delta y, \tag{4-169}$$

其中，$\boldsymbol{\mu}_{\boldsymbol{A}_{/\!/}}$ 和 $\boldsymbol{\mu}_{\boldsymbol{A}_{\perp}}$ 是 $I_{/\!/}$ 和 $I_{\perp}$ 的光场的归一化相关函数，一般地说，$\boldsymbol{\mu}_{\boldsymbol{A}_{/\!/}}$ 和 $\boldsymbol{\mu}_{\boldsymbol{A}_{\perp}}$ 不一定相同(通过指向两个正交方向的检偏器看到的一个三维漫散体的亮度分布常常是不同的). 因此必须定义两个不同的参数：

$$M_{/\!/} = \left[\frac{1}{\mathcal{A}_0}\iint_{-\infty}^{\infty} K_{\mathrm{D}}(\Delta x,\Delta y)\,|\boldsymbol{\mu}_{\boldsymbol{A}_{/\!/}}(\Delta x,\Delta y)|^2\mathrm{d}\Delta x\,\mathrm{d}\Delta y\right]^{-1}$$

$$\mathrm{M}_{\perp} = \left[\frac{1}{\mathcal{A}_0}\iint_{-\infty}^{\infty} K_{\mathrm{D}}(\Delta x,\Delta y)\,|\boldsymbol{\mu}_{\boldsymbol{A}_{\perp}}(\Delta x,\Delta y)|^2\mathrm{d}\Delta x\,\mathrm{d}\Delta y\right]^{-1} \tag{4-170}$$

它们分别表示与每一偏振分量有关的“自由度”. 通过这些参数，散斑的对比度由下式给出：

$$C = \frac{1}{2}\left[\frac{(1+\mathcal{P})^2}{M_{/\!/}} + \frac{(1-\mathcal{P})^2}{M_{\perp}}\right]^{1/2}, \tag{4-171}$$

对全偏振的散斑($\mathcal{P}=1$)它简化为 $1/\sqrt{M_{/\!/}}$，对非偏振散斑($\mathcal{P}=0$)它变成 $C=\frac{1}{2}\sqrt{1/M_{/\!/}+1/M_{\perp}}$. 对后一情况，若 $M_{/\!/}=M_{\perp}=M$，那么 $C=1/\sqrt{2M}$.

对于 W 的概率密度函数，近似和精确两种方法都可以用. 在两种情况下，求概率密度函数的最简单的方法都是将对 $I_{/\!/}$ 和对 $I_{\perp}$ 的两个特征函数相乘，然后对乘积作傅里叶逆变换. 前几节得出的结果使我们能够在近似及精确两种情况下确定特征函数. 我们不在这里进一步求详细的表示式，因为结果与许多参数有关，包括探测器形状、两个归一化相关函数的形式和偏振度.

我们对积分散斑图样和模糊散斑图样的讨论到此为止，现在我们要将注意力转向散斑的其他性质.

4.7 散斑强度和相位的微商的统计性质

在许多问题中，散斑强度和相位的微商扮演着重要的角色. 例如：在某些问题中我们对散斑强度的局部极大值的性质感兴趣，对这种问题我们需要探索散斑强度微商的零点. 在另一个有兴趣的情况中，我们是队散斑图样中几何光线方向的统计性质感兴趣. 由于光线方向是由相位的局部梯度决定的，必须懂得这种微商. 我们从一般性的讨论开始，使我们熟悉强度和相位的问题. 在一般性讨论之后，是关于强度微商的统计性质的讨论，最后探讨相位的微商.

4.7.1 背景

为了求出一个散斑图样中强度和相位的微商的统计性质，我们首先必须研究散斑场的实部和虚部的微商的统计性质. 为此，我们先离开主题来讨论一些记号.

下面各式表示微商的缩写记号（符号 $\mathcal{R}$和 $\mathcal{I}$分别表示复散斑场的实部和虚部）：

$$\mathcal{R}_x = \frac{\partial}{\partial x}\mathcal{R} \quad \mathcal{R}_y = \frac{\partial}{\partial y}\mathcal{R}$$

$$\mathcal{I}_x = \frac{\partial}{\partial x}\mathcal{I} \quad \mathcal{I}_y = \frac{\partial}{\partial y}\mathcal{I}$$

$$\theta_x = \frac{\partial}{\partial x}\theta \qquad \theta_y = \frac{\partial}{\partial y}\theta.$$

我们第一个目标是求出联合概率密度函数 $p(\mathcal{R}, \mathcal{I}, \mathcal{R}_x, \mathcal{I}_x, \mathcal{R}_y, \mathcal{I}_y)$.

因为对完全散射的散斑，$\mathcal{R}$和 $\mathcal{I}$是均值为零、方差相同(σ^2)的高斯型变量，$\mathcal{R}$和 $\mathcal{I}$的微商也是高斯型变量，因为一个高斯型变量的任何线性变换仍然保持高斯统计分布. 它们的均值也为零. 结果，感兴趣的六个随机变量服从多维高斯分布(见(4-3)式).

$$\vec{p}(\mathcal{R}, \mathcal{I}, \mathcal{R}_x, \mathcal{I}_x, \mathcal{R}_y, \mathcal{I}_y) = \frac{1}{8\pi^3\sqrt{\det \mathcal{C}}}\exp\left[-\frac{1}{2}(\vec{u}^t\,\underline{\mathcal{C}}^{-1}\vec{u}^t)\right]. \tag{4-172}$$

其中 $\vec{u}^t$ 是一个元素为$(\mathcal{R}, \mathcal{I}, \mathcal{R}_x, \mathcal{I}_x, \mathcal{R}_y, \mathcal{I}_y)$的行矢量，$\vec{\mathcal{C}}$ 是协方差矩阵：

$$\vec{\mathcal{C}} = \begin{bmatrix} \overline{\mathcal{R}\mathcal{R}} & \overline{\mathcal{R}\mathcal{I}} & \overline{\mathcal{R}\mathcal{R}_x} & \overline{\mathcal{R}\mathcal{I}_x} & \overline{\mathcal{R}\mathcal{R}_y} & \overline{\mathcal{R}\mathcal{I}_y} \\ \overline{\mathcal{I}\mathcal{R}} & \overline{\mathcal{I}\mathcal{I}} & \overline{\mathcal{I}\mathcal{R}_x} & \overline{\mathcal{I}\mathcal{I}_x} & \overline{\mathcal{I}\mathcal{R}_y} & \overline{\mathcal{I}\mathcal{I}_y} \\ \overline{\mathcal{R}_x\mathcal{R}} & \overline{\mathcal{R}_x\mathcal{I}} & \overline{\mathcal{R}_x\mathcal{R}_x} & \overline{\mathcal{R}_x\mathcal{I}_x} & \overline{\mathcal{R}_x\mathcal{R}_y} & \overline{\mathcal{R}_x\mathcal{I}_y} \\ \overline{\mathcal{I}_x\mathcal{R}} & \overline{\mathcal{I}_x\mathcal{I}} & \overline{\mathcal{I}_x\mathcal{R}_x} & \overline{\mathcal{I}_x\mathcal{I}_x} & \overline{\mathcal{I}_x\mathcal{R}_y} & \overline{\mathcal{I}_x\mathcal{I}_y} \\ \overline{\mathcal{R}_y\mathcal{R}} & \overline{\mathcal{R}_y\mathcal{I}} & \overline{\mathcal{R}_y\mathcal{R}_x} & \overline{\mathcal{R}_y\mathcal{I}_x} & \overline{\mathcal{R}_y\mathcal{R}_y} & \overline{\mathcal{R}_y\mathcal{I}_y} \\ \overline{\mathcal{I}_y\mathcal{R}} & \overline{\mathcal{I}_y\mathcal{I}} & \overline{\mathcal{I}_y\mathcal{R}_x} & \overline{\mathcal{I}_y\mathcal{I}_x} & \overline{\mathcal{I}_y\mathcal{R}_y} & \overline{\mathcal{I}_y\mathcal{I}_y} \end{bmatrix}, \tag{4-173}$$

或等价地

$$
\vec{\mathcal{C}} = \begin{bmatrix}
\Gamma_{\mathcal{R}\mathcal{R}} & \Gamma_{\mathcal{R}\mathcal{I}} & \Gamma_{\mathcal{R}\mathcal{R}_x} & \Gamma_{\mathcal{R}\mathcal{I}_x} & \Gamma_{\mathcal{R}\mathcal{R}_y} & \Gamma_{\mathcal{R}\mathcal{I}_y} \\
\Gamma_{\mathcal{I}\mathcal{R}} & \Gamma_{\mathcal{I}\mathcal{I}} & \Gamma_{\mathcal{I}\mathcal{R}_x} & \Gamma_{\mathcal{I}\mathcal{I}_x} & \Gamma_{\mathcal{I}\mathcal{R}_y} & \Gamma_{\mathcal{I}\mathcal{I}_y} \\
\Gamma_{\mathcal{R}_x\mathcal{R}} & \Gamma_{\mathcal{R}_x\mathcal{I}} & \Gamma_{\mathcal{R}_x\mathcal{R}_x} & \Gamma_{\mathcal{R}_x\mathcal{I}_x} & \Gamma_{\mathcal{R}_x\mathcal{R}_y} & \Gamma_{\mathcal{R}_x\mathcal{I}_y} \\
\Gamma_{\mathcal{I}_x\mathcal{R}} & \Gamma_{\mathcal{I}_x\mathcal{I}} & \Gamma_{\mathcal{I}_x\mathcal{R}_x} & \Gamma_{\mathcal{I}_x\mathcal{I}_x} & \Gamma_{\mathcal{I}_x\mathcal{R}_y} & \Gamma_{\mathcal{I}_x\mathcal{I}_y} \\
\Gamma_{\mathcal{R}_y\mathcal{R}} & \Gamma_{\mathcal{R}_y\mathcal{I}} & \Gamma_{\mathcal{R}_y\mathcal{R}_x} & \Gamma_{\mathcal{R}_y\mathcal{I}_x} & \Gamma_{\mathcal{R}_y\mathcal{R}_y} & \Gamma_{\mathcal{R}_y\mathcal{I}_y} \\
\Gamma_{\mathcal{I}_y\mathcal{R}} & \Gamma_{\mathcal{I}_y\mathcal{I}} & \Gamma_{\mathcal{I}_y\mathcal{R}_x} & \Gamma_{\mathcal{I}_y\mathcal{I}_x} & \Gamma_{\mathcal{I}_y\mathcal{R}_y} & \Gamma_{\mathcal{I}_y\mathcal{I}_y}
\end{bmatrix}. \tag{4-174}
$$

求这个 6×6 矩阵各元素的值是一项令人生畏的工作,放在附录 C 的 C.1 节中.结果是

$$
\vec{\mathcal{C}} = \begin{bmatrix}
\sigma^2 & 0 & 0 & 0 & 0 & 0 \\
0 & \sigma^2 & 0 & 0 & 0 & 0 \\
0 & 0 & b_x & 0 & 0 & 0 \\
0 & 0 & 0 & b_x & 0 & 0 \\
0 & 0 & 0 & 0 & b_y & 0 \\
0 & 0 & 0 & 0 & 0 & b_y
\end{bmatrix}, \tag{4-175}
$$

其中,

$$
\begin{aligned}
\sigma^2 &= \frac{\kappa}{2\lambda^2 z^2}\iint\limits_{-\infty}^{\infty} I(\alpha,\beta)\,\mathrm{d}\alpha\,\mathrm{d}\beta \\
b_x &= \frac{2\kappa\pi^2}{\lambda^4 z^4}\iint\limits_{-\infty}^{\infty} \alpha^2 I(\alpha,\beta)\,\mathrm{d}\alpha\,\mathrm{d}\beta \\
b_y &= \frac{2\kappa\pi^2}{\lambda^4 z^4}\iint\limits_{-\infty}^{\infty} \beta^2 I(\alpha,\beta)\,\mathrm{d}\alpha\,\mathrm{d}\beta\,.
\end{aligned} \tag{4-176}
$$

按照附录 C 中 C.1 节的做法,已假设散射光斑的强度分布有足够的对称性以保证

$$
\iint\limits_{-\infty}^{\infty} \alpha\beta I(\alpha,\beta)\,\mathrm{d}\alpha\,\mathrm{d}\beta = 0.
$$

上面的相关矩阵没有非零的非对角线元素,这意味着感兴趣的全部六个随机变量是不相关的,再加上它们都是高斯型变量的事实,它们也是统计独立的.它们的方差由对角项给出.有了这个信息,我们就可以立即写出六维概率密度函数为六个边缘密度(每个变量一个)的乘积.于是,将它们乘在一起,就得到 $\vec{u}^t(\mathcal{R},\mathcal{I},\mathcal{R}_x,\mathcal{I}_x,$

$\mathcal{R}_y, \mathcal{I}_y$)的联合概率密度为

$$p(\mathcal{R}\mathcal{I}, \mathcal{R}_x, \mathcal{I}_x, \mathcal{R}_y, \mathcal{I}_y) = \left(\frac{\exp\left[-\frac{\mathcal{R}^2+\mathcal{I}^2}{2\sigma^2}\right]}{2\pi\sigma^2}\right)\left(\frac{\exp\left[-\frac{\mathcal{R}_x^2+\mathcal{I}_x^2}{2b_x}\right]}{2\pi b_x}\right)\left(\frac{\exp\left[-\frac{\mathcal{R}_y^2+\mathcal{I}_y^2}{2b_y}\right]}{2\pi by}\right)$$

$$= \frac{\exp\left[-\frac{\sigma^2 b_y(\mathcal{R}_x^2+\mathcal{I}_x^2)+\sigma^2 b_x(\mathcal{R}_y^2+\mathcal{I}_y^2)+b_x b_y(\mathcal{R}^2+\mathcal{I}^2)}{2\sigma^2 b_x b_y}\right]}{8\pi^3\sigma^2 b_x b_y}. \tag{4-177}$$

现在,我们做一个变量变换来求密度函数 $p(\mathcal{R}\mathcal{I}, \mathcal{R}_x, \mathcal{I}_x, \mathcal{R}_y, \mathcal{I}_y)$. 要求的变换是

$$\begin{aligned}
\mathcal{R} &= \sqrt{I}\cos\theta \\
\mathcal{I} &= \sqrt{I}\sin\theta \\
\mathcal{R}_x &= \frac{I_x}{2\sqrt{I}}\cos\theta - \sqrt{I}\theta_x \sin\theta \\
\mathcal{I}_x &= \frac{I_x}{2\sqrt{I}}\sin\theta + \sqrt{I}\theta_x \cos\theta \\
\mathcal{R}_y &= \frac{I_y}{2\sqrt{I}}\cos\theta - \sqrt{I}\theta_y \sin\theta \\
\mathcal{I}_y &= \frac{I_y}{2\sqrt{I}}\sin\theta + \sqrt{I}\theta_y \cos\theta.
\end{aligned} \tag{4-178}$$

这个变换雅可比行列式的值是 1/8,结果,变量($I, \theta, I_x, I_y, \theta_x, \theta_y$)的联合密度函数为

$$p(I, \theta, I_x, I_y, \theta_x, \theta_y) = \frac{\exp\left[-\frac{4b_x b_y I^2 + \sigma^2(b_y I_x^2 + b_x I_y^2) + 4\sigma^2 I^2(b_y\theta_x^2 + b_x\theta_y^2)}{8I\sigma^2 b_x b_y}\right]}{64\pi^3\sigma^2 b_x b_y}. \tag{4-179}$$

这个式子中变量的范围是

$$\begin{gathered}
0 \leqslant I < \infty \quad -\infty < I_x < \infty \quad -\infty < I_y < \infty \\
-\pi \leqslant \theta < \pi \quad -\infty < \theta_x < \infty \quad -\infty < \theta_y < \infty.
\end{gathered} \tag{4-180}$$

剩下的任务是将这个一般表示式积分,在下面讨论的两种情况下求我们感兴趣的边缘密度.

4.7.2 各种散射光斑形状下的参数

在上一小节中已出现了参量 σ^2, b_x 和 b_y. 在本小节中我们对散射光斑上某些重要的强度分布来计算这些参量的值. 这些计算中所用的定义见(4-176)式. 令 I_0 是散射光斑中心的强度. 积分运算是直截了当的,我们将结果示于图 4.29 中[13];在

[13] 考虑这些结果时,记住 K 的量纲为(长度)^2,见(4-53)式.

最右边那列和右边第二列中，我们(在矩形情况下)已假设 $b_x=b_y=b$(即矩形斑实际上是方形). 右边第二列表示从(4-71)式算出的特定形状光斑的相干面积. 最后一列表示量 b/σ^2，这个量在大多数结果中都是相当根本的. 它的量纲为 1/长度^2，可以看到，在每种情况下它都与强度相关面积 $\mathcal{A}$ 成反比. 这些结果可以代入任一结果以求出特定形状光斑下的感兴趣的量.

光斑形状	σ^2	b_x	b_y	$\mathcal{A}$	b/σ^2
矩形，$L_x\times L_y$	$I_0\dfrac{\kappa L_x L_y}{2\lambda^2 z^2}$	$I_0\dfrac{\kappa\pi^2 L_x^3 L_y}{6\lambda^4 z^4}$	$I_0\dfrac{\kappa\pi^2 L_x L_y^3}{6\lambda^4 z^4}$	$\dfrac{\lambda^2 z^2}{L^2}$	$\dfrac{\pi^2}{3\mathcal{A}}$
圆形，直径为 D	$I_0\dfrac{\kappa\pi D^2}{8\lambda^2 z^2}$	$I_0\dfrac{\kappa\pi^3 D^4}{32\lambda^4 z^4}$	$I_0\dfrac{\kappa\pi^3 D^4}{32\lambda^4 z^4}$	$\dfrac{4}{\pi}\dfrac{\lambda^2 z^2}{D^2}$	$\dfrac{\pi^3}{16\mathcal{A}}$
高斯分布，在 r_0 处强度降为 1/e	$I_0\dfrac{\kappa\pi r_0^2}{2\lambda^2 z^2}$	$I_0\dfrac{\kappa\pi^3 r_0^4}{\lambda^4 z^4}$	$I_0\dfrac{\kappa\pi^3 r_0^4}{\lambda^4 z^4}$	$\dfrac{\lambda^2 z^2}{2\pi r_0^2}$	$\dfrac{\pi}{\mathcal{A}}$

图 4-29 各种形状光斑的参数值

4.7.3 散斑相位的微商：散斑图样中的光线方向

我们第一个目标是求相位的偏微商的联合密度函数，即 $p(\theta_x,\theta_y)$ 及 θ_x 和 θ_y 的边缘密度和相位梯度 $|\nabla\theta|$ 的密度函数. 我们仿照 Ochoa 和 Goodman[119] 对这个问题的分析. 开始这项工作之前，我们应该注意，关于相位微商的统计知识等价于关于散斑图样中几何光学光线方向的统计性质的知识，因为相位的偏微商与波前的方向余弦通过下式相联系：

$$\theta_x(x,y)=\frac{2\pi}{\lambda}\chi$$

$$\theta_y(x,y)=\frac{2\pi}{\lambda}\psi, \tag{4-181}$$

χ 和 ψ 分别代表光线关于 x 轴和 y 轴的方向余弦.

为了求密度 $p(\theta_x,\theta_y)$，我们必须进行以下积分：

$$p(\theta_x,\theta_y)=\int_0^{\infty}\mathrm{d}I\int_{-\infty}^{\infty}\mathrm{d}Ix\int_{-\infty}^{\infty}\mathrm{d}Iy\int_{-\pi}^{\pi}\mathrm{d}\theta \times\frac{\exp\left[-\dfrac{4b_xb_yI^2+\sigma^2(b_yI_x^2+b_xI_y^2)+4\sigma^2I^2(b_y\theta_x^2+b_x\theta_y^2)}{8I\sigma^2b_xb_y}\right]}{64\pi^3\sigma^2b_xb_y}. \tag{4-182}$$

在原则上，进行这些积分的次序并不重要，但是在实际操作中，积分次序有可能影响这个积分是否可以在积分表中找到，或者是否可以被符号运算的软件如 Mathematica 识别. 上面列出的积分次序是为以上目的推荐的. 请读者参看附录 C 的 C.2 节，以了解关于这些积分的结果的细节. 我们要求的联合密度函数的结果求

出是

$$p(\theta_x,\theta_y)=\frac{\sigma^2/\pi\sqrt{b_xb_y}}{\left(1+\frac{\sigma^2}{b_x}\theta_x^2+\frac{\sigma^2}{b_y}\theta_y^2\right)^2}. \tag{4-183}$$

θ_x 和 θ_y 的边缘密度可将联合密度函数分别对 θ_y 和 θ_x 积分求得,结果为

$$p(\theta_x)=\frac{\sigma/(2\sqrt{b_x})}{\left(1+\frac{\sigma^2}{b_x}\theta_x^2\right)^{3/2}}\quad p(\theta_y)=\frac{\sigma/(2\sqrt{b_y})}{\left(1+\frac{\sigma^2}{b_y}\theta_y^2\right)^{3/2}}. \tag{4-184}$$

上面的联合密度和边缘密度有参数 $\sigma/\sqrt{b_x}$ 和 $\sigma/\sqrt{b_y}$,它们和散射光斑的形状有关.在上一小节中,我们对不同的形状计算了这些参数,从计算结果可以看到这些参数依赖于强度的相关面积的平方根,换句话说,依赖于强度在每个 (x,y) 方向的相关长度.这里我们在图 4.30 中给出归一化的联合密度和边缘密度的图.

相位的梯度也是感兴趣的量.一个函数 $f(x,y)$ 的梯度之定义为

$$\nabla f(x,y)=f_x(x,y)\hat{x}+f_y(x,y)\hat{y}, \tag{4-185}$$

其中 $\hat{x}$ 和 $\hat{y}$ 分别是 x 和 y 方向的单位矢量.梯度的大小 $|\nabla f|$ 和方向角 φ 由下式给出:

$$\begin{aligned}|\nabla f|&=\sqrt{f_x^2+f_y^2}\\ \varphi&=\arctan\frac{f_y}{f_x}.\end{aligned} \tag{4-186}$$

为了求 $|\nabla\theta|$ 的概率密度,我们先求 $|\nabla\theta|$ 和 φ 的联合密度函数,这需要作变量变换:

$$\begin{aligned}\theta_x&=|\nabla\theta|\cos\varphi\\ \theta_y&=|\nabla\theta|\sin\varphi,\end{aligned} \tag{4-187}$$

这个变换的雅可比行列式的值为 $|\nabla\theta|$.因此,由(4-183)式,$|\nabla\theta|$ 和 φ 的联合密度函数是

$$p(|\nabla\theta|,\varphi)=\frac{\sigma^2|\nabla\theta|/\pi\sqrt{b_xb_y}}{\left(1+\frac{\sigma^2}{b_x}(|\nabla\theta|^2\cos^2\varphi)+\frac{\sigma^2}{b_y}(|\nabla\theta|^2\sin^2\varphi)\right)^2}. \tag{4-188}$$

要更进一步,我们必须假设散射光斑足够对称⑭,以保证 $b_x=b_y=b$,这时联合密度函数变为

$$p(|\nabla\theta|,\varphi)=\frac{\sigma^2}{\pi b}\frac{|\nabla\theta|}{\left(1+\frac{\sigma^2}{b}|\nabla\theta|^2\right)^2}. \tag{4-189}$$

---

⑭ 方形散射光斑、圆形散射光斑和圆对称的高斯散射光斑以及许多感兴趣的别的形状的光斑都满足这个假设.

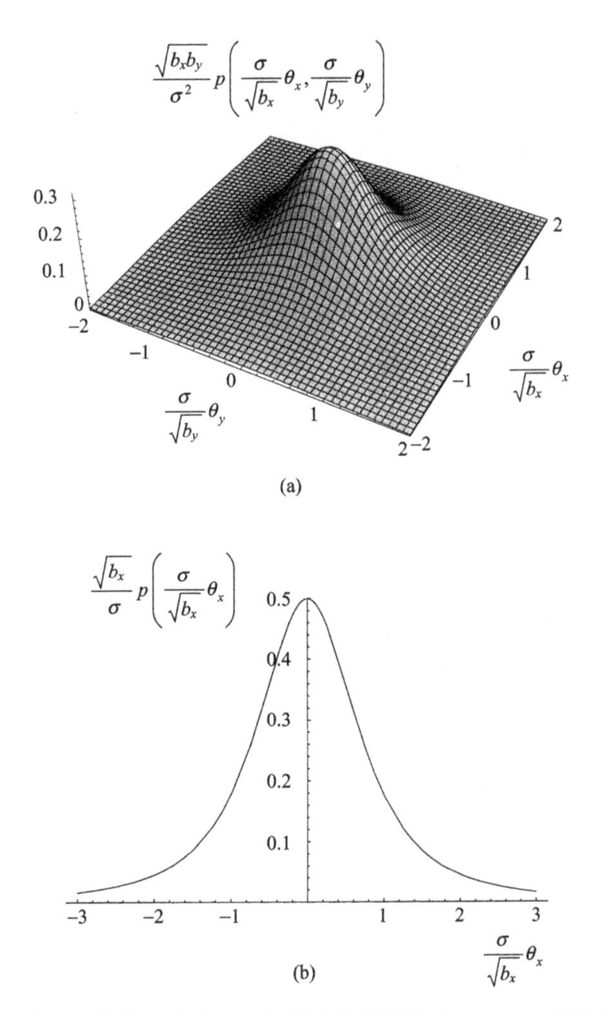

图 4.30 散斑相位的微商的归一化概率密度函数:(a)(θ_x,θ_y)的联合密度;和(b)θ_x 的边缘密度函数

因为这个表示式不再依赖 φ,对 φ 积分的结果就是乘一个因子 2π,最后的结果为

$$p(|\nabla\theta|) = 2\frac{\sigma^2}{b}\frac{|\nabla\theta|}{\left(1+\frac{\sigma^2}{b}|\nabla\theta|^2\right)^2}. \tag{4-190}$$

梯度的方向角在$(-\pi,\pi)$上均匀分布.求出$|\nabla\theta|$的均值为

$$\overline{|\nabla\theta|} = \frac{\pi\sqrt{b}}{2\sigma}, \tag{4-191}$$

我们又一次看到它被$\sqrt{b}/\alpha$ 标度,这个量和散斑的强度相干长度的倒数成正比.图 4.31示出相位梯度概率密度函数.

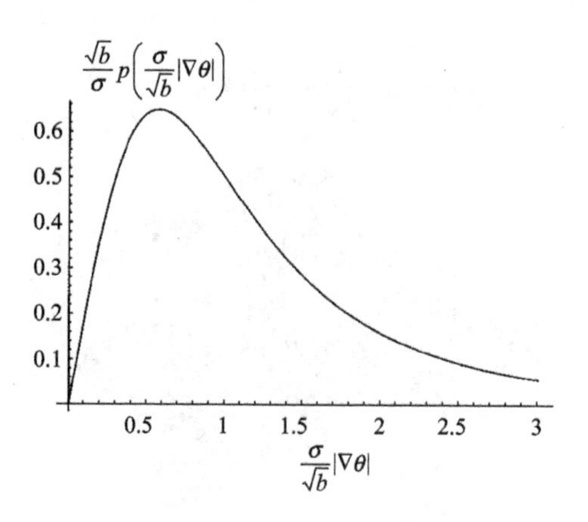

图 4.31 相位梯度的概率密度函数

4.7.4 散斑强度的微商

我们现在转过来求强度的微商的联合密度函数 $p(I_x,I_y)$，I_x 和 I_y 的边缘密度和强度梯度 $|\nabla I|$ 的密度函数. 我们仍从(4-179)式的联合密度出发. 要求的积分是

$$p(I_x,I_y)=\int_0^{\infty}\mathrm{d}I\int_{-\infty}^{\infty}\mathrm{d}\theta_y\int_{-\infty}^{\infty}\mathrm{d}\theta_x\int_{-\pi}^{\pi}\mathrm{d}\theta \times\exp\left[-\frac{4b_xb_yI^2+\sigma^2(b_xI_x^2+b_xI_y^2)+4\sigma^2I_x^2(b_y\theta_x^2+b_x\theta_y^2)}{8I\sigma^2b_xb_y}\right] \times(64\pi_3\sigma^2b_xb_y)^{-1}. \tag{4-192}$$

所需的计算在附录 C 的 C.3 节中进行，结果为

$$p(I_x,I_y)=\frac{K_0\left(\frac{1}{2\sigma}\sqrt{\frac{I_x^2}{b_x}+\frac{I_y^2}{b_y}}\right)}{8\pi\sigma^2\sqrt{b_xb_y}}, \tag{4-193}$$

其中 $K_0(x)$是零阶第二类修正的 Bessel 函数.

I_x 和 I_y 的边缘密度在附录 C.3 节中求出为

$$p(I_x)=\frac{1}{4\sigma\sqrt{b_x}}\exp\left[-\frac{|I_x|}{2\sigma\sqrt{b_x}}\right]$$

$$p(I_y)=\frac{1}{4\sigma\sqrt{b_y}}\exp\left[-\frac{|I_y|}{2\sigma\sqrt{b_y}}\right], \tag{4-194}$$

这和 Ebeling 的结果[36]相符. 图 4.32 画出了联合密度 $p(I_x,I_y)$和一个边缘密度 $p(I_x)$.

最后我们求在散射光斑的对称性保证 $b_x=b_y=b$ 的情况下，强度梯度的大小

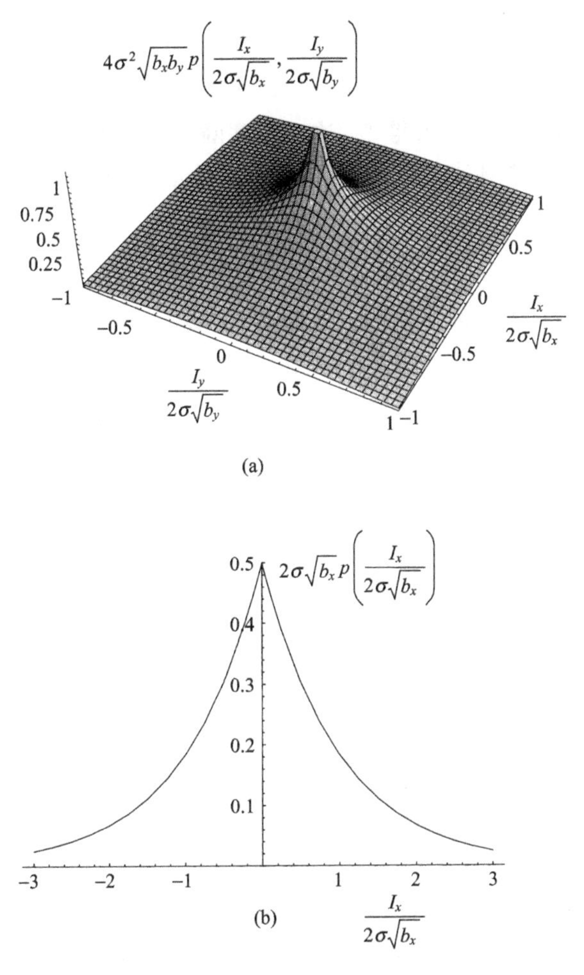

图 4.32 概率密度函数:(a)I_x 和 I_y 的联合密度;(b)I_x 的边缘密度函数

的概率密度函数.仿照求相位微商时的做法,我们做一个变量变换

$$I_x = |\nabla I|\cos\varphi$$
$$I_y = |\nabla I|\sin\varphi, \tag{4-195}$$

这个变换的雅可比行列式的值是 $|\nabla I|$.用上述 I_x 和 I_y 的联合密度函数,我们得到 $|\nabla I|$ 和 φ 的联合密度函数为

$$p(|\nabla I|,\varphi) = \frac{|\nabla I| K_0\left(\frac{|\nabla I|}{2\sigma\sqrt{b}}\right)}{8\pi\sigma^2 b}. \tag{4-196}$$

这个结果与 φ 无关,它是平均分布的,因此求得 $|\nabla I|$ 的边缘密度函数为

$$p(|\nabla I|) = \frac{|\nabla I| K_0\left(\dfrac{|\nabla I|}{2\sigma\sqrt{b}}\right)}{4\sigma^2 b}, \tag{4-197}$$

这个结果首先由 Kowalczyk 求得[94]. 这个密度函数见图 4.33 所示. 梯度大小的均值为通过归一化去掉总体亮度的效应,得到另一个感兴趣的量:

$$\frac{\overline{|\nabla I|}}{\bar{I}} = \frac{\pi\sigma\sqrt{b}}{2\sigma^2} = \frac{\pi}{2}\frac{\sqrt{b}}{\sigma}, \tag{4-199}$$

它和前面给出过相位梯度的均值是一样的.

$$\overline{|\nabla I|} = \pi\sigma\sqrt{b}. \tag{4-198}$$

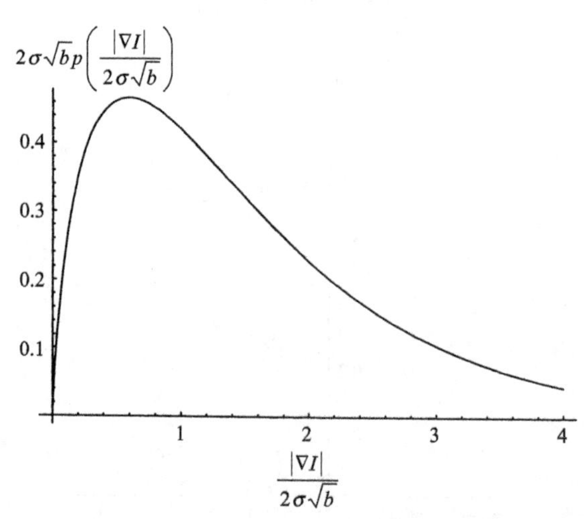

图 4.33 强度梯度大小的概率密度函数

4.7.5 散斑图样的亮阶交叉

令(x,y)表示一个具有平稳统计性质的完全散射的全偏振散斑图样的强度. 我们有兴趣知道,预计这个强度和一个给定的强度水平(亮阶)发生交叉的频繁程度. 所谓**亮阶交叉问题**在文献中已得到广泛的研究,大多数是在由 Rice[132] 的开创性工作的基础上. 有关的文献为[89],[9],[36],[13]和[181].

考虑一个散斑图样的强度分布的一维截面. 我们暂且假定这个截面是沿 x 方向. 用函数 $I(x)$表示这个截面,暂时忽略 y 方向.

遵照 Middleton 的做法([111],9.4-1 节),我们构建一个**计数泛函**. 每当强度 I 与一个特定的亮阶 I_0 交叉一次,就产生一个单位阶跃函数. 如果 $U(x)$代表一个单位阶跃函数(当 $x>0, U(x)=1$; 当 $x<0$ 时, $U(x)=0$),那么计数泛函就由 $U(I(x)-I_0)$定义. 每当强度与亮阶 I_0 交叉一次,这个泛函就跃变单位值. 对这个

表示式求微商得到

$$\frac{\mathrm{d}U}{\mathrm{d}x}=\frac{\mathrm{d}U}{\mathrm{d}I}\frac{\mathrm{d}I}{\mathrm{d}x}=I_x(x)\delta(I-I_0),$$

其中，$\delta(x)$是单位面积的δ函数，$I_x(x)$可正可负，取决于“交叉”是从下而上还是自上而下. 为了对向上的交叉和向下的交叉同样计数，我们必须用$|I_x(x)|$代替$I_x(x)$，得到

$$n_0(I_0;x)=|I_x(x)|\delta(I(x)-I_0).$$

这个量可以解释为在位置x上测得的x轴上每单位距离上的交叉（向上或向下）数目. 在x_1和x_2之间的交叉数目由这个量的积分得出

$$N(I_0;\Delta x)=\int_{x_1}^{x_2}n_0(I_0,\xi)\mathrm{d}\xi=\int_{x_1}^{x_2}|I_x(\xi)|\delta(I(\xi)-I_0)\mathrm{d}\xi, \tag{4-200}$$

其中，ξ是积分变元，$\Delta x=x_2-x_1$. 另一方面，如果我们只想对正斜率的交叉计数，上面这个式子必须修正为

$$N(I_0;\Delta x)=\int_{x_1}^{x_2}I_x(\xi)\delta(I(\xi)-I_0)\mathrm{d}\xi \quad 对\ I_x(x)>0. \tag{4-201}$$

我们将集中精力只对正斜率的交叉计数.

有了以上的结果，在x轴上每单位间隔的正斜率交叉的平均数是

$$\frac{\overline{N(I_0;\Delta x)}}{\Delta x}=\int_0^\infty\int_0^\infty I_x\delta(I-I_0)p(I,I_x)\mathrm{d}I\,\mathrm{d}I_x=\int_0^\infty I_xp(I_0,I_x)\mathrm{d}I_x. \tag{4-202}$$

Ebeling[36]从这个式子出发，计算了上式的平均值. 我们也来进行这个计算，用(C-21)式的第一行作为出发点，或更精确地说，

$$p(I,I_x)=\frac{\exp\left(-\frac{I_x^2}{8Ib_x}-\frac{I}{2\sigma^2}\right)}{4\sqrt{2\pi\sigma^2}\sqrt{Ib_x}}, \tag{4-203}$$

对I_x的积分可以算出，得到

$$\eta(I_0)=\frac{\overline{N(I_0,\Delta x)}}{\Delta x}=\frac{\sqrt{b_xI_0}\exp\left(-\frac{I_0}{2\sigma^2}\right)}{\sqrt{2\pi\sigma^2}}=\sqrt{\frac{b_x}{\pi\sigma^2}}\sqrt{\frac{I_0}{\bar{I}}}\exp\left(-\frac{I_0}{\bar{I}}\right), \tag{4-204}$$

这是Ebeling的结果的2倍，但我们相信它是正确的. 图4.34画的是归一化的亮阶交叉率随$I_0/\bar{I}$变化的曲线. $\eta(I_0)$的极大值$\eta_{\max}$在$I_0=\bar{I}/2$处，其值为

$$\eta_{\max}=\sqrt{\frac{b_x}{4\pi\sigma^2\mathrm{e}}}. \tag{4-205}$$

作为一个细微的推广，我们可以同时计算x轴和y轴方向的正斜率交叉率，然后推广到任意方向. 我们从计数泛函$U(I(x,y)-I_0)$出发，其中$U()$仍代表单位阶跃函数. 然后我们求出计数泛函的梯度：

$$\nabla U(I(x,y)-I_0)=\frac{\partial}{\partial x}U(I(x,y)-I_0)\hat{x}+\frac{\partial}{\partial y}U(I(x,y)-I_0)\hat{y}$$

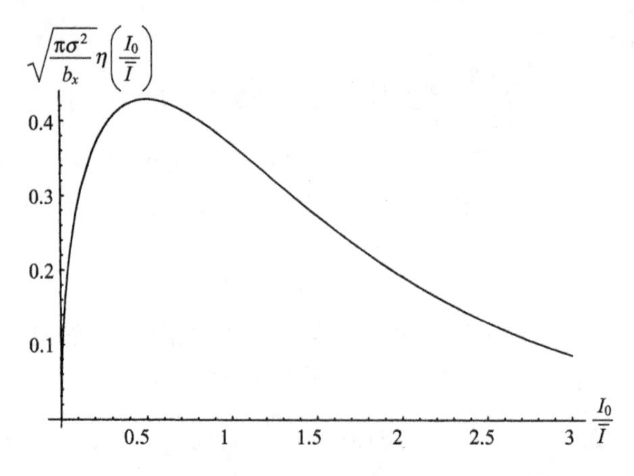

图 4.34 归一化的亮阶交叉率作为归一化亮阶的函数

$$= I_x(x,y)\delta(I-I_0)\hat{x} + I_y(x,y)\delta(I-I_0)\hat{y}, \quad (4\text{-}206)$$

其中 $\hat{x}$ 和 $\hat{y}$ 分别是沿 x 轴和 y 轴的单位矢量. 与前面的情况相似,可以将**矢量**交叉率写为

$$\begin{aligned}\vec{\eta}(I_0) &= \eta_x(I_0)\hat{x} + \eta_y(I_0)\hat{y} \\ &= \int_0^\infty\int_0^\infty I_x\delta(I-I_0)p(I,I_x)\mathrm{d}I\,\mathrm{d}I_x\hat{x} \\ &\quad + \int_0^\infty\int_0^\infty I_y\delta(I-I_0)p(I,I_y)\mathrm{d}I\,\mathrm{d}I_y\hat{y} \\ &= \int_0^\infty I_x p(I_0,I_x)\mathrm{d}I_x\hat{x} + \int_0^\infty I_y p(I_0,I_y)\mathrm{d}I_y\hat{y} \\ &= \sqrt{\frac{b_x}{\pi\sigma^2}}\sqrt{\frac{I_0}{\overline{I}}}\exp\left(-\frac{I_0}{\overline{I}}\right)\hat{x} + \sqrt{\frac{b_y}{\pi\sigma^2}}\sqrt{\frac{I_0}{\overline{I}}}\exp\left(-\frac{I_0}{\overline{I}}\right)\hat{y}. \end{aligned} \quad (4\text{-}207)$$

沿 x 轴的正斜率交叉率是这个矢量的 x 分量,沿 y 轴的正斜率交叉率是这个矢量的 y 分量. 沿着与 x 轴夹角为 χ 的直线的正斜率平均交叉率由文献[89]给出为

$$\eta_\chi(I_0) = \sqrt{(\eta_x(I_0))^2\cos^2\chi + (\eta_y(I_0))^2\sin^2\chi}. \quad (4\text{-}208)$$

我们对散斑的亮阶交叉问题就讨论到这里.

4.8 散斑图样的零点:光学涡旋

对全偏振的完全散射的散斑图样的强度服从负指数概率密度分布,它在强度为零时有极大值. 但是,散斑强度的一个特定值出现的概率为零,只有强度在一个给定区间的概率才不为零. 尽管如此,我们看到,和一个给定的强度值(亮阶)的交叉将以某一交叉率发生,虽然这些精确的强度值出现的概率为零. 该记住的启示

是:尽管一个事件的概率为零,它仍然可以发生.

在散斑图样中的一个点上出现精确为零的强度是一个可能发生也确实发生的事件.发生这样的事件是一类更一般的现象的一个例子,这类现象叫做光学奇异性、波前错位或光学涡旋.对这种奇异性质的讨论已有诸多文献,如文献[118],[17]和[14].

在下面,我们首先探讨强度的零点出现的条件,然后探讨在这样一个零点附近相位的性质.最后,我们考虑散斑图样中这些零点的密度⑮.

4.8.1 零强度出现所要求的条件

散斑强度当然与它的光场的实部 $\mathcal{R}$和虚部 $\mathcal{I}$有以下关系:

$$I=\mathcal{R}^2+\mathcal{I}^2.$$

对完全散射的散斑,给定点上场的实部和虚部是概率分布相同的零均值高斯随机变量,而且它们是统计独立的.要出现一个零强度,在空间同一点上场的实部与虚部**二者**都必须为零.

为显示零强度出现的过程,图 4.35(a)示出一个模拟的散斑图样(假设散射光斑是均匀的方形),而图 4.35(b)画出光场实部和虚部的零值的等值线(实部为实线,虚部为虚线).实部零值等值线和虚部零值等值线的每个交点上画了一个圆圈.这些圆圈的中心是零强度的位置.可以看出,这些零点数目不少.事实上,如果数一下图 4.35(a)部分中可以看见的强度最大值的个数,再数一下图 4.35(b)部分中显现的零点的数目,这两个数目相差无几.

4.8.2 在强度零点附近散斑相位的性质

在强度的零点的精确位置上,相位是没有定义的.没有光的地方不可能有相位.然而,在这种零点的近邻处,相位有有趣的性质.这里我们集中注意单个零点,探讨在这个零点近邻处可以存在的各种相位分布.图 4.36 表示了零点的四个例子.实线表示场的实部零值线的一段,虚线表示虚部零值线的一段.对于任何一组两条线相交的具体场合,实部零值线与虚部零值线可以有四种不同的方式相交,取决于实部和虚部穿越零值的方向.其结果是,相位可以以两种不同的方式绕零点转圈:顺时针和逆时针.相位绕零点转圈导致这种相位奇异性的名字叫做**涡旋**.就像有正负两种不同的电荷一样,涡旋转圈也有两种类型.相位逆时针转圈的涡旋叫做"正"涡旋,而相位顺时针转圈的叫"负"涡旋.图 4.37 画出了图 4.35 中所示的同一散斑图样的等相位线.相位围绕强度零点的转动在图中清晰可见.

涡旋的另一个有趣的性质叫做"符号原理"[51],这个原理说,在一根 $\mathcal{R}=0$ 或者 $\mathcal{I}=0$ 的等值线上,相邻的涡旋有相反的符号.这最好通过一个具体例子来理解.假定我们是

⑮ 我要感谢 Isaac Freund 教授和 Mark Dennis 博士在散斑图样中零点的性质上对我的指导.

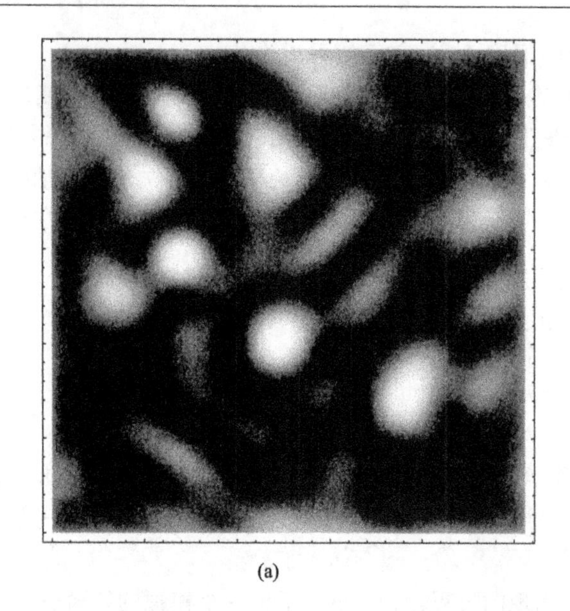

(a)

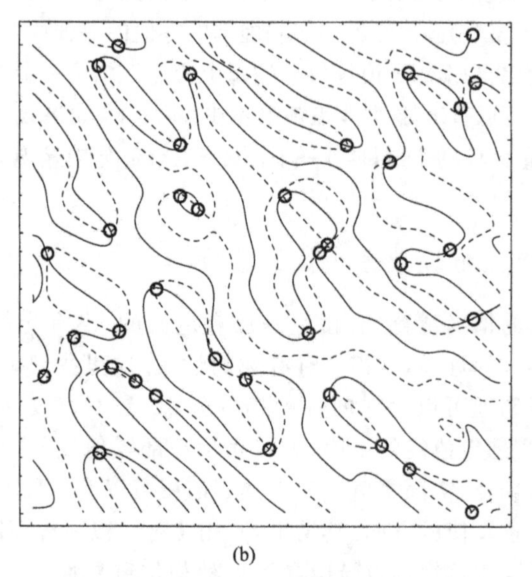

(b)

图 4.35　(a)一幅模拟的散斑图样；(b)光场的实部和虚部的零值等值线.
强度零点的位置用圆圈示出

在 $\mathcal{R}=0$ 的等值线的一个涡旋上,并且这个涡旋是在 $\mathcal{I}$ 从正向负穿越零值时出现的.那么在这条 $\mathcal{R}=0$ 的等值线上,任何紧邻的涡旋必定发生在 $\mathcal{I}$ 以相反的方向(即从负到正)穿越零值时.结果将是相邻的涡旋上相位旋转有相反的方向,或者说,相反的符号.

图 4.37 和一个电场分布有惊人的相似,场线从正电荷(正涡旋)上发出,终止在负电荷(负涡旋)上.

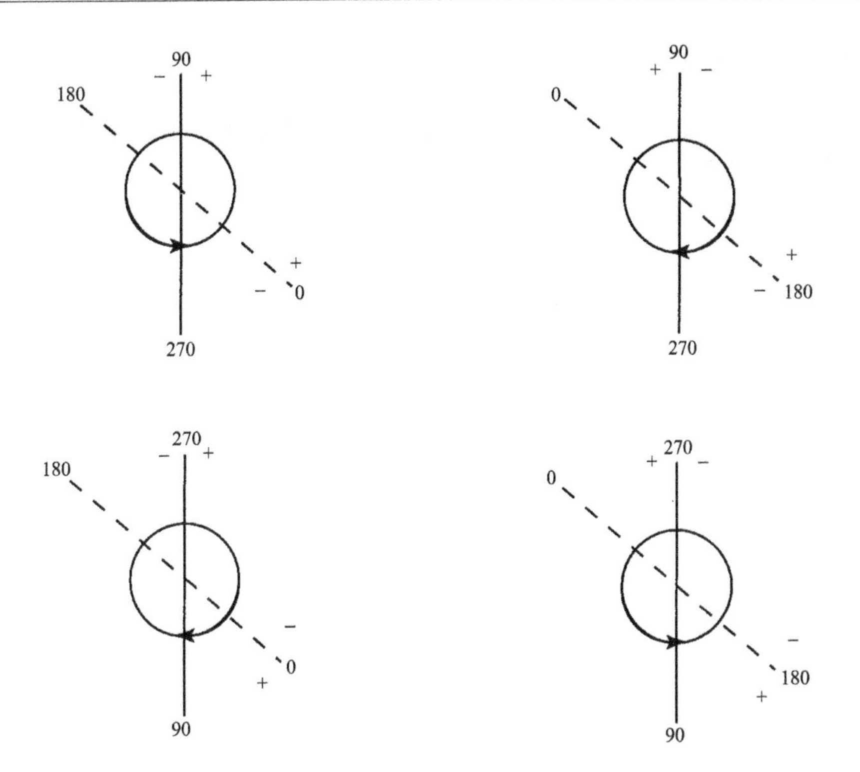

图 4.36 实部与虚部同时穿过零值的四种可能的类型. 在每种情况,实线表示实部的零值线,虚线表示虚部的零值线."+" 号和"−"号分别表示转换的正侧和负侧. 每个转换处的相位值在图中标出(单位位度). 图中所示的实部过零值的转换是沿着竖直线的,但这条线可以不是垂直的

图 4.37 图 4.35 中的散斑图样的等相位线图,

图中共有 10 个相位值的等值线,间隔为 $2\pi/10$,可以清楚看到相位围绕强度零点旋转

4.8.3 完全散射的散斑中的涡旋密度

一个特别有兴趣的题目是涡旋的空间密度:在单位面积上平均有多少个涡旋.下面我们紧紧追随文献[17]及文献[33]中的分析.

考虑在一个涡旋中心邻近的散斑复振幅 $\mathbf{A}(x,y)$. 令 (x,y) 坐标系的原点就在涡旋中心,这时奇点邻近的场可以写为

$$\begin{aligned}\mathbf{A}(x,y) &= (\mathcal{R}_x x + \mathcal{R}_y y) + \mathrm{j}(\mathcal{I}_x x + \mathcal{I}_y y) + \cdots \\ &= \nabla\mathcal{R}\cdot \boldsymbol{r} + \mathrm{j}\nabla\mathcal{I}\cdot \boldsymbol{r} + \cdots,\end{aligned} \tag{4-209}$$

其中忽略了比一次项更高次的项,并且

$$\begin{aligned}\nabla\mathcal{R} &= \frac{\partial}{\partial x}\mathcal{R}\hat{x} + \frac{\partial}{\partial y}\mathcal{R}\hat{y} \\ \nabla\mathcal{I} &= \frac{\partial}{\partial x}\mathcal{I}\hat{x} + \frac{\partial}{\partial y}\mathcal{I}\hat{y} \\ \boldsymbol{r} &= x\hat{x} + y\hat{y}.\end{aligned} \tag{4-210}$$

现在我们要将 $\mathbf{A}$ 的表示式从用 $(\mathcal{R},\mathcal{I})$ 表示的坐标系变换到 (x,y) 坐标系. 这个变换的雅可比行列式为

$$J = \left|\det\begin{bmatrix}\mathcal{R}_x & \mathcal{R}_y \\ \mathcal{I}_x & \mathcal{I}_y\end{bmatrix}\right| = |\mathcal{R}_x\mathcal{I}_y - \mathcal{R}_y\mathcal{I}_x|.$$

现在能够将在面积 $\mathcal{A}$ 内的奇点数写为

$$N_{\mathcal{A}} = \iint_{\mathcal{A}} \mathrm{d}x\,\mathrm{d}y\,|\mathcal{R}_x\mathcal{I}_y - \mathcal{R}_y\mathcal{I}_x|\,\delta(\mathcal{R})\delta(\mathcal{I}), \tag{4-211}$$

其中的 δ 函数筛选出了 $\mathcal{R}=0$ 和 $\mathcal{I}=0$ 的等值线. 由此,涡旋的(平均)密度 n_v 为

$$n_v = \lim_{\mathcal{A}\to\infty}\frac{N_{\mathcal{A}}}{\mathcal{A}} = \overline{\delta(\mathcal{R})\delta(\mathcal{I})\,|\mathcal{R}_x\mathcal{I}_y - \mathcal{R}_y\mathcal{I}_x|}, \tag{4-212}$$

其中,我们假定了遍历性,并用统计平均取代了面积平均. 适合于求这个平均的概率密度函数是(4-177)式的概率密度函数. 对 $\mathcal{R}$ 和 $\mathcal{I}$ 的积分很容易进行,因为我们可以用 δ 函数的筛选性质,结果得到

$$\begin{aligned}n_v = \frac{1}{2\pi\sigma^2}&\int_{-\infty}^{\infty}\int_{-\infty}^{\infty}\int_{-\infty}^{\infty}\int_{-\infty}^{\infty}|\mathcal{R}_x\mathcal{I}_y - \mathcal{R}_y\mathcal{I}_x| \\ &\times\frac{\exp\left[-\dfrac{\mathcal{R}_x^2+\mathcal{I}_x^2}{2b_x}\right]}{2\pi b_x}\,\frac{\exp\left[-\dfrac{\mathcal{R}_y^2+\mathcal{I}_y^2}{2b_y}\right]}{2\pi b_y}\mathrm{d}\mathcal{R}_x\mathrm{d}\mathcal{I}_x\mathrm{d}\mathcal{R}_y\mathrm{d}\mathcal{I}_y.\end{aligned} \tag{4-213}$$

作一个变量变换使积分更易于进行. 用其大小和相位 $(|\nabla\mathcal{R}|+\varphi_0)$ 代替 $\nabla\mathcal{R}$,相似地用 $(|\nabla\mathcal{I}|,\varphi_0+\varphi)$ 代替 $\nabla\mathcal{I}$,我们求得

$$|\mathcal{R}_x\mathcal{I}_y - \mathcal{R}_y\mathcal{I}_x| = |\nabla \mathcal{R}||\nabla \mathcal{I}||\cos\varphi_0\sin(\varphi_0+\varphi) - \cos(\varphi_0+\varphi)\sin\varphi_0|$$
$$= |\nabla \mathcal{R}||\nabla \mathcal{I}||\sin\varphi|,$$

我们要求的积分变成

$$n_v = \frac{1}{2\pi\sigma^2}\left(2\pi\int_0^\infty |\nabla \mathcal{R}|^2 \frac{\exp\left(-\frac{|\nabla \mathcal{R}|^2}{2b_x}\right)}{2\pi b_x} \mathrm{d}|\nabla \mathcal{R}|\right)$$
$$\left(\int_0^\infty |\nabla \mathcal{I}|^2 \frac{\exp\left(-\frac{|\nabla \mathcal{I}|^2}{2b_y}\right)}{2\pi b_y} \mathrm{d}|\nabla \mathcal{I}|\right),$$
$$\times\left(\int_{-\pi}^{\pi} |\sin\varphi| \mathrm{d}\varphi\right). \tag{4-214}$$

算出第一个括弧的值为$\sqrt{\pi b_x/2}$,第二个为$(1/2\pi)\sqrt{\pi b_x/2}$,第三个为 4,合并后得到

$$n_v = \frac{\sqrt{b_x b_y}}{2\pi\sigma^2}. \tag{4-215}$$

散射光斑的亮度足够对称使 $b_x=b_y=b$ 时,结果变成

$$n_v = \frac{b}{2\pi\sigma^2} = \frac{\text{常数}}{\mathcal{A}}, \tag{4-216}$$

其中 $\mathcal{A}$ 是早先定义的强度相关面积,而(4-216)式中的常数则与散射光斑的形状有关,在图 4.29 中有详细说明. 对一个圆对称的高斯光斑,我们求得 $n_v=1/2\mathcal{A}$,或者每两个散斑强度相关面积上平均有一个涡旋.

4.8.4　完全散射的散斑加上一个相干背景后的涡旋密度

假设观察到的散斑图样是完全散射的散斑图样加上一个振幅为 A_0、强度为 $I_0=|A_0|^2$的互相干平面波. 不失一般性,我们可以选实轴与代表平面波的相幅矢量的方向一致(参考(3-22)式). 平面波的作用是在复合场的实分量中引入一个非零的均值. 现在,复合场的零强度将发生在 $\mathcal{R}=-A_0$ 及 $\mathcal{I}=0$ 时,涡旋密度的表示式要修正为

$$n_v = \overline{\delta(\mathcal{R}+A_0)\delta(\mathcal{I})|\mathcal{R}_x\mathcal{I}_y - \mathcal{R}_y\mathcal{I}_x|}. \tag{4-217}$$

$(\mathcal{R},\mathcal{I},\mathcal{R}_x,\mathcal{I}_x,\mathcal{R}_y,\mathcal{I}_y)$的联合概率密度函数变为

$$p(\mathcal{R},\mathcal{I},\mathcal{R}_x,\mathcal{I}_x,\mathcal{R}_y,\mathcal{I}_y) = \left(\frac{\exp\left[-\frac{(\mathcal{R}-A_0)^2+\mathcal{I}^2}{2\sigma^2}\right]}{2\pi\sigma^2}\right)$$
$$\times\left(\frac{\exp\left[-\frac{\mathcal{R}_x^2+\mathcal{I}_x^2}{2b_x}\right]}{2\pi b_x}\right)\left(\frac{\exp\left[-\frac{\mathcal{R}_y^2+\mathcal{I}_y^2}{2b_y}\right]}{2\pi b_y}\right), \tag{4-218}$$

n_v 的表示式变为

$$n_v = \frac{\exp(-I_0/\sigma^2)}{2\pi\sigma^2}\int_{-\infty}^{\infty}\int_{-\infty}^{\infty}\int_{-\infty}^{\infty}\int_{-\infty}^{\infty}|\mathcal{R}_x\mathcal{I}_y - \mathcal{R}_y\mathcal{I}_x|$$

$$\times\frac{\exp\left[-\dfrac{\mathcal{R}_x^2+\mathcal{I}_x^2}{2b_x}\right]}{2\pi b_x}\frac{\exp\left[-\dfrac{\mathcal{R}_y^2+\mathcal{I}_y^2}{2b_y}\right]}{2\pi b_y}\mathrm{d}\mathcal{R}_x\,\mathrm{d}\mathcal{I}_x\,\mathrm{d}\mathcal{R}_y\,\mathrm{d}\mathcal{I}_y. \tag{4-219}$$

要求的积分与上节中进行的积分相同，于是平均涡旋密度由下式给出：

$$n_v = \frac{\sqrt{b_x b_y}}{2\pi\sigma^2}\exp\left(-2\frac{I_0}{\overline{I}_n}\right) = \frac{b}{2\pi\sigma^2}\exp\left(-2\frac{I_0}{\overline{I}_n}\right), \tag{4-220}$$

其中和在 3.3.2 节一样，我们已定义 $\overline{I}_n = 2\sigma^2$ 表示场的随机部分的平均强度，并且(4-220)式最右边部分成立的条件是 $b_x = b_y = b$.

正如人们可能会预期的，相干背景的存在减小了涡旋形成的概率，从而以对“信噪比”$I_0/\overline{I}_n$ 的指数依赖方式减小了涡旋的平均密度.

关于散斑图样中的光学涡旋的其他更多的性质，读者或许想要参阅文献[50]和[145]. 除了散斑之外，涡旋还出现在许多别的光学现象中. 一个简单而基本的讨论见文献[106]的第 15 章.

第 5 章　抑制散斑的光学方法

在一些应用(如相干光成像)中,散斑十分令人厌烦,人们寻求各种方法来减弱或去除散斑.在另一些应用(如无损探测中的散斑干涉术)中,使用散斑会带来好处,不需要抑制它.我们在这一章针对前一种情况,讨论在相干成像中能减弱散斑效应的各种方法.

散斑的存在减弱了观察者从相干图像中提取细节的能力,有许多不同的研究工作试图对这种减弱的程度进行量化[96,180,55,95,7,6].人们研究了散斑对图像分辨率和对比灵敏度的影响,其结果很难用几句话来概括,唯一可说的是:毫无疑问,未经平均的完全散射的散斑严重地有损从图像提取信息的过程.有兴趣的读者可参阅上述文献以了解细节.

在讲述怎样抑制散斑之前,应该指出:如果用非相干光成像,散斑是完全可以避免的,因此只要可以用非相干光,最好就用.然而,很多成像方式从根本上说是相干的,而且要成像的物在波长的尺度上是粗糙的.这时就必须忍受散斑或者与散斑打交道.这方面的例子包括通常的全息术、综合孔径雷达图像和通常的相干层析术等.在另外一些情况下,由于激光光源能够提供很高的亮度,若是散斑能够被抑制到令人满意的程度,使用相干照明是很理想的.适用于大屏幕显示的高亮度像或视频投影仪是一个例子.由于每种应用所适用的抑制散斑的方法不同,下面描述的方法并不适合一切情况.然而,将已有的许多方法放在一起讨论是有好处的,下面我们就来做这番努力.

5.1　偏振的多样化

当漫射体或粗糙的表面有两类不同的散射元,使散射光在两个正交方向偏振时,或者当同一类散射元在两个正交的偏振方向有不同的相位时,强度的两个偏振分量中出现的散斑图样将是独立的,按照 3.4 节的讨论,散斑的对比度将减小.减小的程度依赖于散斑图样中光的偏振度 P,但是最多只能减小 $1/\sqrt{2}$倍(即原来的 $1/\sqrt{2}$).

散射光常常被粗糙的表面退偏振,这通过一个简单例子容易理解.参看图5.1,假定一列在 $\hat{y}$ 方向线偏振的波,沿 $\hat{z}$ 方向穿出纸面传播,以掠射方式入射到一个理想导电平面上(这或许代表了一个金属随机表面的局域行为).反射所遵从的边界条件是:平行于金属表面的反射场分量必须刚好抵消入射波的相应的电场分量,

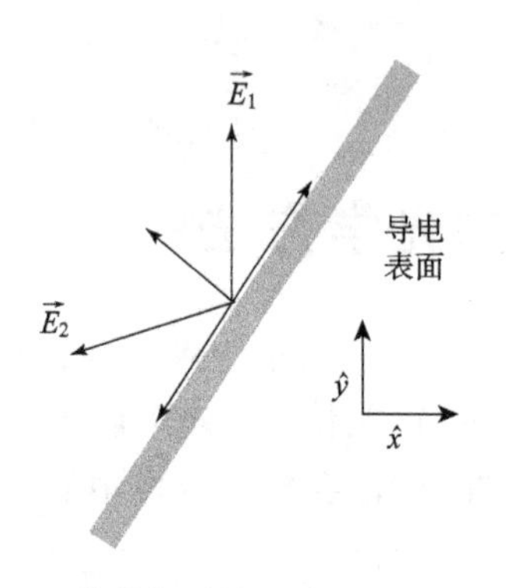

图 5.1 线偏振波被一个导电表面反射
平行和垂直于表面的场的分量画出了但没有标字. $\vec{E}_1$ 是入射电场, $\vec{E}_2$ 是反射电场. 在这个简单例子中,传播方向是穿出页面,波以掠射形式射到表面上

而垂直于表面的场的分量保持不变. 从图可以看出,反射后得到的场含有一个 $\hat{x}$ 方向的偏振分量. 当入射角变得更一般,导电平面的倾斜也更一般时,情况就变得更为复杂. 更完整的讨论见文献[16]的第 8 章. 对于一个电介质表面,对平行于和垂直于电介质界面的两个偏振方向,菲涅耳(Fresnel)反射系数也不同([139],6.2 节). 引起退偏振的另一个原因可能是多重散射,这时入射波被大量通常以不同的角度倾斜的微小的表面元反射后离开表面.

给定的漫射体或漫反射表面是否对散斑退偏振最好是通过实验来确定的,方法是通过一个检偏器观察散斑,判定检偏器转动时散斑图样是否变化,以及两个不同散斑图样的平均强度是否可比. 若回答为"是",我们可以预期对比度减小 $1/\sqrt{2}$倍. 如果两个独立的散斑图样的平均强度不相等,那么偏振度大于零,对比度下降不到 $1/\sqrt{2}$倍.

然而,在这种情况下,如果把光源的偏振方向旋转 90°,而漫射体能够产生两个独立于原先的图样的散斑图样,常常还可以进一步减小对比度. 在这种情况下,倘若入射偏振在两正交方向之间的转换能够比探测器的反应时间更快,那么实际上将有四个互相独立的图样在强度基础上相加. 在四个图样的平均强度相同的特殊情况下,散斑的对比度会减小到原来的 1/2. 在许多应用中,需要对比度的各种可能的减小,由偏振多样化提供的少量减小仍然是受欢迎的.

5.2 用运动漫射体进行时间平均

5.2.1 背景

我们考虑一个不动的平面透明物,通过一个紧靠物的光学粗糙的运动漫射体对它照明. 图 5.2 表示其光路,图中(a)表示没有附加漫射体的成像系统,(b)表示加了运动漫射体后的系统,(c)表示同时具有运动和固定漫射体的系统. 假定运动漫射体以速度 v 沿箭头所示的 $\vec{\alpha}$ 方向运动. 为简单起见,我们假定成像系统的放大倍数为 1.

假定透明片物是均匀透射的,因此我们可以集中注意观察到的散斑的性质,而不是物的强度透射率.物透明片本身可能是光学光滑的或是在一个光波波长的尺寸上光学粗糙的.应该注意到:对一个光学光滑的物,不存在引入一个运动漫射体的动机,因为不存在漫射体时也没有散斑.然而,如果物是光学粗糙的,那么散斑就会出现,引入第二个,也就是运动漫射体是为了通过时间平均减弱散斑.注意图5.2(c)描述的情况完全等价于一个运动漫射体加一个光学粗糙的物.今后,我们将称这个情况为"光学粗糙物",尽管粗糙性可能来自于一个分开的固定漫射体.

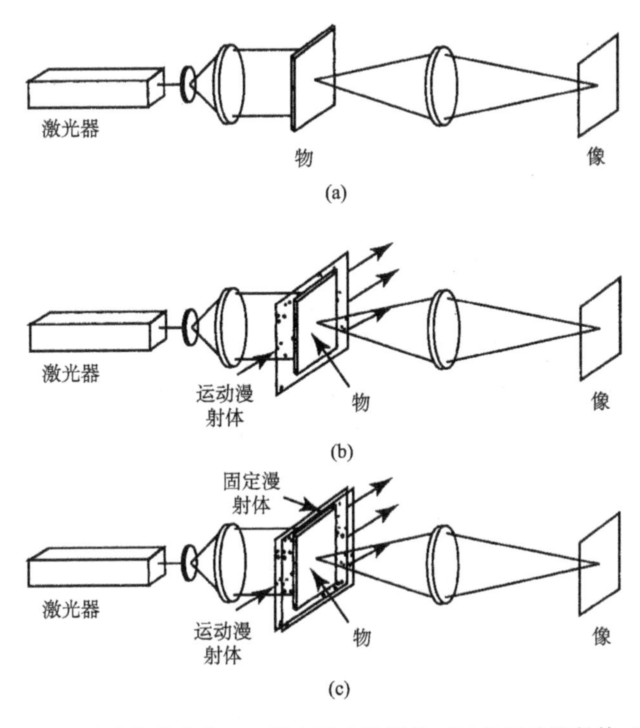

图 5.2 透明物的成像:(a)没有运动漫射体,(b)有运动漫射体,及(c)既有运动漫射体又有固定漫射体

随着漫射体的运动,物上的任一点都经历着照明相位的变化.于是对像上给定的任一点,物上对此像点有贡献的区域产生的振幅随机行走也在不断变化,此时对这个像点的各个贡献的相位以复杂的方式随时间变.事实上,随着时间进展,产生了这种随机行走的一个个新的"实现",结果使像中任一点上的散斑强度随时间变化.在积分时间 T 内测量得到的强度只不过是在多个独立的散斑"实现"上的积分.还要注意,一个光学粗糙物加一个运动漫射体的情况等价于一个运动漫射体、一个固定漫射体加一个光滑物的串接.因此我们的分析相当普遍,足以涵盖所有这些情况.

我们来对感兴趣的光路进行分析,首先将像平面上的场用穿过复合物(即运动

漫射体加粗糙的物透明片，或运动漫射体加固定漫射体再加光滑的物透明片）的场来表示. 仍假设放大倍数为 1,

$$\boldsymbol{A}(x,y;t)=\iint_{-\infty}^{\infty}\boldsymbol{k}(x+\alpha,y+\beta)\boldsymbol{a}(\alpha,\beta;t)\mathrm{d}\alpha\mathrm{d}\beta, \tag{5-1}$$

其中，$\boldsymbol{A}$ 和 $\boldsymbol{a}$ 是时变的（由于运动漫射体的存在），$\boldsymbol{k}$ 代表成像系统的振幅点扩展函数①. 为简单起见，我们假定物透明片有一个均匀的强度透射率，但是它的相位有两个独立部分：一个是由固定的物或固定的漫射体贡献的（ϕ_o），一个是由运动漫射体贡献的（ϕ_d），

$$\boldsymbol{a}(\alpha,\beta;t)=\boldsymbol{a}_0\exp[\mathrm{j}\phi_o(\alpha,\beta)]\exp[\mathrm{j}\phi_d(\alpha-vt,\beta)], \tag{5-2}$$

其中，a_0 是一个常数，并假定漫射体在正 α 方向以速率 v 运动.

我们来求散斑抑制程度的大小及其对漫射体运动的依赖关系，所用的方法是：求解像场 $\boldsymbol{A}(x,y;t)$ 的归一化时间自相关函数，取这个量的平方的大小以得到归一化的强度自协方差函数，然后估算像平面内的时间自由度数 M，它是漫射体运动的函数. 由于在写出以上的物-像关系时已假设成像系统是空间不变的，因此在单个点的一对像坐标上就足以计算自协方差函数，我们取这个点为（$x=0,y=0$）.

我们从像场的时间自相关函数的表示式出发：

$$\Gamma_{\boldsymbol{A}}(\tau)=\overline{\boldsymbol{A}(0,0;t)\boldsymbol{A}^*(0,0;t-\tau)}=\iint_{-\infty}^{\infty}\iint_{-\infty}^{\infty}\boldsymbol{k}(\alpha_1,\beta_1)\boldsymbol{k}^*(\alpha_2,\beta_2)$$

$$\times\overline{\boldsymbol{a}(\alpha_1,\beta_1;t)\boldsymbol{a}^*(\alpha_2,\beta_2;t-\tau)}\mathrm{d}\alpha_1\mathrm{d}\beta_1\mathrm{d}\alpha_2\mathrm{d}\beta_2. \tag{5-3}$$

积分号内的平均值可以重写为

$$\overline{\boldsymbol{a}(\alpha_1,\beta_1;t)\boldsymbol{a}^*(\alpha_2,\beta_2;t-\tau)}=|\boldsymbol{a}_o|^2\exp\overline{\{\mathrm{j}[\phi_o(\alpha_1,\beta_1)-\phi_o(\alpha_2,\beta_2)]\}}$$

$$\exp\overline{\{\mathrm{j}[\phi_d(\alpha_1-vt,\beta_1)-\phi_d(\alpha_2-vt+v\tau,\beta_2)]\}}, \tag{5-4}$$

其中假设随机相位过程 ϕ_o 和 ϕ_d 是统计独立的. 如果除此之外这些过程还是零均值高斯过程并且是统计平稳的，于是从这些平均值与特征函数的关系，我们有

$$\exp\overline{\{\mathrm{j}[\phi_o(\alpha_1,\beta_1)-\phi_o(\alpha_2,\beta_2)]\}}=\exp\{-\sigma_o^2[1-\boldsymbol{\mu}_o(\Delta\alpha,\Delta\beta)]\}$$

$$\exp\overline{\{\mathrm{j}[\phi_d(\alpha_1-vt,\beta_1)-\phi_d(\alpha_2-vt+v\tau,\beta_2)]\}}=\exp\{-\sigma_d^2[1-\boldsymbol{\mu}_d(\Delta\alpha-v\tau,\Delta\beta)]\}, \tag{5-5}$$

其中，$\Delta\alpha=\alpha_1-\alpha_2$，$\Delta\beta=\beta_1-\beta_2$，$\sigma_o^2$ 是 ϕ_o 的方差，σ_d^2 是 ϕ_d 的方差，而 μ_o 和 μ_d 是两个相位过程的归一化自相关函数.

回到(5-3)式，自相关函数可以简化为

---

① 这里我们用（$x+\alpha,y+\alpha$）而不用（$x-\alpha,y-\alpha$）作为 $\boldsymbol{k}$ 的宗量，因为像是倒像.

$$\Gamma_A(\tau) = |\boldsymbol{a}_o|^2 \iint_{-\infty}^{\infty} \boldsymbol{K}(\Delta\alpha, \Delta\beta) \exp\{-\sigma_o^2[1-\mu_o(\Delta\alpha, \Delta\beta)]\}$$

$$\exp\{-\sigma_d^2[1-\mu_d(\Delta\alpha - v\tau, \Delta\beta)]\} \mathrm{d}\Delta\alpha \mathrm{d}\Delta\beta, \tag{5-6}$$

其中,

$$\boldsymbol{K}(\Delta\alpha, \Delta\beta) = \iint_{-\infty}^{\infty} \boldsymbol{k}(\alpha_1, \beta_1) \boldsymbol{k}^*(\alpha_1 - \Delta\alpha, \beta_1 - \Delta\beta) \mathrm{d}\alpha_1 \mathrm{d}\beta_1 \tag{5-7}$$

是成像系统的振幅点扩展函数的确定性的自相关函数.

过程 $e_o^{j\phi}$ 和 $e_d^{j\phi}$ 具有非零的均值,当相位过程的方差不大时,这种均值可以很显著.这些均值代表透射率中的镜面分量.这些均值的作用是当相位相关函数 μ_o 和 μ_d 下降到零时,漫射体和物的相关函数还有非零的剩余值,

$$\exp\{-\sigma_o^2[1-\boldsymbol{\mu}_o(\Delta\alpha, \Delta\beta)]\} \longrightarrow e^{-\sigma_o^2} \qquad 当\ \boldsymbol{\mu}_o \to 0$$

$$\exp\{-\sigma_d^2[1-\boldsymbol{\mu}_d(\Delta\alpha - v\tau, \Delta\beta)]\} \longrightarrow e^{-\sigma_d^2} \qquad 当\ \boldsymbol{\mu}_d \to 0. \tag{5-8}$$

于是,如果我们想要求出场的自协方差函数,即 $\mathbf{C}_A = \mathbf{\Gamma}_A - \overline{\boldsymbol{A}}\overline{\boldsymbol{A}}^*$,我们就从 $\mathbf{\Gamma}_A$ 的表示式中的被积函数减掉(5-8)式的右边,得到

$$\mathbf{C}_A(\tau) = |\boldsymbol{a}_o|^2 \exp[-(\sigma_o^2 + \sigma_d^2)] \iint_{-\infty}^{\infty} \boldsymbol{K}(\Delta\alpha, \Delta\beta)\{\exp[\sigma_o^2 \boldsymbol{\mu}_o(\Delta\alpha, \Delta\beta)] - 1\}$$

$$\times \{\exp[\sigma_d^2 \boldsymbol{\mu}_d(\Delta\alpha - v\tau, \Delta\beta)] - 1\} \mathrm{d}\Delta\alpha \mathrm{d}\Delta\beta. \tag{5-9}$$

函数 $\boldsymbol{K}$ 的形式可以很容易求得.由于它是点扩展函数的自相关函数,其傅里叶变换是透镜的光瞳函数的平方值.当透镜的光瞳函数是瞳内为 1 瞳外为零时,$\boldsymbol{K}$ 的形式必定与点扩展函数 $\boldsymbol{k}$ 的形式完全一样.此外,由于我们最终关心的是归一化自协方差函数,我们可以忽略任何相乘的常数,它在归一化中终归要消掉.因此,在宽为 L 的方形光瞳的情况下,我们有

$$\boldsymbol{K}(\Delta\alpha, \Delta\beta) \propto \operatorname{sinc}\left(\frac{L\Delta\alpha}{\lambda z}\right) \operatorname{sinc}\left(\frac{L\Delta\beta}{\lambda z}\right),$$

其中 z 是从入射光瞳到物平面的距离;而对一个直径为 D 的圆形光瞳:

$$\boldsymbol{K}(\Delta\alpha, \Delta\beta) \propto 2\,\frac{J_1\left(\dfrac{\pi D r}{\lambda z}\right)}{\dfrac{\pi D r}{\lambda z}},$$

其中,$r = \sqrt{\Delta\alpha^2 + \Delta\beta^2}$.被积函数中的第一项表示系统的点扩展函数的作用,第二项是物的粗糙性的作用或换种说法是分开的固定漫射体的作用,第三项表示运动漫射体的作用.注意,一般地说,$\boldsymbol{K}$ 的宽度要比两个相关函数的宽度大得多,因为我们

考虑的是完全散射的散斑，这种散斑在点扩展函数的面积内一定有许多个相位相关面积.

进一步的分析要求对相位的归一化自相关函数 μ_o 和 μ_d 的形式作一个假设，我们假设这些函数是高斯型的，

$$\boldsymbol{\mu}_o(\Delta\alpha,\Delta\beta) = \exp\left(-\frac{\Delta\alpha^2+\Delta\beta^2}{r_o^2}\right),$$

$$\boldsymbol{\mu}_d(\Delta\alpha,\Delta\beta) = \exp\left(-\frac{\Delta\alpha^2+\Delta\beta^2}{r_d^2}\right), \tag{5-10}$$

得出

$$\begin{aligned}\mathbf{C}_A(\tau) = &\iint_{-\infty}^{\infty} \boldsymbol{K}(\Delta\alpha,\Delta\beta)\left\{\exp\left(\sigma_o^2\exp\left(-\frac{\Delta\alpha^2+\Delta\beta^2}{r_o^2}\right)\right]-1\right\} \\ &\times\left\{\exp\left[\sigma_d^2\exp\left(-\frac{(\Delta\alpha-v\tau)^2+\Delta\beta^2}{r_d^2}\right)\right]-1\right\}\mathrm{d}\Delta\alpha\mathrm{d}\Delta\beta.\end{aligned} \tag{5-11}$$

场 $\boldsymbol{A}$ 的归一化自协方差函数由下式给出：

$$\boldsymbol{\mu}_A(\tau) = \mathbf{C}_A(\tau)/\mathbf{C}_A(0).$$

我们将 $\mathbf{C}_A$ 的被积函数中的三个因子用它们的极大值归一化，并对 $\boldsymbol{\mu}_A$ 的分子和分母进行同样的归一化以使 $\boldsymbol{\mu}_A$ 不变. 这样做似乎使事情复杂化，但却有助于对 $\mathbf{C}_A$ 表示式的解释. 用 $\hat{\mathbf{C}}_A$ 代表归一化后的 $\mathbf{C}_A$：

$$\begin{aligned}\hat{\mathbf{C}}_A(\tau) = &\iint_{-\infty}^{\infty} \frac{\boldsymbol{K}(\Delta\alpha,\Delta\beta)}{\boldsymbol{K}(0,0)}\left\{\frac{\exp\left(\sigma_o^2\exp\left[-\frac{\Delta\alpha^2+\Delta\beta^2}{r_o^2}\right]\right)-1}{\exp(\sigma_o^2)-1}\right\} \\ &\times\left\{\frac{\exp\left[\sigma_d^2\exp\left(-\frac{(\Delta\alpha-v\tau)^2+\Delta\beta^2}{r_d^2}\right)\right]-1}{\exp(\sigma_d^2)-1}\right\}\mathrm{d}\Delta\alpha\mathrm{d}\Delta\beta,\end{aligned} \tag{5-12}$$

现在

$$\boldsymbol{\mu}_A(\tau) = \hat{\mathbf{C}}_A(\tau)/\hat{\mathbf{C}}_A(0).$$

我们先考虑带括弧的各个因子的宽度，这对如何计算这些积分能得到一些想法. 我们可以直接用(4-109)式的结果，它给出了这样一个因子的振幅相关面积. 由于在圆对称的场合，相关半径 r_c 和相关面积 $\mathcal{A}$ 通过下式相联系：

$$r_c = \sqrt{\mathcal{A}/\pi}$$

我们得到被积函数中第二个和第三个因子的相关半径为

$$
\begin{aligned}
r_{co} &= r_o \left[\frac{\mathrm{Ei}(\sigma_o^2) - \varepsilon - \ln(\sigma_o^2)}{\exp(\sigma_o^2) - 1} \right]^{1/2} \\
r_{cd} &= r_d \left[\frac{\mathrm{Ei}(\sigma_d^2) - \varepsilon - \ln(\sigma_d^2)}{\exp(\sigma_d^2) - 1} \right]^{1/2},
\end{aligned}
\tag{5-13}
$$

其中和在(4-109)式中一样,$\mathrm{Ei}(x)$表示指数积分,ε是欧拉常数.

图5.3画出归一化相关半径(其中符号x代表o或d)与归一化的相位方差的关系曲线.由图我们可以决定$\hat{\mathbf{C}}_A$的被积函数中第二个因子和第三个因子的近似宽度.

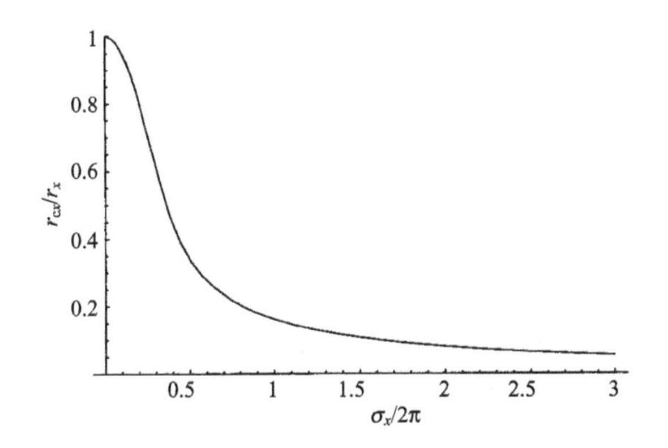

图5.3 归一化相关半径与归一化的相位标准偏差的函数关系.
符号x代表o或d,取决于我们关注的是哪一项

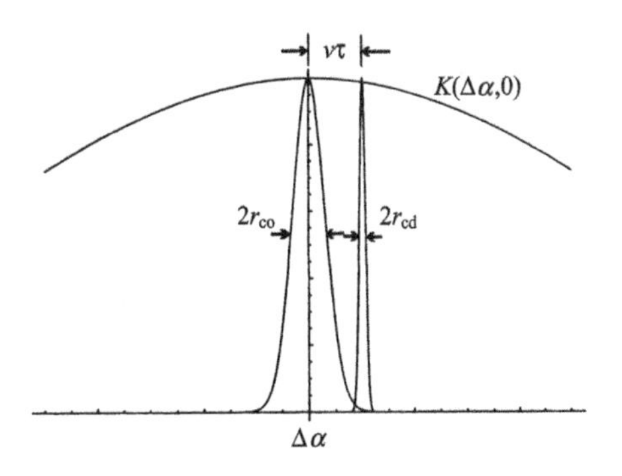

图5.4 分子的被积函数中的三个因子的图示

对一个典型场合画出被积函数的三个因子的曲线,可以加深对问题的理解.我们一般是对完全散射的散斑有兴趣,这时,$\boldsymbol{K}$因子的宽度必须比两个带括弧的因子的宽度大很多,才会使引起散斑的随机行走中包含多个独立的相关面积的贡献.图5.4画出被积函数$\hat{\mathbf{C}}_A(\tau)$中的三个因子每一个沿$\Delta\alpha$轴的的典型形式.函数$\boldsymbol{K}(\Delta\alpha,0)$比两个相关函数因子要宽得多.在这个例子中,我们假设了漫射体的相关函数比物的相关函数更窄(即物比漫射体更"光滑"),并且还画出了漫射体的相关函数向右移动了$v\tau$.显然当$v\tau > r_{cd} + r_{co}$时,两个相关函数的重叠明显地下降了,因而积分值会很小.与

$\hat{\mathbf{C}}_A$ 分母相应的图不会有运动漫射体相关函数的移动.

为得到进一步的结果,我们必须讨论一些特殊情况.首先我们考察一个光滑的物和一个运动漫射体的例子.然后再看一个粗糙表面和一个运动漫射体的例子.

5.2.2　光滑的物

首先考虑一个光滑的物和单个运动漫射体的情况(图 5.2(b)),这时 $\sigma_o^2 \to 0$,(5-12)式中的第二个因子变成 1,给出

$$\boldsymbol{\mu}_A(\tau) = \frac{\iint_{-\infty}^{\infty} \boldsymbol{K}(\Delta\alpha,\Delta\beta)\left\{\exp\left[\sigma_d^2 \exp\left(-\frac{(\Delta\alpha - v\tau)^2 + \Delta\beta^2}{r_d^2}\right)\right] - 1\right\} d\Delta\alpha d\Delta\beta}{\iint_{-\infty}^{\infty} \boldsymbol{K}(\Delta\alpha,\Delta\beta)\left\{\exp\left[\sigma_d^2 \exp\left(-\frac{\Delta\alpha^2 + \Delta\beta^2}{r_d^2}\right)\right] - 1\right\} d\Delta\alpha d\Delta\beta}. \tag{5-14}$$

若成像系统的光瞳是圆形,因子 $\boldsymbol{K}(\Delta\alpha,\Delta\beta)$ 的宽度近似为 $\lambda z/D$,而漫射体的相关函数在 $\Delta\alpha$ 方向的宽度近似为 $2r_c$,它通常比 $\boldsymbol{K}$ 的宽度小得多.上式可看作函数 $\boldsymbol{K}$ 和比它窄很多的漫射体自相关函数的归一化的确定性交叉相关函数,既然如此,这个积分应该给出一个非常接近 $\boldsymbol{K}$ 的近似.即下式是很好的近似:

$$\text{对圆光瞳}, \boldsymbol{\mu}_A(\tau) \approx \frac{\boldsymbol{K}(v\tau,0)}{\boldsymbol{K}(0,0)} = 2\frac{J_1\left(\frac{\pi D v\tau}{\lambda z}\right)}{\frac{\pi D v\tau}{\lambda z}};$$

$$\text{对方光瞳}, \boldsymbol{\mu}_A(\tau) \approx \frac{\boldsymbol{K}(v\tau,0)}{\boldsymbol{K}(0,0)} = \operatorname{sinc}\left(\frac{Lv\tau}{\lambda z}\right). \tag{5-16}$$

每种情况下的散斑强度的相关时间[②]由下式求出:

$$\tau_c = \int_{-\infty}^{\infty} |\boldsymbol{\mu}_A(\tau)|^2 d\tau, \tag{5-17}$$

在上述两种情况下:

$$\text{圆光瞳}, \quad \tau_c = \frac{8\lambda z}{3\pi^2 vD}; \tag{5-18}$$

$$\text{方光瞳}, \quad \tau_c = \frac{\lambda z}{vL}. \tag{5-19}$$

现在我们已作好准备,来讨论感兴趣的主要问题:漫射体必须运动多远,才能将散斑对比度减弱某一事先规定的大小? 这个距离如何依赖于光学系统和漫射体

---

② 我们一贯取散斑强度的相干时间为上面给出的式子,但是散斑振幅的相干时间为 $\int_{-\infty}^{+\infty} \mu_A(\tau) d\tau$.

的性质？要回答这些问题，我们必须用适于对散斑进行时间积分的(4-141)式.用这个式子及(5-15)式和(5-16)式，并对变量作微小改变，我们有

$$M=\left[2\int_0^1(1-x)\frac{J_1^2\left(\pi\dfrac{vT}{\lambda z/D}x\right)}{\left(\pi\dfrac{vT}{\lambda z/D}x\right)^2}\mathrm{d}x\right]^{-1}\quad 圆光瞳$$

$$M=\left[2\int_0^1(1-x)\mathrm{sinc}^2\left(\frac{vT}{\lambda z/L}x\right)\mathrm{d}x\right]^{-1}\quad 方光瞳. \tag{5-20}$$

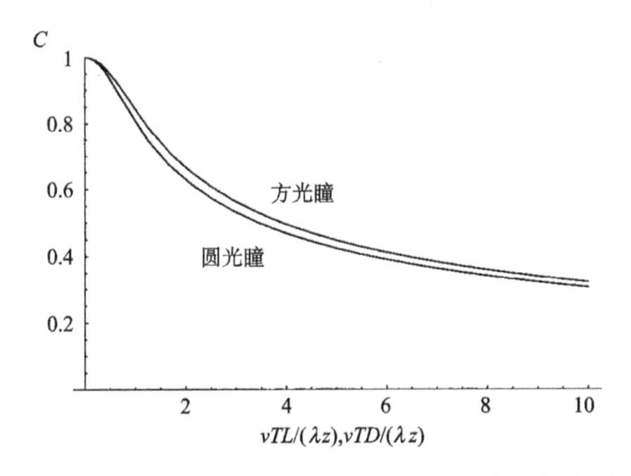

图 5.5 对比度与漫射体运动距离(vT)和物空间内近似的像分辨尺寸(圆光瞳为是 λz/D,方光瞳为 λz/L)之比值的关系

图 5.5 给出了在圆光瞳和方光瞳两种情况下，散斑对比度 $C=\sqrt{1/M}$与归一化的运动距离的关系.可以看出，在这两种情况下，关键参数都是漫射体运动的距离 vT 与物上的像分辨元胞的近似的线大小(圆光瞳为 $\lambda z/D$，方光瞳为 $\lambda z/L$)之比. C 的渐进行为可以回归(4-141)式求得.随着 T 增大到足够大，我们求得，在$|\mu_A|^2$ 的值可观的区间上 $1-\frac{\tau_c}{T}\approx 1$，于是

$$M\approx\left[\frac{1}{T}\int_{-\infty}^{\infty}|\boldsymbol{\mu}_A(\tau)|^2\mathrm{d}\tau\,|\right]^{-1}=T/\tau_c. \tag{5-21}$$

由此，当 T/τ_c 很大时，对比度 C 的渐近行为为

$$C\approx\sqrt{\frac{\tau_c}{T}}\approx\begin{cases}\sqrt{\dfrac{\lambda z/D}{vT}} & 圆光瞳\\ \sqrt{\dfrac{\lambda z/L}{vT}} & 方光瞳.\end{cases} \tag{5-22}$$

本小节的结果可概括如下：当一个运动的漫射体放置在一个光滑透明的物邻近时，散斑的对比度随着曝光期间漫射体运动所经过的物上的分辨宽度的数目的平方根之增加而降低. 这样来减小散斑相当慢，要求在曝光时间内漫射体有较大的运动. 在下一小节中，我们将看到，如果物本身在光学上是粗糙的，或者紧邻光滑的物再引进第二个固定的漫射体，抑制对比度所需的运动就大为减小.

5.2.3 粗糙的物

可以从(5-11)式出发，来研究一个运动的漫射体加一个粗糙的物，或换言之，串接的一个运动漫射体、一个固定漫射体加一个光滑的物. 为了分析起来简单，我们在此假设粗糙的物其实指的是一个光滑的物前面加一个固定的漫射体，它前面再加一个运动漫射体. 此外，我们还假设两个漫射体的统计性质相似，因此 $\sigma_d^2=\sigma_o^2$ 且 $r_d=r_o$. 由于漫射体的相关函数的宽度比 $\mathbf{K}$ 的宽度窄得多，我们可以用 $\mathbf{K}(0,0)$ 代替 $\mathbf{K}(\Delta\alpha,\Delta\beta)$，这时 $\mathbf{C}_A$ 的表示式变为

$$\mathbf{C}_A(\tau)=\iint\limits_{-\infty}^{\infty}\left\{\exp\left[\sigma_o^2\exp\left(-\frac{\Delta\alpha^2+\Delta\beta^2}{r_o^2}\right)\right]-1\right\}$$
$$\times\left\{\exp\left[\sigma_o^2\exp\left(-\frac{(\Delta\alpha-v\tau)^2+\Delta\beta^2}{r_o^2}\right)\right]-1\right\}\mathrm{d}\Delta\alpha\mathrm{d}\Delta\beta. \qquad (5\text{-}23)$$

图 5.6 对两个漫射体的任何一个给出的相位的标准偏差的三个不同的值，画出了相应的 $\boldsymbol{\mu}_A(\tau)$ 对 $v\tau/r_o$ 的曲线. 正如所料，随着相位的标准偏差增大，时间相关变窄.

对时间积分后的散斑的对比度由下式给出：

$$C=\sqrt{\frac{1}{M}}=\sqrt{\frac{2}{T}\int_0^T\left(1-\frac{\tau}{T}\right)|\boldsymbol{\mu}_A(\tau)|^2\mathrm{d}\tau}, \qquad (5\text{-}24)$$

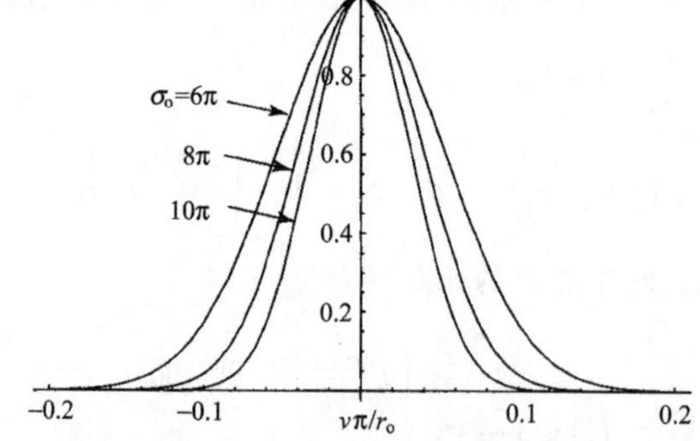

图 5.6 σ_o 三个不同的值下 $\boldsymbol{\mu}_A$ 与 $v\tau/r_o$ 的关系

它可以通过数值积分求出,图 5.7 画出了它对 vT/r_o 的函数关系. 如果我们从(5-13)式计算归一化的漫射体相关半径 r_c/r_o,我们发现当 $\sigma_o=6\pi$,8π 和 10π 时,它们分别近似等于 0.05,0.04 和 0.03. 一个相位相关半径 r_o 的运动实际上相当于分别为大约 19,25 和 31 个漫射体相关半径 r_c 的运动.

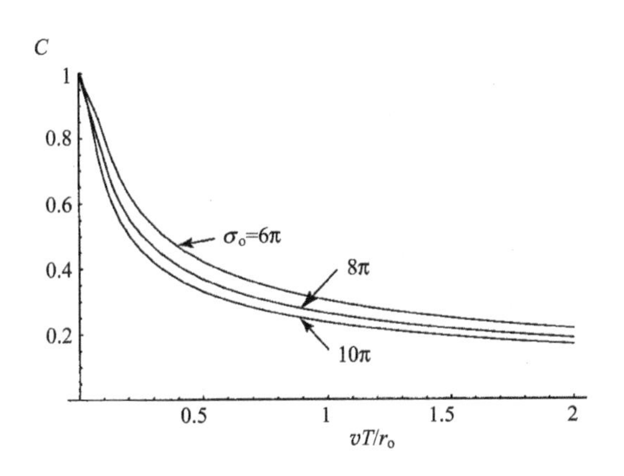

图 5.7 对漫射体的相位标准偏差的三个不同的值,对比度与漫射体运动的归一化距离的关系

从对两个等同的漫射体(一个固定一个运动)的讨论得出的主要结论是:用时间积分来抑制散斑对比度,抑制程度取决于运动了多少个漫射体相关元胞的数目,而不是物的分辨基元的数目. 由于 $r_c \ll \lambda z/D$,对于给定的运动大小 vT,用两个漫射体对散斑的抑制要比只用一个漫射体大得多. 这个事实首先由 Lowenthal 和 Joyeux 在文献[103]中报告. 然而,得到这种对散斑的额外抑制是有代价的. 通过两个等同的漫射体的光的角发散近似等于通过一个漫射体的两倍. 因此,存在两个漫射体时,一个具有有限孔径的光学成像系统收集到的来自物的光较少. 于是在散斑抑制与像的亮度之间有一个折衷权衡. 在某些情况下这种折衷是可以接受的,在另一些情况下则不行,取决于光源的强度、探测器的敏感度、以及成像系统光路的灵活性.

注意,如果串接的两个漫射体造成的角发散程度与成像透镜的角接收范围相匹配,以致很少甚至没有光损失,那么用两个漫射体来抑制散斑将要求运动漫射体运动的距离至少与单个漫射体时所要求的这么多,这时用两个漫射体的优势就消失了.

5.3 波长和角度的多样化

散斑图样中强度的细节分布依赖于照明的角度和观察的角度，也依赖于入射光的波长. 在下面的分析中，我们首先考虑自由空间传播的情况，然后把注意力转向一种成像光路. 对本节感兴趣的题材的一些部分有不同的处理方法，要了解它们可参看文献[65]，[125]和[56].

在本节中，我们始终采用以下的假设.

1. 不论是对透射光路还是反射光路，都假设散射或漫射表面对所有的照明角和观察角度、对所有的波长在波长大小的尺度上是粗糙的. 在这个条件下，将忽略透射或反射的镜面分量，观察到的散斑场将服从圆型复值高斯统计. 这样就无须考虑接近掠射的入射角，在那种情况下，事实上一切表面的行为都像是光滑的镜子.

2. 在自由空间传播的情况下，我们假设光从紧贴散射光斑上方的平面向观察区的传播可以用菲涅耳衍射公式描述. 这个假设限定了相对于 z 轴(垂直于散射表面上方的平面)的观察角不能很大，也限制了散射光斑的尺寸要小于它到观察区的距离.

3. 在分析中将忽略偏振效应.

4. 将忽略散射光斑形状的变化(例如，从垂直入射的圆形光斑变为斜入射的椭圆形光斑)，因为它们不是影响散斑细节结构的主要因素.

5. 假设由表面的倾斜照明造成的阴影遮蔽不重要，并排除任何多重散射效应.

5.3.1 自由空间传播，反射光路

在着手分析之前我们要说一说散斑是怎样依赖于照明角、观察角和波长的. 虽然这些效应是在反射光路的情况下讨论，稍加修改后的类似陈述也可应用于透射光路. 我们来分别考虑这些情况的变化：

- **照明角**：照明方向**与表面法线**夹角的增大(所有其他参数保持不变)有两个效应. 第一，观察到的散斑图样有一个与照明角的转动大小一样但方向相反的转动，这是由于到达表面上的各个散射元的照明光相位的变化. 第二，由于更大的照明角(更接近掠射)引起的表面高度涨落的“透视缩短”(foreshortening)，转动后的散斑图样经受了内部的变化.

- **观察角**：观察方向与表面法线夹角的增大(所有其他参数不变)带着观察者在散斑图样上移动，但也由于观察角接近掠入射而引起表面高度涨落的“透视缩短”.

- **波长**：波长的增大(所有其他参数保持不变)有两个效应. 第一是观察到的散

斑图样发生空间尺度的缩放，缩放的大小依赖于从入射 k 矢量的镜面反射穿过观察平面的点到散斑图样的距离.波长增大时散斑图样在这个点周围扩张，波长减小时散斑图样围绕这个点缩小.这个效应是由于衍射角与波长成正比造成的.第二个效应是由表面高度涨落带来的散射波的随机相移.因为这些相移与 h/λ 成正比，波长的增大会减小随机相移，而波长的减小会增大随机相移.

因此，通过改变照明方向和/或观察方向或改变波长，可以使散斑图样发生变化，这些散斑图样将在强度基础上叠加，这就会降低观察到的对比度.换个方法，在照明中使用两个不同的波长，在下面要推导的合适的条件下，也能降低散斑的对比度.最后，如果两个互不相干的光源从不同的方向照明散射面，得到的两个散斑图样将会在强度基础上相加，这也会在将要推导的合适的条件下，降低散斑的对比度.

为了对以上的陈述进行某种量化，考虑图5.8所示的光路.将一个坐标系 $\vec{\alpha}=(\alpha,\beta,z)$ 架设在紧贴散射表面上方的平面上，其 z 轴垂直于此平面. $\vec{\alpha}$ 的横向分量用下述矢量表示：

$$\vec{\alpha}_t = \alpha\hat{\alpha} + \beta\hat{\beta}, \tag{5-25}$$

其中，$\hat{\alpha}$ 和 $\hat{\beta}$ 分别是 α 和 β 方向的单位矢量.

在照明光束中的平均波矢用表示 $\vec{k}_{\mathrm{i}}$，它的长度为 $k=2\pi/\lambda$，方向为 $\hat{i}$. 注意这只是一个"平均"波矢，因为要生成一个有限的散射光斑，要求波矢的角度有一范围.然而，我们前面的假设保证了这个角度范围很小.在观察方向的波矢是 $\vec{k}_{\mathrm{o}}$，其长度为 $k=2\pi/\lambda$，方向为 $\hat{o}$.

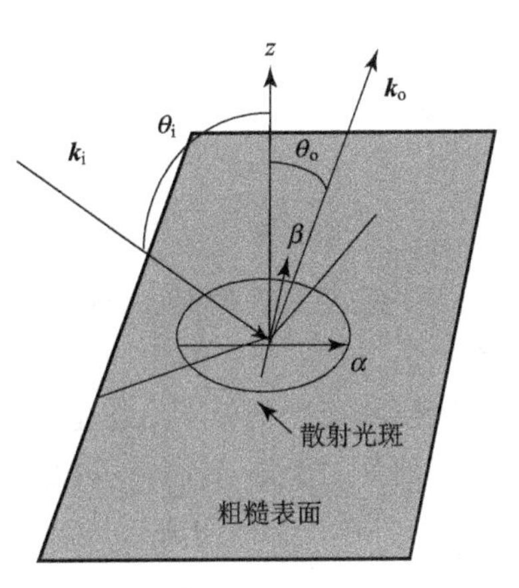

图 5.8 散射的光路，反射的情况

如同第 4.5.4 节中所讨论的那样(见(4-97)式)，在 (α,β) 平面上测得的由粗糙表面给与反射波的相移是

$$\phi(\alpha,\beta) = 2\pi(-\hat{i}\cdot\hat{z} + \hat{o}\cdot\hat{z})\frac{h(\alpha,\beta)}{\lambda} = ((-\vec{k}_{\mathrm{i}} + \vec{k}_{\mathrm{o}})\cdot\hat{z})h(\alpha,\beta). \tag{5-26}$$

其中 $\hat{z}$ 是法线方向的单位矢量.仿效 Parry[125]，我们定义一个散射矢量 $\vec{q}$

$$\vec{q} = \vec{k}_{\mathrm{o}} - \vec{k}_{\mathrm{i}}. \tag{5-27}$$

注意

$$\vec{q} = q_\alpha\hat{\alpha} + q_\beta\hat{\beta} + q_z\hat{z} = \vec{q}_t + q_z\hat{z}, \tag{5-28}$$

其中 $\vec{q}_t$ 是 $\vec{q}$ 的横向分量：

$$\vec{q}_t = q_\alpha\hat{\alpha} + q_\beta\hat{\beta} = (\vec{k}_{\mathrm{o}})_t - (\vec{k}_{\mathrm{i}})_t, \tag{5-29}$$

其大小为

$$|\vec{q}_t| = q_t = k\,|\sin\theta_o - \sin\theta_i|, \tag{5-30}$$

$q_z=\vec{q}\cdot\vec{z}$ 是 $\vec{q}$ 的法向分量：

$$q_z = k[\cos\theta_o + \cos\theta_i], \tag{5-31}$$

其中 $k=2\pi/\lambda$，角 θ_o 和 θ_i 是 $\vec{k}_o$ 和 $\vec{k}_i$ 对 z 轴所张的角. 相移 ϕ 可以写为

$$\phi(\alpha,\beta) = q_z h(\alpha,\beta). \tag{5-32}$$

我们稍后要更详尽地讨论散射矢量.

在这种光路中，散斑的强度是在 (x,y) 平面上观察的，它平行于 (α,β) 平面，二者的距离为 z. 两个平面之间只有自由空间. 观察平面上的横向坐标用一个矢量表示：

$$\vec{x}_t = x\hat{x} + y\hat{y}.$$

注意，通过观察方向 $\hat{o}$ 表示的式子是

$$\begin{aligned} x &\approx z(\hat{o}\cdot\hat{x}) = z(\hat{o}\cdot\hat{\alpha}) \\ y &\approx z(\hat{o}\cdot\hat{y}) = z(\hat{o}\cdot\hat{\beta}), \end{aligned} \tag{5-33}$$

在近似中假设了角度很小，这些等式的右边来源于 $\hat{x}$ 和 $\hat{\alpha}$ 指向同一方向，$\hat{y}$ 和 $\hat{\beta}$ 亦然.

我们的初衷是要求出在坐标 (x_1,y_1) 上观察到的场 $\mathbf{A}_1(x_1,y_1)$ 与在 (x_2,y_2) 上观察到的第二个场 $\mathbf{A}_2(x_2,y_2)$ 之间的交叉相关，这两个场在以下的任何一点或所有各点上不同：①照明波长；②平均的表面照明角；③平均的观察角. 于是我们的目标是求

$$\mathbf{\Gamma}_\mathbf{A}(x_1,y_1;x_2,y_2) = \overline{\mathbf{A}_1(x_1,y_1)\mathbf{A}_2^*(x_2,y_2)}, \tag{5-34}$$

这个式子中包含了对 $\hat{i}$，$\hat{o}$ 和 λ 的依赖关系，但从记号上看不明显.

我们需要离题对散射矢量 $\vec{q}$ 稍作讨论. 注意从它的定义有

$$\vec{k}_i + \vec{q} = \vec{k}_o, \tag{5-35}$$

因此散射矢量 $\vec{q}$ 和 k 矢量构成了闭合的三角形. 一个入射 k 矢量 $\vec{k}_i$ 是如何转换为一个反射 k 矢量 $\vec{k}_o$ 的呢？答案是：它从表面的一个光栅分量上衍射，这个光栅正好具有将反射波送到方向 $\hat{o}$ 去的合适周期. 函数

$$\boldsymbol{f}(\alpha,\beta;q_z) = \exp[\mathrm{j}q_z h(\alpha,\beta)], \tag{5-36}$$

可以用一个二维傅里叶谱表示

$$\boldsymbol{f}(\alpha,\beta;q_z) = \left(\frac{1}{2\pi}\right)^2 \iint\limits_{-\infty}^{\infty} \boldsymbol{F}(\vec{q})\,\mathrm{e}^{\mathrm{j}\vec{q}_t\cdot\vec{\alpha}_t}\,\mathrm{d}\vec{q}_t. \tag{5-37}$$

现在注意,对 $\vec{k}_{i1}$,$\vec{k}_{o1}$ 和 λ_1 的一个给定的组合,需要一个特定的散射矢量 $\vec{q}_1$ 来使 k 矢量三角形闭合,而这三个参数的第二个组合通常需要一个不同的散射矢量 $\vec{q}_2$ 使三角形闭合. 由于 $h(x,y)$ 是在各种可能的表面构成的系综上的随机过程,函数 $\boldsymbol{f}$ 和 $\boldsymbol{F}$ 也是如此. 特别是,量 $\boldsymbol{F}(\vec{q}_1)$ 和 $\boldsymbol{F}(\vec{q}_2)$ 具有随机振幅和相位,它们的相关决定了在我们考虑的两组条件下观察到的场(和强度)之间的相关. 当 $\vec{q}_1$ 和 $\vec{q}_2$ 靠得很近时,可以预期在观察到的两个场之间高度相关,但是当它们离得很远时,相关就下降或消失. 于是,复场 $\boldsymbol{A}_1(x_1,y_1)$ 和 $\boldsymbol{A}_2(x_2,y_2)$ 之间的相关性完全决定于傅里叶系数 $\boldsymbol{F}(\vec{q}_1)$ 和 $\boldsymbol{F}(\vec{q}_2)$ 之间的相关性,因此它是 $\vec{q}_1$ 和 $\vec{q}_2$ 的函数.

所需要的分析十分复杂,我们将它留给附录 D,在这里只注意对那里导出的结果的解释. 附录中得到的主要结果是两个散斑场 $\boldsymbol{A}_1$ 和 $\boldsymbol{A}_2$ 的归一化的交叉相关函数 $\boldsymbol{\mu}_{\boldsymbol{A}}$(即 Γ_A 的归一化的形式,归一化因子是当 $\vec{q}_1=\vec{q}_2$ 时的 $\boldsymbol{\Gamma}_{\boldsymbol{A}}$)的如下表示式. 于是

$$\boldsymbol{\mu}_{\boldsymbol{A}}(\vec{q}_1,\vec{q}_2) = \boldsymbol{M}_{\mathrm{h}}(\Delta q_z)\boldsymbol{\psi}(\Delta\vec{q}_t), \tag{5-38}$$

其中 $\boldsymbol{M}_{\mathrm{h}}(\omega)$ 是表面高度涨落 h 的一阶特征函数,

$$\boldsymbol{\psi}(\Delta\vec{q}_t) = \frac{\iint\limits_{-\infty}^{\infty} |\boldsymbol{S}(\alpha,\beta)|^2 \exp(-\mathrm{j}\Delta\vec{q}_t\cdot\vec{\alpha}_t)\mathrm{d}\alpha\mathrm{d}\beta}{\iint\limits_{-\infty}^{\infty} |\boldsymbol{S}(\alpha,\beta)|^2 \mathrm{d}\alpha\mathrm{d}\beta}, \tag{5-39}$$

$|\boldsymbol{S}|^2$ 是散射光斑上的强度分布,$\Delta\vec{q}_t$ 是散射矢量差 $\vec{q}_1-\vec{q}_2$ 的横向分量,而 Δq_z 是同一矢量差的法向分量的大小,由下式给出:

$$\Delta q_z = \left|\frac{2\pi}{\lambda_1}[\cos\theta_{o1}+\cos\theta_{i1}] - \frac{2\pi}{\lambda_2}[\cos\theta_{o2}+\cos\theta_{i2}]\right|. \tag{5-40}$$

如我们预期的,求出的结果依赖于散射矢量 $\vec{q}_1$ 和 $\vec{q}_2$. 事实上,我们感兴趣的相关依赖于这两种情况中涉及的两个散射矢量对应的复振幅之间的相关.

(5-38)式中两项的每一项受以下不同因素的影响(虽然现在还不是显而易见):

(1) $\boldsymbol{M}_h(\Delta q_z)$ 取决于表面高度涨落的均方根值与波长之比,若入射及观察不在法线方向使表面高度的涨落发生透视缩短.

(2) $\boldsymbol{\Psi}(\Delta\vec{q}_t)$ 代表两种变化:其一是当入射或观察角度变化时,散斑图样相对于观察点有一个纯粹的平移;其二是当波长改变时,散斑图样以镜反射方向为中心扩大(波长变长)或缩小(波长变短).

下面几节的讨论会阐明以上所说的.

散斑强度的交叉协方差函数是 $\boldsymbol{\mu}_{\boldsymbol{A}}$ 大小的平方,因为在我们出发的假设下,表

面充分粗糙，足以保证 $\boldsymbol{A}$ 是一个圆型高斯随机过程.

现在将注意力转向感兴趣的各种具体情况.

法向入射，法向观察，对波长变化的灵敏度

感兴趣的第一种具体情况是从法线方向照明粗糙表面，在表面法线方向的邻近观察散斑，但第二次观察所用的波长比第一次小. 图 5.9 表示这时的波矢. 这个

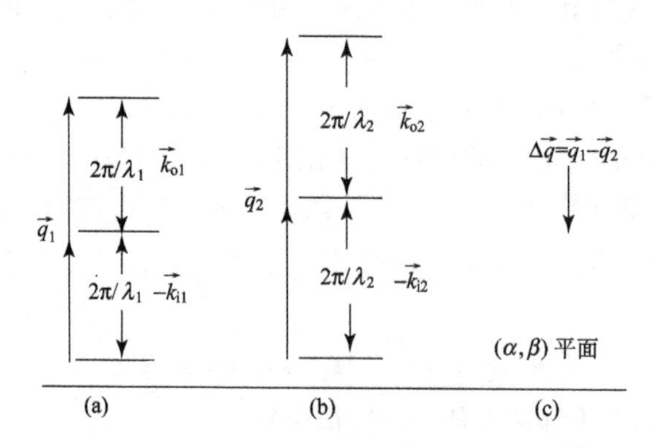

图 5.9 反射情况下，法向入射和法向观察时的波矢. 波长从 λ_1 减小为 λ_2，(a)λ_1 的波矢；(b)λ_2 的波矢；(c)$\Delta\vec{q}$ 是 $\vec{q}_1\rightarrow\vec{q}_2$

图和(5-30)式都表明 $\Delta\vec{q}$ 的横向分量为零，图和(5-31)式表明法向分量是

$$\Delta q_z = | q_{z1} - q_{z2} | = | 2k_1 - 2k_2 | = 4\pi\left|\frac{1}{\lambda_1}-\frac{1}{\lambda_2}\right| = 4\pi\frac{|\Delta\lambda|}{\lambda_1\lambda_2} \approx 4\pi\frac{|\Delta\lambda|}{\bar{\lambda}^2}, \tag{5-41}$$

其中 $\Delta\lambda=|\lambda_2-\lambda_1|$，$\bar{\lambda}=(\lambda_1+\lambda_1)/2$. 相关函数现在可以写为

$$\boldsymbol{\mu}_{\boldsymbol{A}}(\vec{q}_1,\vec{q}_2) \approx \boldsymbol{M}_{\mathrm{h}}\left(4\pi\frac{|\Delta\lambda|}{\bar{\lambda}^2}\right), \tag{5-42}$$

其中近似时假设了 $|\Delta\lambda|\ll\bar{\lambda}$.

由于概率密度函数的宽度的一个量度是其标准偏差 σ，概率密度函数的傅里叶变换（相应的特征函数）的宽度的量度便是 $2\pi/\sigma$，因此粗略地说，当

$$4\pi\frac{|\Delta\lambda|}{\bar{\lambda}^2} > \frac{2\pi}{\sigma_{\mathrm{h}}} \tag{5-43}$$

时（其中 σ_h 是表面高度涨落的标准偏差），相关有明显的下降. 这个条件可用另一种方式陈述，注意光学频率的变化 $\Delta\nu$ 由下式给出：

$$\Delta\nu = c\left(\frac{1}{\lambda_1}-\frac{1}{\lambda_2}\right). \tag{5-44}$$

于是当光学频率的变化满足下式时，可以近似地达到退相关：

$$|\Delta\nu| > \frac{c}{2\sigma_h}, \tag{5-45}$$

其中 c 是光速. 注意表面高度涨落的标准偏差越大,使场退相关的频率变化越小.

如果表面高度涨落服从高斯统计,强度相关便由下式给出:

$$|\boldsymbol{M}_h(\Delta q_z)|^2 = \exp(-\sigma_h^2 |\Delta q_z|^2) = \exp\left[-(4\pi)^2\left(\frac{\sigma_h}{\bar{\lambda}}\right)^2\left(\frac{|\Delta\lambda|}{\bar{\lambda}}\right)^2\right] \tag{5-46}$$

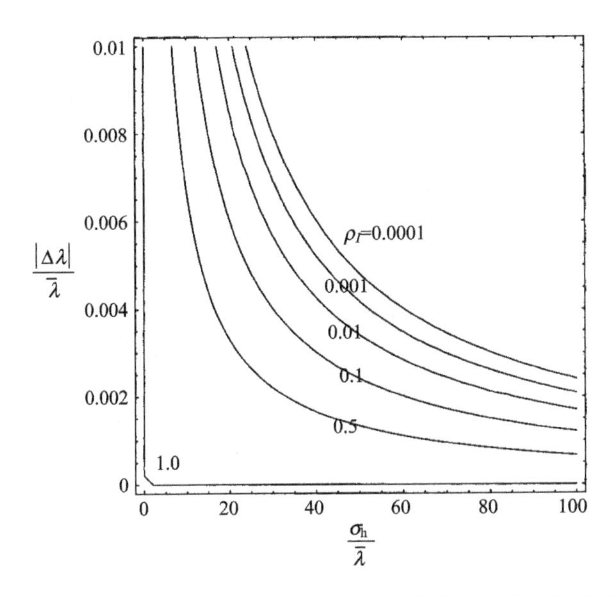

图 5.10 强度相关系数 ρ_I 的等值线与归一化的表面高度标准偏差及归一化的波长变化的函数关系

图 5.10 画出在正交坐标 $\sigma_h/\bar{\lambda}$ 和 $|\Delta\lambda|/\bar{\lambda}$ 定义的平面内的等强度相关系数 ρ_I 曲线. 作为一条有用的经验规则,要使散斑强度相关降至 $1/e^2$ 或更小,要求有

$$|\Delta\lambda| \geqslant \frac{1}{2\sqrt{2}\pi}\frac{\bar{\lambda}^2}{\sigma_h}, \tag{5-47}$$

或等价地

$$|\Delta\nu| \geqslant \frac{1}{2\sqrt{2}\pi}\frac{c}{\sigma_h}. \tag{5-48}$$

入射方向固定在某个角度,观察方向固定在镜向角,改变波长

令入射光有一个不垂直于散射表面的波矢 $\vec{k}_i$,在 $\vec{k}_i$ 的镜反射穿越观察平面的位置上考察散斑. 图 5.11 画出了波矢图. 如(5-30)式所示,每当 $\theta_i = \theta_o$(在现在的

光路中它成立)，$\vec{q}$ 的横向分量是零. 所用波长仍然第二次比第一次小，$\Delta\vec{q}$ 仍然指向负 $\hat{z}$ 方向. 与上例相比唯一的不同是现在的 $\Delta\vec{q}$ 更短，原因是两个波矢量和表面有较斜的夹角. 若用 θ 表示 $-\vec{k}_{\mathrm{i}}$ 与表面法线的夹角，$-\theta$ 便是观察矢量 $\vec{k}_{\mathrm{o}}$ 与法线的夹角，于是使散斑强度相关降低 $1/e^2$ 因子的频率差现在是

$$|\Delta\nu| \geqslant \frac{c}{2\sqrt{2}\pi\cos\theta\sigma_{\mathrm{h}}}. \tag{5-49}$$

$\Delta\vec{q}$ 完全为横向的情况

现在考虑图 5.12 的光路. 这时波长保持不变，而 $\vec{k}_{\mathrm{i1}}$ 和 $\vec{k}_{\mathrm{i2}}$ 相对于表面法线互为镜反射，$\vec{k}_{\mathrm{o1}}$ 和 $\vec{k}_{\mathrm{o2}}$ 也是如此. 现在可以看到 $\Delta\vec{q}$ 矢量完全为横向，这时

$$\boldsymbol{\mu}_{\boldsymbol{A}}(\vec{q}_1, \vec{q}_2) = \psi(\Delta\vec{q}_t). \tag{5-50}$$

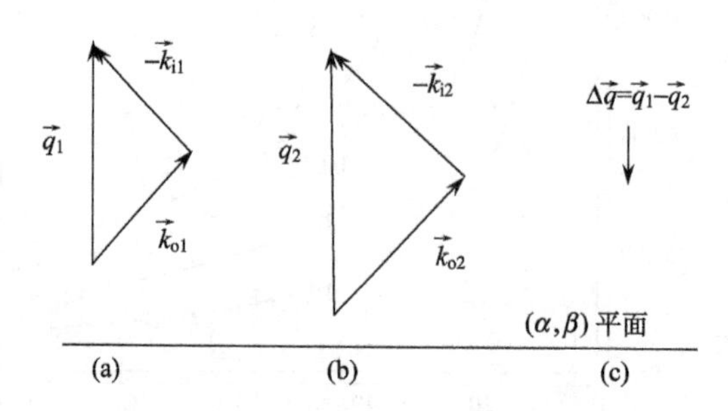

图 5.11　反射情况下，非法向入射和镜反射方向观察时的波矢波长仍从 λ_1 减小到 λ_2：(a)λ_1 的波矢；(b)λ_2 的波矢；(c)$\Delta\vec{q}$

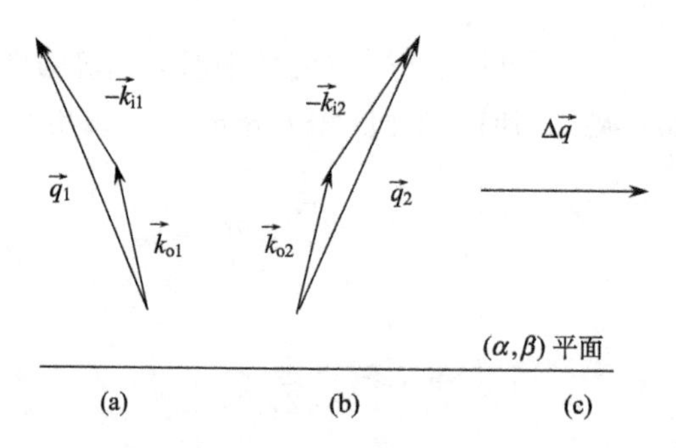

图 5.12　$\Delta\vec{q}$ 完全为横向的光路的反射情况：(a)第一次观察的光路；(b)第二次观察的光路；(c)$\Delta\vec{q}$

场的相关对 $\Delta\vec{q}$ 的横向分量的依赖关系

考虑一般情况，这时散射矢量的变化 $\Delta\vec{q}$ 不一定完全横向，但是具有一个非零的横向分量 $\Delta\vec{q}_t$. 我们在这里只注意 $\boldsymbol{\mu}_A$ 的与 $\Delta\vec{q}_t$ 有关的部分，即 $\boldsymbol{\psi}(\Delta\vec{q}_t)$. 令 $|S(\alpha,\beta)|^2=I(\alpha,\beta)$ 代表散射光斑的强度，这时

$$\boldsymbol{\psi}(\Delta\vec{q}_t)=\frac{\iint_{-\infty}^{\infty} I(\alpha,\beta)\exp[-\mathrm{j}(\Delta q_\alpha \alpha+\Delta q_\beta \beta)]\mathrm{d}\alpha\mathrm{d}\beta}{\iint_{-\infty}^{\infty} I(\alpha,\beta)\mathrm{d}\alpha\mathrm{d}\beta}. \tag{5-51}$$

要得到下一步进展，必须对散射光斑的具体形状作出假设. 令散射光斑是一个均匀的以原点为中心、直径为 D 的圆. 对一个圆对称形状的光斑，上面的傅里叶变换可以写为 Hankel 变换或傅里叶-贝塞尔变换：

$$\boldsymbol{\psi}(\Delta\vec{q}_t)=\frac{\int_0^{\infty} \rho I(\rho) J_0(\Delta q_t \rho)\mathrm{d}\rho}{\int_0^{\infty} \rho I(\rho)\mathrm{d}\rho}, \tag{5-52}$$

其中 $\Delta q_t=|\Delta\vec{q}_t|$. 接着做下去，我们得到

$$\boldsymbol{\psi}(\Delta\vec{q}_t)=\frac{\int_0^{D/2} \rho J_0(\Delta q_t \rho)\mathrm{d}\rho}{\int_0^{D/2} \rho\mathrm{d}\rho}=2\frac{J_1\left(\frac{D\Delta q_t}{2}\right)}{\frac{D\Delta q_t}{2}}. \tag{5-53}$$

这个函数的第一个零点出现在

$$\Delta q_t=7.66/D, \tag{5-54}$$

因此和 $\Delta\boldsymbol{q}$ 的横向分量相应的场相关函数的宽度与散射光斑的直径 D 成反比，记住

$$\begin{aligned}\Delta q_t&=|\boldsymbol{q}_1-\boldsymbol{q}_2|=|(\vec{k}_{o1}-\vec{k}_{i1})-(\vec{k}_{o2}-\vec{k}_{i2})_t|\\&=\left|\frac{2\pi}{\lambda_1}(\sin\theta_{o1}-\sin\theta_{i1})-\frac{2\pi}{\lambda_2}(\sin\theta_{o2}-\sin\theta_{i2})\right|,\end{aligned} \tag{5-55}$$

给出变化前后的一组波长和角度，就可以求出退相关的程度.

固定波长，固定观察角，对照明角变化的灵敏度

现在考虑这样的情况：波长保持不变，散斑在表面的法线方向观察，但改变照明角. 照明角应该改变多少才能使观察的散斑退相关呢？

已知观察的两个散斑图样的强度协方差由下式给出：

$$|\boldsymbol{\mu}_A(\vec{q}_1,\vec{q}_2)|^2=|\boldsymbol{M}_\mathrm{h}(\Delta q_z)|^2\,|\boldsymbol{\psi}(\Delta q_t)|^2. \tag{5-56}$$

在波长不变、固定在法线方向观察的情况下，从(5-40)式和(5-55)式我们分别有

$$\begin{aligned}\Delta q_z &= \frac{2\pi}{\lambda}[\cos(\theta_{i1}+\Delta\theta_i)-\cos\theta_{i1}],\\ \Delta q_t &= \frac{2\pi}{\lambda}[\sin(\theta_{i1}+\Delta\theta_i)-\sin\theta_{i1}].\end{aligned} \tag{5-57}$$

此外，对一个高度涨落为高斯分布的散射表面，

$$|\boldsymbol{M}(\Delta q_z)|^2 = \exp(-\sigma_h^2\Delta q_z^2). \tag{5-58}$$

若散射光斑是直径为 D 的亮度均匀的圆，那么

$$|\boldsymbol{\Psi}(\Delta q_t)|^2 = \left[2\frac{J_1\left(\frac{D\Delta q_t}{2}\right)}{\frac{D\Delta q_t}{2}}\right]^2. \tag{5-59}$$

把所有这些式子代入(5-56)式，得出强度协方差和各个参量的函数关系. 我们发现强度协方差主要由$|\boldsymbol{\psi}|^2$ 支配，这是因为两个图样的相关最大的减小来自一个相对于另一个的平移. 如果我们去掉两个散斑图样之间的平移之后使它们相关，那么强度协方差主要由$|\boldsymbol{M}(\Delta q_z)|^2$ 支配.

首先假定不作移动(译者注：指探测器坐标的移动)来抵消两个散斑图样之间的平移. 如果我们给定波长、表面高度标准偏差和散射光斑直径的值，就可以画出强度相关等值线对入射角 θ_i 和入射角变化 $\Delta\theta_i$ 的关系. 令波长为 0.5 μm，表面高度标准偏差为 100 μm. 设散射光斑直径为 4 cm. 有了这些数值，我们发现，要使强度协方差减低至 0.1，入射角变化只需 $2'\sim4'$ (second of arc). 因此散斑相关性对入射角的变化相当敏感. 支配这个灵敏度的主要因子是散射光斑尺寸的大小. 散射光斑的尺寸越小，散斑波瓣③将越大，退相关所需的角度变化将比这个例子中的大. 这主要是一个平移效应.

另一方面，假定两个散斑图样在去掉平移分量之后相关[99]. 那么强度相关将是

$$\begin{aligned}|\boldsymbol{\mu}_A|^2 = |\boldsymbol{M}(\Delta q_z)|^2 &= \exp\left[-\left(2\pi\frac{\sigma_h}{\lambda}(\cos\theta_i+\Delta\theta_i)-\cos\theta_i\right)^2\right]\\ &\approx \exp\left[-\left(2\pi\frac{\sigma_h}{\lambda}\Delta\theta_i\sin\theta_i\right)^2\right],\end{aligned} \tag{5-60}$$

其中最后一步作了 $\Delta\theta_i$ 很小的近似. 图 5.13 对表面粗糙度的三个不同的值画出强度相关的变化与角度改变的关系. 如果测出相关的大小，并知道角度的改变，就可以定出表面的粗糙度. 所需的平移量是从原来的角变化方向反向(镜向)移动约

③ 译者注：speckle lobes-来源于散斑相关函数的主波瓣，意指散斑的平均大小或单个散斑的宽度.

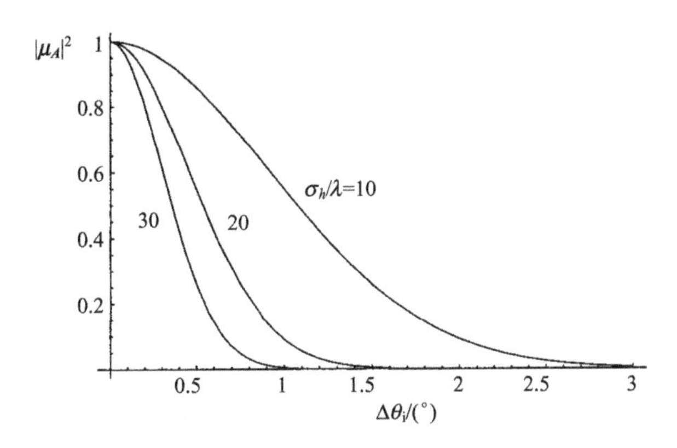

图 5.13 两个适当平移的图样之间的强度相关作为照明角的改变和表面粗糙度的函数

$\Delta\theta_i z$,其中 z 是散射表面和测量平面之间的距离.这个结果在第 8 章我们会用到.

5.3.2 自由空间传播,透射光路

透射光路如图 5.14 所示.由折射率为 n 的透明材料组成的一块漫射体在自由空间(折射率为 1)中被照明,照明光波的 k 矢量为 $\vec{k}_i$.在与漫射体的法向距离为 z 的平面上观察散射场,观察方向是 $\hat{o}$,该方向上的 k 矢量是 $\vec{k}_o$.$\vec{k}_r$ 是入射波进入漫射体后折射波的 k 矢量.为简单起见,此图假设所有三个 k 矢量都位于(β,z)平面内.和反射光路相比,这种情况的差异在于 $\vec{k}_i$ 和 $\vec{k}_o$ 指向同一个半空间,此外,$\vec{k}_i$ 根据 Snell 定律变换为折射后的 k 矢量 $\vec{k}_r$,如图所示.这个变换保持了 $\vec{k}_i$ 在 β 方向的长度,增大了 $\vec{k}_r$ 在 z 方向的长度(如文献[78],P. 132-134).$\vec{k}_r$ 的长度是 $\vec{k}_i$ 和 $\vec{k}_o$ 的长度的 n 倍.

在附录 D 中给出了对透射情况的分析.与反射情况相比,需要做的改变是:

· 粗糙表面的平均反射率 r 必须用粗糙界面的平均透射率 t 代替;

· $-\hat{i}$ 必须用 $\hat{r}$ 代替;

· $\vec{k}_r$ 的横向分量等于 $\vec{k}_i$ 的横向分量;

· $\vec{q}$ 的法向分量必须用下面导出的表示式代替;

· 在反射情况下,h 的正值代表较短的程长(正的相移 ϕ),而在透射情况下,正 h 代表在折射率 n 的媒质中的较长的程长(负的 ϕ 值)和在从漫射体到观察点的自由空间中较短的程长(正的 ϕ 值).

这时的相移由下式给出:

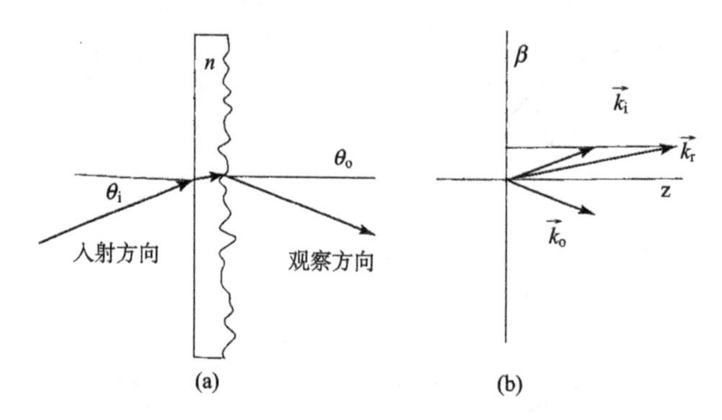

图 5.14　透射光路：(a)入射光线、折射光线和观察方向；(b)入射光和折射光的 k 矢量，和观察方向的 k 矢量

$$\phi(\alpha,\beta)=\frac{2\pi}{\lambda}(-n\hat{r}\cdot\hat{z}+\hat{o}\cdot\hat{z})h(\alpha,\beta),\tag{5-61}$$

在这里和在全书中 λ 始终是自由空间的波长. 我们仍定义一个散射矢量 $\hat{q}$：

$$\vec{q}=\vec{k}_o-\vec{k}_r.\tag{5-62}$$

散射矢量的横向分量是

$$\vec{q}_t=(\vec{k}_o-\vec{k}_r)_t=(\vec{k}_o-\vec{k}_i)_t,\tag{5-63}$$

其中用了横向分量跨过折射边界是连续的. 散射矢量的 z 分量由下式给出：

$$\begin{aligned}q_z&=k_{oz}-k_{rz}=k_{oz}-\sqrt{k_r^2-k_{r\alpha}^2-k_{r\beta}^2}\\&=k_{oz}-\sqrt{k_r^2-k_{i\alpha}^2-k_{i\beta}^2}=k_{oz}-\frac{2\pi}{\lambda}\sqrt{n^2-(\hat{i}\cdot\hat{\alpha})^2-(\hat{i}\cdot\hat{\beta})^2}\\&=k_{oz}-\frac{2\pi}{\lambda}\sqrt{n^2-\sin^2\theta_i}=\frac{2\pi}{\lambda}[\cos\theta_o-\sqrt{n^2-\sin^2\theta_i}],\end{aligned}\tag{5-64}$$

在粗糙界面上发生的相移是

$$\phi(\alpha,\beta)=q_z h(\alpha,\beta).\tag{5-65}$$

两个波场之间的归一化相关函数的表示式仍然变为

$$\boldsymbol{\mu}_A(\vec{q}_1,\vec{q}_2)=\boldsymbol{M}_h(\Delta q_z)\boldsymbol{\psi}(\Delta\vec{q}_t),\tag{5-66}$$

其中符号 $\boldsymbol{M}_h$ 和 $\boldsymbol{\Psi}$ 的意义不变，并且

$$\begin{aligned}\Delta q_z&=|q_{1z}-q_{2z}|=\left|\frac{2\pi}{\lambda_1}[\cos\theta_{o1}-\sqrt{n^2-\sin^2\theta_{i1}}]-\frac{2\pi}{\lambda_2}[\cos\theta_{o2}-\sqrt{n^2-\sin^2\theta_{i2}}]\right|\\&=\left|\frac{2\pi}{\lambda_2}[\sqrt{n^2-\sin^2\theta_{i2}}-\cos\theta_{o2}]-\frac{2\pi}{\lambda_1}[\sqrt{n^2-\sin^2\theta_{i1}}-\cos\theta_{o1}]\right|\end{aligned}\tag{5-67}$$

其中 λ_1 和 λ_2 是自由空间的波长. $\Delta\vec{q}$ 的横向分量是(如前)

$$\Delta\vec{q}_t = (\vec{k}_{o1} - \vec{k}_{i1})_t - (\vec{k}_{o2} - \vec{k}_{i2})_t, \tag{5-68}$$

其大小为

$$\Delta q_t = \left|\frac{2\pi}{\lambda_1}(\sin\theta_{o1} - \sin\theta_{i1}) - \frac{2\pi}{\lambda_2}(\sin\theta_{o2} - \sin\theta_{i2})\right|. \tag{5-69}$$

我们现在讨论一个例子.

法向入射,法向观察,波长改变

图 5.15 表示这个例子中的 k 矢量. 仍假设波长 λ_2 比波长 λ_1 小. 现在入射方向和观察方向都在法线方向,这意味着 θ_i,θ_r 和 θ_o 都是零. 在此条件下,量 Δq_z 变为

$$\Delta q_z = 2\pi(n-1)\left|\frac{1}{\lambda_2} - \frac{1}{\lambda_1}\right|. \tag{5-70}$$

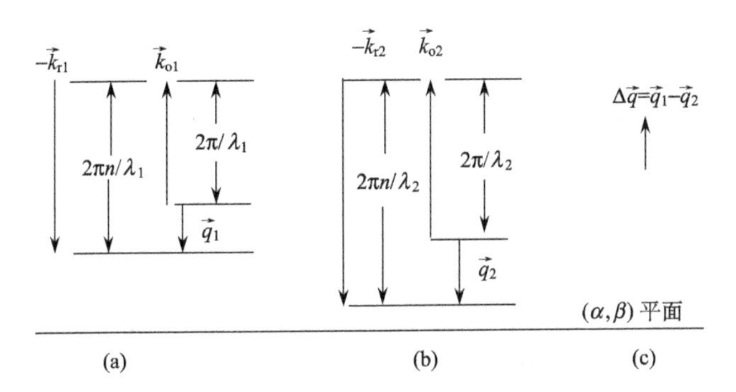

图 5.15 法向入射和法向观察的波矢,透射情况. 波长从 λ_1 降到 λ_2.
(a)λ_1 的波矢;(b)λ_2 的波矢;(c)$\Delta\vec{q}$ 为 $\vec{q}_1-\vec{q}_2$

参考(5-44)式,我们看到

$$\Delta q_z = 2\pi(n-1)\,|\,\Delta\nu\,|\,/c. \tag{5-71}$$

其中 c 是真空中的光速. 对一个高度分布为具有标准偏差 σ_h 的高斯分布的表面,仿照在类似的反射情况的推演,强度相关降至 $1/e^2$ 的条件为

$$\sigma_h^2 \Delta q_z^2 = 2,$$

从而退相关发生在

$$|\,\Delta\nu\,| \geqslant \frac{c}{\sqrt{2}\pi(n-1)\sigma_h}. \tag{5-72}$$

对一块 $n\approx1.5$ 的玻璃漫射体,透射的漫射体要求的频率改变大约是反射的粗糙表面所要求的频率改变的 4 倍,假设两种情形下的表面高度涨落的标准偏差相同.

我们还可以考虑别的一些例子,它们与在反射光路中讨论过的情况相似,可以直截了当地得出结果,因此就不在这里细说了.

5.3.3 成像光路

我们现在转而讨论图 5.16 所示的成像系统. 图中给出的是反射成像光路,但在本节末尾将讨论透射光路所需要的改变. 要了解对这个题目的另一种讨论见文献[57].

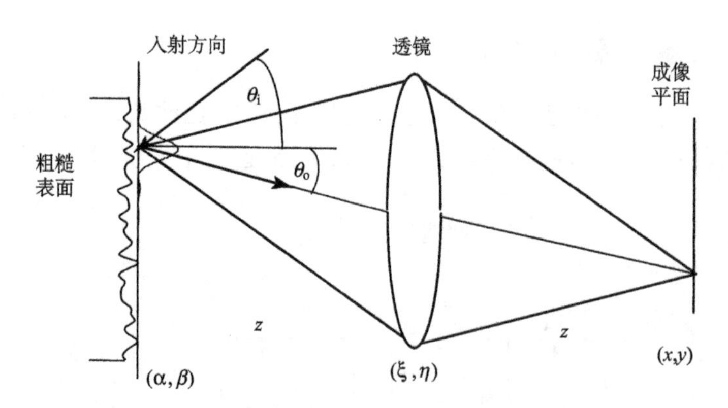

图 5.16 反射成像光路

为简单计,我们假设从散射表面到透镜的距离及从透镜到成像平面的距离都是 z,从而保证放大率为 1. 成像系统可以用其点扩展函数 $\boldsymbol{k}(x,y;\alpha,\beta)$ 描述,它由下式给出(见文献[71],P. 110):

$$\boldsymbol{k}(x,y;\alpha,\beta)=\frac{1}{\lambda^2 z^2}\exp\left[\mathrm{j}\,\frac{\pi}{\lambda z}(\alpha^2+\beta^2)\right]\iint_{-\infty}^{\infty}\boldsymbol{P}(\xi,\eta)$$

$$\times\exp\left(-\mathrm{j}\,\frac{2\pi}{\lambda z}[\xi(\alpha+x)+\eta(\beta+y)]\right)\mathrm{d}\xi\mathrm{d}\eta \qquad (5\text{-}73)$$

像场 $\mathbf{A}(x,y)$ 与散射场 $\boldsymbol{a}(\alpha,\beta)$ 通过下式相联系:

$$\mathbf{A}(x,y)=\iint_{-\infty}^{\infty}\boldsymbol{k}(x,y;\alpha,\beta)\boldsymbol{a}(\alpha,\beta)\,\mathrm{d}\alpha\mathrm{d}\beta. \qquad (5\text{-}74)$$

在(5-73)式中,我们省略了含 x^2+y^2 的二次相位因子,因为我们感兴趣的只是(x,y)平面上的散斑强度.

我们的目的仍是求交叉相关函数:

$$\boldsymbol{\Gamma}_{\mathbf{A}}(x_1,y_1;x_2,y_2)=\overline{\mathbf{A}_1(x_1,y_1)\mathbf{A}_2^*(x_2,y_2)}, \qquad (5\text{-}75)$$

其中 $\mathbf{A}_1$ 和 $\mathbf{A}_2$ 仍代表在两组不同的观测条件下观察到的场,其差异在于以下任何一个或者所有的条件:(1)照明波长;(2)照明角 θ_i;(3)观察角 θ_o,其定义为穿过透镜中心到观察点的光线所成的角(见图 5.16).

有效的表面粗糙度仍受照明方向和平均观察方向影响，定义一个使 $\vec{k}$ 矢量成闭合三角形的矢量 $\vec{q}$ 仍然是有好处的：

$$\vec{q} = \vec{k}_o - \vec{k}_i = \vec{q}_t + q_z \hat{z}, \tag{5-76}$$

其中 $|\vec{q}_t|$ 和 q_z 仍由(5-30)式和(5-31)式给出. 照明光因表面散射而产生的相移仍可写成④

$$\phi(\alpha,\beta) = q_z h(\alpha,\beta). \tag{5-77}$$

分析的细节仍在附录 D 中给出，我们在这里用它的结果. 求得归一化的交叉相关函数 $\boldsymbol{\mu}_A$ 为

$$\boldsymbol{\mu}_A(\Delta x,\Delta y) = \boldsymbol{M}_h(\Delta q_z)\boldsymbol{\Psi}(\Delta x,\Delta y), \tag{5-78}$$

其中，

$$\boldsymbol{\Psi}(\Delta x,\Delta y) = \frac{\iint\limits_{-\infty}^{\infty} |\boldsymbol{P}(\xi,\eta)|^2 \exp\left[-\mathrm{j}\frac{2\pi}{\lambda_2 z}(\xi\Delta x + \eta\Delta y)\right]\mathrm{d}\xi\mathrm{d}\eta}{\iint\limits_{-\infty}^{\infty} |\boldsymbol{P}(\xi,\eta)|^2 \mathrm{d}\xi\mathrm{d}\eta}, \tag{5-79}$$

P 代表成像系统的光瞳函数(可能是复值)，$\boldsymbol{M}_h$ 仍是表面高度涨落的特征函数. 量 Δq_z 的意义与前几节中相同. 在反射光路中它由下式给出：

$$\Delta q_z = \left|\frac{2\pi}{\lambda_1}[\cos\theta_{o1} + \cos\theta_{i1}] - \frac{2\pi}{\lambda_2}[\cos\theta_{o2} + \cos\theta_{i2}]\right|, \tag{5-80}$$

而在透射光路中它由下式给出：

$$\Delta q_z = \left|\frac{2\pi}{\lambda_1}[\cos\theta_{o1} - \sqrt{n^2 - \sin^2\theta_{i1}}] - \frac{2\pi}{\lambda_2}[\cos\theta_{o2} - \sqrt{n^2 - \sin^2\theta_{i2}}]\right|. \tag{5-81}$$

在结束这一节时，我们要特别注意到以下的事实：在一个成像光路中，在我们所作的近似范围内，改变波长、入射角或者观察角产生的唯一的效应是通过改变有效表面高度涨落而引起的，如 $\boldsymbol{M}_h(\Delta q_z)$ 项所示. 光瞳函数的归一化傅里叶变换的大小的平方决定了散斑相关的横向宽度，在我们的近似下，上面考虑的这些改变对它没有显著影响.

5.4　减弱时间和空间相干性

在光学中，最常遇见散斑是在使用完全相干光如连续激光器产生的光的时候.

---

④　显然，透镜收集的散射方向有一散开. 但是我们已做了近似，认为可以用中心光线的方向来计算相移 ϕ. 这一近似已对照明方向用过：对一个有限大小的散射光斑，照明角必定是分布在一定范围内的. 如果涉及的角度散开很小，这两个近似成立.

然而，使用相干性不那么强的光，甚至在某些使用白光的场合，也可能出现散斑. 不管怎样，减弱所用的光的相干性是降低散斑对比度的另一种策略. 在本节中，我们从介绍光学中常用的相干性概念出发，将它们和描述散斑时用的相应的概念作比较. 接着描述减弱相干性的几种方法和它们的有效程度. 关于相干性对散斑的影响的别种讨论见文献[125].

5.4.1 光学中的相干性概念

相干性的基本概念是由 Wolf 引入光学的([176],[177]). 比我们在这里所作的更详尽的对相干性概念的讨论，见文献[70]第 5 章. 这些概念的核心是**互相干函数**，对于复值标量光波 $u_1(t)=u(P_1,t)$ 和 $u_2(t)=u(p_2,t)$，其互相干函数之定义为

$$\tilde{\Gamma}_{12}=\tilde{\Gamma}(P_1,P_2;\tau)=\langle \boldsymbol{u}_1(t)\boldsymbol{u}_2^*(t+\tau)\rangle, \tag{5-82}$$

其中，P_1 和 P_2 是空间的两点，τ 是两光束之间的相对时间延迟，尖括号表示对无穷时间求平均.

$$\langle \boldsymbol{g}(t)\rangle=\lim_{T\to\infty}\frac{1}{T}\int_{-T/2}^{T/2}\boldsymbol{g}(t)\mathrm{d}t,$$

为了避免将来可能的混淆，我们把一个波浪号加在定义为时间平均值的量上. 于是我们看到，互相干函数是两个光信号 $\boldsymbol{u}_1$ 和 $\boldsymbol{u}_2$ 之间的时间交叉相关函数. $\tilde{\Gamma}$ 的归一化形式叫做**复相干度**，定义为

$$\tilde{\gamma}_{12}(\tau)=\frac{\tilde{\boldsymbol{\Gamma}}_{12}(\tau)}{[\tilde{\boldsymbol{\Gamma}}_{11}(0)\tilde{\boldsymbol{\Gamma}}_{22}(0)]^{1/2}}, \tag{5-83}$$

它服从不等式：

$$0\leqslant|\tilde{\gamma}_{12}(\tau)|\leqslant 1. \tag{5-84}$$

注意 $\tilde{\boldsymbol{\Gamma}}_{11}(0)$ 和 $\tilde{\boldsymbol{\Gamma}}_{22}(0)$ 分别就是强度的时间平均 $\tilde{I}(P_1)$ 和 $\tilde{I}(P_2)$.

如果光是窄带宽的，即如果 $\Delta\nu\ll\nu_0$，其中 ν_0 是光波的平均频率，另外有两个概念是有用的. 这时

$$\boldsymbol{u}_1(t)=\boldsymbol{A}_1(t)\exp(-\mathrm{j}2\pi v_o t) \quad 和 \quad \boldsymbol{u}_2(t)=\boldsymbol{A}_2(t)\exp(-\mathrm{j}2\pi v_o t), \tag{5-85}$$

其中 $\boldsymbol{A}_1(t)$ 和 $\boldsymbol{A}_2(t)$ 表示这两个扰动的时变复包络. 于是我们有

$$\tilde{\boldsymbol{\Gamma}}_{12}(\tau)\approx\tilde{\boldsymbol{J}}_{12}\exp(-\mathrm{j}2\pi\nu_o\tau) \quad 和 \quad \tilde{\gamma}_{12}(\tau)\approx\tilde{\boldsymbol{\mu}}_{12}\exp(-\mathrm{j}2\pi\nu_o\tau), \tag{5-86}$$

其中，

$$\begin{aligned}\tilde{\boldsymbol{J}}_{12}&=\langle\boldsymbol{A}_1(t)\boldsymbol{A}_2^*(t)\rangle,\\ \tilde{\boldsymbol{\mu}}_{12}&=\frac{\tilde{\boldsymbol{J}}_{12}}{[\tilde{I}(P_1)\tilde{I}(P_2)]^{1/2}},\end{aligned} \tag{5-87}$$

分别称为这两个扰动的**互强度**和**复相干因子**. 复相干因子的大小总是在 0 和 1

之间.

显然,在描写光的相干性的这些量与散斑振幅的交叉相关函数之间有着密切的关系[69]. 它们的主要区别在于求平均的特性. 在常规的相干性概念中,是对时间求平均,尽管当随机场具有遍历性并且当它们对时间的统计性质已知时,时间平均有时可以借助于统计平均来求. 在散斑的情况下,我们感兴趣的平均是对能够产生散斑图样的粗糙表面的系综的统计平均. 即使是在对变化的散斑图样作时间平均时,我们感兴趣的量也是剩余涨落的系综平均.

在这里区别时间相干性和空间相干性是有好处的. 如果点 P_1 和 P_2 并合为同一点,比方说是 P_1,那么

$$\tilde{\gamma}_{12}(\tau) \rightarrow \tilde{\gamma}_{11}(\tau),$$

这是场在 P_1 点上的归一化自相关函数,可以称之为**复时间相干度**. 按照 Wiener-Khinchin 定理(见文献[70],3.4 节),$\tilde{\gamma}_{11}(\tau)$ 和 $\boldsymbol{u}_1(t)$ 的功率谱密度 $\mathcal{G}(\nu)$ 通过下式相联系⑤:

$$\tilde{\gamma}_{11}(\tau) = \int_{-\infty}^{0} \hat{\mathcal{G}}_{11}(\nu) e^{j2\pi\nu\tau} d\nu, \tag{5-88}$$

其中,

$$\hat{\mathcal{G}}_{11}(\nu) \equiv \frac{\mathcal{G}_1(\nu)}{\int_{-\infty}^{0} \mathcal{G}_1(\nu) d\nu} \tag{5-89}$$

是归一化为具有单位面积的功率谱密度. 波振幅的相干时间按常规定义为复相干度的等效宽度(见文献[20],第 8 章):

$$\tau_c = \int_{-\infty}^{\infty} \tilde{\gamma}_{11}(\tau) d\tau. \tag{5-90}$$

至于空间相干性,互强度 $\tilde{\boldsymbol{J}}_{12}$ 和复相干因子 $\tilde{\boldsymbol{\mu}}_{12}$ 严格地是 P_1 和 P_2 的函数,与 τ 无关. 因此,它们是描述光的**空间相干性**的量. 对于自由空间传播的情况,这些量可以借助于范西特-泽尼克定理来计算,我们在讨论散斑振幅的系综平均相干性时已经遇到过(见(4-55)式). 当坐标为(α,β)的初始平面上的光在时间平均意义上为 δ 相关时,我们说这种光是**空间非相干**的. 这束光传播到距离为 z 的横坐标为(x,y)的平行平面上,产生一个复相干因子,由下式给出⑥:

---

⑤ 由于 $\mathcal{G}_1(\nu)$是一个解析信号的功率谱密度,解析信号是对一个实值信号将其负频率 Fourier 振幅加倍而抑制其正频率部分而产生的,所以这个函数只在负频率上才取值.

⑥ 我们忽略了依赖 x 和 y 的相位因子,由于我们最终关心的只是$|\tilde{\mu}_{12}|^2$,这个因子无足轻重.

$$\widetilde{\boldsymbol{\mu}}_{12}(\Delta x,\Delta y)=\frac{\iint\limits_{-\infty}^{\infty}\widetilde{I}(\alpha,\beta)\exp\left[-\mathrm{j}\frac{2\pi}{\lambda z}(\alpha\Delta x+\beta\Delta y)\right]\mathrm{d}\alpha\mathrm{d}\beta}{\iint\limits_{-\infty}^{\infty}\widetilde{I}(\alpha,\beta)\,\mathrm{d}\alpha\mathrm{d}\beta},\tag{5-91}$$

其中 $\widetilde{I}(\alpha,\beta)$是初始的非相干光的时间平均强度分布，我们假设它是具有平均波长 λ 的准单色光，并且$(\Delta x,\Delta y)=(x_1-x_2,y_1-y_2)$. 光波振幅的相干面积惯常定义为复相干因子的等效面积：

$$\mathcal{A}=\iint\limits_{-\infty}^{\infty}\boldsymbol{\mu}_{12}(\Delta x,\Delta y)\,\mathrm{d}\Delta x\mathrm{d}\Delta y.\tag{5-92}$$

当光路是成像系统光路时，由泽尼克引入的近似仍然可以用，即可以把成像系统的出瞳看作是非相干光源，范西特-泽尼克定理可应用于这个光瞳上的强度分布.

5.4.2　运动的漫射体和相干性的减弱

在第 5.2 节里，我们对存在有运动漫射体时的散斑性质作了详尽的研究. 在本小节我们再次考虑这个题目，但这一次我们集中注意这种漫射体对它们透射的光的时间平均相干性的影响.

前面在(5-2)式中，我们将运动的漫射体模型化为一种结构，用简单的垂直入射平面波照明它时，产生一个以下形式的透射场：

$$\boldsymbol{a}(\alpha,\beta)=\boldsymbol{a}_{\mathrm{o}}\exp[\mathrm{j}\phi_{\mathrm{d}}(\alpha-\nu t,\beta)],\tag{5-93}$$

其中 v 是运动的速度. 这种光的互相干函数是

$$\widetilde{\boldsymbol{\Gamma}}(\alpha_1,\beta_1;\alpha_2,\beta_2;\tau)=|\boldsymbol{a}_{\mathrm{o}}|^2\langle\exp[\mathrm{j}\phi_{\mathrm{d}}(\alpha_1-\nu t,\beta_1)\exp[-\mathrm{j}\phi_{\mathrm{d}}(\alpha_2-v(t+\tau),\beta_2)]\rangle.\tag{5-94}$$

如前所述，有时用系综平均来计算无穷时间平均是方便的. 假设漫射体的相位是平稳的和遍历的高斯随机过程，我们可以像下面这样计算时间平均（见(5-5)式）：

$$\begin{aligned}\widetilde{\gamma}_{12}(\tau)&=\overline{\exp\{\mathrm{j}[\phi_{\mathrm{d}}(\alpha_1-vt,\beta_1)-\phi_{\mathrm{d}}(\alpha_2-vt-v\tau,\beta_2)]\}}\\&=\exp\{-\sigma_\phi^2[1-\mu_\phi(\Delta\alpha+v\tau,\Delta\beta)]\},\end{aligned}\tag{5-95}$$

其中，$\Delta\alpha=\alpha_1-\alpha_2$，$\Delta\beta=\beta_1-\beta_2$，$\sigma_\phi$ 是漫射体相位的标准偏差，μ_ϕ 是归一化的相位自相关函数.

要得到进一步的结果，要求 μ_ϕ 采取一个具体形式. 和以前一样，我们选这个相关函数为高斯形状，

$$\mu_\phi(\Delta\alpha,\Delta\beta)=\exp[-(\Delta\alpha^2+\Delta\beta^2)/r_\phi^2],\tag{5-96}$$

其中 r_ϕ 是相位的相关半径. 归一化的相干函数变为

$$\tilde{\gamma}_{12}(\tau) = \exp\left\{-\sigma_\phi^2\left[1-\exp\left\{-\frac{(\Delta\alpha^2+v\tau)^2+\Delta\beta^2}{r_\phi^2}\right\}\right]\right\}. \tag{5-97}$$

现在可以求出相干时间和相干面积了,只要对前面的表示式作一微妙的改变.高斯相位屏的透射率总是有镜向和漫射两个分量.当 $\sigma_\phi \gg 1$ 时,镜向分量极小,但是哪怕是一个无限小的镜向分量,在对无穷限积分时,也会使积分发散.由于这个原因,在计算这个运动漫射体透射的光的相干时间和相干面积时,我们必须减去代表镜向分量的透射率"直流"分量,并重新归一化使被积函数在原点之值为 1.这可以通过从 $\tilde{\gamma}_{12}(\Delta\alpha,\Delta\beta;\tau)$ 中减去一项 $\lim_{\Delta\alpha,\Delta\beta;\tau\to\infty}\tilde{\gamma}_{12}(\Delta\alpha,\Delta\beta;\tau)$ 而得到,或者在我们感兴趣的特殊情况下,从 $\tilde{\gamma}_{12}(\tau)$ 中减去 $e^{-\sigma_\phi^2}$.此外,我们用 $(1-e^{-\sigma_\phi^2})$ 除被积函数以保证被积函数在原点为单位值.于是可求出相干时间为

$$\begin{aligned}\tau_c &= \int_{-\infty}^{\infty}\left(\frac{\tilde{\gamma}_{11}(\tau)-\tilde{\gamma}_{11}(\infty)}{1-\tilde{\gamma}_{11}(\infty)}\right)d\tau = \int_{-\infty}^{\infty}\frac{e^{-\sigma_\phi^2\left(1-e^{-\left(\frac{v\tau}{r_\phi}\right)^2}\right)}-e^{-\sigma_\phi^2}}{1-e^{-\sigma_\phi^2}}d\tau \\ &= \frac{e^{-\sigma_\phi^2}}{1-e^{-\sigma_\phi^2}}\int_{-\infty}^{\infty}\left(\exp\left\{\sigma_\phi^2\exp\left[-\left(\frac{v\tau}{r_\phi}\right)^2\right]\right\}-1\right)d\tau.\end{aligned} \tag{5-98}$$

定义 $\tau_o=\frac{\sqrt{\pi r_\phi^2}}{v}$,它是漫射体移动一个等于漫射体相位相关面积的平方根的距离所用的时间,积分可以化简为

$$\frac{\tau_c}{\tau_o} = \frac{e^{-\sigma_\phi^2}}{1-e^{-\sigma_\phi^2}}\int_{-\infty}^{\infty}(\exp[\sigma_\phi^2\exp(-\pi t^2)]-1)dt. \tag{5-99}$$

虽然这个积分看起来不像是能够用列表的函数表示,但是它可以用数值计算算出,其结果画在图 5.17 中.从图中曲线可见,随着漫射体相位的标准偏差 σ_ϕ 增大,相干时间下降为 τ_o 的越来越小的分数.

以相似的方式,求出相干面积为

$$\begin{aligned}\mathcal{A} &= \frac{e^{-\sigma_\phi^2}}{1-e^{-\sigma_\phi^2}}\iint_{-\infty}^{\infty}\left(\exp\left\{\sigma_\phi^2\exp\left[-\left(\frac{\sqrt{\Delta\alpha^2+\Delta\beta^2}}{r_\phi}\right)^2\right]\right\}-1\right)d\Delta\alpha d\Delta\beta \\ &= 2\pi\frac{e^{-\sigma_\phi^2}}{1-e^{-\sigma_\phi^2}}\int_0^{\infty}r\left(\exp\left\{\sigma_\phi^2\exp\left[-\left(\frac{r}{r_\phi}\right)\right]\right\}-1\right)dr.\end{aligned} \tag{5-100}$$

这个积分在前面已经见过,并在(4-109)式和图 4.18 中算出.注意:这个结果与漫射体的速度 v 完全无关.

需要提醒的一个微妙细节是,当漫射体保持不动时的相干状态.我们还记得,这里引入的相干概念都是用无穷时间平均来定义的.暂且假设照明漫射体的光是理想单色的,那么从不动的漫射体射出的光按照定义必定是完全相干的.一旦漫射体开始运动,不论运动得多慢,其相干面积由于定义中包含的无穷时间平均就立即

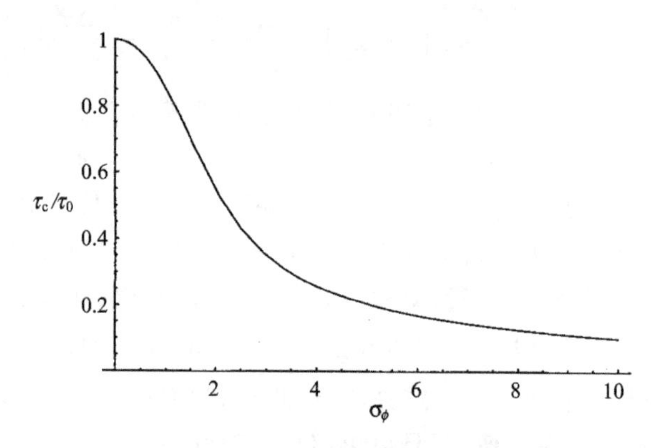

图 5.17 归一化的相干时间与漫散体相位标准偏差的关系

降到上面给出的值. 同样当漫射体不动而光源为单色光时, 相干时间根据定义是无穷大, 这由 τ_0 是无穷大的事实证实. 如果照明是非单色光而漫射体不动, 那么相干面积和相干时间由照明光的相干性质(而不是漫射体的性质)决定.

5.4.3 通过减弱时间相干性抑制散斑

在前一小节中, 考察了运动漫射体减弱时间相干性和空间相干性的性质. 在本小节中, 我们拓宽视野, 考察当光的相干性(不论这些相干性的来源是什么)比完全相干差时的散斑减弱性质. 常常, 光源自身可能不是完全相干的, 了解光源相干性的减弱如何降低散斑的对比度是很有意思的. 我们将在自由空间反射光路的框架上进行讨论, 但是也将给出自由空间透射光路和成像光路的相应结果.

在空域中考察减弱时间相干性的情况较方便. 假设入射到散射表面上的光的谱在整个表面上是不变的, 用功率谱密度 $\mathcal{G}(\nu)$ 来表示, 这里我们略去了不必要的下标.

第 5.3 节的分析已经指出, 两个不同波长的散斑振幅之间的相关可以从(5-38)式求出, 为方便起见, 我们在这里重复给出

$$\boldsymbol{\mu}_{\boldsymbol{A}}(\vec{q}_1, \vec{q}_2) = \boldsymbol{M}_{\mathrm{h}}(\Delta q_z)\boldsymbol{\Psi}(\Delta\vec{q}_t). \tag{5-101}$$

在本小节中, 我们假定照明角和观察角都不变, 集中注意由波长或频率的移动引起的变化. 一般地说, (5-101)式右边的两项都会对由频率变化引起的相关减弱作贡献. 但是, 如果入射角和观察角近似相等, 即 $\theta_{\mathrm{i}} \approx \theta_{\mathrm{o}}$, 那么 $\boldsymbol{M}_{\mathrm{h}}(\Delta q_z)$ 是最主要的因子. 我们假设这就是我们要讨论的情况, 下面我们忽略掉因子 $\boldsymbol{\Psi}(\Delta\vec{q}_t)$.

令 $I(x,y;\nu)$ 表示照明光频率为 ν 时在 (x,y) 点的散斑强度. 于是在这一点的总强度可以通过 $I(x,y;\nu)$ 对频率积分而求得, 积分时以归一化的功率谱密度函数

作为权重因子. 于是

$$I(x,y)=\int_0^{\infty}\hat{\mathcal{G}}(-\nu)I(x,y;\nu)\mathrm{d}\nu. \tag{5-102}$$

对完全散射而且偏振的散斑,$I(x,y;\nu)$必须服从负指数统计,量 $I(x,y)$必须服从积分散斑的统计. 回过头参考 14.6 节,我们的结论是:对频率积分的散斑所对应的自由度数为

$$M=\left[\int_{-\infty}^{\infty}K_{\hat{\mathcal{G}}}(\Delta\nu)\mid M_{\mathrm{h}}(\Delta q_z)\mid^2\mathrm{d}\Delta\nu\right]^{-1}, \tag{5-103}$$

其中 Δq_z 是 $\Delta\nu$ 的函数,并且

$$K_{\hat{\mathcal{G}}}(\Delta\nu)=\int_{-\infty}^{0}\hat{\mathcal{G}}(\xi)\hat{\mathcal{G}}(\xi-\Delta\nu)\mathrm{d}\xi \tag{5-104}$$

是归一化功率谱的自相关函数. 由此得到,相应于展宽的归一化功率谱密度 $\hat{\mathcal{G}}(\nu)$ 的散斑对比度为

$$C=\sqrt{\int_{-\infty}^{\infty}K_{\hat{\mathcal{G}}}(\Delta\nu)\mid M_{\mathrm{h}}(\Delta q_z)\mid^2\mathrm{d}\Delta\nu}. \tag{5-105}$$

面散射

假设表面高度涨落服从高斯分布,那么

$$\mid M_{\mathrm{h}}(\Delta q_z)\mid^2=\exp(-\sigma_{\mathrm{h}}^2\Delta q_z^2), \tag{5-106}$$

其中

$$\Delta q_z=\left|\frac{2\pi}{\lambda_1}-\frac{2\pi}{\lambda_2}\right|(\cos\theta_{\mathrm{o}}+\cos\theta_{\mathrm{i}})=\frac{2\pi\mid\Delta\nu\mid}{c}(\cos\theta_{\mathrm{o}}+\cos\theta_{\mathrm{i}}). \tag{5-107}$$

为说明上述结果,我们转而注意一个具体的光谱例子. 我们假设是反射光路. 令光源的光谱为高斯形状,并假设光在散射前后都是全偏振的.

取光的单边归一化功率谱为如下形式:

$$\hat{\mathcal{G}}(\nu)\approx\frac{2}{\sqrt{\pi}\delta\nu}\exp\left[-\left(\frac{\nu+\bar{\nu}}{\delta\nu/2}\right)^2\right], \tag{5-108}$$

其中,$\bar{\nu}$ 是光谱的中心频率(习惯上定义为一个正数)的负值,$\delta\nu$ 表示谱的 $1/e$ 宽度(一个正数),并已假设 $\delta\nu\ll|\bar{\nu}|$.

归一化功率谱的自相关函数求出为

$$K_{\hat{\mathcal{G}}}(\Delta\nu)=\sqrt{\frac{2}{\pi\delta\nu^2}}\exp\left(-\frac{2\Delta\nu^2}{\delta\nu^2}\right). \tag{5-109}$$

将这些结果代入对比度的表示式,结果为

$$C=\sqrt{\frac{1}{\sqrt{1+2\pi^2\left(\frac{\delta\nu}{\bar{\nu}}\right)^2\left(\frac{\sigma_h}{\bar{\lambda}}\right)^2(\cos\theta_o+\cos\theta_i)^2}}}.\tag{5-110}$$

等价地，要使对比度下降到 C，所需的分数带宽 $(\delta\nu/\bar{\nu})$ 为

$$\delta\nu/\bar{\nu}=\delta\lambda/\bar{\lambda}=\frac{\bar{\lambda}}{\sigma_h}\sqrt{\frac{\frac{1}{C^4}-1}{8\pi^2}}.\tag{5-111}$$

图 5.18 画出在法向入射和法向观察的条件下，在以 $\delta\nu/\bar{\nu}$ 和 σ_h/λ 为轴的平面上的对比度等值线. 从图可以看出，如果表面高度的标准偏差多达 200 个波长，要达到 0.1 或更低的对比度，就要求分数带宽接近 5%或更高. 要达到 0.05 或更低的对比度，要求有 20%或更高的分数带宽. 这里的重要结论是：当面散射是造成散斑的原因时，散斑的频率（或波长）灵敏度是不高的. 我们将看到，当体散射是产生散斑的机制时，这种灵敏度可以大得多.

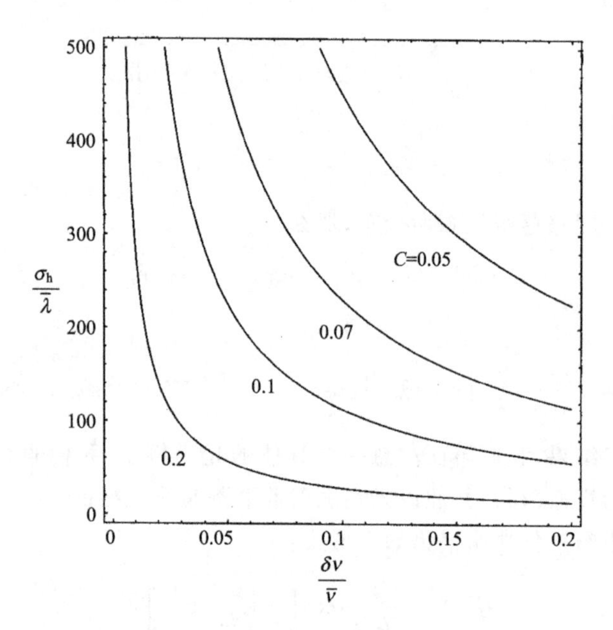

图 5.18 对比度 C 的等值线与分数带宽 $\delta\nu/\bar{\nu}$ 和用平均波长归一的表面高度标准偏差 σ_h/λ 的关系. 假设法向入射和法向观察角

体散射

前面在 4.5.6 节讨论过，当体散射是产生散斑的机制时，光程的延迟可以比在面散射中遇到的长得多. 我们说过，程长的概率密度函数 $p_l(l)$ 的宽度在某些情况下可以超过散射介质的厚度很多倍. 在面散射中散斑的频率灵敏度的主要控制因

子 $\boldsymbol{M}_{\mathrm{h}}(\Delta q_z)$ 现在必须用因子 $\boldsymbol{M}_l(\Delta q_z)$（程长涨落的特征函数[⑦]）来代替. 对于法向的入射和法向的观察角，Δq_z 的值现在由下式给出：

$$\begin{aligned} \Delta q_z &= 2\pi\left|\frac{1}{\lambda_2}-\frac{1}{\lambda_1}\right| \approx \frac{2\pi\Delta\nu}{c}, &\text{对反射光路；} \\ \Delta q_z &= 2\pi(n-1)\left|\frac{1}{\lambda_2}-\frac{1}{\lambda_1}\right| \approx \frac{2\pi(n-1)\Delta\nu}{c}, &\text{对透射光路.} \end{aligned} \tag{5-112}$$

与程长的概率密度函数 $p_l(l)$ 对应的特征函数 $\boldsymbol{M}_l(\Delta q_z)$ 为

$$\boldsymbol{M}_l(\Delta q_z) = \int_0^{\infty} p_l(l)\mathrm{e}^{\mathrm{j}\Delta q_z l}\,\mathrm{d}l. \tag{5-113}$$

对完全散射的散斑，如果我们想要定出使两个散斑强度退相关的最小频率变化，我们必须求出 $|\boldsymbol{M}_l(\Delta q_z)|^2$ 的 $\Delta\nu$ 宽度[⑧]. 为此，我们可以用傅里叶分析的 Parseval 定理：

$$\frac{1}{2\pi}\int_{-\infty}^{\infty} |\boldsymbol{M}_l(\Delta q_z)|^2 \mathrm{d}\Delta q_z = \int_0^{\infty} p_l^2(l)\mathrm{d}l. \tag{5-114}$$

于是在反射情况下，在 $\Delta\nu$ 空间中的等效宽度可表示为

$$W_{\Delta\nu} = \frac{\int_{-\infty}^{\infty} \left|\boldsymbol{M}\left(\frac{2\pi\Delta\nu}{c}\right)\right|^2 \mathrm{d}\Delta v}{|\boldsymbol{M}(0)|^2} = c\int_0^{\infty} p_l^2(l)\mathrm{d}l, \tag{5-115}$$

其中用了 $\boldsymbol{M}(0)=1$.

因此，一旦从理论上或实验上确定了 $p_l(l)$，就可以得出对频率退相关间隔的估值. 文献[172]中报道的实验结果表明，对一个 12 mm 厚的样品，观察到平均脉冲响应时间在 0.5 ns 的量级，频率退相关间隔小于 5 GHz. 这个频率灵敏度远大于从一个平的粗糙表面的面散射所能预期的.

5.4.4 通过减弱空间相干性抑制散斑

在上一小节我们只考虑了时间相干性. 现在转而考虑空间相干性的效应，条件是假设时间相干效应可以忽略. 非完全空间相干不仅在运动漫射体的情况下出现，也会在一个非相干光源通过自由空间或通过一个光学系统照明散射表面时出现. 在下面的讨论中，我们考虑照明光的空间相干性减弱的两个例子，并研究它对散斑对比度的影响.

例 1：用圆形非相干光源照明

图 5.19 中画的是一个常见的光路，称为 Köhler 照明光路. 左边的一个理想的

---

⑦ 必须小心，在反射时 l 代替 $2h$.

⑧ 译者注：在 $\Delta\nu$ 空间中 $|\boldsymbol{M}_l(\Delta q_z)|^2$ 的等效宽度.

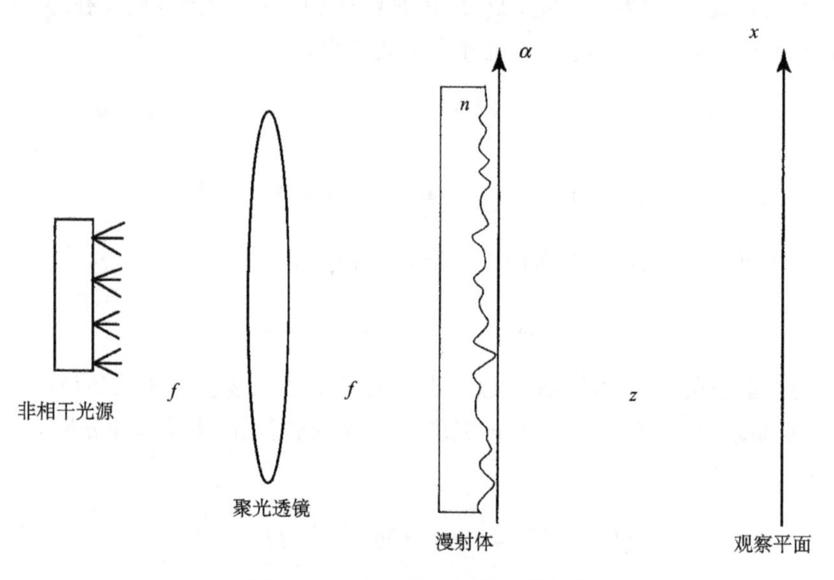

图 5.19　用非相干光照明的漫射体

准单色非相干光源(即光源上的所有辐照点都是时间不相关的)照明一个聚光透镜,透镜有一个圆光瞳(直径为 D),透镜的作用是对物(此例中的散射表面)提供有效的照明. 非相干光源处于聚光透镜的前焦平面上,漫射体在后焦平面上. 假设来自非相干光源的光充满了聚光透镜. 仍然假设从漫射体到观察平面是自由空间传播,对别种光路要做的修正会在后面提到. 在离漫射体距离为 z 处考察透射光的强度. 假设漫射体振幅透射率的相关面积足够小,使得漫射体上所有的点都对观察平面上一个观测点上的光有贡献.

根据范西特-泽尼克定理,并用泽尼克近似,入射到漫射体上的复相干因子 $\tilde{\boldsymbol{\mu}}_{12}$ 可以用(5-91)式表示,即表示为聚光透镜光瞳上的强度分布的傅里叶变换. 适用的傅里叶变换已经在 (4-67)式中求出:

$$\boldsymbol{\mu}_{12}(r)=\left[2\frac{J_1\left(\frac{\pi D}{\lambda f}r\right)}{\frac{\pi D}{\lambda f}r}\right],\tag{5-116}$$

其中 $r=\sqrt{\Delta\alpha^2+\Delta\beta^2}$. 于是入射到漫射体上的光的相干面积是

$$\mathcal{A}=2\pi\int_0^{\infty}r\left[2\frac{J_1\left(\frac{\pi D}{\lambda f}r\right)}{\frac{\pi D}{\lambda f}r}\right]\mathrm{d}r=\left(\frac{\lambda f}{\pi D}\right)^2.\tag{5-117}$$

假设漫射体在面积 $\mathcal{A}_D$ 上受到均匀照明. 于是,在我们已有的假设下,在漫射体

上近似有

$$M=\frac{\mathcal{A}_b}{\mathcal{A}}$$

个相干面积,其中的每一个都在观察平面上贡献一个独立的散斑图样[9]. 由此可得散斑的对比度为

$$C\approx\begin{cases}1 & \mathcal{A}>\mathcal{A}_b\\ \sqrt{\dfrac{\mathcal{A}}{\mathcal{A}_b}} & \mathcal{A}<\mathcal{A}_b.\end{cases} \tag{5-118}$$

用反射光路的类似光学系统照明粗糙表面时,结果不变.

若散射表面和观察区域之间有成像系统,结果会变化. 这时参数 M 是系统的振幅点扩展函数(或权重函数)的等效面积内的相关面积的数目(在散射表面上看). 如果成像系统的透镜有一个直径为 p 的圆形光瞳函数 $\boldsymbol{P}$,那么扩展函数(略去相位因子)由(4-114)式给出,

$$\boldsymbol{k}(\alpha,\beta)=\frac{1}{(\lambda z)^2}\iint_{-\infty}^{\infty}\boldsymbol{P}(\xi,\eta)\exp\left[\mathrm{j}\,\frac{2\pi}{\lambda z}(\alpha\xi+\beta\eta)\right]\mathrm{d}\xi\mathrm{d}\eta=\frac{\pi P^2}{(\lambda z)^2}\left[2\,\frac{J_1\left(\dfrac{\pi Pr}{\lambda z}\right)}{\dfrac{\pi Pr}{\lambda z}}\right], \tag{5-119}$$

其中,r 的意义如上,z 是从透镜到散射平面的距离. 这个扩展函数的等效面积是

$$\mathcal{A}=\left(\frac{\lambda z}{\pi P}\right)^2, \tag{5-120}$$

散斑的对比度变成

$$C\approx\begin{cases}1 & \mathcal{A}>\mathcal{A}\\ \sqrt{\dfrac{\mathcal{A}}{\mathcal{A}}}=\dfrac{fP}{zD} & \mathcal{A}<\mathcal{A}.\end{cases} \tag{5-121}$$

这个结果的一个推广(甚至对大角度也适用)是

$$C\approx\begin{cases}1 & NA_{\text{照明}}<NA_{\text{成像}}\\ \sqrt{\dfrac{NA_{\text{成像}}}{NA_{\text{照明}}}} & NA_{\text{照明}}>NA_{\text{成像}}.\end{cases} \tag{5-122}$$

这里 NA 代表数值孔径,其定义为 $n\sin\theta$,其中 n 是折射率,θ 是光瞳所张的半角. 在这个例子中,数值孔径 NA 是在散射平面上度量;$NA_{\text{照明}}$ 是从散射平面上看的聚光透镜的数值孔径,$NA_{\text{成像}}$ 是成像透镜的数值孔径,仍从散射平面上看. 要抑制散斑,

---

⑨ 这种陈述假设入射到漫射体上的光的空间相干面积足够大,可以包含许多个关于漫射体结构的相关面积.

要求 $NA_{照明}>NA_{成像}$.

值得注意的是,除了通常所假设的散射表面应当在波长的尺寸上为粗糙以及表面的角散射充溢(overfills)成像光学系统(对光源的一切点)之外,散斑抑制的程度取决于照明和成像系统的性质,与散射表面的性质无关.

比较 C 的两个表示式,一个是自由空间光路的,一个是成像光路的,显然在成像光路中用空间相干性抑制散斑要困难得多.因为一般有 $A_s \ll A_D$,即漫射体上的照明面积比点扩展函数的等效面积大得多,因此在成像情况下,要把对比度降到给定的水平,散射表面的照明光必须在更大的程度上不相干.

例 2:用两个互不相干的点光源照明

作为第二个例子,考虑图 5.20 中所示的照明和成像光学系统.假设照明光来自两个等强度的互不相干的点光源,它们和上例中的扩展非相干光源在同一个平面上,两个点光源等距离地放在光轴的上下两边.仍然假设用 Köhler 的照明系统,但嵌入一个成像透镜,假设其放大率为 1(物距和像距都是 z).令两个光源对光轴的张角分别为 $+\zeta$ 和 $-\zeta$,并考虑在 (x,y) 平面上的坐标 $(0,0)$ 上的像.假设两个光源的中心频率相同,但是它们来自完全不相关的两个不同的光源.

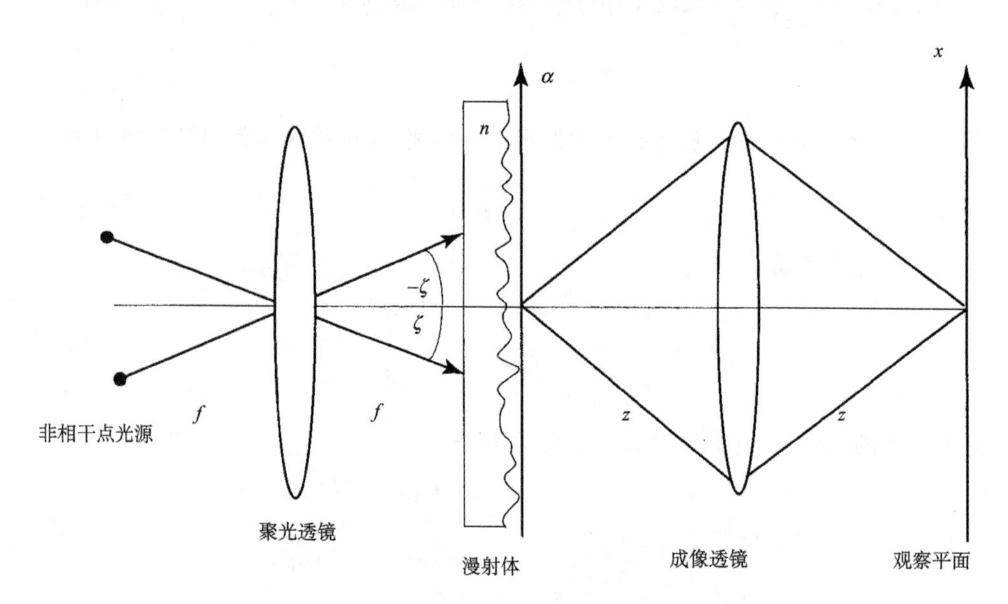

图 5.20　用两个互不相干的点光源的照明和成像光路

因为它们处于聚光透镜的前焦平面上,每个点光源产生一个平面波入射到漫射体上,分别有倾斜角 $+\zeta$ 和 $-\zeta$.我们在这里的目标是探求为了将散斑的对比度降低到 $1/\sqrt{2}$ 倍,所需要的两个点光源的最小角间隔 $2\zeta_{\min}$.注意:由于两个点光源互不相干,两个像的散斑图样将在强度基础上相加.然而,这并不一定意味着散斑的对比度会降低,因为如果两个点光源的角间隔太小,产生的两个散斑图样可能会相关.

所需要的分析与附录 D.2 中推演的内容有关连,但细节不同,这次我们想求的是由角度为$+\zeta$和$-\zeta$的照明产生的两个像场$\boldsymbol{A}_1(x,y)$和$\boldsymbol{A}_2(x,y)$之间的交叉相关.在散斑是完全散射散斑的假设下,这两个场遵从复值圆型高斯统计,而且强度$I_1(x,y)$和$I_2(x,y)$的相关是场的相关的大小的平方.

仿照附录 D.2 中的要点,我们仍将像场$\boldsymbol{A}(x,y)$与紧贴散射表面的平面上的场$\boldsymbol{a}(\alpha,\beta)$通过下式联系起来:

$$\boldsymbol{A}(x,y)=\iint_{-\infty}^{\infty}\boldsymbol{k}(x+\alpha,y+\beta)\boldsymbol{a}(\alpha,\beta)\mathrm{d}\alpha\mathrm{d}\beta, \tag{5-123}$$

其中$\boldsymbol{k}$是成像系统的点扩展函数.于是场$\boldsymbol{A}_1$和场$\boldsymbol{A}_2$在像点(x,y)上的交叉相关$\boldsymbol{\Gamma}_{12}(x,y;\zeta)$可求出为

$$\begin{aligned}\boldsymbol{\Gamma}_{12}(x,y;\zeta)=&\iint_{-\infty}^{\infty}\iint_{-\infty}^{\infty}\boldsymbol{k}(x+\alpha_1,y+\beta_1)\boldsymbol{k}^*(x+\alpha_2,y+\beta_2)\\&\times\overline{\boldsymbol{a}_1(\alpha_1,\beta_1)\boldsymbol{a}_2^*(\alpha_2,\beta_2)}\mathrm{d}\alpha_1\mathrm{d}\beta_1\mathrm{d}\alpha_2\mathrm{d}\beta_2,\end{aligned} \tag{5-124}$$

其中$\boldsymbol{a}_1$是上面的点光源产生的场,$\boldsymbol{a}_2$是下面的点光源产生的场.场$\boldsymbol{a}_1$和$\boldsymbol{a}_2$可写为

$$\begin{aligned}\boldsymbol{a}_1(\alpha_1,\beta_1)&=\boldsymbol{rS}(\alpha_1,\beta_1)\exp\left(\mathrm{j}2\pi\frac{\sin\zeta}{\lambda}\beta_1\right)\exp\left[\mathrm{j}2\pi\frac{h(\alpha_1,\beta_1)\cos\zeta}{\lambda}\right]\\\boldsymbol{a}_2(\alpha_2,\beta_2)&=\boldsymbol{rS}(\alpha_2,\beta_2)\exp\left(-\mathrm{j}2\pi\frac{\sin\zeta}{\lambda}\beta_2\right)\exp\left[\mathrm{j}2\pi\frac{h(\alpha_2,\beta_2)\cos\zeta}{\lambda}\right],\end{aligned} \tag{5-125}$$

其中,r仍是表面的平均振幅反射率,$\boldsymbol{S}$是入射到表面上的振幅分布(去掉了由倾斜的照明角引起的相位斜移),第三项代表倾斜照明的效应,末项代表表面粗糙度的效应.由此可得

$$\begin{aligned}\overline{\boldsymbol{a}_1(\alpha_1,\beta_1)\boldsymbol{a}_2^*(\alpha_2,\beta_2)}=&|\boldsymbol{r}|^2\boldsymbol{S}(\alpha_1,\beta_1)\boldsymbol{S}^*(\alpha_2,\beta_2)\\&\times\exp\left[\mathrm{j}2\pi\frac{\sin\zeta}{\lambda}(\beta_1+\beta_2)\right]\overline{\exp\left\{\mathrm{j}2\pi\frac{\cos\zeta}{\lambda}[h(\alpha_1,\beta_1)-h(\alpha_2,\beta_2)]\right\}}\\=&\kappa|\boldsymbol{r}|^2|\boldsymbol{S}(\alpha_1,\beta_1)|^2\exp\left(\mathrm{j}4\pi\frac{\sin\zeta}{\lambda}\beta_1\right)\delta(\alpha_1-\alpha_2,\beta_1-\beta_2),\end{aligned} \tag{5-126}$$

其中我们采取了各个 $\boldsymbol{a}$ 是 δ 相关的假设,结果要求平均的项变成等于 1[⑩]. 将(5-126)式代入(5-124)式得到

$$\boldsymbol{\Gamma}_{12}(x,y;\zeta)=\kappa\mid\boldsymbol{r}\mid^{2}\iint_{-\infty}^{\infty}\mid\boldsymbol{S}(\alpha,\beta)\mid^{2}\exp\left(\mathrm{j}4\pi\frac{\sin\zeta}{\lambda}\beta\right)\mid\boldsymbol{k}(x+\alpha,y+\beta)\mid^{2}\mathrm{d}\alpha\mathrm{d}\beta,\tag{5-127}$$

其中我们略去了(α,β)的下标,因为它们不再需要. 对一个好的成像系统,$|\boldsymbol{k}|^{2}$ 与 $|S|^{2}$ 相比是一个非常窄的函数,因此近似

$$\boldsymbol{\Gamma}_{12}(x,y;\zeta)\approx\kappa\mid\boldsymbol{r}\mid^{2}\mid\boldsymbol{S}(-x,-y)\mid^{2}\iint_{-\infty}^{\infty}\mid\boldsymbol{k}(x+\alpha,y+\beta)\mid^{2}\exp\left(\mathrm{j}4\pi\frac{\sin\zeta}{\lambda}\beta\right)\mathrm{d}\alpha\mathrm{d}\beta\tag{5-128}$$

是很精确的. 现在可以写出这个交叉相关函数的归一化形式,其归一化相对于 $\boldsymbol{\Gamma}_{12}(x,y;0)$即两个点光源重合时互相关函数的值来进行. 于是

$$\boldsymbol{\mu}_{12}(x,y;\zeta)=\frac{\iint_{-\infty}^{\infty}\mid\boldsymbol{k}(x+\alpha,y+\beta)\mid^{2}\exp\left(\mathrm{j}4\pi\frac{\sin\zeta}{\lambda}\beta\right)\mathrm{d}\alpha\mathrm{d}\beta}{\iint_{-\infty}^{\infty}\mid\boldsymbol{k}(x+a,y+\beta)\mid^{2}\mathrm{d}\alpha\mathrm{d}\beta}.\tag{5-129}$$

改变积分变量会使结果简化:令 $\alpha'=x+\alpha$ 及 $\beta'=y+\beta$,$\boldsymbol{\mu}_{12}$的表示式变为

$$\boldsymbol{\mu}_{12}(x,y;\zeta)=\frac{\exp\left(-\mathrm{j}4\pi\frac{\sin\zeta}{\lambda}y\right)\iint_{-\infty}^{\infty}\mid\boldsymbol{k}(\alpha',\beta')\mid^{2}\exp\left(\mathrm{j}4\pi\frac{\sin\zeta}{\lambda}\beta'\right)\mathrm{d}\alpha'\mathrm{d}\beta'}{\iint_{-\infty}^{\infty}\mid\boldsymbol{k}(\alpha',\beta')\mid^{2}\mathrm{d}\alpha'\mathrm{d}\beta'}.\tag{5-130}$$

由于我们只对 $\boldsymbol{\mu}_{12}$的大小有兴趣,积分前面的指数因子可以弃去,剩下有

$$\mid\boldsymbol{\mu}_{12}(\zeta)\mid=\left|\frac{\iint_{-\infty}^{\infty}\mid\boldsymbol{k}(\alpha',\beta')\mid^{2}\exp\left(\mathrm{j}4\pi\frac{\sin\zeta}{\lambda}\beta'\right)\mathrm{d}\alpha'\mathrm{d}\beta'}{\iint_{-\infty}^{\infty}\mid\boldsymbol{k}(\alpha',\beta')\mid^{2}\mathrm{d}\alpha'\mathrm{d}\beta'}\right|.\tag{5-131}$$

由于$|\boldsymbol{k}|^{2}$ 是成像系统的**强度**点扩展函数,这直接得出$|\boldsymbol{\mu}_{12}|$可以用成像系统的**光学传递函数**(OTF)来表示[⑪],

---

⑩ k 仍是一个常数,它是在做出 δ 相关假设时,为了获得量纲正确的结果所需要的.

⑪ 关于光学传递函数的讨论见文献[71],6.3 节.

$$|\boldsymbol{\mu}_{12}(\zeta)| = \left|\boldsymbol{\mathcal{H}}\left(0, -\frac{2\sin\zeta}{\lambda}\right)\right|, \tag{5-132}$$

其中 OTF 的定义为

$$\boldsymbol{\mathcal{H}}\nu_x, \nu_y) = \frac{\iint\limits_{-\infty}^{\infty} |\boldsymbol{k}(x,y)|^2 \mathrm{e}^{-\mathrm{j}2\pi(\nu_x x + \nu_y y)} \mathrm{d}x\mathrm{d}y}{\iint\limits_{-\infty}^{\infty} |\boldsymbol{k}(x,y)|^2 \mathrm{d}x\mathrm{d}y}.$$

对一个具有直径为 D 的圆光瞳的成像系统,OTF 有如下形式:

$$\boldsymbol{\mathcal{H}}\rho) = \begin{cases} \frac{2}{\pi}[\arccos(\rho/\rho_0) - (\rho/\rho_0)\sqrt{1-(\rho/\rho_0)^2}] & \rho < \rho_0 \\ 0 & \text{其他}, \end{cases} \tag{5-133}$$

其中,$\rho=\sqrt{\nu_x+\nu_y^2}$,$\rho_0=\frac{D}{\lambda z}$是 OTF 的截至频率. 从这个结果,显然当

$$\sin\zeta \geqslant \frac{D}{2z} \approx \mathrm{NA}_{像}, \tag{5-134}$$

时相关系数 $\boldsymbol{\mu}_{12}$ 将降到零. (5-134)式中 $\mathrm{NA}_{成像}$ 仍是成像系统的数值孔径. 抑制散斑的能力仍然依赖于照明和成像系统的特性,与散射表面的性质没有直接关系.

如果用了遵照这个判据隔开的两个互不相干的光源,散斑对比度将减弱一个因子 $1/\sqrt{2}$. 然而,能够构成一个有 M 个互不相干的光源的二维阵列,在每一维上其间隔都满足这个判据,而且若对所有这些光源,漫射体的散射角都足够大,能填满成像透镜的孔径,散斑的对比度将会降低到 $1/\sqrt{M}$因子. 成像系统的数值孔径越小,越容易用这个方法抑制散斑,但是这种条件的满足是以像的分辨率受损为代价的.

5.5 用时间相干性破坏空间相干性

在某些应用中,可能会用到相干长度相对短的的单个空间相干源. 为了减弱散斑,可能会想要减弱光源的空间相干性. 这可以通过将光源分成 M 束分开的光束阵列,并将每一束光延迟一个不同的时间来实现. 如果每一延迟和每个别的延迟的差异都长于相干时间,那么这个光源空间阵列就缺乏空间相干性. 图 5.21 示出如何做到这点的方法的一个例子(参看美国专利 #6,924,891 B2). 光被等量地分到一股光缆的 M 根光纤中,把这股光缆拆开,将每根光纤接入一个不同的延迟环路. 使各根光纤之间的延迟增量大于光源的相干时间;然后将这些光纤又送回光缆,并被置在有效光源所要放的位置上. 现在光缆的末端包含有 M 个不同的互不相干的

光源,它们构成了一个空间相干性很有限的新光源. 若第5.4.4节中描述的条件得到满足,可以预期,使用这样的光源会达到一些抑制散斑的效果. 对散斑对比度的抑制的最大量可以达到因子$1/\sqrt{M}$,但是如果在5.4.4节中论述的关于这种光源隔开的要求未得到满足,发生的散斑减弱就会小一些.

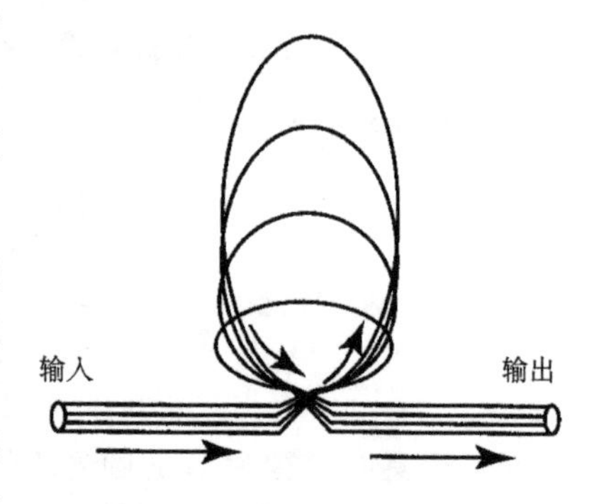

图5.21 每根光纤有不同延迟的光纤束

还可以想象许多种别的方法将不同的延迟引入光束的不同部分,包括使用波导的方法,使用光栅的方法和使用平行的部分反射/透射板的方法(参看美国专利#6,801,299 B2).

5.6 复合散斑抑制技术

在本章中我们讨论了各种降低散斑对比度的方法,每种方法都可以看成是引入某一数目的自由度. 例如,偏振的多样性可以提供两个自由度,而时间平均、角度和波长的多样性和减弱相干性等等都能贡献自己的自由度. 在大多数情况下[12],如果我们有N个独立的机制来引入新的自由度,那么自由度的总数M就是

$$M = \prod_{n=1}^{N} M_n, \tag{5-135}$$

而所得到的散斑的总的对比度将是

$$C = \frac{1}{\sqrt{M}}. \tag{5-136}$$

如果目标就是降低对比度,那么,我们应该同时尝试尽可能多的不同方法,以达到最大量的散斑总体抑制.

---

⑫ 一个例外是时间平均和空间平均同时进行,这发生在一个变化的漫射体成像到一个固定的漫射体上时,见6.4.8节.

第 6 章　某些成像应用中的散斑

6.1　眼睛中的散斑

用连续激光器可以在房间中的一群人中进行一个有趣的实验(哪怕用一支激光笔就可以做,只要把光束展宽些,把光调暗些).把激光器发的光照到墙上或者任何其他平的粗糙散射表面上,请这群人取下他们也许戴着的眼镜(对戴隐形眼镜的人这可能有困难,这时他们可以继续戴眼镜).请所有的人观看散射光斑,并将他们的头横向从左到右和从右到左移动几次.现在问这个散射光斑中的散斑的运动方向是和他们头动的方向相同还是相反.结果如下:

- 具有完好的视觉或带着视觉矫正眼镜的人会报告说他们难以看出散斑有什么运动.事实上,散斑结构看来好像固定在散射光斑的表面上,**不相对于散射光斑**运动,但是它们的确发生了某种不是运动的内部变化.
- 远视而未经矫正的人会报告说散斑移动的方向与他们的头运动的方向相同,在这个方向上平移穿过散射斑.
- 近视的人会报告说散斑平移穿过散射斑的方向与他们的头运动的方向相反.

本节我们的目的是对这个实验结果给出一个简单的解释.解释这些现象的一个不同但是等价的方式,请阅文献[11],[113]或[49](P. 140).

设物是平的粗糙表面上的一个散射光斑,如图 6.1 所示.设照明方向和观察方向与表面接近于垂直.注意:当光源和散射表面固定时眼睛往一个方向运动,等效于当眼睛固定时光源和散射表面向相反方向运动.

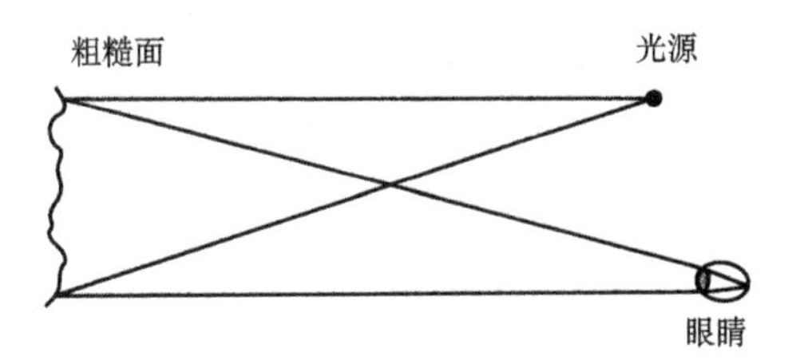

图 6.1　光源、粗糙表面和观察者的眼睛

随着眼瞳移动,它截取来自粗糙表面的散射光的不同成分,运动距离达到一个眼瞳直径时截取的光就会完全改变.结果,当眼睛运动时,散斑的运动总是伴随有散斑图样结构的一定程度的内部变化,我们在这里称之为散斑的**沸腾**.此外还要注意,

当眼睛从一边移到另一边时,眼睛也(在眼窝中)转动,以将散射斑保持在视场中心.

图 6.2 表示所设的几何关系,并画出经过完全矫正的眼、远视眼和近视眼三种情况.这里我们画的是散射表面相对于眼睛向下运动 Δx,这等价于眼瞳往上移动 Δx.注意:对于远视眼和近视眼,视网膜位置和真正的像平面位置之间的差异是由眼球的拉长或缩短,和/或其晶状体的屈光能力比正常眼降低或增强而引起.

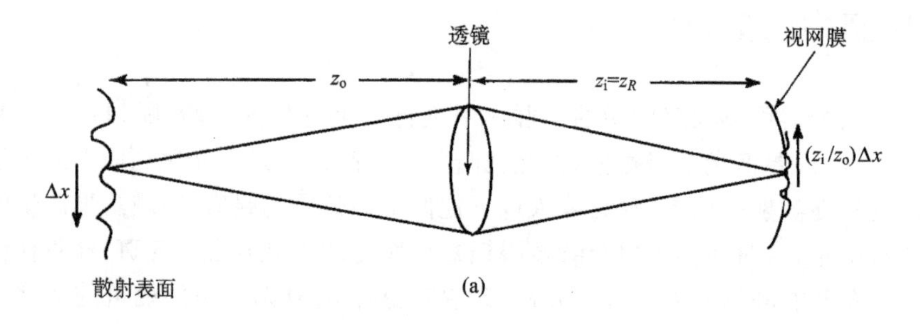

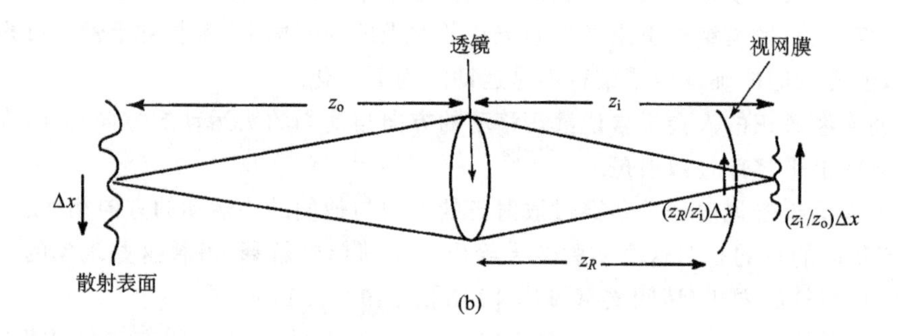

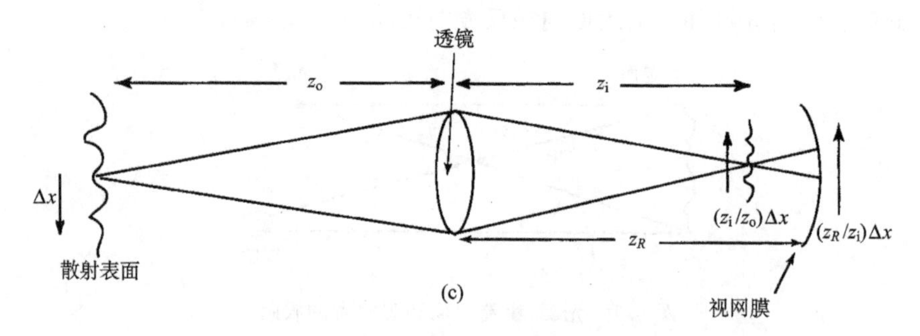

图 6.2　从上到下:(a)完全矫正的眼睛;(b)远视眼;(c)近视眼

区别散射斑的视网膜像和它真正的像是重要的.一般这两个像在不同的平面上.为了理解我们要讨论的现象,一个必须知道的重要事实是,无论散射斑成像在哪里:在视网膜上、视网膜后方还是前方,总有散斑入射落到视网膜上,而且散斑结构在视网膜上移动的距离**与散射斑的真正像移动的距离相同**,这个距离一般和散射斑的视网膜像移动的距离不同.

首先考虑经过完全矫正的眼睛.当散射光斑移动 Δx,散射斑的像和散斑都落到视网膜上,而且两者都移动 $(z_i/z_o)\Delta x$.但是眼睛还要转动以保持散射斑的视网膜像在视网膜的一个固定位置上.结果,散斑看起来根本没有动,但是沸腾了,因为光瞳截获的是来自散射表面的光的不同部分.

现在考虑图(b)所示的远视眼.如果散射表面移动 Δx,散射斑的真正的像和散斑运动 $(z_i/z_o)\Delta x$,而视网膜像移动 $(z_R/z_o)\Delta x$.由于 $z_R<z_i$,散斑结构要比散射斑的视网膜像移动的距离更大.如果眼睛转动以保持散射斑的中心在视网膜上的位置不变,整个散斑看来就像是相对于散射斑在散射斑所移动的方向移动.

其次考虑近视眼.视网膜离透镜比真正的像平面离透镜更远.散射斑的真正像和散斑结构都移动 $(z_i/z_o)\Delta x$,而视网膜像移动 $(z_R/z_o)\Delta x$.由于 $z_R>z_i$,散斑比散射斑的视网膜像移动的距离小.如果眼镜转动以保持散射斑的中心在视网膜上的位置不变,看起来散斑就相对于散射斑向和散射斑运动相反的方向运动.

前面的讨论可能会引起一个问题:为什么不将散斑图样更广泛地用于眼科验光来配眼镜.一个答案是,一副矫正镜片应该保证在视网膜上所成的像,是对整个可见光谱的所有波长平均的最佳可能像,而不是在激光单个波长上的最佳像.这个问题可以用波长分布在整个可见光谱范围上的几个不同的激光器来解决,或者用可调谐范围宽的单个激光器.激光散斑图样应用于眼科验光在文献中已受到相当的关注,一些经典文献是[79],[25],[24]和[10].

6.2 全息术中的散斑

总的来说,当成像技术根本上依赖于相干光成像时,抑制散斑最为困难.全息术就是一个这样的技术(为了解全息术的背景,见文献[71]第 9 章).虽然存在有用非相干光生成全息图的方法,但是它们既复杂又不能得到和用相干光生成同样质量的图像.

6.2.1 全息术的原理

全息图是通过从感兴趣的物体透射或反射而来的光和与它互相干的参考波的光相干涉而生成的.有多种记录全息图的光路,我们用图 6.3 中所示的光路来说明.穿过一个透明物的光和一个作为参考波的与它互相干的斜平面波发生干涉.通常,在物透明片前面放置一个漫射体,以将光均匀地散布在全息图平面上,从而允许从全息图的一切部分都能看到像.在其他场合,物可能是一个反射的三维结构,具有光学粗糙的表面.在这两种情况下,全息图上的物光都由参考波 $\boldsymbol{R}(x,y)$ 和带

有散斑的物场 $\boldsymbol{O}(x,y)$的和组成. 这些波的干涉生成一个强度图案：

$$I(x,y)=|\boldsymbol{R}(x,y)+\boldsymbol{O}(x,y)|^2 =|\boldsymbol{R}(x,y)|^2+|\boldsymbol{O}(x,y)|^2+\boldsymbol{R}(x,y)\boldsymbol{O}^*(x,y)+\boldsymbol{R}^*(x,y)\boldsymbol{O}(x,y). \tag{6-1}$$

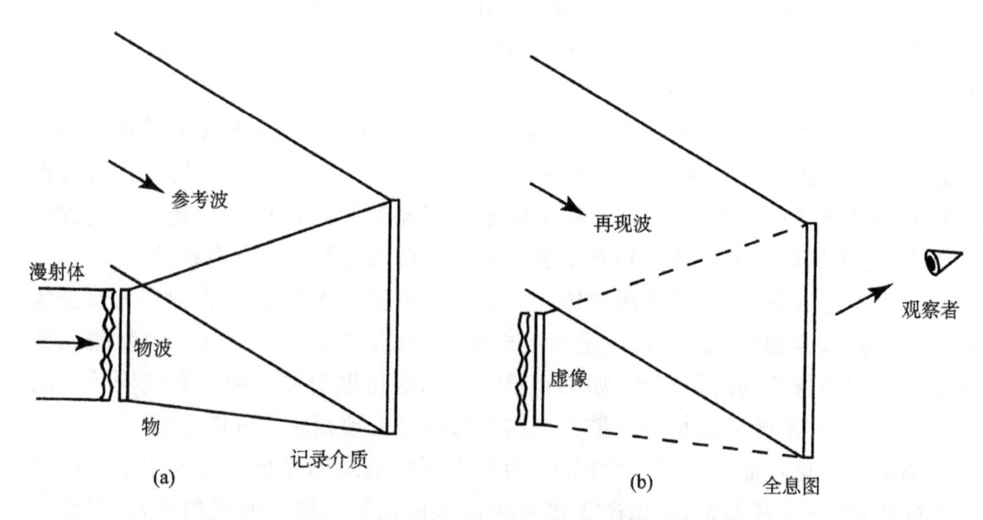

图 6.3 (a)记录一个漫射物体的全息图；(b)重建虚像

如果参考波是一个简单的平面波，斜着与记录介质的法线成 θ 角，那么

$$\boldsymbol{R}(x,y)=\boldsymbol{R}_0\exp\left(-\mathrm{j}2\pi\frac{\sin\theta}{\lambda}y\right), \tag{6-2}$$

强度图样为

$$I(x,y)=|\boldsymbol{R}_0|^2+|\boldsymbol{O}(x,y)|^2+\boldsymbol{O}^*(x,y)\exp\left(-\mathrm{j}2\pi\frac{\sin\theta}{\lambda}y\right)+\boldsymbol{O}(x,y)\exp\left(\mathrm{j}2\pi\frac{\sin\theta}{\lambda}y\right). \tag{6-3}$$

这个强度图样记录在光敏介质上，在适当处理后，就生成一幅全息图. 使全息图的振幅透射率 $\boldsymbol{t}(x,y)$正比于曝光量，得到以下结果：

$$\boldsymbol{t}(x,y)=\boldsymbol{t}_0+\beta|\boldsymbol{O}(x,y)|^2+\beta\boldsymbol{O}^*(x,y)\exp\left(-\mathrm{j}2\pi\frac{\sin\theta}{\lambda}y\right)+\beta\boldsymbol{O}(x,y)\exp\left(\mathrm{j}2\pi\frac{\sin\theta}{\lambda}y\right), \tag{6-4}$$

其中，β 是比例常数，$\boldsymbol{t}_0$ 是不变的偏置透射率. 空间频率：

$$\alpha=\frac{\sin\theta}{\lambda}, \tag{6-5}$$

常常叫做全息图的“载波频率”.

设全息图用与原来的参考光波同样的波照明.我们把它叫做"重现"波,用下式表示:

$$\boldsymbol{P}(x,y)=\boldsymbol{P}_0\exp\left(-\mathrm{j}2\pi\frac{\sin\theta}{\lambda}y\right), \tag{6-6}$$

其中假设波长 λ 在记录和重现时相同. $\boldsymbol{P}$ 和 $\boldsymbol{t}$ 的乘积的第四项给出感兴趣的重建波分量:

$$\boldsymbol{A}_4(x,y)=\beta\boldsymbol{P}_0\boldsymbol{O}(x,y). \tag{6-7}$$

除了比例常数,它是原来入射到全息图上的物波前的复制.这个重建波分量向右传播,它的一部分被观察者的眼睛截取.如果参考波的角偏斜取得够大,那么 $\boldsymbol{t}(x,y)$ 中的其他项产生的波分量将传播到不同的方向,是不会被观察者截获的.由于传播到观察者的波分量是原来的物波的复制,观察者将在全息图后面见到物的一个虚像.因为照明光通过漫射体再照到物上,所以物的像含有散斑.

要使讨论更完整,我们该提到如果全息图是由一个在 $-\theta$ 角方向而不是在 θ 角方向传播的重现波照明,重现波取如下形式:

$$\boldsymbol{P}(x,y)=\boldsymbol{P}_0\exp\left(\mathrm{j}2\pi\frac{\sin\theta}{\lambda}y\right), \tag{6-8}$$

在这个情况下,透射场的第三项变为

$$\boldsymbol{A}_3(x,y)=\beta\boldsymbol{P}_0\boldsymbol{O}^*(x,y), \tag{6-9}$$

这是原来的物波的共轭.这个波分量传播到全息图的右面,在空间生成物的一个实像.它同样含有散斑.

注意这是全息术最基本的介绍.还知道许多其他光路和其他类型的全息图,但不在这里讲了,因为我们主要的兴趣在散斑.

6.2.2 全息像中的散斑抑制

不幸,由于全息术从根本上说是相干成像技术,抑制散斑是特别困难的问题.这个困难由于以下事实而加重:全息图的成像和重现两个步骤通常是分开的,在时间上有分隔.散斑的抑制常常伴随着像分辨率的下降,只有很少例外.下面我们讨论几种具体方法.

重现中角度和波长的多样性

假定在重建或重现步骤中,全息图被两个互不相干的平面波在稍微不同的方向上照射,两个入射平面波每一个都产生原来的物的一个像,这两个像在强度基础上相加.然而,两个像的位置不同.虚像和实像的中心位置由光栅方程所决定,其中的光栅周期与载波频率相联系,具体地说周期为

$$\Lambda = \frac{\lambda}{\sin\theta}. \tag{6-10}$$

根据光栅方程(见参考文献[71],附录 D),若 θ_1 表示入射重现波与法线的夹角(沿反时针方向量度),那么这个波的衍射角与法线的夹角(仍沿反时针方向)为

$$\sin\theta_2 = \frac{\lambda}{\Lambda} + \sin\theta_1. \tag{6-11}$$

因此,重现波入射角的改变显然会引起全息图生成像的移动. 倘若移动的距离大于单个散斑相关面积,两个移动后的像叠加使散斑的对比度下降 $1/\sqrt{2}$,但同时这也会损坏像的细节. 在更一般的情况下,用多个独立的平面波重现光束,它们的入射角分布在一个连续的范围内,像就被连续地模糊,散斑被进一步抑制,而由于像模糊的结果,像的细节也再次丢失.

当不同的照明波长用在单个重现光束中时,会发生类似的现象. 由光栅方程仍然会得出,不同波长产生的像相互移动①. 两个像的叠加仍将减弱散斑,但以导致的像模糊为代价.

这些方法所造成的像模糊在有些应用中可能无关紧要,因为分辨率可能更苛刻地受限于眼睛. 然而在另一些应用中,尤其是那些用电子设备检测实像的应用中,分辨率的损失是不能接受的. 还应该记住,一个带有很强的散斑的未模糊像,可提取的图像信息受散斑本身所限,因此,对散斑对比度和像的分辨率取折衷,在模糊的程度有限的情况下,或许是一个让像中可提取的信息保持不变的方案②.

时变全息掩膜

另一个以分辨率方法换取抑制散斑对比度的方法是在全息平面上使用变化的掩膜. 这个方法也可以用于非全息的相干成像系统,这方面的内容已由 Dainty 和 Welford 在文献[31]及 McKechnie 在文献[110]中探讨过. 在重现时,全息图孔径可以破开成多个分开的子孔径,这些子孔径在时间中依序打开,一个时刻开一个. 也可以将单个子孔径在全息平面上移动或转动. 每一个子孔径将生成物的一个各别的像,这些像有不同的散斑图样. 如果在眼睛或者所用的电子探测器的时间积分期间内得到几幅像,这几幅像的叠加会降低观察到的散斑对比度.

这个方法付出的代价是,从单一子孔径得到的分辨率要比从整个全息图孔径所得的小. 当我们用眼睛观察虚像时,这可能无所谓,因为这时眼睛的瞳孔是最后起限制作用的孔径;但是如果要检测的是实像,从像可得的分辨率是由子孔径的衍射极限决定,而不是整个全息图的衍射极限. 因此,我们又遇到在散斑对比度和分辨率之间

---

① 不同波长的像在轴向距离上也有相互移动.

② 译者注:模糊范围超过一个或少许几个散斑就将减少可提取的信息.

权衡折中的问题.在某些应用中,伴随有散斑对比度下降的小量模糊是可以接受的.

和这个方法有关系的是 Martienssen 和 Spiller 早先的方法(文献[108]),在这个方法中,记录一系列各别的全息图,记录过程中置于物前的漫射体在每次曝光之间移动或改变.当这组全息图依照时序依次被光照时,每个全息像中的散斑不相同,散斑对比度的降低量取决于在探测器的分辨时间内显现了多少个全息像.要了解另一个用于全息显微术中的也用掩膜方式抑制散斑的方法,请参阅 van Ligten 的工作(文献[167]).

厚全息图中的多重像

就像 Martienssen 和 Spiller 使用一系列各别的、每幅都是在物前放置不同的漫射体拍下的全息图,再快速地依序显现得到的像,也可以用厚全息图中的多重像来达到类似的结果.有可能将许多不同的全息图多重地记录在单个厚全息图中,在每次分开的记录时用不同角度的参考波.如果在每次这样记录时,物前放一个不同的漫射体,然后用每个参考波依次照射全息图,将产生一系列的像,它们之间的不同仅在于出现的散斑图样.如果积分时间比单个像出现的时间长,散斑就会相应地减弱而不损失像的分辨率.

在文献中可以找到许多别的抑制散斑的方法,但是上面的讨论给出了已有的方法的合理样本.

6.3 光学相干层析术中的散斑

光学相干层析广泛地简称为 OCT,它和全息术一样,也是一种从根本上依赖于成像过程中所用的光的相干性的成像技术.因此,散斑在 OCT 中是一个值得注意的问题.在下文中,我们先描述 OCT 成像过程的最简单的形式,接着讨论减弱散斑的一些方法.关于这种成像技术的更为全面综合的书,见文献[19].特别是其中由 Schmitt、Xiang 和 Yung 写的有关减弱散斑技术的第 7 章.关于 OCT 的一般参考资料有文献[42]和[43].

作为一种成像方法,OCT 成像技术还比较年轻,但已有了快速的进步,而且将来无疑将继续快速发展.

6.3.1 OCT 成像技术简介

OCT 是测量样品的光学背散射与深度和横向坐标的函数关系的方法.通常样品是生物本性的.可得到的分辨率在 1～15 μm 的范围,比用超声可得到的分辨率高一到两个数量级.

随着开发出能够发射宽度只有几个 fs(1 fs=10^{-15} s)的脉冲的激光器,通过脉冲回波时间获得深度方向的分辨率的想法变得特别有吸引力. 然而,能够在几 fs 时间内响应返回的光学信号的电子学电路还不存在,因此需要有另外一种方法来隔离返回信号的很短的时间间隔. 在 OCT 中,这种隔离是通过使用宽带光源和干涉术完成的,利用了这种光源的极短的相干时间. 这种类型的典型光源可以是一只超发光二极管,在波长 1310 nm 处带宽为 20～40 nm. 如果光源的相干时间短,那么和参考束有高相干性的深度区域与这种相干性已消失的深度区域就可以区别开来. 图 6.4 表示一个可能实现的 OCT 系统. 它是一台以光纤为基础的 Michelson 干涉仪. 它的工作方式是:通过在轴向对参考镜进行线性扫描,以扫描穿过物的深度的高相干性区域,同时扫描在物臂上的反射镜,在横跨物的方向上移动测量区域. 通过这种方式得到物的二维扫描③. 参考镜的线性运动使参考光产生多普勒(Doppler)频移,当物光束和参考光束入射到探测器上时,若来自物的光与来自参考镜的光相干,就会观察到成拍现象. 测量拍频的强度,可以测量来自高相干区域的散射的振幅. 随着参考镜的扫描,就得到来自物内相应的深度区域的散射振幅.

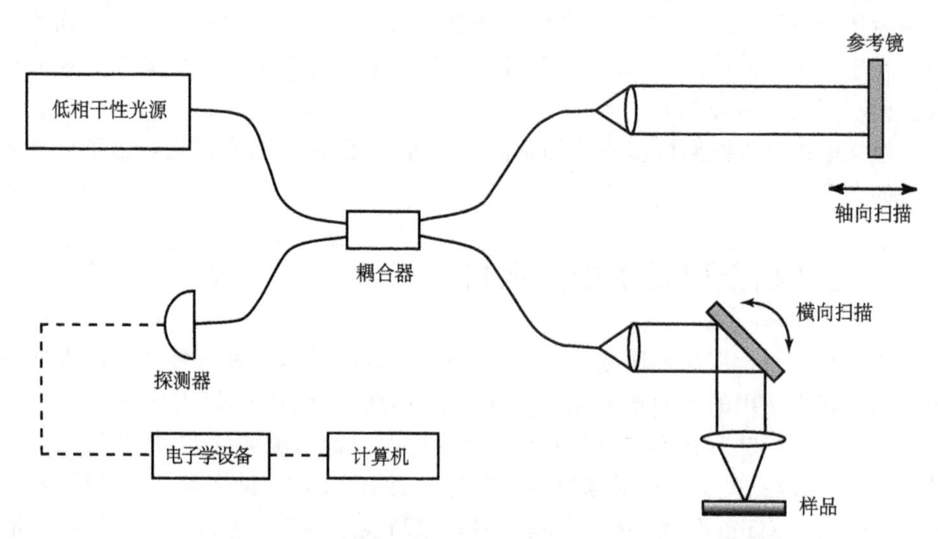

图 6.4　用于 OCT 的基于光纤的干涉仪. 轴向扫描镜改变参考臂中光程的延迟以选择轴向深度,而横向扫描镜选择被成像的横坐标

6.3.2　OCT 的分析

为了更细致地理解 OCT 的运作,我们作一简短的分析. 入射到探测器上的是一个参考波和一个物光波,分别用解析信号 $\boldsymbol{E}_{\mathrm{r}}(t)$ 和 $\boldsymbol{E}_{\mathrm{o}}(x,z,t)$ 表示,

③　可能有几种不同的扫描模式. 与超声成像模式类似,在深度方向的单个垂直扫描叫做"A 扫描",而深度方向和横向扫描的组合叫做"B 扫描".

$$\boldsymbol{E}_{\mathrm{r}}(t)=\alpha_{\mathrm{r}}\boldsymbol{L}\left(t-\frac{2l_{\mathrm{r}}}{c}\right)$$
$$\boldsymbol{E}_{\mathrm{o}}(x,z;t)=\alpha_{\mathrm{o}}(x,z)\boldsymbol{L}\left(t-\frac{2l_{\mathrm{o}}}{c}-2\bar{n}\,\frac{z}{c}\right). \tag{6-12}$$

这里$\boldsymbol{L}(t)$代表由光源发出的低相干性的光的解析信号表示式，假设它与横向坐标x无关.量α_{r}表示光经过耦合器到参考镜再返回经过耦合器到探测器所发生的振幅衰减.量$2l_{\mathrm{r}}$是在干涉仪的上臂（参考臂）在**自由空间**传播的光程长，即从光纤端点到参考镜再回到光纤，c是自由空间的光速.量$2l_{\mathrm{o}}$是光在下臂从光纤端点到物的上表面再回到光纤传播的距离.量z代表进入物的深度，$\bar{n}$是在物内的平均折射率④.假设在上、下两臂的光纤中传播的光程长度相同，$\alpha_{\mathrm{o}}(x,z)$表示从感兴趣的物内的位置z返回的场的振幅衰减.

入射到光探测器上的强度由下式给出：

$$\begin{aligned}I(x,z)&=\langle|\boldsymbol{E}_{\mathrm{r}}(t)+\boldsymbol{E}_{\mathrm{o}}(x,z;t)|^{2}\rangle\\&=\langle|\boldsymbol{E}_{\mathrm{r}}(t)|^{2}\rangle+\langle|\boldsymbol{E}_{\mathrm{o}}(x,z;t)|^{2}\rangle+\langle\boldsymbol{E}_{\mathrm{r}}(t)\boldsymbol{E}_{\mathrm{o}}^{*}(x,z;t)\rangle\\&\quad+\langle\boldsymbol{E}_{\mathrm{r}}^{*}(t)\boldsymbol{E}_{\mathrm{o}}(x,z;t)\rangle,\end{aligned} \tag{6-13}$$

其中$\langle\cdot\rangle$表示对无穷长的时间求平均，将(6-12)式代入(6-13)式，并定义$I_{\mathrm{r}}=\langle|\boldsymbol{E}_{\mathrm{r}}(t)|^{2}\rangle=\alpha_{\mathrm{r}}^{2}\langle|\boldsymbol{L}(t)|^{2}\rangle$及$I_{\mathrm{o}}(x,z)=\langle|\boldsymbol{E}_{\mathrm{o}}(x,z;t)|^{2}\rangle=\alpha_{\mathrm{o}}^{2}(x,z)\langle|\boldsymbol{L}(t)|^{2}\rangle$，得到

$$I(x,z)=I_{\mathrm{r}}+I_{\mathrm{o}}(x,z)+\widetilde{\boldsymbol{\Gamma}}_{\boldsymbol{E}}(x,z)+\widetilde{\boldsymbol{\Gamma}}_{\boldsymbol{E}}^{*}(x,z), \tag{6-14}$$

其中

$$\begin{aligned}\widetilde{\boldsymbol{\Gamma}}_{\boldsymbol{E}}(x,z)&=\langle\boldsymbol{E}_{\mathrm{r}}(t)\boldsymbol{E}_{\mathrm{o}}^{*}(x,z;t)\rangle=\alpha_{\mathrm{r}}\alpha_{\mathrm{o}}(x,z)\left\langle\boldsymbol{L}\left(t-\frac{2l_{\mathrm{r}}}{c}\right)\boldsymbol{L}^{*}\left(t-\frac{2l_{\mathrm{o}}}{c}-2\bar{n}\,\frac{z}{c}\right)\right\rangle\\&=\alpha_{\mathrm{r}}\,\alpha_{\mathrm{o}}(x,z)\widetilde{\boldsymbol{\Gamma}}_{\boldsymbol{L}}\left(\frac{2l_{\mathrm{r}}}{c}-\frac{2l_{\mathrm{o}}}{c}-2\bar{n}\,\frac{z}{c}\right),\end{aligned} \tag{6-15}$$

及

$$\widetilde{\boldsymbol{\Gamma}}_{\boldsymbol{L}}(\tau)=\langle\boldsymbol{L}(t)\boldsymbol{L}^{*}(t+\tau)\rangle. \tag{6-16}$$

使用$\widetilde{\boldsymbol{\Gamma}}_{\mathrm{L}}(\tau)$的归一化形式即

$$\gamma_{\mathrm{L}}(\tau)=\frac{\widetilde{\boldsymbol{\Gamma}}_{\boldsymbol{L}}(\tau)}{\widetilde{\boldsymbol{\Gamma}}_{\boldsymbol{L}}(0)}=\frac{\widetilde{\boldsymbol{\Gamma}}_{\boldsymbol{L}}(\tau)}{I_{L}}, \tag{6-17}$$

会带来一些方便，其中

④ 我们做了简化近似，即在物的全部深度上物的平均折射率的变化不会离平均值太多.另外，为简单计，忽略了光在物中传播时带来的波长色散.色散会改变在干涉仪物臂中返回的信号的时间结构，减弱它与参考波的相关.有兴趣了解色散效应的读者请参阅文献[76]2.2.4节.

$$I_L = \langle | \boldsymbol{L}(t) |^2 \rangle. \tag{6-18}$$

如果 $\bar{\nu}$ 表示激光器输出的中心频率，那么 γ_L 可以重写为以下形式：

$$\gamma_L(\tau) = | \gamma_L(\tau) | \exp[-\mathrm{j}(2\pi\bar{\nu}\tau - \phi_L(\tau))] = \tilde{\boldsymbol{\mu}}_L(\tau)\exp(-\mathrm{j}2\pi\bar{\nu}\tau), \tag{6-19}$$

其中 $|\tilde{\boldsymbol{\mu}}_L(\tau)| = |\gamma_L(\tau)|$，$\arg[\tilde{\boldsymbol{\mu}}_L(\tau)] = \phi_L(\tau)$. 于是强度图样可写为

$$I(x,z) = I_r + I_o(x,z) + 2\alpha_r\,\alpha_o(x,z) I_L \left| \tilde{\boldsymbol{\mu}}_L\left(\frac{2l_r}{c} - \frac{2l_o}{c} - 2\bar{n}\,\frac{z}{c}\right)\right|$$

$$\times \cos\left[\frac{4\pi}{\bar{\lambda}_0}(l_r - l_o - \bar{n}z) - \phi_L\left(\frac{2l_r}{c} - \frac{2l_o}{c} - 2\bar{n}\,\frac{z}{c}\right)\right], \tag{6-20}$$

其中 $\bar{\lambda}_0 = c/\bar{\nu}$ 是自由空间中的平均波长.

现在考虑在轴向以速率 V_r 扫描参考镜的结果. 为简单起见，令感兴趣的横向坐标为 $x=0$，并考虑如何得到在物的垂直方向上的像分辨率. 令 $2I_r - 2I_o = 2V_r t'$，并考虑来自深度 z_k 上的单个点散射元的响应. 该响应是[⑤]

$$I(0,z_k,t') = I_L\left[\alpha_r^2 + \alpha_o^2(0,z_k) + 2\alpha_r\,\alpha_o(0,z_k)\left|\tilde{\boldsymbol{\mu}}_L\left(2\,\frac{V_r}{c}t' - 2\bar{n}\,\frac{z_k}{c}\right)\right|\right.$$

$$\left.\times \cos\left[\frac{4\pi}{\bar{\lambda}_0}(V_r t' - \bar{n}z_k) - \phi_L\left(2\,\frac{V_r}{c}t' - 2\bar{n}\,\frac{z_k}{c}\right)\right]\right]. \tag{6-21}$$

图 6.5 画出了模拟由扫描参考镜所得到的条纹图案的曲线. 条纹图案的各个参数已经标出.

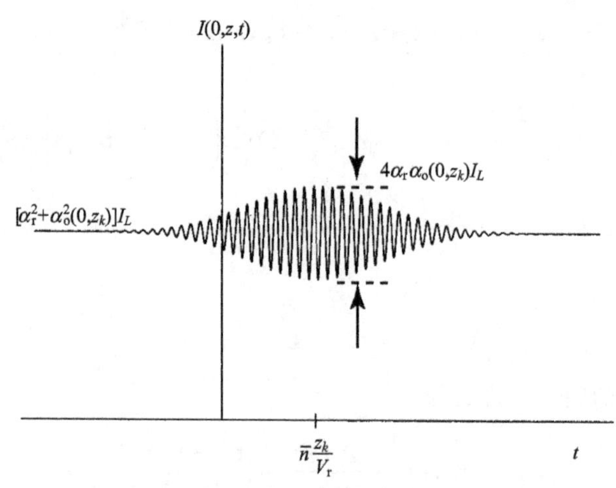

图 6.5　探测到的由参考镜运动引起的时间条纹图案

⑤　读者可能会奇怪，一个定义为无穷时间平均的强度怎么能有时间变化. 回答是假设探测器是对一个时间间隔求平均，这个时间间隔与光源的涨落相比很长，但是与由参考镜的运动而引入的强度变化相比则很短. 为了避免混乱，我们用符号 t' 表示由反射镜运动引起的时间变化.

剩下没回答的问题是条纹图案的时间宽度，这个问题的答案(见文献[70]，P. 164)包含在函数 $\boldsymbol{\mu}_L(\tau)$ 和光的功率谱密度 $\tilde{\mathcal{G}}(\nu)$ 之间存在的傅里叶变换关系中，其中在 $\mathcal{G}$ 上面的波浪号表示函数已经归一化因而具有单位面积，

$$\tilde{\boldsymbol{\mu}}_L(\tau)=\int_{-\infty}^{0}\hat{\mathcal{G}}(\nu)\exp(\mathrm{j}2\pi\nu\tau)\,\mathrm{d}\nu, \tag{6-22}$$

其中

$$\hat{\mathcal{G}}(\nu)=\frac{\mathcal{G}(\nu)}{\int_{-\infty}^{0}\mathcal{G}(\nu)\,\mathrm{d}\nu}. \tag{6-23}$$

作为一个例子，归一化为具有单位面积并且半峰全宽的带宽(full width at half maximum)为 $\Delta\nu$、中心频率为 $\bar{\nu}$(仍取为正数)的高斯功率谱之形式为

$$\hat{\mathcal{G}}(\nu)=\frac{2\sqrt{\ln 2}}{\sqrt{\pi}\Delta\nu}\exp\left[-\left(2\sqrt{\ln 2}\,\frac{\nu+\bar{\nu}}{\Delta\nu}\right)^2\right], \tag{6-24}$$

相应的 $|\tilde{\boldsymbol{\mu}}_L(\tau)|$ 和 $\phi_L(\tau)$ 的形式是

$$|\tilde{\boldsymbol{\mu}}_L(\tau)|=\exp\left[-\left(\frac{\pi\Delta\nu\tau}{2\sqrt{\ln 2}}\right)^2\right] \tag{6-25}$$

$$\phi_L(\tau)=0. \tag{6-26}$$

通过计算与 $|\tilde{\boldsymbol{\mu}}_L(\tau)|$ 的半峰全宽度对应的深度 Δz 可以求出深度分辨率，这个深度是

$$\Delta z=\frac{2c\ln 2}{\pi\bar{n}\Delta\nu}. \tag{6-27}$$

作代换 $\Delta\nu\approx(c/\bar{n})\Delta\lambda/\bar{\lambda}^2$，得到一个等价的表示式：

$$\Delta z\approx\frac{2\ln 2}{\pi}\frac{\bar{\lambda}^2}{\Delta\lambda}, \tag{6-28}$$

其中，$\bar{\lambda}=c/(\bar{n}\bar{\nu})$，$\Delta\lambda$ 是与频率变化 $\Delta\nu$ 对应的波长变化.

现在已经知道了 z 方向(或轴向)的分辨率. 在横向(x 方向)的分辨率由通常的显微镜的分辨率方程来决定. 一个常用的表示式是([19]，P. 7)

$$\Delta x=\frac{4\bar{\lambda}}{\pi}\left(\frac{f}{d}\right), \tag{6-29}$$

其中，d 是在物镜上的亮点大小，f 是焦距.

6.3.3 OCT 中的散斑和散斑抑制

上一节分析了 OCT 系统对一个点散射元的响应. 现在我们转而讨论散斑怎样在这样的系统中产生，并且在原则上它至少可以部分地被抑制.

OCT 中散斑的来源

考虑当 N 个散射元处于一个深度分辨元胞中，并令 $x=0$. 从这个分辨元胞到

达探测器的场 $E_o(0,t)$为

$$\boldsymbol{E}_o(0,t)=\sum_{k=1}^{N}\alpha_o(0,z_k)\boldsymbol{L}\left(t-\frac{2l_o}{c}-2\bar{n}\frac{z_k}{c}\right). \tag{6-30}$$

忽略这些项相互之间的干涉(这种干涉产生了 I_o 项),而是集中注意条纹图案或参考光与物光的干涉项 $I_\Delta(t')$上,这一项在探测器上产生拍频. 从(6-21)式,干涉项的形式为

$$I_\Delta(t')=I_L\alpha_r\sum_{k=1}^{N}\alpha_o(0,z_k)\left|\tilde{\boldsymbol{\mu}}_L\left(2\frac{V_r}{c}t'-2\bar{n}\frac{z_k}{c}\right)\right| \times\cos\left[\frac{4\pi}{\bar{\lambda}_0}(V_rt'-\bar{n}z_k)-\phi_L\left(2\frac{V_r}{c}t'-2\bar{n}\frac{z_k}{c}\right)\right]. \tag{6-31}$$

为了进一步简化,像在高斯型谱的情况那样,假定相位 ϕ_L 为零,得到

$$I_\Delta(t')=I_L\alpha_r\sum_{k=1}^{N}\alpha_o(0,z_k)\left|\tilde{\boldsymbol{\mu}}_L\left(2\frac{V_r}{c}t'-2\bar{n}\frac{z_k}{c}\right)\right|\cos\left[\frac{4\pi}{\bar{\lambda}_0}(V_rt'-\bar{n}z_k)\right]. \tag{6-32}$$

现在清楚了,强度 $I_\Delta(t')$是随机行走的结果. 式中的余弦项与通常的复平面上的随机行走中所见的复指数完全相似. 这些余弦的振幅随 z_k 而变,不过最重要的是它们的**相位**是随机的,取值 $4\pi\bar{n}z_k/\bar{\lambda}_0$. 这些随机相位的贡献,以及其他来自全横向分辨元胞的随机相位的贡献,相加就产生散斑⑥.

检测到的光电流典型地是通过正交解调的. 两个正交分量平方后相加,再取和的平方根,这样得出的信号与来自物的光场的大小成正比. 如果散射元的深度随机分布在与波长可比的距离上,当光是完全偏振时,测到的信号的统计分布将十分接近于瑞利分布. 注意:只有和参考波偏振方向相同的信号分量才会产生交流电流. 存在有用偏振方向正交的两个参考信号来探测两个偏振分量的方法.

图 6.6 是用 OCT 得到的一只仓鼠的皮肤及皮下组织的像,从像的顶部到底部,可以看到一层一层的相结的组织、肌肉、脂肪和真皮/表皮. 在中心的一个小区域(隔断了脂肪层)有较高的空间频率的散斑,这是有血液流动的血管的位置. 这幅图像是用轴向和横向分辨率为 15μm 的 1300nm OCT 系统得到的. 在图像中散斑清晰可见.

OCT 中的散斑抑制

现在我们已经看到在 OCT 中散斑如何产生. 在这种成像模式中,散斑是振幅

---

⑥ 数学上将场表示为许多单个随机位相散射元贡献的叠加,这隐含地假定了散射为单次散射. 当发生多重散射时,单个散射元不可能只与唯一的场贡献相联系. 但是,在一个给定的点上的场原则上仍然可以表示为具有不同延迟的各个路径积分之和.

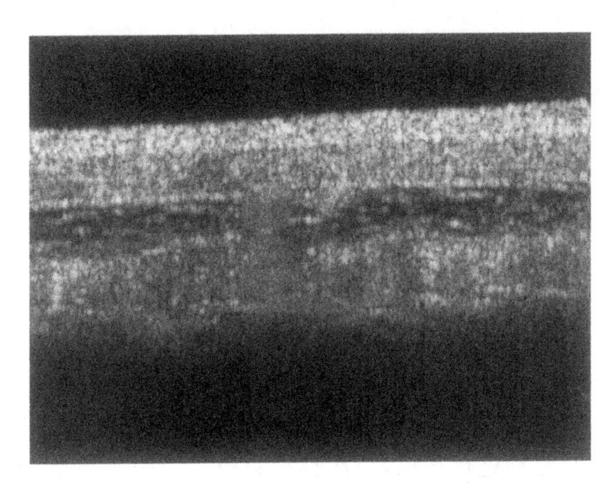

图 6.6 由 OCT 得到的仓鼠皮肤及皮下组织的像.
此图像由 Arizona 大学 Jennifer Kehlet Barton 教授提供；经美国光学学会同意从文献[15]复制

的涨落，而不是强度的涨落. 虽然如此，在得到的图像中存在这种涨落也会妨碍接近分辨极限的微小结构的检测. 因此考虑抑制散斑的方法是很重要的. 由于 OCT 和全息术一样从根本上说是一种相干成像技术，因此不能用破坏光源空间相干性的方法，这一事实使问题更复杂化. 在下文中，我们讨论三种不同抑制散斑的方法. 还有别的方法，但是我们只限于讨论这三种. 关于别的一些技术的讨论，见文献[19]第 7 章.

- 偏振的多样性

在许多情况下，在来自物的信号的两个不同偏振方向中观察到的散斑可以是不相干的. 如果分别检测来自两种偏振方向的信号并且在大小的基础上叠加，可以实现最多为因子 $1/\sqrt{2}$ 的散斑抑制. 对某些系统，或许能进行两次扫描，每次以一种正交的偏振光照明物体. 如果对每种入射的偏振光分别检测两个返回的偏振方向，那么对某些物便可以得到四个不相关的散斑图样. 把这些图样在大小的基础上叠加，可以实现最多到 1/2 的散斑抑制.

- 频率或波长多样性

我们在第 5 章已看到，散斑结构依赖于光学频率，在某些条件下，两个不同频率上的散斑是不相关的. 这一事实给出一种可能性，即可以对物进行两次或更多次扫描，每次用不同频率的光，倘若这些频率分得足够开保证散斑图样不相关，对分别的像在幅度的基础上相加就将抑制散斑. 粗略地说，散斑图样不相关的条件是：频率的变化至少是物上的单个分辨元胞的弥散时间(见式(6-33))的倒数. 单个分辨元胞的深度由(6-27)式给出，因此弥散时间近似为

$$\delta t = 2\overline{n}\Delta z/c = \frac{4\ln 2}{\pi\Delta\nu}. \tag{6-33}$$

因此,使来自一个分辨元胞的散斑不相关的频率变化为[⑦]

$$\delta\nu = \frac{1}{\delta t} = \frac{\pi\Delta\nu}{4\ln 2} \approx \Delta\nu. \tag{6-34}$$

于是初看之下,获得不相关的散斑图样似乎相当容易,所需的频率移动基本上是光源的带宽.但是记住深度分辨率与 $\Delta\nu$ 成反比,因此,如果要获得很高的深度分辨率,希望光源有大的带宽.结果,虽然所需的频移是 $\Delta\nu$,这个频移的绝对值在事实上可能很大.

• 孔径掩模

在全息照相的情形中,我们看到,用时变的孔径掩模,能够以降低横向分辨率为代价而抑制散斑.在 OCT 中也能用类似的方法.设将系统的成像透镜的孔径分为几个小的子孔径,分别进行扫描,一次扫描只打开一个子孔径.在相继的各次扫描中,打开不同的子孔径.由于入射到每个子孔径的散斑场不同,每个子孔径所产生的像的散斑是与别的子孔径产生的散斑不相关的.如果把从 M 个不同子孔径得到的像在大小的基础上相加,散斑的对比度将降低到 $1/\sqrt{M}$.不幸的是,横向分辨率也要降低到 $1/\sqrt{M}$.此外要注意:如果用基于光纤的干涉仪,每一个子孔径必须足够大,以将光聚焦到集光光纤中而光损耗不大.关于另一种与这里描述的方法有关而又可以用单次扫描完成的技术,见文献[141].

在结束关于 OCT 中散斑的讨论时,我们注意到我们没有触及用数字图像处理来抑制散斑的课题,因为它超出了本书的范围.有关 OCT 范围内这个课题的参考文献见文献[19]第 7 章.

6.4 光学投影显示中的散斑

投影显示在大屏幕电视、大的计算机监视器、广告、模拟器以及其他用途中广为应用.当这些显示用激光作为三原色的光源时,散斑出现成为令人烦扰的噪声,要看得满意,必须对它进行处理.此外,我们将看到,即使光源不是激光器,散斑也可能成为一个问题.这时的散斑源是图像所投向的屏幕,要使得在很大的角范围内都能观察到图像,它必须是光学粗糙的.本节讨论投影显示中的散斑及减弱其干扰影响的一些方法.

一开始就区别三种类型的投影显示是很重要的:①整帧显示,即同一时刻光学投影整个二维画面;②整行扫显示,即在一个二维画面上扫描一维的影像线;③逐

⑦ 记得 $\Delta\nu$ 表示光源的光谱宽度,而 $\delta\nu$ 表示光源的中心频率改变的大小.这个式子中具体的数值常数对高斯型光谱成立.

点扫描[8]显示，在二维画面上扫描一个光点. 这里每种显示要求不同的处理方式，因为在不同类的显示中抑制散斑的机会是不同的.

还能区别前投影显示和背投影显示，前者的像依靠屏的反射来观看，后者则是观看漫射屏透过的像. 就我们的目的而言，这两种类型之间很少或没有差别. 当照明光是相干光时，两者都受散斑损害，我们只讲前投影显示.

投影显示用于图像显示已经有年头了，但是直到最近人们对用激光器作为这种显示的光源的兴趣才有了不断增长. 兴趣增长的部分原因是发射红光和蓝光的半导体激光器的出现. 发绿光的半导体光源迄今尚未实现，因此，绿光通常是从红外光源通过非线性光学方法得到. 和其他光源相比较，激光器有四大优势：①对比度更高；②色域更好；③有潜力得到更大的亮度；④在某种投射非常窄的逐点扫描光束的配置中有接近无穷大的焦深. 使用激光器应付出的代价是需要尽力抑制散斑，因为如果不抑制，完全散射散斑会造成极低的信噪比，令观察者不满意. 注意：半导体激光一般的线宽范围为 2～4 nm，对于大多数屏幕，这个带宽都太小，不能依靠波长的多样性来抑制散斑.

虽然图像和计算机信息显示存在许多不同的标准，我们在这里将注意力集中在视频广播的原始的 NTSC 标准[9]. 这种显示的水平/垂直格式是 4∶3，每帧图像有 525 扫描线，其中 480 条用来显示图像中有效的区域，45 条用作帧消隐. 对于模拟显示，每行的像素数大约为 640，每 1/30 s 显示一帧完整的像(用隔行扫描或逐行扫描格式)，这意味着在整行扫显示模式中，每一行呈现大约 70 μs，而在逐点扫描显示模式中，每个像素呈现时间略长于 100 ns. 作为比较，HDTV 1080i 标准的水平/垂直格式为 16∶9，每帧时间 1/30 s，1080 行，每行 1920 个像素，这意味着每行扫描线持续约 30 μs，大约每 15 ns 显示一个像素.

6.4.1 投影显示的剖析

整帧显示

图 6.7 表示了一个典型的整帧显示装置的简化的方块图. 来自红、绿和蓝光源[10]的三个光束都扩展到适当的尺寸，与整帧的二维空间光调制器适配，每个光束分别通过这样一个调制器. 每个调制器在透射强度上加上与其特定颜色和帧图相对应的图像，然后三个颜色的像合成投射到观看屏上. 观察者看到的是从粗糙的屏幕上散射出来的光.

---

⑧ 译者：raster 扫描，电视行业中习惯称光栅扫描.

⑨ 译者：NTSC 是美国的彩色电视制式，我国用的是欧洲采用的 Pal 制式.

⑩ 要了解如何从一个红外激光器产生红光、绿光和蓝光相干光源，见美国专利＃5740190.

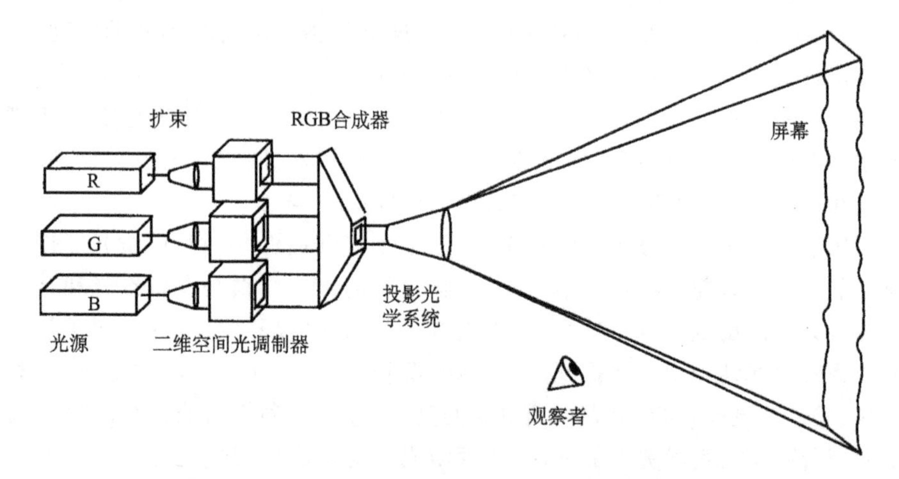

图 6.7 整帧投影显示的示意图,为简单起见,已简化或省略了多个光学元件

如果投影显示不用激光做光源,那么可以将一个白光光源经过滤色来产生三种颜色的光源.不过在这里我们将主要考虑基于激光器的投影显示.

曾用过的二维空间光调制器有不同的类型,最常用的是数字光投影(DLP)器件和硅上液晶(LCOS)器件.由德州仪器公司(Texas Instruments)开发的DLP器件由一个二维硅微反射镜阵列组成,每个反射镜对应一个像素,将被投影到屏上(见文献[35],它是本器件的极好的综述).每面镜子都在电压的控制下倾斜,使不同量的光透过随后的光学系统.CMOS驱动器与镜子集成在同一基底上.反射镜可以数字(开/关)方式也可以用模拟方式驱动,但是最常用的是数字操作模式,在这种模式下,一种给定颜色的图像的亮度是由每帧时间中像素在“开”状态的时间量控制的,不同的强度水平选用不同的数字时间代码.

我们将假设使用三个分开的DLP芯片,每个芯片用于一种颜色.不过,也能用一个芯片和一个旋转的滤色轮,在每帧像时间内依次显示三种颜色,但是这种方法在使用单个白光光源时最有意义.在使用三个激光光源时,可以采用一种类似的方法,用一个电光开关或微电机械(MEMs)开关每1/3帧时间改变投射到DLP芯片上的光的颜色.因为DLP器件能够以10 kHz的速率开关一帧,这个方法是可能的.

第二种能够一次显示整帧的技术是硅上液晶空间光调制器(其综述见文献[112]).这种方法要制作一个硅芯片,其上有一个独立控制的液晶像素阵列,芯片上也有驱动器.由于液晶盒下有金属层,芯片工作是依靠反射而不是透射.LCOS器件是一种模拟器件,借助受电压控制的液晶偏振旋转来控制每个液晶像素透过的光强度,液晶后面跟着一个起偏器.将一帧图像加载到芯片上,对液晶像素施加适当的电压,使它们偏振转动合适的大小,使后随的起偏器透过的光强度对每个像素都合适.可以用三个调制器,每种颜色一个.如果用的光源是普通的非激光光源,

LCOS 器件可能浪费光功率，因为落在错误的偏振分量中的一半光功率，在光到达器件前就必须抛弃. 然而对于激光光源，它们常常本来就是完全偏振的，这就不是什么问题了. 虽然我们假设系统用了三个 LCOS 芯片，但也可以只用单个芯片并顺序显示三种颜色，如同使用 DLP 的情形一样.

在一个有三个 LCOS 器件的系统中，一帧像显示 1/30 s，任何减弱散斑的机械动作必须在这个时间内进行. 在使用三个 DLP 芯片的系统中，情况要复杂一些，原因是用了二进制脉宽调制表示强度. 要投影的像通过依次投影位平面来显示，第 k 个位平面的投影时间与 2^k 成正比. 对大于 0 的最小强度给的时间最少，最大的强度可用最长的时间，这时该像素在整帧时间内处于“开”状态. 如果显示的强度分辨率为 10 bit(这样的强度分辨率是要达到 1000 : 1 的对比度所需的)，那么理想情况是希望散斑强度的标准偏差小于最低有效位所对应的强度. 但是，实际上，最令人厌烦的是出现在像的最亮的区的散斑，减弱这些区域内的散斑就够了. 作为一个近似，我们假设在一帧图像期间，可用于散斑处理的最小时间大约是每帧时间的 1/8，或大约 4 ms.

整行扫显示

图 6.8 画出了整行扫投影系统的简化方块图. 又用了红光、绿光和蓝光三个激光器. 将来自这些激光的光束整形为线状，每条光通过各自的一维空间光调制器，携带着与该颜色的图像的特定一行相联系的强度信号. 将三种颜色的线合并，再用一个线偏转器和投影光学系统将颜色混合的一行投影到观察屏上.

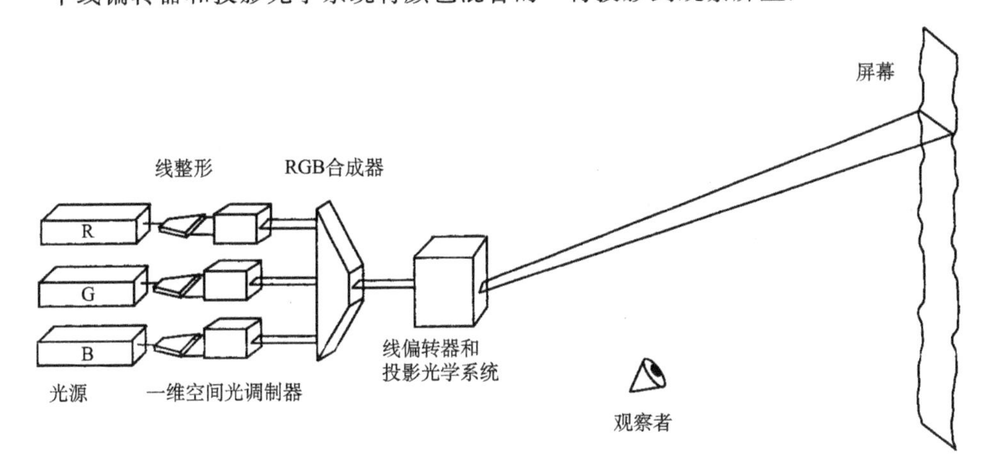

图 6.8 整行扫投影系统的草图，为清晰起见，简化或省略了一些光学元件

最常见的用于投影显示的一维空间光调制器是由 Silicon Light Machines 公司开发的所谓光栅光阀(grating light valve，GLV，见文献[165])，它在投影电视中

的应用权属于索尼(SONY)公司. GLV 也是一种基于硅的微机械反射镜器件,其中交错着可用静电偏转的小带和静止的小带. 起初所有的小带都处于"升起"位置,在这种情况下光不遇到光栅,而是发生这个器件的镜反射. 当可偏转的小带降低时,就出现光栅图案,一部分光就被送到衍射1级. 后面的光学系统挡住不衍射的光,让衍射光通过,在各衍射级上的光量是施加到可偏转小带上的电压的函数. 用这种方式,任何一种颜色的透射光的强度都被以模拟方式在整行上被一次调制. 整行扫是很慢的,为此可以用扫描反射镜. 小带可以在短到约1 μs的时间内偏转.

逐点扫描显示

常见的投影显示型式是逐点扫描显示,这种显示的元件如图6.9所示. 红、绿、蓝三色光源在左边,每一颜色后面有一个调制器. 三色光束然后合起来并送到光束偏转器,偏转器提供慢速的垂直扫描(扫过显示屏上的各行)和快速的水平扫描(扫过每行上的像素). 这个偏转器通常由两个不同的偏转器组成,一个用于对像素的快扫描,另一个用于对各行的慢扫描,快扫和慢扫可以用不同的技术. 这个示意图中没有画出投影光学系统,不过它是必需的. 对行的慢扫描仍可以用一个旋转的有小面元的镜子来实现. 沿着一行的快扫描要用不同的技术,如声光技术、电光技术或非常快速的微机械反射镜.

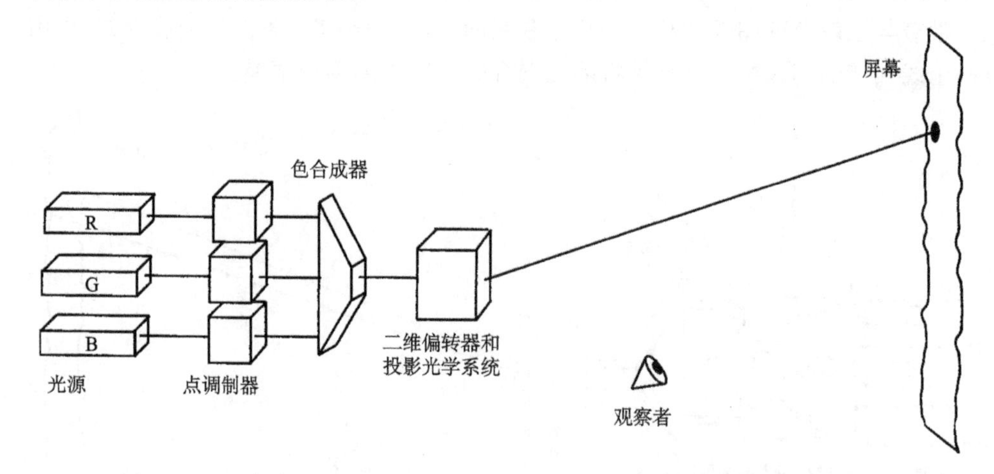

图6.9 逐点扫描投影系统的示意图,为简单计,简化或省略了多个光学元件

6.4.2 投影显示中的散斑抑制

在考虑投影显示中可能的散斑抑制方法时,一个有用的办法是先列出能想到的所有方法,然后评估每种方法对以上讨论的三种显示类型的用处. 要考虑的方法

清单如下：

(1)引入偏振多样性；

(2)引入一个运动屏幕；

(3)引入专门设计的屏幕,使产生的散斑最小；

(4)对每种颜色,加宽光源的谱,或用频率稍有不同的多个激光器来获得照明波长的多样性；

(5)对每种颜色,用空间分开的多个激光器,从而获得照明角度的多样性；

(6)相对于眼睛的分辨率,对投影光学系统的设计要留有余量(对这个方法要作一些解释,见后)；

(7)将一个具有随机相位元胞的变动漫射体成像到屏幕上；

(8)将一个具有确定性的正交相位代码的变动漫射体成像到屏幕上.

下面将讨论每种方法及其局限.

6.4.3 偏振多样性

偏振多样性至多只能得到不大的对比度降低,因此并没有解除多少散斑带来的困扰.然而,有助于减弱散斑的每一因素都应受到欢迎,并且许多方法的确能够也应该合起来用.

如果偏振光源照明的反射屏具有下述性质:它产生两个等强度的并且独立的散斑图样,每个图样是两个正交的偏振分量之一,那么散斑对比度会减少到原来的 $1/\sqrt{2}$.在某些情况下,有可能用偏振使对比度降到 $1/2$ 而不是 $1/\sqrt{2}$,这要求屏幕将入射光退偏振为两个独立的等强度的散斑图样,并进一步要求照明屏幕的光的偏振在两个正交状态之间变化时,所得到的散斑图样的偏振状态也在两个反射的正交偏振态之间变化.如果所有这四个反射散斑图样是独立的,那么,一个入射偏振方向快速旋转(快于眼睛的响应时间)的照明光源产生的观察强度,将等于四个独立的散斑图样的平均,结果散斑对比度总的降低到 $1/2$.如果两个入射偏振状态同时出现而且互相干,就不会观察到这个效应,因为偏振相同的反射散斑将在振幅而不是强度的基础上相加,对比度只降低到 $1/\sqrt{2}$.降低 $1/2$ 也可以不用两个正交的偏振方向的光**依次**照明屏幕来实现,而是**同时**的两个偏振方向的光来实现,这两个偏振方向的光来自两个独立的激光光源,或者两束光来自同一激光器,但将其中一束延迟超过它的相干长度以使两者互不相干.

不幸,许多上述的投影系统的一些别的功能(如调制或光束合成)依赖于偏振的使用.在这种情况下,不能用偏振多样性来减弱散斑.无论如何,人们对那些有潜力提供比偏振多样性减弱散斑更多的方法有更大的兴趣.

6.4.4 运动屏幕

这种应用中一个降低散斑的简单办法是:使屏幕迅速地前后运动(在平行于屏幕的方向),运动的量足够大,使散斑得到明显抑制.屏幕的运动产生了类似的散斑运动,和眼睛所截取的散斑图样的变化.其净效应就是我们所称的、观察者所感觉到的散斑的"沸腾",沸腾的散斑的时间积分使对比度下降.

屏幕要移动多少才能使散斑退相关?与 5.2 节的讨论相似,为了完全退掉散斑的相关,屏幕必须移动眼睛在屏上的一整个分辨元胞的距离.眼睛在屏幕上的分辨基元的尺寸依赖于眼睛的矫正状态(我们假设观察者经过良好的矫正)和环境的黑暗程度(它决定瞳孔的大小).取瞳孔大小的典型值 3.0 mm,眼睛的线扩展函数的角宽度(在这个函数下降到其最大值的 1/10 处测量)约为 4′弧分(见文献[168], P. 30)[11].

对于近于垂直方向的观察,在屏幕上的眼睛分辨元胞的直径 d 可以表示为

$$d = 2z_e \tan(a/2), \tag{6-35}$$

其中 z_e 是从观察者到屏幕的距离,a 是眼睛的角分辨率.在离屏幕 3 m 远处,相应的分辨元胞宽度为 3.5 mm,距离屏幕 10 m 远时(一个尺寸更大的显示)相应的宽度是 1.2 cm.对较小的显示,屏幕必须移动 3.5 mm 的某个倍数.如果目标是把散斑对比度降低到原来的 1/10,用的方法是直线移动,那么屏幕必须移动 100 个眼睛的分辨元胞,也就是一个大得令人不舒服的距离 35 cm,而更大的显示就要求这个移动距离的 3 倍.如果屏幕的运动改成为螺旋式的,其半径逐步增加,那么一个直径约为 3.5 cm 的圆内可覆盖等价数目的分辨元胞.使此任务更为困难的是,所需的运动量必须在给定的时间内完成:对整帧显示,必须在一帧时间内完成;对整行扫显示,得在一行时间内;对逐点扫描显示,得在一个像素的时间内.

有一个更有希望但仍然困难的方法是将屏幕绕一条中心垂直轴或水平轴稍微转动.屏幕转动一角度 φ 使散斑图样转一角度 2φ.为了使眼睛看到的散斑退相关,转动必须够大,能在眼睛在屏幕上的分辨元胞的跨度上(从分辨元胞最远离转动中心的边到最接近转动中心的边)引入 2π 的相位变化.要把散斑对比度抑制到 $1/\sqrt{M}$ 因子,所需的屏幕转角为

$$\varphi = \frac{M\lambda}{2d} = \frac{M\lambda}{2z_e a}, \tag{6-36}$$

其中,用了小角度近似,d 仍然是眼睛在屏幕上的分辨元胞的直径,a 是眼睛的角分辨率,z_e 是眼睛到屏幕上所考虑的特定分辨元胞的距离.当屏幕距离观察者 3 m

---

[11] 注意:瞳孔尺寸越大得到的分辨率越差,因为眼睛的像差加大了.

远,波长是 0.5 μm 时,为将散斑抑制到 1/10,所需的屏幕转角约为 0.4°.

对整帧显示,旋转必须在一帧时间内完成(对上例转动速率为 12°/s).对整行扫显示,旋转应该在一行时间内完成(对上例转动速率应大于 5700°/s),转动应在行方向上.对于逐点扫描显示,转动必须在一个像素的时间内完成(对上例转动速率为 4×10^6°/s).从这些数字看,对于整帧显示,屏幕转动方法似乎不难使散斑对比度有可观的降低.对于整行扫显示,实际只能得到小得多的抑制(如果有的话).而对于逐点扫描显示,屏幕转动方法是不可行的.

我们的结论是:的确可以通过使图像所投影的屏幕运动来抑制散斑,但是通过直线运动降低对比度的能力是十分有限的,但通过屏幕的转动来降低对比度看来对整帧显示是可行的,对整行扫显示的可行性小得多,而对逐点扫描显示也许根本不可能.当然,将屏幕快速转动一个小角度的能力和屏幕的大小和质量有关.

6.4.5 波长多样性

波长多样性可以通过两条不同的途径产生或引入投影显示:①三个激光源的线宽可能足够宽,足以影响散斑的对比度;②也可以对光源的线宽有意地扩展以达到相同的结果.

不幸,即便对接近垂直的照明角度和接近垂直的观察角度,主要依靠面散射的屏幕并不具有很高的频率灵敏度,因此,要把散斑抑制到任何可观的程度,都需要很大的线宽.用(5-111)式可以证明,即便对一个表面高度的标准偏差达 250 μm 的屏幕,当中心波长是 0.5 μm 时,需要的带宽约为中心波长的 2%(在 500 nm 处带宽是 10 nm),才能使散斑的对比度降到 1/10,而将散斑对比度降低到 1/100 是根本不可能的,因为这将要求分数带宽大于 1.

当主导的散射机制是体散射而不是面散射时,出现的微分光程延迟(指不同波长的光程延迟)大得多,这使散斑的频率灵敏度增强不少.但是,这种改善切不可伴随光束在横向散开的程度过大,否则投射在屏幕上的光斑变得比眼睛的分辨基元还大,投影像就模糊了.第 5 章中提过,实验表明,穿透一个 12mm 厚的漫射体的透射光,其频率退相关间隔为 5 GHz[172].但是,穿透这么厚的漫射体的光不能直接用于投影显示,因为伴随着强多重散射的横向散开很大,虽然适度利用这种现象,无疑可以加强频率灵敏度.

6.4.6 角度多样性

假定一种原色光的照明光源是由一个半导体激光器阵列组成,各个激光器独立振荡.因为阵列的各个基元在空间是分开的,若系统设计适当,它们可以以稍有不同的角度照明屏幕,但受到相同的调制.这样一个装置能够把该特定颜色的散斑抑制到什么程度呢?尤其是,在什么条件下,使用 M 个不同光源的阵列会使散斑

对比度降到 $1/\sqrt{M}$呢？

考虑一个相当常见的整帧投影装置，如图 6.10 所示，它有几个照明角不同的光源，每个的波长都是 λ. 以“物”标识的透明片被投影到观察屏上，放大到 m 倍. 图像放大为 m 倍伴随着像空间中的角缩小到 $1/m$.

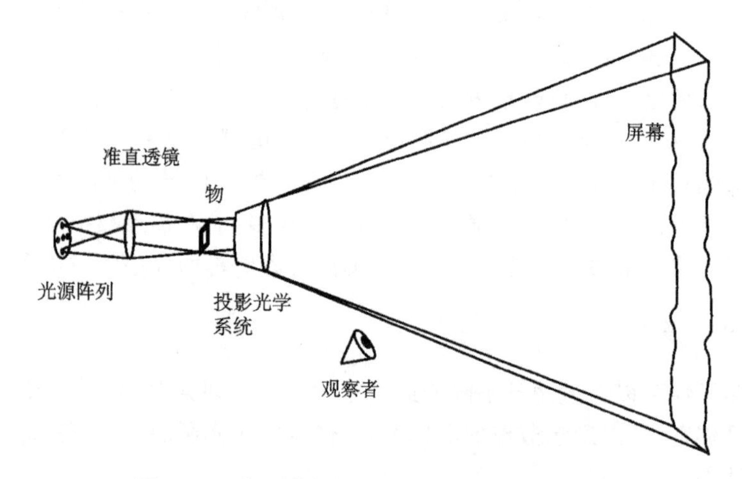

图 6.10　有不同角的光源的基本整帧投影设置

对图 5.20 的讨论包含了对我们的问题的答案. 阵列中的每个光源产生一个分别的散斑强度图样，由于光源互不相干，这些强度图样相加. 对接近垂直的观察角度，不同照明角的主要效应是散斑图样的角移动，内部结构变化不大. 按照对图 5.20 的讨论，当照明角的变化超过眼睛瞳孔的张角时，叠加的散斑图样是不相关的. 这等价于要求投射到眼睛瞳孔的散斑图样在空间移动的大小等于光瞳直径. 记得照明光投射到屏上的角是投射到物的角的 $1/m$，各个光源之间的角间隔必须是眼睛张角的 m 倍.

以上讨论适合于整帧显示. 对整行扫显示，投射到眼睛瞳孔的散斑在垂直于扫描线的方向比平行于扫描线的方向宽很多. 对这种显示，如果想要光源的角间分隔为最小，光源的角度相互之间应当相差平行于扫描线方向的间隔. 对逐点扫描显示，两个方向的间隔是相同的，随便用哪个都行.

我们的结论是：角度多样性原则上对所有三种类型的显示都能降低散斑对比度. 主要的实际挑战与所需的光源角间隔有关，这个角间隔必须是最接近的观察者的眼瞳的角直径的 m 倍. 举个例子，如果投影仪将一个 10 mm 芯片的像投影到一个 3 m 的屏幕上，投影仪的放大倍数 m 是 300 倍，于是光源的角分隔必须是瞳孔张角的 300 倍. 我们若取瞳孔张角为 3 mm 除以大约 6 m 的观察距离，即 5×10^{-4} rad，因此光源的角间隔必须大约为 0.15 rad 或者 8.6°. 如果准直透镜的焦距是 1 cm,那么各个光源的间隔必须是 1.5 mm. 这只是必须由系统设计师考虑的一个例子.

6.4.7 投影光学系统的留有余量的设计

通过投影光学系统的留有余量的设计可以在整行扫和逐点扫描两种显示中达致散斑抑制. 这个方法对整帧显示不能抑制散斑. 我们所说的投影光学系统的留有余量的设计的意思是指投影线的宽度或投影点的大小小于眼睛的分辨率.

基本思路如图 6.11 所示,一个小扫描光点扫过屏幕时在眼睛的分辨元胞内移动. 扫描光点在眼睛分辨元胞内各个不同并不重叠的位置上会产生一个新的独立的散斑图样,由于扫描光点扫过眼睛分辨基元的时间仅仅是整帧时间的一个很小部分,眼睛就对这些不同的散斑图样积分,从而降低了感觉到的散斑对比度. 如果在屏幕上的眼睛分辨元胞的直径为 d,投影光点的直径为 s,则感觉到的散斑对比度为

$$C = \sqrt{s/d}. \tag{6-37}$$

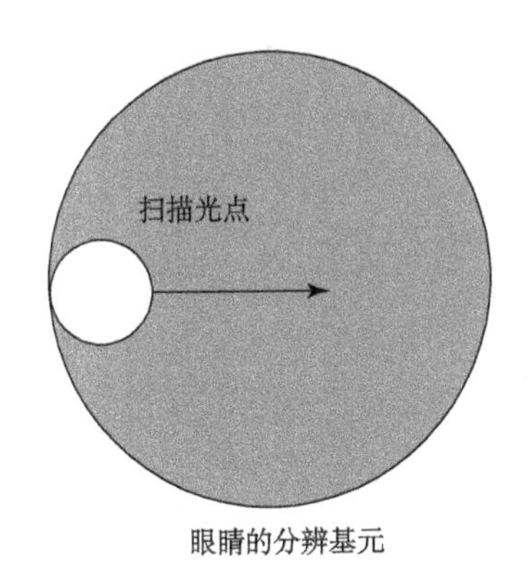

图 6.11 小投影点扫过屏幕上更大的眼睛分辨元胞

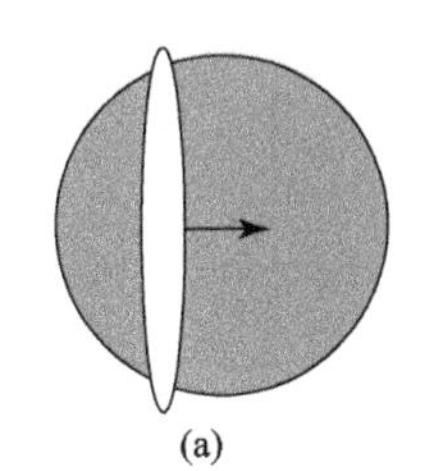

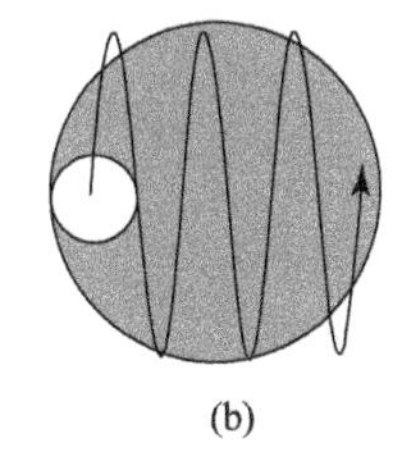

图 6.12 两个不同的点的扫描形式

这个方法的两种变型示于图 6.12 中. 在图(a)中,投影点在垂直方向拉长,散斑的抑制仍由(6-37)式给出. 在图(b)中用了一个更为复杂的扫描路程,将投影亮点送到眼睛分辨基元中大多数能到达的面积上. 由于在这个扫描中包含了 d^2/s^2 个独立点,散斑的减弱将改进到

$$C = s/d. \tag{6-38}$$

并参阅文献[169],那里应用衍射光学元件,以扫描过屏幕的多种圆来填满眼睛的分辨元.

对整行扫系统可以采用类似的方法. 这时一个窄光条扫描穿过屏幕上更宽的

眼睛分辨元胞，能够得到的散斑对比度的降低的大小仍由(6-37)式给出，其中的 s 现在是扫描行的狭窄宽度.

当然，投影光学系统留有余量的设计要付出额外的代价，但是，当降低散斑对比度是首要考虑时，这种方法提供了使对比度明显下降的手段.

6.4.8 将变化的漫射体投影到屏幕上

现在我们转而注意用变化的漫射体来抑制散斑. 考虑图 6.13 的光路，在所示的情况下，物(可取为由一个空间光调制器产生的一整帧)被成像在一个变化的漫射体上. 整行投影和逐点扫描投影两种情况将在后面简要考虑. 假设漫射体是薄的(意为不引起图像失真)，但是在每个像素上都加了一个随机相位. 这种漫射体可以根据一个用光刻方法确定的图案在玻璃上蚀刻而成. 它们可以用一个线性传感器前后移动或转动. 为简单计，我们假设要投影的整帧像是全白的，没有灰阶信息，以将注意力集中在散斑上而不是被投影像的结构上. 此外，我们假设所有的场都是线偏振的，虽然偏振的效应可以根据前面有关这个题目的那一小节来考虑.

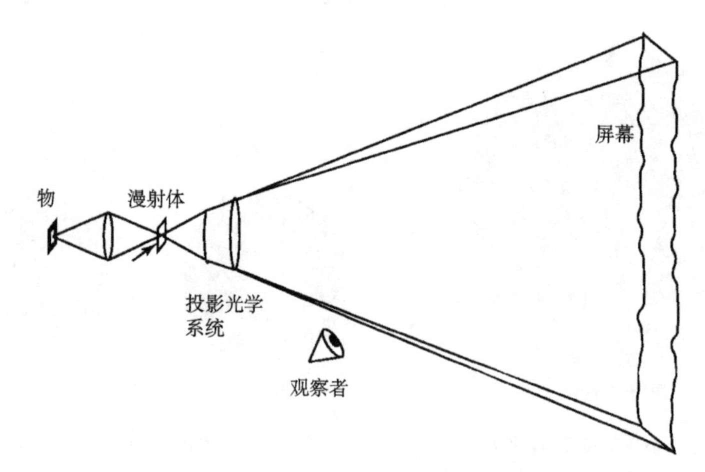

图 6.13 将一帧图成像到一个运动漫射体上再将所得的像投影的简化光路图

当漫射体变化(如运动)时，每个漫射体像素的随机相位在变化. 透射的图像然后投影到粗糙的屏幕上，该屏幕反射的光被观察者的眼睛截取. 我们考虑两种不同的条件：①将漫射体设计成使它透射的光均匀地填满投影镜头，但是并不溢出；②漫射体溢出投影镜头，结果一些光丢失了. 如果漫射体没有溢出投影镜头，那么镜头只是将漫射体的带有随机相位的各个元胞成像到屏幕上，而不在每个元胞中引进强度涨落. 如果漫射体溢出了投影镜头，那么投影仪的每个分辨元胞都要发生一次漫射体散射振幅的随机行走，结果对投射到屏幕上的每个投影镜头的分辨元胞，都产生一个独立的瑞利分布的振幅和均匀分布的相位.

图 6.14 是我们作近似分析的几何基础.为了使漫射体的运动对抑制散斑有效,投影仪镜头在屏幕上的分辨率应该比眼睛的更高.直径 d 的大圆是眼睛在屏幕上的分辨基元,它对应于将光贡献到视网膜上一个点的面积.直径为 s 的较小的圆是投影镜头在屏幕上的分辨基元.在眼睛的一个分辨基元内,有

$$K = \left(\frac{d}{s}\right)^2 \tag{6-39}$$

个投影镜头的分辨基元.

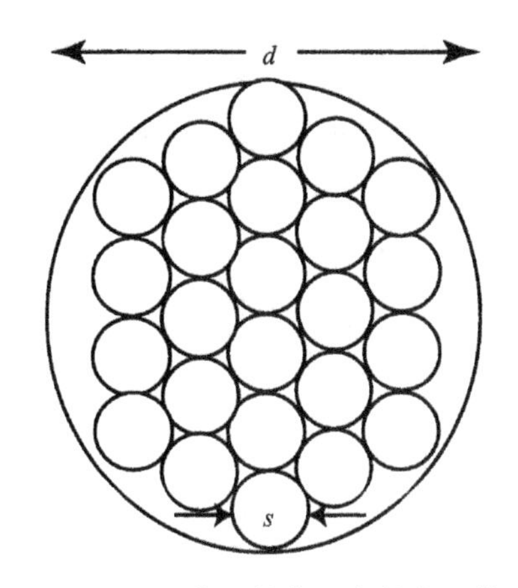

图 6.14 屏幕上的分区直径为 d 的大圆表示眼睛的分辨基元,直径为 s 的小圆表示投影镜头的分辨基元.略去了部分小圆

我们假设投影镜头的每个分辨基元有两种入射情况:当漫射体刚好充满投影镜头时,入射的是一个随机相位;而若漫射体溢出投影镜头,则是关于振幅的随机行走.屏幕当然是光学粗糙的,因此,投影仪镜头在屏幕上的每个分辨基元都在视网膜上对应于这个特定的眼睛分辨基元的点产生一个独立的散斑场.随着漫射体的运动,K 个不同的散斑场贡献改变他们的相对相位(投影镜头刚好填满)或者同时改变振幅和相位(投影镜头溢出时).

我们假设,当漫射体变化时,它给出的漫射体相位图样与前一个漫射体相位图样统计独立.如果漫射体是在运动,那么要给出统计独立性,它必须运动一段眼睛分辨基元所张的线距离.入射到视网膜上(x,y)点的总的积分强度是

$$I(x,y) = \sum_{m=1}^{M} I_m(x,y) \tag{6-40}$$

其中每个 $I_m(x,y)$是由一个独立的漫射体相位图样产生的.如果测量时间为 T,而漫射体呈现一个独立的相位实现所需的时间为 τ,则 $M=T/\tau$.

要求出所产生的散斑对比度,必须进行两种不同的平均.一个是在漫射体相位图样的系综上求平均,这时我们假设漫射体的每个投影元胞或者有一个随机相位,它在$(-\pi,\pi)$区间上均匀分布(投影镜头刚好充满的情况),或者有一个服从瑞利振幅统计和均匀相位统计的散斑场(投影镜头溢出的情况).第二个是在粗糙屏幕的系综上求平均,这时我们假设,在漫射体不存在时,每个投影仪镜头分辨元胞在视网膜上给出通常的与完全散射的散斑相应的复平面上的随机行走.由于屏不运动,与屏相联系的散斑振幅在漫射体不存在时不变.

对比度表示式的理论推导很复杂,我们把它放到附录 E 中.

漫射体不溢出投影镜头的情况

这时如附录 E 中所证明的,求出散斑对比度为

$$C=\sqrt{\frac{M+K-1}{MK}}, \tag{6-41}$$

其中 M 仍是平均的独立漫射体实现的数目. K 是屏幕上处于单个眼睛分辨基元内的投影镜头分辨基元的数目. 注意 M 和 K 永不可能小于 1.

应该探讨几个具体例子来看这个结果是否在物理上有意义. 首先考虑上面提过的 $K=1$ 的情况. 这时,在眼睛的分辨单元里只有一个投影仪分辨单元. 对比度变为

$$C=\sqrt{\frac{M}{M}}=1. \tag{6-42}$$

因此,这时通过变化的漫射体未能抑制散斑,这与物理直观一致,因为改变对视网膜上的给定点作贡献的一个投影仪分辨基元的相位,并不会改变强度统计.

下面考虑 M 固定当 K 变得非常大时会发生什么情况. 这时对比度变为

$$C\approx\sqrt{\frac{K}{MK}}=\sqrt{\frac{1}{M}}. \tag{6-43}$$

因此对于大的 K,对比度下降,这和对 M 个不同的时间相关元胞积分时人们预期的结果一样. 这也有很好的物理意义.

最后,考虑 K 有限而 $M\rightarrow\infty$ 的情况,即在有限的 K 上求很长的时间平均,结果变为

$$C\approx\sqrt{\frac{M}{MK}}=\sqrt{\frac{1}{K}}. \tag{6-44}$$

这个结果可能有点出乎意料. 它说的是,对于在一个眼睛分辨基元里有有限个投影镜头分辨基元的情况,对比度并不随着求平均时间的增加趋于零. 相反它随着积分时间的增加趋于一个渐进值 $\sqrt{1/K}$. 这个效应已在实验中观察到[12],它对我们即将简短讨论的在使用非激光光源的投影系统中观察到的散斑有重要的涵义.

图 6.15(a)画出了从(6-41)式得到的等散斑对比度线. 图 6.15(b)画出了对于不同的 K 值,对比度与 M 的关系曲线. M 大时 C 的渐进行为很明显.

漫射体溢出投影镜头的情况

这时,如附录 E 所表明的,求出散斑的对比度为

---

⑫ J. I. Trisnadi 和我的私人通讯.

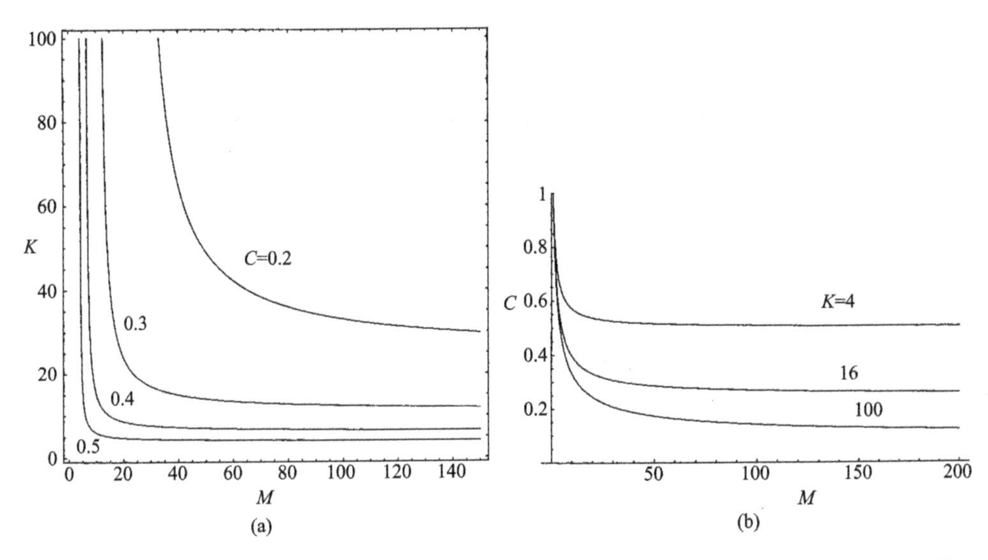

图 6.15 (a)从(6-41)式得到的散斑对比度等值线;(b)对不同的 K 值,对比度和 M 的函数关系,显示了(6-44)式的渐进行为

$$C=\sqrt{\frac{M+K+1}{KM}}. \tag{6-45}$$

注意这与对复合散斑由(3-108)式求得的散斑对比度相同,它与这里遇到的的确是同一情况.

在 K 很大的极限情况,对比度作为 M 的函数仍然有如下行为

$$C\approx\sqrt{\frac{1}{M}}. \tag{6-46}$$

对于固定并有限的 K 值,在 M 大的极限情况,对比度和前面一样趋于渐近值,

$$C\approx\sqrt{\frac{1}{K}}, \tag{6-47}$$

溢出情况的主要不同在于当投影仪分辨元胞的尺寸与眼睛分辨元胞的尺寸相同时发生的事情. 这时

$$C=\sqrt{\frac{M+2}{M}}=\sqrt{1+\frac{2}{M}}. \tag{6-48}$$

对于 $M=1$(只有一个漫射体实现),散斑对比度是$\sqrt{3}$,它比 1 大! 这是问题的双重随机本性的结果:由于涨落的照明强度投射到屏幕上,而屏幕自己也引入涨落. 随着 M 增大,对比度渐近地趋于 1,上一节遇到的同一结果.

K 和 M 平面中的等对比度线,以及 K 值固定时对比度与 M 的关系曲线,与图 6.15 中所画的没有明显差别,就不重复画了.

参数 K 的近似表示式

当眼睛在屏上的点扩展函数内有许多个分辨元胞时，能够求出参数 K 的近似表示式. 用第 4 章得到的结果，特别是(4-132)式，将其中的符号改变以适合现在的问题，参数 K 由下式精确给出：

$$K=\left[\frac{1}{\mathcal{A}_e}\iint_{-\infty}^{\infty}\mathcal{P}_e(\Delta x,\Delta y)\mid\boldsymbol{\mu}_p(\Delta x,\Delta y)\mid^2\mathrm{d}\Delta x\mathrm{d}\Delta y\right]^{-1},\tag{6-49}$$

其中 $\boldsymbol{\mu}_p$ 是从投影镜头到达屏幕的光振幅的归一化相关函数，$\mathcal{P}_e$ 是在屏幕上的眼睛的强度点扩展函数的自相关函数(我们用符号 p_e 表示这个点扩展函数)，$\mathcal{A}_e$ 是点扩展函数 p_e 下的面积. 虽然由于眼睛的点扩展函数的具体形式(下面将讨论)，要从此式得到 K 的一个精确表示式相当困难，但是当投影镜头的点扩展函数的直径比眼睛点扩展函数的直径窄很多时，能够找到一个合适的结果. 对很窄的 $\boldsymbol{\mu}_p$，$\mathcal{P}_e(\Delta x,\Delta y)$可以换成 $\mathcal{P}_e(0,0)$，给出

$$K\approx\left[\frac{\mathcal{P}_e(0,0)}{\mathcal{A}_e}\iint_{-\infty}^{\infty}\mid\boldsymbol{\mu}_p(\Delta x,\Delta y)\mid^2\mathrm{d}\Delta x\mathrm{d}\Delta y\right]^{-1}.\tag{6-50}$$

计算自相关函数 $\mathcal{P}_e(\Delta x,\Delta y)$在原点的值，得到

$$\mathcal{P}(0,0)=\iint_{-\infty}^{\infty}p_e^2(x,y)\mathrm{d}x\mathrm{d}y.\tag{6-51}$$

并注意

$$\mathcal{A}_e=\iint_{-\infty}^{\infty}p_e(x,y)\mathrm{d}x\mathrm{d}y.\tag{6-52}$$

因此

$$K\approx\left[\frac{\iint_{-\infty}^{\infty}p_e^2(x,y)\mathrm{d}x\mathrm{d}y}{\left(\iint_{-\infty}^{\infty}p_e(x,y)\mathrm{d}x\mathrm{d}y\right)^2}\left(\iint_{-\infty}^{\infty}\mid\boldsymbol{\mu}_p(\Delta x,\Delta y)\mid^2\mathrm{d}\Delta x\mathrm{d}\Delta y\right)\right]^{-1}\tag{6-53}$$

求眼睛的强度点扩展函数要费一些力. 我们的出发点是一个瞳孔为 3 mm 的眼睛的线扩展函数的模型，Westheimer 对这个模型与实验数据作了拟合[174]⑬. 他的线扩展函数模型 $L_e(\alpha)$是一个对称函数

$$L_e(\alpha)=0.47\mathrm{e}^{-3.3\alpha^2}+0.53\mathrm{e}^{-0.93|\alpha|},\tag{6-54}$$

其中 α 是以弧分为单位的视角. 注意眼睛不是衍射置限的. 要从线扩展函数求圆型

⑬ 这不是文献中出现的唯一的眼睛响应模型. 另一模型参看例如文献[175].

对称系统的点扩展函数是光学中的经典问题，求解途径如下：首先求线扩展函数的傅里叶变换 $L_e(\nu)$，这时它是

$$L_e(\nu) = 0.46\exp(-3\nu^2) + \frac{1}{0.88 + 40\nu^2}. \tag{6-55}$$

由于线扩展函数是二维点扩展函数延某个方向的投影，傅里叶分析的投影切片定理隐含着 p_e 的二维傅里叶变换的径向剖面是

$$P_e(\rho) = L_e(\rho) = 0.46\exp(-3\rho^2) + \frac{1}{0.88 + 40\rho^2}, \tag{6-56}$$

其中 $\rho=\sqrt{\nu_x^2+\nu_y^2}$，其量纲为每弧分的周数. 这个函数的二维逆傅里叶变换给出眼睛的点扩展函数，求出为

$$\tilde{p}_e(s) = 0.48\exp[-3.3s^2] + 0.16K_0(0.93s), \tag{6-57}$$

其中 $K_0(\cdot)$是 0 阶第二类修正的 Bessel 函数，量 s 是以弧分为单位的角半径.

取一个普通的空间来进行积分，我们选择用屏幕坐标来表示点扩展函数，考虑到从弧分到半径的转换，要求作代换 $s\to 3438r/z_e$，给出

$$p_e(r) = 0.48\exp(3.9\times 10^7 r^2/z_e^2) + 0.16K_0(32\times 10^3 r/z_e). \tag{6-58}$$

$p_e(r)$下体积的平方等于 $1.88\times 10^{-14} z_e^4$. $p_e^2(r)$下的体积等于 $3.18\times 10^{-8} z_e^2$.

为了完成计算，我们必须求出$|\boldsymbol{\mu}_p(\Delta x,\Delta y)|^2$ 下的体积. 在漫射光溢出投影镜头的情况下，这个量可以用(5-91)式来计算，假设投影镜头的出瞳是直径为 D 的圆，它到屏幕的距离为 z_p，结果为

$$|\boldsymbol{\mu}_p(r)|^2 = \left| 2\frac{J_1\left(\frac{\pi D}{\lambda z_p}r\right)}{\frac{\pi D}{\lambda z_p}r} \right|^2, \tag{6-59}$$

其中 $r=\sqrt{\Delta x^2+\Delta y^2}$. 已知这个函数下的体积为 $1.27\lambda^2 z_p^2/D^2$. 最后我们求得

$$K \approx 4.7\times 10^{-7}\frac{D^2 Z_e^2}{\lambda^2 z_p^2}. \tag{6-60}$$

注意当光被投影成为朝屏幕方向收敛的锥状光束时，$\widetilde{D}=(z_e/z_p)D$ 是在眼睛所在的 z 平面上投影光学系统的直径，我们可以等价地将此结果表示为

$$K \approx 4.7\times 10^{-7}\frac{\widetilde{D}^2}{\lambda^2}. \tag{6-61}$$

此结果只有当 $K\gg 1$ 时成立；随着 K 缩小，它必定渐近地趋于 1[14].

[14] 如果我们用电子探测器和衍射置限的成像镜头代替眼睛，相应的结果就变成了 $K\approx\Omega_p/\Omega_d$，其中 Ω_p 是投影镜头孔径所张的立体角，Ω_d 是探测器透镜孔径所张的立体角，两个立体角都从屏上测量. 又见(5-122)式.

对于一个随机相位漫射体刚好充满或尚未充满投影光学系统的情况，我们假设漫射体的各个随机相位元胞放大投影到屏幕上（即我们略去了投影镜头有限孔径引起的衍射效应）. 由于眼睛注视屏上的位置相对于相位元胞之间分隔线的格子是随机的，不难证明

$$|\boldsymbol{\mu}_{\mathrm{p}}(\Delta x,\Delta y)|^2=\left(1-\frac{|\Delta x|}{mb}\right)^2\left(1-\frac{|\Delta y|}{mb}\right)^2, \tag{6-62}$$

其中假设漫射体的相位元胞是方形的，边长为 b，投影系统的放大倍数用 m 表示. 用(6-53)式和(6-58)式，这个函数下的体积为 $0.44m^2b^2$. 这个结果就给出适用于刚好充满或尚未充满的情况的 K 的表示式：

$$K\approx 1.3\times 10^{-6}\,\frac{z_{\mathrm{e}}^2}{b^2m^2}. \tag{6-63}$$

这个结果仍然只在眼睛在屏幕上的脉冲响应内有许多投影相位元胞时才成立.

具有确定性的正交编码的变化漫射体

在本小节，我们推导 Trisnadi 得到的结果[166]，他设计的相位掩模具有某种有助于减弱散斑的正交性. 我们从关于投射到视网膜上一点的总强度的(E-3)式出发，我们将此式重写在下面：

$$I=\sum_{m=1}^{M}\sum_{k=1}^{K}\sum_{l=1}^{K}\boldsymbol{A}_k\boldsymbol{A}_l^*\boldsymbol{B}_k^{(m)}\boldsymbol{B}_l^{(m)*}, \tag{6-64}$$

其中，$\boldsymbol{B}_k^{(m)}$ 表示在第 m 个漫射体实现期间一个投影镜头分辨基元投影到屏幕上的场，$\boldsymbol{A}_k$ 是如果 $\boldsymbol{B}_k^{(m)}$ 是 1 的话屏幕上的那个投影镜头分辨基元将投射到视网膜上的随机散斑场. 与前面考虑的随机漫射体的情况不同，这时漫射体的贡献完全是确定性的. 如果先对 m 求和，我们就得到

$$I=\sum_{k=1}^{K}\sum_{l=1}^{K}\boldsymbol{A}_k\boldsymbol{A}_l^*\sum_{m=1}^{M}\boldsymbol{B}_k^{(m)}\boldsymbol{B}_l^{(m)*}. \tag{6-65}$$

现在假定我们能够找到合适的照明条件和一组 M 个漫射体的结构，使得

$$\sum_{m=1}^{M}\boldsymbol{B}_k^{(m)}\boldsymbol{B}_l^{(m)*}=\beta\delta_{kl}, \tag{6-66}$$

其中，β 是一个正实数常数，β_{kl} 是克罗内克(Kronecker)符号，

$$\delta_{kl}=\begin{cases}1 & k=l\\ 0 & k\neq l.\end{cases} \tag{6-67}$$

我们就得到一个总强度为

$$I=\beta\sum_{k=1}^{K}|\boldsymbol{A}_k|^2. \tag{6-68}$$

即在屏幕上的一个眼睛分辨基元内的多个投影仪的分辨基元将在**强度**基础上而不是振幅基础上相加，得出对比度 $C=\sqrt{1/K}$. 注意这时 M 不是独立的变量，而是必须适当选择使正交条件成立. M 的最小值是 K，因为使图样在强度基础上相加需要至少有 K 个图样. 注意 $C=\sqrt{1/K}$可以经 K 步得到.

Trisnadi 用刻蚀在玻璃上的相位掩模和一个不溢出的投影仪演示了这种类型的散斑减弱，$\boldsymbol{B}_k^{(m)}=\exp(\mathrm{j}0)=+1$ 或 $\boldsymbol{B}_k^{(m)}=\exp(\mathrm{j}\pi)=-1$. 他发现与一个 Hadamard 矩阵有关的掩模具有所要求的性质，并成功地演示了散斑像预期那样减弱. 详情见文献[166]. 注意，不论散射体是随机的还是正交的，用变化漫射体的方法不可能将散斑对比度降到 $C=\sqrt{1/K}$以下. 但是，只要适当地选择正交的漫射体，是能够在有限步改变漫射体之后达到这个极限的，而用随机的漫射体，只有当$M\to\infty$时才渐近地趋于这个极限.

整行扫和逐点扫描显示

上面的讨论假设像是整帧显示的. 变化漫射体的技术在多大的程度上可以应用于整行扫显示和逐点扫描显示呢?

原则上，这些技术可以应用于所有三种显示类型，但是实际上有一些严重的限制. 对整行扫显示，随机漫射体和正交漫射体都可以应用(事实上，Trisnadi 就是用整行扫显示演示正交漫射体技术的). 整行扫显示和逐点扫描显示共同面对的制约是可用来将漫射体改变多个实现的时间. 虽然对整帧显示这一时间达1/30 s[⑮]，对于整行扫显示这个时间只有几十 μs，而对逐点扫描显示则不大于100 ns. 虽然一行的时间已足够长，足以让漫射体改变许多个实现，但对逐点扫描一个像素的时间则太短了，使这种技术看来不现实. 此外，在逐点扫描显示中，眼睛对在眼睛分辨基元中的投影分辨元胞的响应的权重会以某种方式逐渐减小，减小的方式细节随不同的观察者和不同的光照条件而不同，因此在像素基础上应用正交编码是不现实的.

我们的结论是，用改变漫射体的方法在实践中只限于整帧显示和整行扫显示.

使用非激光光源的投影显示中的散斑

迄今我们的讨论都集中在使用激光的投影系统上，因为这种系统中散斑的存在最为明显. 在本小节中，将讨论基于非激光的系统中散斑的出现.

仍假设投影镜头是留有余量设计的，它将镜头的 K 个分辨元胞投影到屏幕上的一个眼睛分辨元胞内. 暂时忽略光源的带宽，假定三原色中每种颜色都已经过滤

---

⑮ 如前所述，DLP 芯片是在微反射镜的"开通"状态的时间内实现强度调制，而图像较暗的区域所占的时间比整帧时间少很多. 因此通过改变漫射体来抑制散斑只能在图像的较亮的区域有效，但是这正是散斑最令人厌烦的区域.

波产生比较窄的线宽，我们只考虑三种颜色中的一种.

我们需要稍微离题，先说明一下非激光(或更精确地说是大多数非激光光源产生的“热”光)的时间性质. 这种光的典型的产生过程是：大量原子或分子被热、电或其他手段激发到高能态，然后通过叫做自发发射的过程随机地而且独立地掉到能量较低的态. 让这种光通过起偏器，就只须考虑一个线偏振分量. 如果我们能在空间一点考察这个快速变化的光的性质，我们将观察到的光可以用一个快速变化的复解析信号描述. 令 $u(t)$ 表示这个解析信号，那么

$$\boldsymbol{u}(t)=\boldsymbol{A}(t)\exp(-\mathrm{j}2\pi\bar{\nu}t), \tag{6-69}$$

其中，$\bar{\nu}$ 是信号的中心频率，$\boldsymbol{A}(t)$ 是时变的复包络，有

$$\boldsymbol{A}(t)=|\boldsymbol{A}(t)|\exp[\mathrm{j}\theta(t)]=A(t)\exp[\mathrm{j}\theta(t)]. \tag{6-70}$$

解析信号的实部是波在所选点的实值标量振幅.

复包络本身是由参与自发发射的每一个原子或分子事件产生的大量“基元”复包络之和：

$$\boldsymbol{A}(t)=\sum_{\text{所有原子}}\boldsymbol{a}(t)=\sum_{\text{所有原子}}a(t)\exp[\mathrm{j}\phi(t)]. \tag{6-71}$$

可以认出，对任何确定时刻 t，(6-71)式都是复平面上的一个随机行走，其步数与 t 无关. 于是可得出结论，在确定的时刻 t，总振幅 $A(t)$ 的统计服从瑞利分布，相位 $\theta(t)$ 服从 $(-\pi,\pi)$ 上的均匀分布. 由此可得强度 $I(t)=|A(t)|^2$ 服从负指数分布. 在光波的每个相关时间(近似为光波带宽的倒数)内，随机行走会有一个新实现，取不相关的 $I(t)$ 值和 $\theta(t)$ 值. 于是我们看到，**偏振热光的时间统计性质和散斑的系综统计性质是一样的！**

如果产生光的光源是空间不相干的，那么从(5-91)式我们知道复相干因子由投影镜头光瞳上的强度分布的傅里叶变化给出. 因此，如果我们将时间冻结在一个比光波带宽的倒数小得多的区间内，入射到屏幕上的将是一个其强度和相位都涨落的波，每种涨落的空间尺度都与投影镜头的衍射限同一量级. 每个投影分辨基元中的光的瞬时强度都服从负指数统计，瞬时相位则在 $(-\pi,\pi)$ 上均匀分布. 不同的基元互相独立地涨落.

与这些事实一致，随着时间进展，屏幕被变化极快的散斑图样照明，两个独立的实现之间的时间近似为光波带宽的倒数. 对于典型的带宽值，在眼睛的一个响应时间之内，会有这个散斑的数目极大的 M 个不同实现. 然而，我们已经看到，当一个眼睛分辨元胞内的投影分辨元胞数目 K 是有限时，即使投射到屏幕上的散斑独立实现数目巨大，也不能将散斑的对比度压到 $\sqrt{1/K}$ 以下. 光源的有限带宽可以通过频率多样性把对比度压到更低，但是我们已看到，当屏上散射的主要机制是面散射时，散斑对频率变化相对不敏感.

这种效应在微显示系统中特别明显，这是设计为供单个观察者用的微小显示系统. 对这种显示系统，投影仪光瞳的典型尺寸比较小，5 cm 的量级或更小. 如果屏幕在 1 m 开外，按照范西特-泽尼克定理，对于可见光，屏幕上相干面积的直径为 10 μm 的量级. 因此，光的相干性伸展到屏幕上的多个相关面积上，我们将观察到散斑. 如果眼睛对屏幕上的 K 个相干面积作平均，如前所述，散斑的对比度将下降到$\sqrt{1/K}$. 投影镜头越小，K 就越小，散斑就越成为问题.

因此在使用非激光光源的显示系统中也有可能观察到散斑. 这在多大的程度上成为一个问题，在很大程度上取决于参数 K 的值，即与眼睛的分辨率相比，投影仪光学系统的设计留有多大的余量.

6.4.9　专门设计的屏幕

一种能在适当条件下消除散斑的方法是制造一种专门的观看屏幕，其性质将在下面描述. 这种屏幕的一个例子是 RPC Photonics 公司的**操控漫射体**(*Engineered Diffusers*). 为了对整帧显示和整行扫显示有效，这种屏幕必须与一个待投影的运动漫射体或其他减弱投射到观察屏上的光的空间相干性的方法一道使用. 在使用非激光光源，而散斑可能由随机的粗糙屏幕产生时(见 6.4.8 节的最末一小节)，这种屏幕也有效.

考虑一个屏幕，它由微小的凸球面或非球面反射镜的阵列组成，如图 6.16 所示. 进一步假定这些反射镜在一个平面之上的高度是随机变化的，这些反射镜的大小则假设近似相同. 单个反射镜将光散开到一个角度范围内，角度大小由其曲率半径确定，使得屏幕可以在一个角度范围内观察.

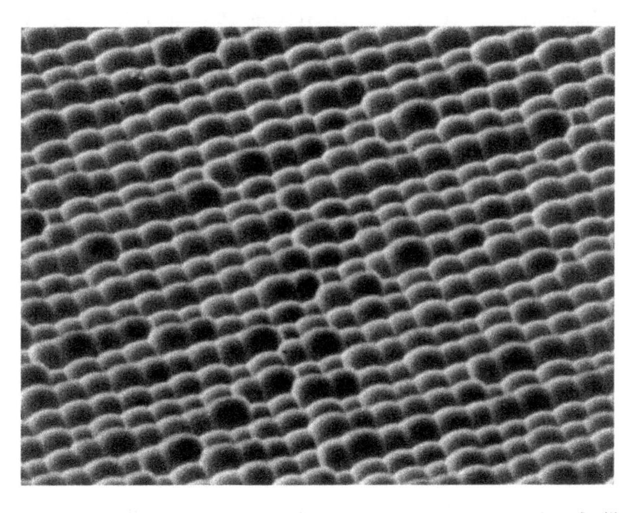

图 6.16　反射元件的微结构阵列(由 RPC Photonics 公司提供)

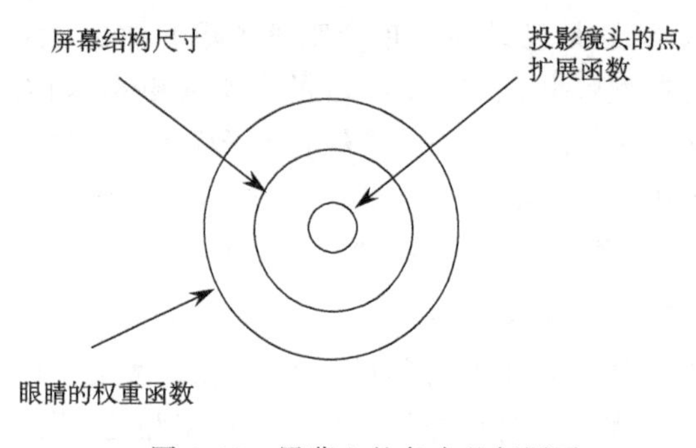

图 6.17　屏幕上的各个几何因子

假设屏幕上的各个几何因子如图 6.17 所示. 大圆代表成像到视网膜上一点的屏幕上的面积. 小圆代表投影镜头的点扩展函数覆盖的面积. 中圆代表屏幕上反射元件的平均大小. 这些因子的相对大小的顺序必须如图所示,才能达到抑制散斑的目的. 屏幕上反射元件的尺寸必须小于眼睛分辨基元,以避免由于观察者分辨屏幕的细节而引起的干扰. 而投影镜头的点扩展函数必须小于屏幕反射元件的尺寸,才能达到抑制散斑的目的,这将在下面论证. 注意这仍属于要求投影镜头的设计留有余量的情形,即要求投影镜头的分辨率比眼睛分辨率好.

先考虑逐点扫描显示的情形. 当投影光点在显示的一行上扫描时,在绝大部分时间内,投影光点只照在屏幕的单个基元上,仅有的例外是光点扫过屏幕基元之间的边界时的短暂时刻. 由于这一事实即在大部分时间内屏幕上只有一个基元被照亮,这使得屏幕不同基元的贡献之间没有发生干涉的机会,因此显示的图像中没有散斑.

下面考虑整行扫显示和整帧显示的情况. 在这两种情况中,屏幕上都有多个基元同时被照明,因此单单靠屏幕不会消除散斑. 但是,如果这种屏幕和变化漫射体投影的方法联合,如前节所述,是能够抑制散斑的. 假设与一行的时间(对整行扫显示)或一帧时间(对整帧显示)相比漫射体变化足够快,并假设从投影镜头射到屏幕的光可认为是部分相干的,其相干面积近似为投影镜头点扩展函数的大小,相干时间由漫射体变化的速率确定. 由于相干面积比屏幕基元的尺寸小,来自不同屏幕基元的光没有机会发生干涉,散斑将被抑制.

若 K 表示眼睛的权重函数内相干面积的个数,M 表示在一行时间或一帧时间内受到平均的时间相关元胞的个数,我们可以仍从(E-3)式出发,

$$I=\sum_{m=1}^{M}\sum_{k=1}^{K}\sum_{l=1}^{K}\boldsymbol{A}_k\boldsymbol{A}_l^{*}\boldsymbol{B}_k^{(m)}\boldsymbol{B}_l^{(m)*}. \tag{6-72}$$

$\boldsymbol{B}_k^{(m)}$ 仍表示由一个投影镜头分辨基元投影到屏幕上的场,而 $\boldsymbol{A}_k$ 表示如果场 $\boldsymbol{B}_k$ 是 1 的话由屏幕上第 k 个投影镜头分辨基元投影到视网膜上的场. 对本节所考虑的屏幕,场 $\boldsymbol{A}_k$ 的形式近似为

$$\boldsymbol{A}_k=\exp(\mathrm{j}\phi_p) \tag{6-73}$$

其中 ϕ_p 是第 p 个屏幕基元加给从屏幕反射的场的相位. 对附录 E 的分析作适当的改变,即将 $J_A=|\overline{\boldsymbol{A}_k}|^2$ 换成 1 及将 $|\overline{\boldsymbol{A}_k}|^4$ 换成 1,我们得到散斑的对比度在变化的漫射体刚好充满投影镜头时为

$$C=\sqrt{\frac{K-1}{KM}},\tag{6-74}$$

当变化的漫射体溢出投影镜头时为

$$C=\sqrt{\frac{1}{M}},\tag{6-75}$$

注意当漫射体刚好充满投影镜头并且眼睛的响应函数内只有一个投影仪分辨元胞时散斑消失,但是在观察者看来,屏幕的结构可能很明显并且讨厌.

注意,在原则上,随着 $M\to\infty$ 散斑会消失. 但是实际上,用整帧显示比整行扫显示更容易达到散斑抑制,因为用整帧显示有更多的时间来得到许多漫射体实现(M 大).

6.5 投影微光刻中的散斑

微光刻[16]的核心任务是将一个掩模的图像投影到镀在硅晶片上的一层光阻材料上. 通常光学系统还得将掩模缩小. 目的是借助于选择性的刻蚀,最终将想要的特性印到硅上,得到尽可能小的特性.

虽然在半导体工业的微光刻术中,有许多个小的误差源,但一般并不将散斑列为误差源之一. 显然,光在光阻材料中的体散射和来自下层的硅的随机背散射都太小,不在光阻材料中给出明显的随机干涉[17]. 然而最近有人提出([140],[138]),对于当前用作微光刻光源的准分子激光器,存在着一种可能引起误差的类似散斑的现象. 虽然对于期刊是否如此迄今还没有确定的证明,但是这个说法已足以引发我们的兴趣,值得在此作一讨论.

我们从讨论准分子激光的相干性质出发,进而讨论所关心的类似散斑现象,然后分析这种散斑对线边位置误差的影响.

6.5.1 准分子激光的相干性质

准分子激光器是当前产生用于微光刻术的远紫外波长激光的唯一选择. 这种激光器在许多空间模式中振荡,有低度的空间相干性. 此外,它有相对宽的光谱,使它的时间相干性也不高. 这些低度相干性是我们想要的,因为它们有助于避免伴随相干光成像而来的各种不受欢迎的赝像. 同时,准分子激光器比相同光谱区域内的非激光源有大得多的亮度(每单位面积和单位立体角的瓦数).

---

⑯ 关于光刻原理的一本极好的书是文献[101].

⑰ 来自硅表面的非随机反射能够在光阻材料中产生驻波,对被刻印的特性有害的影响,但这不是一种散斑现象.

准分子激光器的低相干性的部分原因，是由于激光器腔内有高损耗，光子只在腔内来回几次就离开腔了. 用于微光刻的脉冲准分子激光器的典型参数如下：

- 中心波长：193 nm；
- 增益谱带宽：1 nm；
- 激光线宽(腔内的光栅和/或棱镜)：0.15 pm；
- 脉冲宽度：35 ns；
- 一次曝光所积分的脉冲数：40；
- 光的偏振态：偏振.

一个典型的曝光系统包括一个脉冲展宽器来延长脉冲，一个光束均匀器来产生强度尽可能均匀的光束，以及安置在腔中的光栅和/或棱镜来收窄线宽. 人们不断努力使这些激光的带宽进一步变窄，以使成像光学系统的色差最小.

6.5.2 时域散斑

这里考虑的散斑现象并不是从一个粗糙表面反射的光生成的通常的散斑，而是强度随时间的涨落，这种强度的时间涨落与发光源的相干时间比典型的非相干光源的相干时间长很多有关. 文献[140]的作者称这类散斑为“动态散斑”. 我们在这里宁可用“时域散斑”，因为“动态散斑”在散斑计量学领域中有不同的意义.

我们在第 190 页上曾较详尽地讨论过，偏振的非激光光源的强度的时间涨落在时间中服从的统计分布，和传统的散斑在空间上服从的统计分布相同，即此强度服从负指数分布. 因此将这种涨落称为“时域散斑”是合理的. 传统散斑的大多数空间性质也是时域散斑的时间性质.

光阻材料上任意一点所接受的能量由一次曝光中所用的多个脉冲的积分光强组成. 在这一列脉冲内有数目有限的相干时间，结果，留存有与积分强度相联系的强度的剩余涨落. 与第 92 页开始的小节的讨论一致，对于强度脉冲形状为$P_{\mathrm{T}}(t)$的单个激光脉冲，自由度数[18] N_1 由下式给出：

$$N_1 = \frac{\left(\int_{-\infty}^{\infty} P_{\mathrm{T}}(t)\,\mathrm{d}t\right)^2}{\int_{-\infty}^{\infty} K_{\mathrm{T}}(\tau)\,|\boldsymbol{\mu}_{\mathrm{A}}(\tau)|^2\,\mathrm{d}\tau}, \tag{6-76}$$

来自一个脉冲的时间积分散斑的对比度为

$$C = \frac{\left[\int_{-\infty}^{\infty} K_{\mathrm{T}}(\tau)\,|\boldsymbol{\mu}_{\boldsymbol{A}}(\tau)|^2\,\mathrm{d}\tau\right]^{1/2}}{\int_{-\infty}^{\infty} P_{\mathrm{T}}(t)\,\mathrm{d}t}, \tag{6-77}$$

---

[18] 我们用符号 N 表示时间自由度，保留符号 M 为空间自由度之用.

其中 $K_T(\tau)$是 $P_T(t)$的自相关函数.

现在,我们取激光光谱(归一化为单位面积)为高斯型光谱,和(6-24)式中一样:

$$\hat{\mathcal{G}}(\nu) = \frac{2\sqrt{\ln 2}}{\sqrt{\pi}\Delta\nu}\exp\left[-\left(2\sqrt{\ln 2}\,\frac{\nu+\bar{\nu}}{\Delta\nu}\right)^2\right], \tag{6-78}$$

其中 $\Delta\nu$ 仍是光谱的半峰值全宽度.复相干因子之值的平方是

$$|\boldsymbol{\mu}_A(\tau)|^2 = \exp\left[-\frac{\pi^2\Delta\nu^2\tau^2}{2\ln 2}\right]. \tag{6-79}$$

此外,我们假设激光强度脉冲的形状是高斯型的,其半峰全宽的脉冲宽度为 Δt,为简单计,并设其面积为 1,

$$P_T(t) = \frac{2\sqrt{\ln 2}}{\sqrt{\pi}\Delta t}\exp\left[-\left(2\sqrt{\ln 2}\,\frac{t}{\Delta t}\right)^2\right]. \tag{6-80}$$

这种形状脉冲的自相关函数为

$$K_T(\tau) = \sqrt{\frac{2\ln 2}{\pi}}\,\frac{1}{\Delta t}\exp\left[-\left(\sqrt{2\ln 2}\,\frac{\tau}{\Delta t}\right)^2\right]. \tag{6-81}$$

于是与单个脉冲相联系的自由度数 N_1 为

$$\begin{aligned} N_1 &= \left[\int_{-\infty}^{\infty} K_T(\tau)\,|\boldsymbol{\mu}_A(\tau)|^2 \mathrm{d}\tau\right]^{-1} \\ &= \left[\sqrt{\frac{2\ln 2}{\pi}}\,\frac{1}{\Delta t}\int_{-\infty}^{\infty}\exp\left[-\left(\sqrt{2\ln 2}\,\frac{\tau}{\Delta t}\right)^2\right]\exp\left[-\frac{\pi^2\Delta\nu^2\tau^2}{2\ln 2}\right]\mathrm{d}\tau\right]^{-1} \\ &= \left[1+\left(\frac{\pi\Delta\nu\Delta t}{2\ln 2}\right)^2\right]^{1/2}. \end{aligned} \tag{6-82}$$

对一列 $\mathcal{K}$个脉冲,自由度数为

$$N_{\mathcal{K}} = \mathcal{K}N_1, \tag{6-83}$$

作替换

$$\Delta\nu = \frac{c\Delta\lambda}{\bar{\lambda}^2}, \tag{6-84}$$

得到最终结果为

$$N_{\mathcal{K}} = \mathcal{K}\left[1+\frac{\pi^2\Delta t^2 c^2\Delta\lambda^2}{(2\ln 2)^2\bar{\lambda}^4}\right]^{1/2}. \tag{6-85}$$

把 6.5.1 节假设的数值代入此式,得到结果

$$N_{\mathcal{K}} = 3833 \tag{6-86}$$

及

$$C = 0.016. \tag{6-87}$$

于是积分散斑强度的标准偏差为 0.016 乘上平均积分强度.

剩下来要确定所预言的积分强度涨落如何影响硅晶片上实现的线边的位置.

6.5.3 从曝光涨落到线位置的涨落

在本节中,我们用一个极其简化的模型来表明,强度的变化如何导致一条边的位置的变化.这个例子很特殊,但是它可能有助于提出更全面、更精确的计算这些效应的方法.

首先作一些假设.第一,假设我们的目的是产生亮区和暗区之间的一个边的像.假设光阻材料有一个陡峭的积分强度阈值,用 W_T 表示.任何大于它的积分强度值会使光阻材料曝光,任何小于它的值将使光阻材料不曝光.

虽然光刻成像系统实际上是部分相干的,我们在这里考虑非相干系统和相干系统两种情况,期望部分相干系统的结果在两者之间.图 6.18(a)画的是在非相干情况下,对 $W(0)$(边上的积分强度)与 W_T(积分强度的阈值)的几个不同的比值,归一化积分强度 $W(x)/\overline{W}$ 的空间分布.这里假设一维强度扩展函数之形式为

$$K(x) = \exp\left[-\left(\frac{2\sqrt{\ln 2}x}{\Delta x}\right)^2\right], \tag{6-88}$$

其中 Δx 表示扩展函数的半峰全宽宽度.$W(0)/W_T=1.0$ 的曲线代表理想情况,这时边上的积分强度等于积分强度的阈值,对这根曲线,右边的渐近值在非相干的情况下应该是阈值的两倍.在实际情况中,由于积分强度的统计性质,真实的 $W(0)/W_T$ 值可能大于或小于这个理想值.图 6.18 中的几条别的曲线代表这些情况.

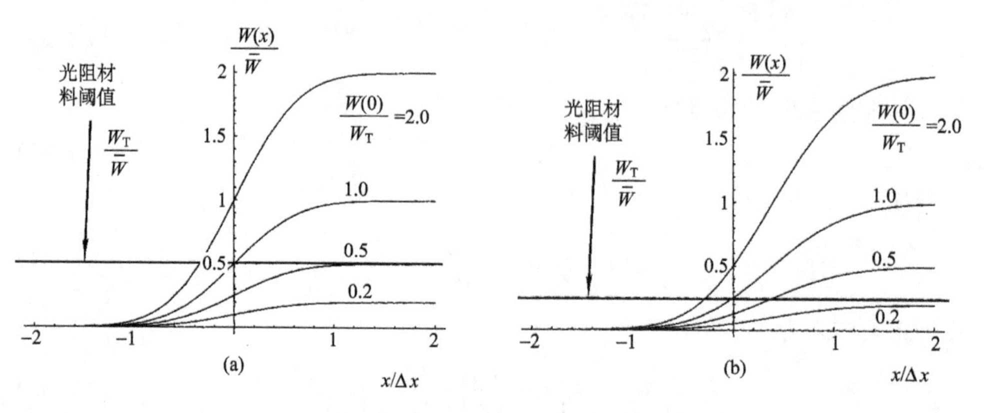

图 6.18 对几个不同的 $W(0)/W_T$ 值,一条理想边与高斯模糊函数卷积后的归一化积分强度的剖面曲线:(a)非相干情况;(b)相干情况

图 6.18(b)画的是完全相干照明的类似曲线.这时,如果要使边落在正确的位置上,必须适当设置平均积分强度的值,使得 $\overline{W}(0)/\overline{W}_T=1.0$ 的理想曲线在值

0.25 上穿越光阻材料的阈值. Δx 仍是与高斯型振幅模糊相联系的强度分布的半峰全宽宽度.

任何大于光阻材料阈值的积分强度都会使光阻材料曝光,而任何小于阈值的积分强度都使光阻材料保持不曝光. 假定光阻材料是正的,即假设光阻材料的处理过程是除去曝光的区域,不除去未曝光的区域. 因此在处理之后,有可能将想要的化学物质扩散到硅中光阻材料消失的区域,从而在不同的化学成分区域之间生成稍有模糊的边.

虽然当积分强度等于平均积分强度时,经扩散的边的真实位置会落在理想的阶跃位置上,但是不同于 $\overline{W}$ 的各个 $W(0)$ 值会造成边的位移. 令 s 代表 $x/\Delta x$ 对 $W(0)/\overline{W}$ 的函数关系的斜率. 用数值方法求得此斜率在非相干情况下为 $|s|=0.64$,在相干情况下为 $|s|=0.45$.

因为上面算出的自由度数 M 很大,通常用来描述积分强度分布的 Γ 分布可以用高斯近似代替. 因此

$$p(W) \approx \frac{1}{\sqrt{2\pi}\sigma_W}\exp\left[-\frac{(W-\overline{W})^2}{2\sigma_W^2}\right], \tag{6-89}$$

其中

$$\sigma_W = \frac{\overline{W}}{\sqrt{M}}. \tag{6-90}$$

用上面关于斜率的信息,边的位置对 $W(0)/\overline{W}$ 的响应的归一化标准偏差 σ_x 可用下式描述:

$$\sigma_x/\Delta x = |\,s\,|\,\sigma_W/\overline{W} = |\,s\,|\,C, \tag{6-91}$$

其中 C 是散斑的对比度. 对上面的具体例子,$C=0.016$,我们有

$$\begin{aligned} \sigma_x/\Delta x &= 0.64\times 0.016 = 0.010 \quad \text{非相干情况} \\ \sigma_x/\Delta x &= 0.45\times 0.016 = 0.007 \quad \text{相干情况}. \end{aligned} \tag{6-92}$$

虽然我们在这里用的模型和计算是过于简化的,然而其结果却确切表明,对于这里假设的激光器参数,经典的时域散斑模型预言了,边的位置可能会发生量级为光学系统分辨极限的百分之一的涨落. 此外,如果对激光器的性质作一些改变,比方减小谱线宽度以使色差最小,或增大脉冲峰值功率因而使用更少的脉冲,自由度数就会变小,可以预言这种效应会变得更严重.

文献[140]中曾指出,散斑的经典模型预言,把空间移位的或时间延迟的脉冲加到原来的脉冲上不可能改进散斑的情况,因为这时散斑单元是在振幅基础上相加而不是在强度基础上相加,这使对比度没有改进. 这个结论与附录 A 的结果一致,附录 A 证明,一组圆型复高斯随机变量的任何线性变换保持变换前的随机变量的圆型高斯特征不变.

第7章　某些非成像应用中的散斑

迄今研究的散斑问题都是在成像应用中出现的. 本章将关注重点转移到某些不以获取图像为主要目的的应用. 首先考虑多模光纤中的散斑;然后分析散斑对光学雷达工作性能的影响.

7.1　多模光纤中的散斑

多模光纤支持众多不同相速度的传播模式. 从几何光学观点(它对模式很多的多模光纤具有合理的精度)来看,不同模式的光线是以与光纤轴成不同角度传播. 由于光线的传输角度不同,它们传播的距离也不同,结果它们从光导纤维输入端到输出端会受到不同的相位延迟. 对这种光波导的更精确的电磁场分析表明,存在着许多不同的可能传播模式,这些模式以不同的相速度传播. 无论哪种观点都说明,光纤输出端面任意一点上的光,都由大量个别的场的贡献的总和组成. 如果这些贡献受到的相位延迟的变化超过 2π 弧度,并且如果这些光源足够相干,那么在光纤输出端上的光强分布中就会看到结构明显的干涉现象. 图 7.1 所示的为从多模光纤射出的光的照片,这幅强度图样明显地像一幅散斑图样. 多模阶跃折射率光纤支持的模式数量由下式给出①:

$$M \approx \frac{2\pi}{\lambda_0}(NA)a, \tag{7-1}$$

式中,a 是纤芯半径,λ_0 是光在空气中的波长,NA 是光纤的数值孔径. 数值孔径依次与光纤芯和包层的折射率有关:

$$NA \approx n_1\sqrt{2\Delta}, \tag{7-2}$$

其中 n_1 为光纤芯的折射率,而

$$\Delta = \frac{n_1 - n_2}{n_1}, \tag{7-3}$$

n_2 是包层的折射率. (7-2)式的近似要求假设 $\Delta \ll 1$. 于是

$$M = (2\pi n_1 a/\lambda_0)\sqrt{2\Delta}. \tag{7-4}$$

---

① 介绍光纤性质的书很多,对本书特别有用的一本是[144]. 本节引用的结果若没有证明或没有标明参考文献,其推导都可以在那本书中找到.

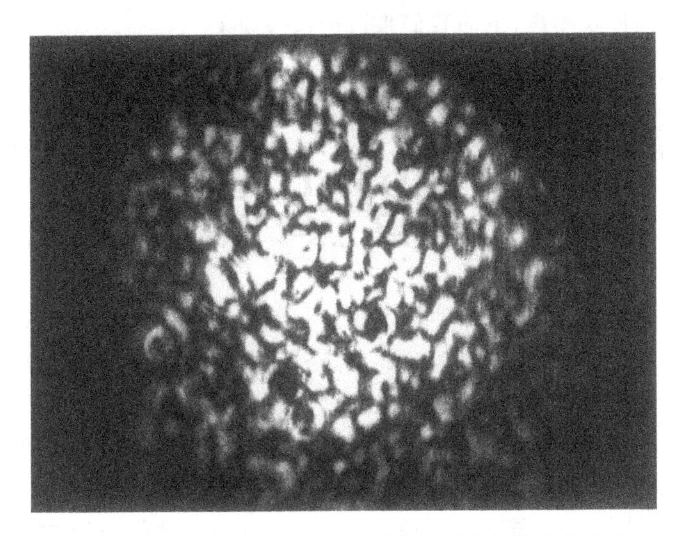

图 7.1 从多模光纤射出的光强度，光纤由氟化聚合玻璃制得，芯径 120 μm，长 35 cm
（本图经 Pais Vasco 大学的 G. Durana 和 J. Zubia 同意使用）

梯度缓变折射率光纤的折射率在剖面中的分布由下式给出：

$$n(r)=\begin{cases}n_1[1-2\Delta(r/a)^{\alpha}]^{1/2} & r<a\\ n_2 & \text{其他},\end{cases} \tag{7-5}$$

(7-5)式中，r 是从光纤芯的中心算起的半径，α 是折射率分布参数．当 $\alpha=\infty$ 时，折射率剖面分布变成阶跃折射率光纤的折射率剖面分布．当 $\alpha=2$ 时，光纤称为抛物线型分布折射率光纤．对这种光纤，随着光线离开光纤轴折射率逐渐减小，这导致折射，使光线沿光纤长度方向周期性地回到光纤芯中心．传播时离光纤轴最远的光束的物理路程最长．但是由于光线远离光纤轴心时遇到的折射率较小，光程（折射率在路程长度上的积分）与沿轴传播光线的光程是相同的，正确选择 α 值，可以使模式色散最小．可以证明，梯度折射率光纤支持的模式数目是([144]，2.4.4 节)：

$$M\approx\left(\frac{\alpha}{\alpha+2}\right)(2\pi n_1 a/\lambda_0)^2\Delta. \tag{7-6}$$

在变化的环境条件下，这种光纤中各个模式的相速度随时间而变，也相对于其他传播模式的相速度变化．这种光纤的长度很长时，其长度对温度和压力的改变非常敏感，还有对小振动或光纤的其他运动也很敏感．此外，当光源的波长变化时，各个传播模式受到的相位延迟也要改变．在发生这样的变化时，光纤末端端面上的散斑的细致结构也会改变，尽管当环境变化缓慢时这种变化也很缓慢．这种变化会引入所谓模式噪声，下面我们来讨论这一现象.

7.1.1 光纤中的模式噪声

1978 年，R. E. Epworth[40] 报道在多模光纤系统中存在一种新的噪声源，名之为模式噪声. 这种噪声来自传播的光经过一个限制光透射的分量的变换时发生的散斑强度涨落. 这种限制既可能是光纤芯传光面积的限制，也可能是对传输模式的限制.

如果相干光射入多模光纤，并且位于此光纤末端的探测器对所有从光纤芯射出的光线进行积分，那么忽略辐射模式和泄漏到包层的光线，当环境变化引起光纤末端散斑强度图样变化时，检测器接收的总功率不会有变化. 对于低损耗的光纤，无论环境条件的状态如何，在很高的近似程度上将检测到全部射入光纤的功率.

但是，如果探测器仅仅对纤芯的部分面积积分，有部分出射光功率不被检测到，而且光纤末端的散斑图样在环境变化下也变化时，检测到的功率就会发生涨落. 这样的情况示于图 7.2.

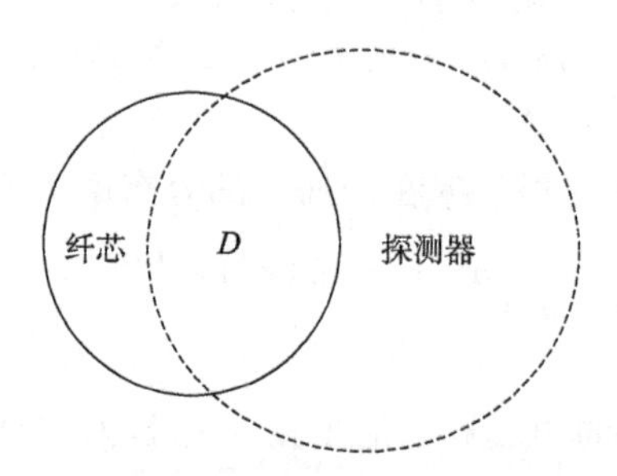

图 7.2 实线圆表示纤芯，其中有固定的总光功率 W_T 传播. 探测器的光敏面积用虚线圆表示. 在两个圆交叠的区域 D 中探测到总光功率 W

探测器在光纤芯的两个圆交叠的区域 D 上进行积分，令 W 代表此区域上的总光功率. 那么

$$W = \iint_D I(x, y)\mathrm{d}x\mathrm{d}y. \tag{7-7}$$

光纤中传输的总光能 W_T 被限定为常数

$$W_T = \iint_{\text{core}} I(x, y)\mathrm{d}x\mathrm{d}y. \tag{7-8}$$

当散斑图样变化时，W 变但 W_T 不变.

图中我们用检测器没有对准好说明了产生模式噪声的一个原因，还有许多其他途径会产生这种噪声. 下面是会引起模式噪声的一些例子：

- 连接两段光纤的连接器未对准好；
- 将光功率分成两路或多路的分束器；
- 粗芯光纤和细芯光纤之间进行的连接或大数值孔径光纤与小数值孔径光纤之间的连接；
- 某些类型的模式滤波设备②.

注意已将环境条件的变化列为模式噪声的一个原因，但是正确的环境条件下激光光源的频率不稳定性也可以引起模式噪声. 要发生这种情况，频率的变化必须大于第 7.1.3 节中讨论的频率去相关间隔 $\Delta\nu$.

7.1.2 限定散斑的统计性质

考虑在光纤中传播的大量连续波模式产生的散斑. 在这个问题的标量表述中，光纤芯输出端面上一点(x,y)观察到的光场③的偏振分量的解析信号表示可以写为

$$\boldsymbol{u}(x,y;t)=\mathbf{A}(x,y)\exp(-\mathrm{j}\pi\nu t),\tag{7-9}$$

其中

$$\mathbf{A}(x,y)=\sum_{m=1}^{M_{\mathrm{T}}}\boldsymbol{a}_m\boldsymbol{\psi}_m(x,y)\exp(\mathrm{j}\beta_m(\nu)L).\tag{7-10}$$

假设各个模式场 $\boldsymbol{\psi}_m(x,y)$在纤芯的有限范围(面积为 $\mathcal{A}$)内正交，第 m 个模式的振幅权重为 $\boldsymbol{\alpha}_m$. 我们进一步假设在整个光纤芯面积 $\mathcal{A}$ 上所有模式的权重 $\boldsymbol{\alpha}_m$ 相同. 这些模式的传播常数为 $\beta_m(v)$，L 为光纤长度.

由一组这样的模式代表的场，必须满足一个重要的约束条件. 这就是，如果我们忽略辐射模式和包层里的模式，那么在纤芯任何一个横截面上的瞬时空间积分光功率的总值 W_{T} 是常数. 于是

$$\begin{aligned}W_{\mathrm{T}}&=\iint_{\mathcal{A}}\mathbf{A}(x,y)\mathbf{A}^*(x,y)\,\mathrm{d}x\mathrm{d}y\\&=\sum_{m=1}^{M_{\mathrm{T}}}\sum_{n=1}^{M_{\mathrm{T}}}\boldsymbol{\alpha}_m\boldsymbol{\alpha}_n^*\iint_{\mathcal{A}}\boldsymbol{\psi}_m(x,y)\boldsymbol{\psi}_n^*(x,y)\,\mathrm{d}x\mathrm{d}y\,\mathrm{e}^{\mathrm{j}(\beta_m(\nu)-\beta_n(\nu))L}\\&=\sum_{m=1}^{M_{\mathrm{T}}}|\boldsymbol{\alpha}_m|^2,\end{aligned}\tag{7-11}$$

② 如果一个器件仅仅在各种传播模式中选出一个确定的子集，各模式之间的正交性保证了这个子集的光功率是常数. 如果光纤输出端上用的探测器能够拦截取纤芯的全部有效面积，在环境条件变化时这个子集携带的积分光功率不会发生变化. 但是，如果在选择这个子集前各模式之间的模式耦合是随机的，那么被选模式的模式系数也将是随机的，这个模式子集携带的光功率不再是常数. 因而环境条件变化时，预计将发生光功率的涨落.

③ 电介质光波导模式的完全矢量解也可以找到，其数值方法的一个例子见文献[26].

推导时用了诸 $\boldsymbol{\psi}_m$ 在 $\boldsymbol{A}_{\mathrm{T}}$ 上正交的性质. 换句话说,如果我们在纤芯的有限面积上积分,总光功率是常数,相干模式的相位改变时总光功率不变. 这一结论甚至在有随机模间耦合出现时依然成立,只要与辐射模式和包层内模式的耦合可以忽略. 常规的散斑模型不具有这一性质,它的总光功率服从 Γ 分布,因此不是一个常量.

由于不同的模式有不同传播常数 β_m,即使是传播过一段相当短的距离 L 后的累积相移也会变得很大,相差 2π 弧度的量级,引起复平面上振幅的随机行走,产生散斑. 环境条件改变或频率 ν 的改变都可以改变这些相对相移,从而改变在输出端上观察到的散斑图样的具体实现,但是总是受到总光功率恒定的约束.

像图 7.1 那样的在光纤芯输出端上出现的散斑的统计特性相当有趣. 一方面,如果探测器对得很不准,只覆盖散斑图样的一个相关面积,那么一点上的场是由大量的相位随机的相矢量(个数等于模式数 M_{T})叠加而成,这意味着检测到的积分光强 W 的概率密度函数非常接近于负指数分布,其对比度为 1③. 另一方面,如果检测器对得很准,也就是说覆盖了整个纤芯,那么积分光强的概率密度函数将变成在积分强度 W_{T} 处的 δ 函数,其对比度为零. 必须强调,这时对比度并**不是**常规散斑理论预言的 $1/\sqrt{M_{\mathrm{T}}}$. 我们在本节的目的是研究这种情况下的积分光强的性质. 我们把总积分强度是常数的散斑叫做"限定散斑". 关于多模光纤中限定散斑的早期工作见文献[164]和[72].

首先做一些假设. 第一,我们假设光纤的模式容量已饱和(对模式容量不饱和情况的讨论见文献[123]),并且模式的数目很大. 第二,假设散斑场在光纤芯中是空间平稳随机过程. 这个假设对阶跃折射率光纤是很合理的,但对梯度折射率光纤就不那么合理了,因为对这种光纤,纤芯输出端面不同点上的模式贡献不同. 第三,假设整个光纤纤芯断面上散斑相关元胞的数目等于光纤中传播的模式数目,如果这些模式携带近似相等的光功率,这是一个很好的近似. 在这些模式携带的功率不近似相等的情况下,相关元胞的数目会比模式数少. 对阶跃折射率光纤,模式数目和散斑数目相等是一个合理假设,但对梯度折射率光纤来说不那么合理,因为在纤芯输出端面的不同点上模式贡献会变. 如果这三个假设不成立,就需要作更复杂的分析.

有关的概率密度函数可在附录 F 中找到. 这个附录中表明,若 κ 代表探测器覆盖的面积与整个光纤芯面积之比,对于限定散斑,探测到的光功率的条件概率密度表达式为

$$p(W \mid W_{\mathrm{T}}) = \frac{1}{W_{\mathrm{T}}}\left(\frac{W}{W_{\mathrm{T}}}\right)^{\kappa M_{\mathrm{T}}-1}\left(1-\frac{W}{W_{\mathrm{T}}}\right)^{(1-\kappa)M_{\mathrm{T}}-1}\frac{\Gamma(M_{\mathrm{T}})}{\Gamma(\kappa M_{\mathrm{T}})\Gamma((1-\kappa)M_{\mathrm{T}})}, \tag{7-12}$$

③ 电介质光波导模式的完全矢量解也可以找到,其数值方法的一个例子见文献[26].

(7-12)式在 $0 \leqslant W \leqslant W_T$ 中成立，在此范围外为零. 在统计学文献中，这个概率密度函数叫做 β 密度函数. 它的 n 阶矩由下式给出：

$$\frac{\overline{W^n}}{W_T^n} = \frac{\Gamma(M_T)\Gamma(\kappa M_T + n)}{\Gamma(\kappa M_T)\Gamma(M_T + n)}. \tag{7-13}$$

我们有兴趣找到限定散斑的对比度 C 和信噪比均方根值 $(S/N)_{\text{rms}}$. 从各阶矩的表示式，我们得到

$$C = \frac{\sigma_W}{\overline{W}} = \sqrt{\frac{1-\kappa}{\kappa}} \frac{1}{\sqrt{M_T}} \tag{7-14}$$

和

$$\left(\frac{S}{N}\right)_{\text{rms}} = \frac{\overline{W}}{\sigma_W} = \sqrt{\frac{\kappa}{1-\kappa}} \sqrt{M_T}. \tag{7-15}$$

注意影响对比度和信噪比均方根值的散斑数不能少于 1(一个自由度). 因此，在这些式子中 κ 不可能小于 $1/M_T$，在这时，对于大 M_T 值，$C \to 1$，$(S/N)_{\text{rms}} \to 1$. 在 κ 值接近于 1 的另一极端情况下，$C \to 0$，并且 $(S/N)_{\text{rms}} \to \infty$.

我们也有兴趣对 β 概率密度同 Γ 概率密度进行比较，也就是说，弄清“限定”对概率密度函数有什么效应. 图 7.3 示出两种情况，一个是 $\kappa=0.9$ 的，一个是 $\kappa=0.1$ 的. 对于前一种情况，大部分从光纤芯射出的光都被探测到，限定起主要作用；而对后一种情况，只有一小部分射出的光被探测到，限定只引起小变化. 此外，当有大量的模式损失进入包层或变成辐射模式时，W_T 不受限定的假设就变得相当精确了(这时 W_T 起着上述分析中的 W 的作用).

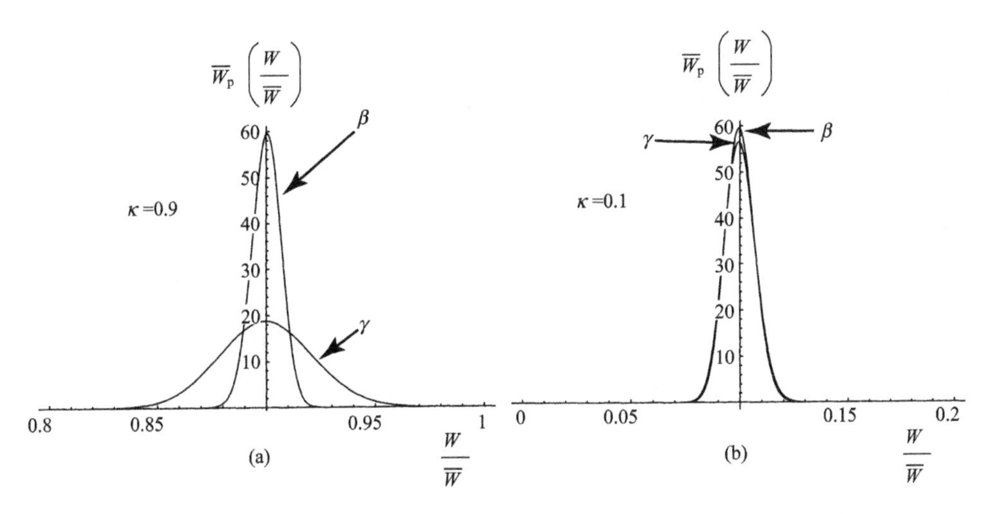

图 7.3 限定散斑(β 分布)和非限定散斑(Γ 分布)在 $M=2000$ 个模式的情况下积分强度的概率密度函数. 对于 β 分布的情况，$\overline{W}$ 应该解释为 W_T

比较在限定散斑和非限定散斑两种情况下积分强度的涨落的信噪比均方根值与参数 κ 的函数关系是有意思的. 图 7.4 画出了在限定散斑和非限定散斑两种情况下,用 $\sqrt{W_\mathrm{T}}$ 归一的信噪比与探测面积比 κ 的函数关系. 注意对于限定散斑理论,当 $\kappa\to 1$ 时信噪比趋于无穷大. 对于没有对准的连接器,κ 有可能接近 1,因此在限定散斑和非限定散斑两种情况下的预言之间可能有很大差别.

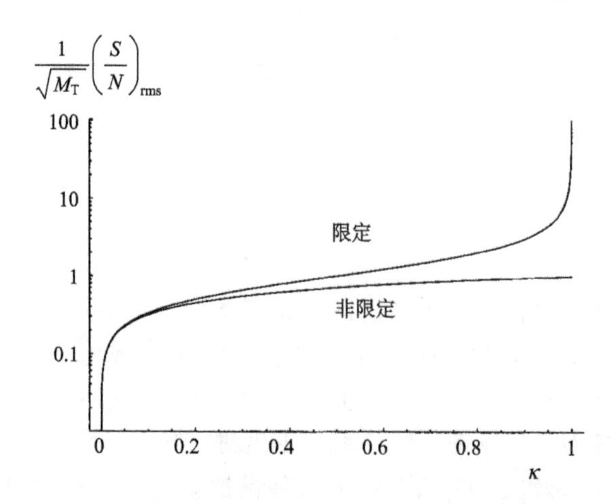

图 7.4　用 $\sqrt{M_\mathrm{T}}$ 归一后的均方根信噪比与探测器覆盖面积比 κ 之间的关系.
注意,在这些图中 κ 不能小于 $1/M_\mathrm{T}$,因为信噪比的最小值只能为 1.
图中画出非限定(常规的)散斑和限定散斑理论的预言

在上面的讨论中,自由度数 M_T 代表的是光纤输出的两个偏振分量中的模式总数目. 如果在光纤芯的输出端和探测器之间插入一个检偏器,自由度数就会减少一半. 因此参与测量的模式数变为 $\kappa/2$,而信噪比的两个表示式变为

$$\left(\frac{S}{N}\right)_{\mathrm{rms}}=\begin{cases}\sqrt{\dfrac{\kappa M_\mathrm{T}}{2-\kappa}}, & \text{限定情况;}\\[2ex] \sqrt{\dfrac{\kappa M_\mathrm{T}}{2}}, & \text{非限定情况.}\end{cases}\tag{7-16}$$

图 7.5 画的是这种情况下的归一化的信噪比均方根值. 使用检偏器后,κ 值趋于 1 时两种预言之间的差异要小得多. 然而,对于 κ 接近于 1 的情况,插入检偏器将会在信噪比方面付出巨大代价.

这就结束了我们对用连续工作的单色光源照明的多模光纤中限定散斑的讨论. 下面转而注意模式噪声对频率的依赖关系.

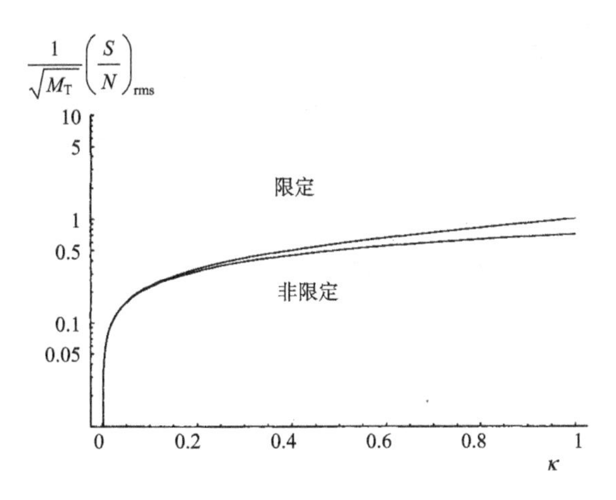

图 7.5 归一化信噪比与探测器覆盖的光纤芯面积比的函数关系.
在这些图中 κ 仍不能小于 $1/M_T$

7.1.3 模式噪声对频率的依赖关系

在多模光纤中传播的时间延迟

为了弄清光源的频率不稳定性是否会引起模式噪声，了解光纤中散斑的频率退相关区间是必要的. 在前几章里已经看到(特别是(5-113)式)，散斑对频率的依赖关系是由与不同光程对任意给定的一点上的散斑场的贡献相联系的时间延迟的分散度决定的. 因此，使光纤末端上的散斑图样退相关所需的频率变化，近似等于光纤的脉冲响应的宽度的倒数. 于是我们转而估计这种脉冲响应的宽度. 在下面的全部讨论中，将忽略材料的色散，集中讨论模式色散，它应当是两种效应中更重要的. 对波导中散斑的频率退相关的详细分析，可在文献[129]和[173]中找到.

阶跃折射率多模光纤④中光线方向的几何图像可以帮助我们估计光从光纤输入端传播到输出端所经受的模式时间弥散的大小. 如图 7.6 所示，传播时间最短的是沿着光纤轴传播，从不在纤芯与包层界面上反射的光线. 若光纤长度为 L，那么最短的传播时间为

$$t_{\min} = Ln_1/c. \tag{7-17}$$

传播时间最长的是在纤芯与包层界面上与界面法线以临界角 ϕ_c 反射的光线⑤. 临

---

④ 严格说来，下面的计算只对阶跃折射率平面波导成立，但是同样的方法常常用来计算阶跃折射率光纤的模式时间散布.

⑤ 这种分析通常的做法是，我们只考虑所谓子午光线，即穿过光轴的光线，忽略那些永远不会与光轴相交的斜错光线. 斜错光线一般在纤芯和包层的界面附近传播.

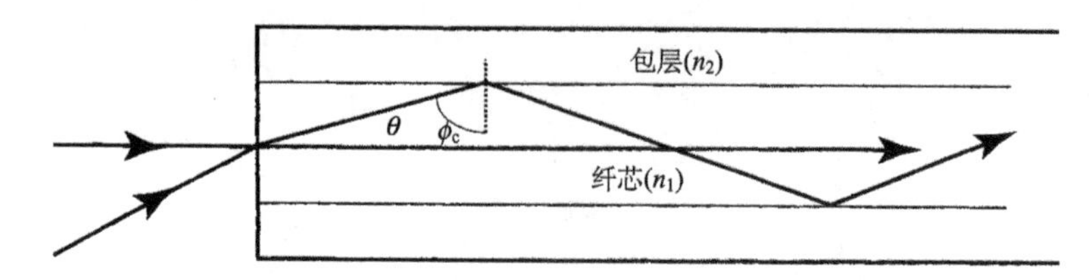

图 7.6 阶跃折射率光纤中光线传播的最短和最长路程. ϕ_c 是临界角，最短路程沿光纤轴方向，而最长路程的光线是以临界角入射纤芯与包层界面的光线

界角与传播角 θ 通过下式联系：

$$\sin\phi_c = \cos\theta = \frac{n_2}{n_1}, \tag{7-18}$$

于是最大的传输时间为

$$t_{\max} = \frac{L/\cos\theta}{c/n_1} = \frac{Ln_1^2}{cn_2}. \tag{7-19}$$

因此最快的光线和最慢的光线的传播时间之差为[6]

$$\Delta t = \frac{Ln_1^2}{cn_2} - \frac{Ln_1}{c} = \frac{Ln_1}{cn_2}(n_1 - n_2) \approx \frac{Ln_1\Delta}{c} = \frac{L}{2cn_1}(NA)^2, \tag{7-20}$$

式中在倒数第二步我们把分母中的 n_2 换成 n_1，因为 $n_2 \approx n_1$. 我们的结论是，对于阶跃折射率光纤，脉冲响应的时间长度与(7-20)式给出的 Δt 同一数量级.

图 7.7 画的是典型的梯度折射率光纤中的子午光线的路径. 如果将光纤芯的折射率截面分布设计成使模式色散最小，对梯度折射率光纤中脉冲展宽的几何光学分析得出一个介于最慢模式和最快模式之间的时间延迟(文献[59])：

$$\Delta t \approx \frac{Ln_1\Delta^2}{2c} \approx \frac{L}{8n_1^3c}(NA)^4, \tag{7-21}$$

更严谨的电磁场分析得出(文献[63])

$$\Delta t \approx \frac{Ln_1\Delta^2}{8c} \approx \frac{L}{32n_1^3c}(NA)^4. \tag{7-22}$$

但是，70%的光功率出现在这一时间间隔的前一半时间内，所以有效时间延迟要比这个式子小一些. 一个合理的近似是假设时间延迟为以上结果的一半.

---

⑥ 这个表达式假设各模式之间没有耦合. 有模式耦合出现时，这个式子必须修正为 $\frac{n_1\Delta}{c}\sqrt{LL_c}$，其中 L_c 是反比于耦合强度的光纤特征长度.

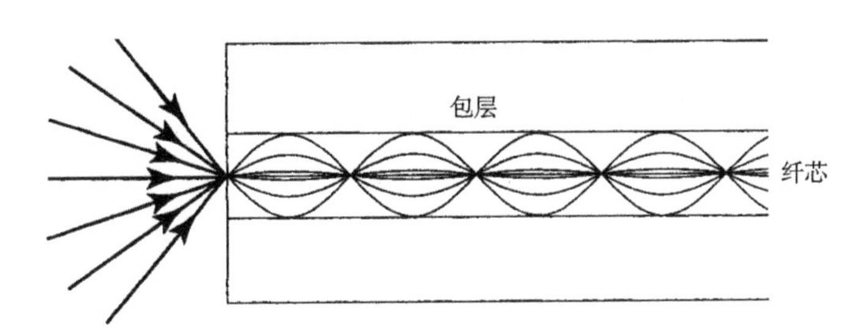

图 7.7 梯度折射率多模光纤中子午光线的路径，
对折射率分布的适当设计可使所有光线的光程几乎相同

频率协方差函数

两幅散斑强度图样，一幅是光源频率为 ν 时得到的 $I(x,y,\nu)$，另一幅是光源频率为 $\nu+\Delta\nu$ 时得到的 $I(x,y,\nu+\Delta\nu)$，两幅图样的频率协方差函数之定义为

$$\Psi(\Delta\nu) = \langle\overline{I(x,y;\nu)I(x,y;\nu+\Delta\nu)}\rangle - \langle\overline{I(x,y;\nu)}\rangle\langle\overline{I(x,y;\nu+\Delta\nu)}\rangle, \quad (7\text{-}23)$$

式中的上划线表示取系综平均，尖括号表示在取系综平均后取空间平均. 空间平均只是当散斑场在感兴趣的空间区域内是空间不平稳过程时才是必要的. 这个协方差函数的归一化形式处理起来常常最方便：

$$\rho(\Delta\nu) = \frac{\Psi(\Delta\nu)}{\Psi(0)}. \quad (7\text{-}24)$$

文献[129]中用几何光学方法对阶跃折射率平面波导计算了两散斑图的强度的归一化频率协方差函数，文献[173]中用模式方法计算了平面波导、阶跃折射率光纤和梯度折射率光纤的相应的频率协方差函数. 对于阶跃折射率平面光波导，几何光学得出的频率相关函数为

$$\rho(\Delta\nu) = \left[\frac{C(y)^2}{y}\right], \quad (7\text{-}25)$$

式中 $C(y)$ 为菲涅耳余弦积分：

$$C(y) = \int_0^y \cos(\pi\eta^2/2)\mathrm{d}\eta, \quad (7\text{-}26)$$

并且

$$y = \left(\frac{2L(NA)^2\Delta\nu}{cn_1}\right)^{1/2} = \sqrt{\Delta\nu\Delta t}, \quad (7\text{-}27)$$

其中 Δt 在(7-20)式中给出. 图 7.8 画出 $\rho(\Delta\nu\delta t)$ 的曲线. 当 $\Delta\nu\Delta t = 1.18$ 时，曲线值下降到 1/2，因此相关度降低到 1/2 的频移为

$$\Delta\nu_{1/2} = 0.59\,\frac{n_1 c}{L(NA)^2}. \quad (7\text{-}28)$$

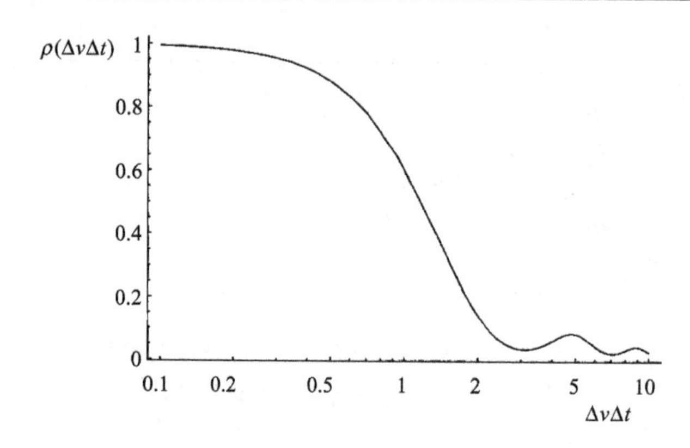

图 7.8 光频频移 $\Delta\nu$ 的两幅散斑强度的归一化频率协方差函数，参数 Δt 由(7-20)式给出

阶跃折射率光纤的实验结果表明，这个解析结果对所研究的光纤的相关带宽低估了大约 20%([129]，图 7).

求梯度折射率光纤的频率协方差函数需要用模式方法，这超出了我们的讨论范围，可在文献[173]中查到. 毫无疑问，梯度折射率光纤的 $\Delta\nu_{1/2}$ 值远大于阶跃折射率光纤的. 作为一个粗略的估计，以(7-28)式为基础并考虑到(7-21)式，对于折射率的截面分布接近抛物线的梯度折射率多模光纤，$\Delta\nu_{1/2}$ 的合理估计值为

$$\Delta\nu_{1/2} \approx 1/\Delta t = \frac{8n_1^3 c}{L(NA)^4}, \tag{7-29}$$

这里我们没有用波动光学对 Δt 的预言值，用的是几何光学的预言值，因为导出 $\rho(\Delta\nu)$ 表达式的计算是严格的几何光学计算. 把这个式子的预言值和文献[173]中的波动光学结果进行比较，我们发现 $\Delta\nu_{1/2}$ 的预言值高估了大约 2 倍.

频率协方差函数和多模光纤传递函数之间的关系

光纤的频率协方差函数和传递函数二者都依赖于光纤的输入端被一极短的脉冲激发时输出的强度脉冲的时间展宽. 光纤的传递函数预言的是光纤对输入端上各个强度调制频率的响应，而频率协方差函数预言的则是两个连续工作的光频的频率间隔，这两个频率使光纤末端的散斑光强退相关. 自然我们想了解这两个相互联系的量的关系. 文献[115]用几何光学方法，文献[173]用模式分析，进行了这一研究.

幸运的是，前几章讨论的理论可以直接用来导出这个被探索的关系. 我们从(5-38)式出发，加上(5-113)式提示的修正，可写出两个散斑图样的复场的归一化协方差函数如下：

$$\boldsymbol{\mu}_{\boldsymbol{A}}(\Delta q_z) = \boldsymbol{M}_l(\Delta q_z) = \int_0^{\infty} p_l(l)\mathrm{e}^{\mathrm{j}\Delta q_z l}\,\mathrm{d}l, \tag{7-30}$$

其中

$$\Delta q_z \approx \frac{2\pi n_1 \Delta\nu}{c} \tag{7-31}$$

$p_l(l)$是光线传播到光纤末端所经历的光程长度的概率密度函数. (5-112)式中的(n_1-1)因子换成了n_1,是因为色散在光纤中处处存在,而不只在电介质与空气之间的粗糙界面上发生. 正如(4-119)式提示的,程长的概率密度函数与光纤的平均强度脉冲响应(归一化为单位面积)通过下式联系:

$$p_l(l)\mathrm{d}l = \frac{\bar{I}(n_1 l/c)\mathrm{d}l}{\int_0^{\infty}\bar{I}(n_1\xi/c)\mathrm{d}\xi} = \frac{\bar{I}(t)\mathrm{d}t}{\int_0^{\infty}\bar{I}(\eta)\mathrm{d}\eta} = \hat{\bar{I}}(t)\mathrm{d}t, \tag{7-32}$$

其中,$\hat{\bar{I}}(t)$上的尖角号^表示函数被归一化为单位面积. 由此得到

$$\boldsymbol{\mu}_{\boldsymbol{A}}(\Delta\nu) = \int_0^{\infty}\hat{\bar{I}}(t)\mathrm{e}^{\mathrm{j}2\pi\Delta\nu t}\,\mathrm{d}t. \tag{7-33}$$

注意 $\boldsymbol{\mu}_A$ 是两个**场**的归一化协方差函数,并利用这两个场服从圆高斯分布,可以得出散斑**强度**的归一化协方差函数为

$$\rho(\Delta\nu) = |\boldsymbol{\mu}_{\boldsymbol{A}}(\Delta\nu)|^2 = \left|\int_0^{\infty}\hat{\bar{I}}(t)\mathrm{e}^{\mathrm{j}2\pi\Delta\nu t}\,\mathrm{d}t\right|^2. \tag{7-34}$$

现在考虑光纤对正弦强度调制的传递函数. 仍用$\hat{\bar{I}}(t)$表示光纤的归一化到单位面积的平均强度脉冲响应. 传递函数是其傅里叶变换:

$$\boldsymbol{H}(f) = \int_0^{\infty}\hat{\bar{I}}(t)\mathrm{e}^{-\mathrm{j}2\pi f t}\,\mathrm{d}t \tag{7-35}$$

其中,由于$\hat{\bar{I}}(t)$归一化为单位面积,使$\boldsymbol{H}(f)$在原点的值为1,并且我们用符号f表示强度调制频率,以区别于光的频率ν. 从上面两个式子可清楚看出,我们感兴趣的两个量的关系为

$$\rho(\Delta\nu) = |\boldsymbol{H}(\Delta\nu)|^2. \tag{7-36}$$

这样我们就证明了下述重要结果:光纤的强度调制传递函数的归一化的模可以用可调谐的连续激光光源测量散斑光强的频率协方差函数得出.

7.2 散斑对光学雷达性能的影响

激光器最初发明以来,把它用做光学雷达的光源是其一项有趣的应用. 图7.9是这样一个系统的十分简化的表示. 它把一个光能短脉冲传送到远处的目标,接收器探测返回的能量.

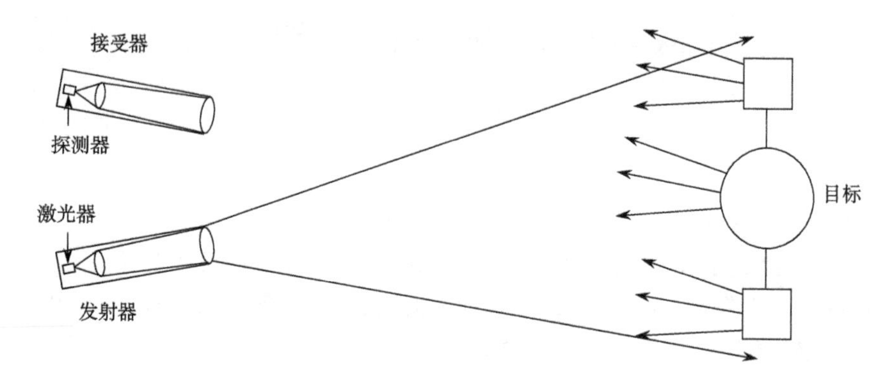

图 7.9 激光雷达的图示:发射器包含一个脉冲激光器,接收器包含一个高灵敏度探测器

有两种不同的可能检测方式. 一种是**非相干**检测,检波器产生一个与接收的光功率成比例的光电流,它是时间的函数,可能由于探测器的有限频率响应或内部接收电路而被平滑化. 从脉冲的时间延迟,能够通过简单关系 $z=\frac{1}{2}c\tau$ 估算目标的距离 z,其中 c 是光速,τ 是脉冲的时间延迟,$\frac{1}{2}$因子则是由于光走了一个来回的距离 $2z$.

另一种是**相干**检测,激光器的相干长度必须比 $2z$ 长. 在发射机中分出一部分激光直接送到接收器作为本机振荡. 探测器测量本机振荡和从目标返回光的干涉信号. 如果本机振荡在与返回信号光发生干涉之前有已知大小的频移,那么探测器输出包含有一个载波频率,它是目标返回的信号光和本机振荡的频率差,这种检测方式称为外差检测. 如果本机振荡不引入频移,这种探测方式称为零差检测. 返回光的多普勒频移可以用相干检测方法检测出来,因而能够测出目标向着或远离发射机/接收器的速度分量.

大多数目标是光学粗糙的,因此返回的是漫散射光,尽管它们可能包含一个或多个微镜面闪烁反光. 因此目标的返回信号一般呈现出散斑. 我们把一个纯粹漫反射的目标(没有镜面闪烁反光)叫做**漫射**目标,而把一个反回恒定的、没有涨落的信号的目标叫做**镜面**目标. 在下面,我们既对散射目标也对镜面目标的与非相干检测和相干检测相联系的检测统计特性进行研究. 不过,我们首先考虑从远处粗糙目标返回的散斑的空间相关性质.

对这里讨论的问题更全面的研究见文献[122],早期工作见文献[66]和[67].

7.2.1 从远程目标返回的散斑场的空间相关性

散斑场振幅和强度空间相关面积的大小,对确定光学雷达的性能是很重要的,因此在这一节我们来讨论这个问题. 可以分别考虑两种情况. 第一种情况是最常见的,发射的光束比目标的横截面积大. 第二种情况是经过聚焦的发射光束落在目标的横截面内,这种情况只在有限的一些问题中重要.

在第一种情况下,散斑的大小主要由目标大小决定. 更具体地说,令 $I_t(u,v)$ 表示向后散射到接收器方向上的光强作为目标上横坐标(u,v)的函数. 那么由(4-56)式表示的范西特-泽尼克定理,接收器处光场的归一化的协方差函数为

$$\boldsymbol{\mu}_A(\Delta x,\Delta y)=\frac{\iint\limits_{-\infty}^{\infty} I_t(u,v)\mathrm{e}^{-\mathrm{j}\frac{2\pi}{\lambda z}(\Delta xu+\Delta yv)}\mathrm{d}u\mathrm{d}v}{\iint\limits_{-\infty}^{\infty} I_t(u,v)\mathrm{d}u\mathrm{d}v}, \tag{7-37}$$

其中 λ 是波长,z 是目标与接收器的距离. 举个例子,一个直径为 Δ 的亮度均匀的圆形目标,其场的协方差函数为(见(4-67)式)

$$\boldsymbol{\mu}_A(r)=2\frac{J_1\left(\frac{\pi\Delta}{\lambda z}r\right)}{\frac{\pi\Delta}{\lambda z}r}, \tag{7-38}$$

其中 $r=\sqrt{\Delta x^2+\Delta y^2}$.

在第二种情况下,我们假设衍射置限的发射光学系统将发射的光聚焦为目标的某一部分上的一个小光斑. 假设这个光斑内目标的反射率是均匀的,我们看到这个光斑上的光强分布与发射孔径的夫琅禾费衍射图案成比例. 令 $P(x,y)$表示发射光学系统的孔径函数(可能是复值)[⑦]. 因此散射斑上的光强分布为(参阅文献[71],(4-25)式)

$$I(u,v)=\frac{I_0}{\lambda^2z^2}\left|\iint\limits_{-\infty}^{\infty}\boldsymbol{P}(x,y)\mathrm{e}^{-\mathrm{j}\frac{2\pi}{\lambda z}(xu+yv)}\mathrm{d}x\mathrm{d}y\right|^2, \tag{7-39}$$

其中 I_0 是发射孔径上的均匀光强. 如果我们对这个光强分布用范西特—泽尼克定理,并对得到的光场协方差函数进行归一化,归一化为原点处的值为 1,就得到

$$\boldsymbol{\mu}_A(\Delta x,\Delta y)=\frac{\iint\limits_{-\infty}^{\infty}\boldsymbol{P}(x,y)\boldsymbol{P}^*(x-\Delta x,y-\Delta y)\mathrm{d}x\mathrm{d}y}{\iint\limits_{-\infty}^{\infty}|\boldsymbol{P}(x,y)|^2\mathrm{d}x\mathrm{d}y}. \tag{7-40}$$

因此散斑场协方差函数由发射光学系统的孔径函数的归一化自相关函数给出. 对于直径为 D 的圆形衍射置限的发射光学系统,结果变为(参阅见(4-69)式)

---

⑦ 如果发射光学系统是衍射置限的,孔径函数是实值. 当发射光学系统有波象差时,才需要复数值.

$$\boldsymbol{\mu}_A(r) = \frac{2}{\pi}\left[\arccos\left(\frac{r}{D}\right) - \frac{r}{D}\sqrt{1-\left(\frac{r}{D}\right)^2}\right], \tag{7-41}$$

其中 $r=\sqrt{\Delta x^2+\Delta y^2}$. 注意强度自协方差函数就是 $|\boldsymbol{\mu}_A|^2$,这是散斑场具有圆高斯型概率密度的结果.

影响探测器输出的散斑强度相关元胞的数目与接收系统捕获的相关元胞的数目相同,可用通常的公式算出(见(4-132)式),为方便起见重写如下:

$$M = \left[\frac{1}{\mathcal{A}_R}\iint_{-\infty}^{\infty} K_D(\Delta x,\Delta y) \mid \boldsymbol{\mu}_A(\Delta x,\Delta y) \mid^2 \mathrm{d}\Delta x \mathrm{d}\Delta y\right]^{-1}, \tag{7-42}$$

其中,函数 $K_D(\Delta x,\Delta y)$表示接收光学系统孔径的自相关函数,$\mathcal{A}_R$ 表示接收光学系统孔径的面积.

一个特别有趣的情况是用同一光学系统发射和接收,发射的全部光束都聚焦在目标上. 假设孔径为圆形,直径为 D,我们有

$$K_D(r) = \mathcal{A}_R\left(\frac{2}{\pi}\right)\left[\arccos\left(\frac{r}{D}\right) - \frac{r}{D}\left(\sqrt{1-\left(\frac{r}{D}\right)^2}\right)\right], \tag{7-43}$$

其中仍有 $r=\sqrt{\Delta x^2+\Delta y^2}$. 于是

$$\begin{aligned} M &= \left[\frac{2\pi}{\mathcal{A}_R}\left(\frac{2}{\pi}\right)^3\int_0^D r\left(\arccos\left(\frac{r}{D}\right) - \frac{r}{D}\sqrt{1-\left(\frac{r}{D}\right)^2}\right)^3 \mathrm{d}r\right]^{-1} \\ &= \left[\frac{64}{\pi^3}\int_0^1 \xi(\arccos\xi - \xi\sqrt{1-\xi^2})^3 \mathrm{d}\xi\right]^{-1}, \end{aligned} \tag{7-44}$$

式中 $\xi=r/D$. 用数值积分得到,在这个特殊情况下,

$$M = 3.77. \tag{7-45}$$

另一令人感兴趣的情况发生在使用直径为 D 的接收孔径、发射光束的发散角远大于目标的角直径时. 这时,在很好的近似程度上,发射器均匀地照明目标. 如果目标是圆形的,直径为 Δ,并且从接收器看是均匀明亮的,我们可用(7-43)和(7-38)式写出

$$M = \left[\frac{16}{\pi}\int_0^1 \xi(\arccos\xi - \xi\sqrt{1-\xi^2})\left(2\,\frac{J_1\pi\beta\xi}{\pi\beta\xi}\right)^2 \mathrm{d}\xi\right]^{-1}, \tag{7-46}$$

其中 $\beta=D\Delta/\lambda z$. 用数值积分可以对不同的 β 值算出 M 的值,结果示于图 7.10. 这些结果中关键的参数是 β,它是目标的直径 Δ 与接收光学系统在目标处的衍射置限分辨率($\approx\lambda z/D$)之比. 因此,如果接收光学系统可以很好分辨目标,则 $\beta\gg1$ 且 $M\approx\beta^2$,反之,如果接收光学系统不能很好分辨目标,则 $\beta\ll1$,这时 $M\approx1$.

知道如何计算参数 M 之后,现在我们转而讨论在低光照水平下对目标的探测问题.

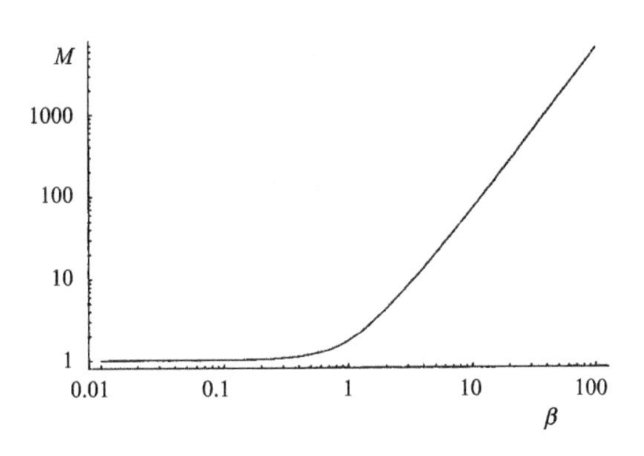

图 7.10 自由度数 M 和 $\beta=D\Delta/\lambda z$ 的关系

7.2.2 低光照水平下的散斑

在很多光学雷达探测问题中，从目标返回的能量很弱，接收器中的探测器产生的光电流由离散的"光电事件"组成，每个光电事件是探测器对吸收一个光子的响应. 在直接探测的情况下，光电事件的离散本性改变了测得的信号的统计特性，对于雷达性能的任何评估都必须考虑这些变化.

用来描述离散的探测信号的统计性质的理论叫做"半经典"理论，它建立在若干假设上[105,70]：

• 在探测器的光敏面上坐标(x,y)处的微分面积 $\mathrm{d}\mathcal{A}$中在微分时间 $\mathrm{d}t$ 内发生单件光电事件的概率与 $\mathrm{d}\mathcal{A}\mathrm{d}t$ 和该点入射光强成正比

$$P(1;\mathrm{d}t,\mathrm{d}\mathcal{A}) = \alpha\mathrm{d}t\mathrm{d}\mathcal{A}(x,y;t), \tag{7-47}$$

其中，α 为比例常数；

• 在微分面积 $\mathrm{d}\mathcal{A}$和微分时间间隔 $\mathrm{d}t$ 内发生多于 1 次光电事件的概率小到可以看成是零；

• 在不重叠的时间间隔内发生的光电事件的数目是统计独立的.

从上面三个假设已足以证明，在时间间隔 τ 内，在光探测器的面积 $\mathcal{A}$上产生的光电事件的数目 K 服从泊松概率分布，

$$P(K) = \frac{\overline{K}^K}{K!}\mathrm{e}^{-\overline{K}}, \tag{7-48}$$

其中光电事件的平均数目 $\overline{K}$ 为

$$\overline{K} = \alpha\iint_{\mathcal{A}}\int_t^{\tau} I(x,y;\xi)\mathrm{d}\xi\mathrm{d}x\mathrm{d}y. \tag{7-49}$$

将这个结果用积分光强 W 表示比较方便，它有能量的量纲，

$$W = \iint_{A}\int_{t}^{t+T} I(x,y;\xi)\mathrm{d}\xi\mathrm{d}x\mathrm{d}y, \tag{7-50}$$

这时 $\overline{K}=\alpha W$,观察到 K 个光电事件的概率是一个条件概率：

$$P(K \mid W) = \frac{(\alpha W)^K}{K!}\mathrm{e}^{-\alpha W}, \tag{7-51}$$

其条件就是入射到光探测器上的能量为 W. 量 α 表示入射能量转换为光电事件的效率,可表示为

$$\alpha = \frac{\eta}{h\bar{\nu}}, \tag{7-52}$$

其中,η 是探测器的量子效率,h 是普朗克常数,$\bar{\nu}$ 是入射光的平均频率. 于是观察到 K 个光电事件的非条件概率由下式给出：

$$P(K) = \int_0^{\infty} P(K \mid W)p(W)\mathrm{d}W, \tag{7-53}$$

其中 $p(W)$ 为入射能量的概率密度函数. 容易证明 K 的平均值和方差为

$$\overline{K} = \alpha\overline{W} \qquad \sigma_K^2 = \alpha\overline{W} + \alpha^2\sigma_W^2, \tag{7-54}$$

其中 $\overline{W}$ 和 σ_W^2 分别为 W 的平均值和方差.

现在考虑稳定性很好的单模激光器发出的光直接射到探测器的光敏面上的情况. 这时入射能量为已知常数 W_0,或者说,W 服从的概率密度函数为

$$p(W) = \delta(W - W_0). \tag{7-55}$$

把这个概率密度代入(7-53)式,给出 K 的非条件概率密度为泊松分布：

$$P(K) = \frac{\overline{K}^K}{K!}\mathrm{e}^{-\overline{K}}, \tag{7-56}$$

其中 $\overline{K}=\alpha W_0$.

接着考虑入射能量为具有单个(空间或时间)自由度的散斑的情况. 这时光能量 W 遵从负指数统计,(7-53)式变为

$$p(W) = \int_0^{\infty} \frac{(\alpha W)^K}{K!}\mathrm{e}^{-\alpha W} \times \frac{1}{\overline{W}}\mathrm{e}^{-W/\overline{W}}\mathrm{d}W = \frac{1}{1+\alpha\overline{W}}\left(\frac{\alpha\overline{W}}{1+\alpha\overline{W}}\right)^K. \tag{7-57}$$

注意到 $\alpha\overline{W}=\overline{K}$,我们得到

$$P(K) = \frac{1}{1+\overline{K}}\left(\frac{\overline{K}}{1+\overline{K}}\right)^K, \tag{7-58}$$

这个分布在物理学中叫做 **Bose-Einstein** 分布,在统计学中叫做**几何**分布.

最后,考虑最普遍的情况,若入射光能是 M 个自由度的散斑场,W 的概率密度函数可以很好地近似为参数为 M 的 Γ 概率密度函数：

$$p(W) = \left(\frac{M}{\overline{W}}\right)^M \frac{W^{M-1}\mathrm{e}^{-M\frac{W}{\overline{W}}}}{\Gamma(M)}, \tag{7-59}$$

(7-59)式在 $W \geqslant 0$ 时成立. 将(7-59)式代入(7-53)式,得

$$P(K)=\frac{\Gamma(K+M)}{\Gamma(K+1)\Gamma(M)}\left(\frac{\overline{K}}{\overline{K}+M}\right)^{K}\left(\frac{M}{\overline{K}+M}\right)^{M}, \tag{7-60}$$

这叫做**负二项式分布**.

以上结果示于图 7.11 和图 7.12 中. 在图 7.11 中示出不同 $\overline{K}$ 值的泊松分布. 随着 $\overline{K}$ 值增大,分布向右移动,并且更为对称. 在图 7.12 中,示出 $M=1$, 3 和 100 时的负二项式分布概率曲线. 可以证明,对于固定的 $\overline{K}$ 值,当 $M\rightarrow\infty$ 时,平均值为 $\overline{K}$ 的负二项式分布趋于同一平均值的泊松分布. 决定这个现象的关键参数是简并参数 $\delta=\overline{K}/M$. 当 $\delta \ll 1$ 时,负二项式分布和泊松分布差别不大(例如,参阅文献[70]第 9.3 节).

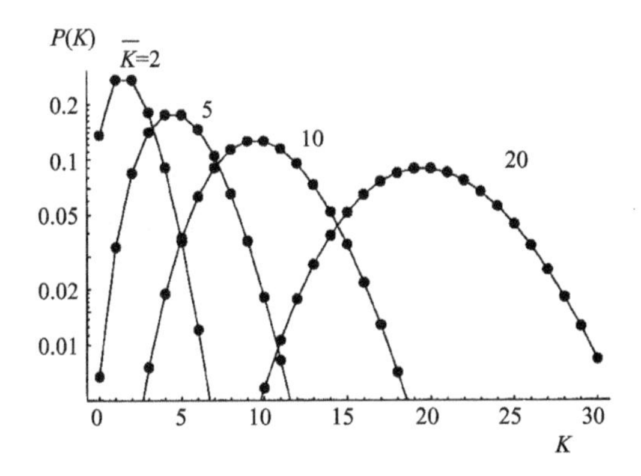

图 7.11 $\overline{K}=2,5,10,20$ 的泊松概率分布

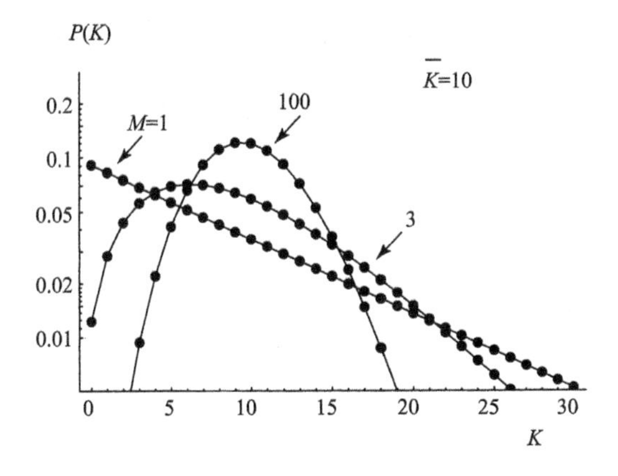

图 7.12 $M=1,3,100$ 且 $\overline{K}=10$ 的负二项式概率分布

有了在低光照水平下光电事件统计分布的简要背景知识后,现在我们来讨论光学雷达的探测统计性质.

7.2.3 探测统计分布——直接探测

本节我们讨论直接探测，假设接收器对光电事件计数，并且根据计数数量是否超过一个预定的阈值来判断目标是否存在. 发射一个脉冲后，接收器对在一系列相邻的距离间隔发生的光电事件个数进行计数，这些间隔的长度与系统想得到的距离分辨能力相匹配.

可能发生两种错误判断. 当实际上没有目标而作出目标存在的判断时发生**假报警**错误. 当目标实际上存在而判断为不存在时发生**漏报**错误. 通常光学雷达的性能是这样设定的：首先设定允许的假警报概率，然后决定**探测概率**(1减去漏报概率)作为信噪比的函数. 导致错误的噪声有两个来源：由热或稳定的非相干背景导致的“暗”光电事件(无论有没有待探测目标这种噪声总是存在的)，和有目标时光电事件计数的随机性.

下面我们考虑三种不同情况：①泊松噪声中的泊松信号，对应于在“暗”计数存在时的镜面目标(没有散斑)的情况；②存在泊松噪声时的 **Bose-Einstein** 信号，对应于目标返回信号是自由度为1的散斑的情况；③泊松噪声中的负二项式分布信号，对应于探测器上具有 M 个自由度的散斑化的目标返回信号. 我们把粗糙而没有明显镜面反射的目标称为“漫反射”目标.

泊松噪声中的泊松信号

令从“暗”光电事件或噪声事件中产生的光电事件概率 $P(K_n)$ 为平均值为 $\overline{K_n}$ 的泊松分布，而由目标返回信号产生的光电事件概率为平均值为 $\overline{K_s}$ 的泊松分布 $P(K_s)$. 在给定距离间隔内光电事件的总数目是这两个独立泊松随机变量引起的光电事件数目之和，$K=K_s+K_n$.

K 的概率分布可以由 K_s 和 K_n 的离散卷积得出，这在任何两个独立随机变量相加时都成立. 于是

$$\begin{aligned} P(K) &= \sum_{q=0}^{K} \frac{(\overline{N}_n)^q}{q!} e^{-N_n} \frac{(\overline{N}_s)^{K-q}}{(K-q)!} e^{-\overline{N}_s} \\ &= (\overline{N}_s)^K e^{-(\overline{N}_s+\overline{N}_n)} \sum_{q=0}^{K} \frac{1}{q!(K-q)!} \left(\frac{\overline{N}_n}{\overline{N}_s}\right)^q. \end{aligned} \tag{7-61}$$

这个和可以算出等于 $\dfrac{\left(1+\dfrac{\overline{N}_n}{\overline{N}_s}\right)^K}{K!}$，代入(7-61)式得到 $P(K)$ 的下述表达式：

$$P(K) = \frac{(\overline{N}_s + \overline{N}_n)^K}{K!} e^{-(\overline{N}_s+\overline{N}_n)}. \tag{7-62}$$

因而两个相互独立的泊松随机变量的和仍然是泊松随机变量，并且其均值为两分

量的均值之和.

在所有这些描述中,我们将假设一个可以容许的假报警概率 P_{fa} 为 10^{-6},或更精确地说,由于我们处理的是离散分布,这个假报警概率是尽可能接近但不超过 10^{-6} 的值. 为了计算在没有目标返回信号时可以容许的计数阈值,我们来定出满足下式的最小的 N_T:

$$\sum_{q=N_T}^{\infty} \frac{(\overline{N}_n)^q}{q!} e^{-\overline{N}_n} \leqslant 10^{-6}. \tag{7-63}$$

下表给出了对于不同 $\overline{N}_n$ 所对应的 N_T 值

(7-64)

$\overline{N}_n$	N_T
0	1
10^{-2}	3
10^{-1}	5
1	10
10	29
10^2	152
10^3	1155.

现在通过求和得出探测概率 P_d 为

$$P_d = \sum_{K=N_T}^{\infty} \frac{(\overline{N}_s + \overline{N}_n)^K}{K!} e^{-(\overline{N}_s + \overline{N}_n)} = 1 - \sum_{K=0}^{N_T-1} \frac{(\overline{N}_s + \overline{N}_n)^K}{K!} e^{-(\overline{N}_s + \overline{N}_n)}. \tag{7-65}$$

图 7.13 画的是对于假报警信号概率为 10^{-6} 和不同的暗光电事件平均数,探测概率与平均数 $\overline{N}_s$ 的关系曲线.

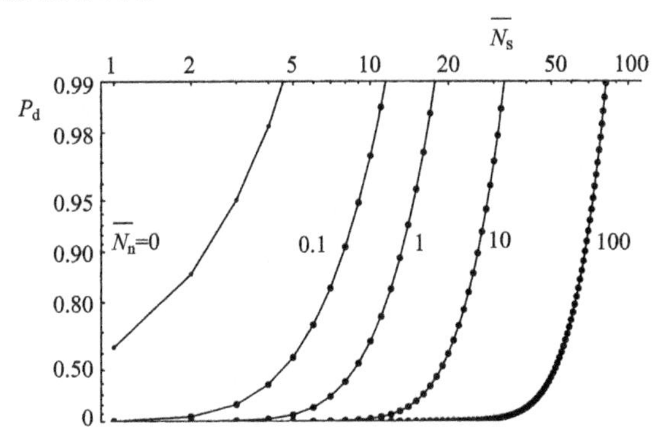

图 7.13 对于在泊松噪声中的泊松分布信号,当噪声光电事件取不同平均值时,探测概率 P_d 与信号光电事件平均数之间的关系. 假设假报警概率为 10^{-6} (除 $\overline{N}_n=0$ 的情况以外,这种情况下阈值设定为一次计数,没有假报警)

我们现在转而研究散斑对这些探测统计特性的影响.

泊松噪声中的 Bose-Einstein 信号

仍令“暗”光电事件或噪声光电事件的概率为平均值为$\overline{K_n}$的泊松分布 $P(K_n)$，但现在由目标返回信号产生的光电事件概率为平均值为 $\alpha\overline{W}=\overline{K}_s$ 的 Bose-Einstein 分布 $P(K_s)$. 给定距离区间内光电事件的总数目是各个独立随机变量产生的光电事件数目之和，$K=K_s+K_n$.

K 的概率分布仍然由概率分布 K_s 和 K_n 的离散卷积得到，这一次其形式为

$$P(K)=\sum_{q=0}^{K}\frac{(\overline{N}_n)^q}{q\,!}e^{-\overline{N}_n}\frac{1}{1+\overline{N}_s}\left(\frac{\overline{N}_s}{1+\overline{N}_s}\right)^{K-q}. \tag{7-66}$$

求和可以用软件算出(如 Mathematica)，得到

$$P(K)=\frac{e^{\frac{\overline{N}_n}{\overline{N}_s}}(\overline{N}_s)^K\Gamma\left(1+K,\overline{N}_n\left(\frac{\overline{N}_s+1}{\overline{N}_s}\right)\right)}{(1+\overline{N}_s)^{1+K}K\,!}, \tag{7-67}$$

其中 $\Gamma(a,z)$是不完全的 Γ 函数，其定义为

$$\Gamma(a,z)=\int_z^{\infty}t^{a-1}e^{-t}dt. \tag{7-68}$$

我们再次设置一个阈值，使假报警概率为 10^{-6}，并用(7-64)式中示出的阈值设置. 这时探测概率变为

$$P_d=1-\sum_{K=0}^{N_T-1}\frac{e^{\frac{\overline{N}_n}{\overline{N}_s}}(\overline{N}_s)^K\Gamma\left(1+K,\overline{N}_n\left(\frac{\overline{N}_s+1}{\overline{N}_s}\right)\right)}{(1+\overline{N}_s)^{1+K}K\,!}. \tag{7-69}$$

图 7.14 画的是对假报警信号概率为 10^{-6} 和不同的噪声光电事件平均数，探测概

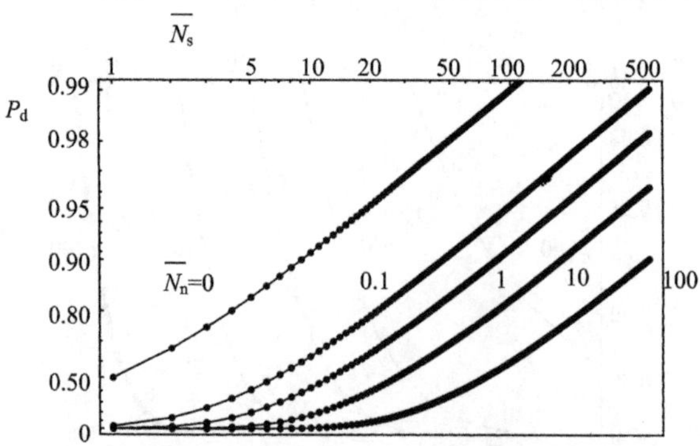

图 7.14　泊松噪声中的 Bose-Einstein 信号的探测概率作为信号光电事件平均值函数，假设假报警概率为 10^{-6} 及噪声光电事件的平均数取几个不同的值(除 $\overline{N}_n=0$ 的情况外，这时阈值为 1 次计数，没有假报警)

率与信号光电事件平均数的关系曲线.

为了比较,图 7.15 在同一图中画出了 $\overline{N}_{\mathrm{n}}=1$ 时泊松和 Bose-Einstein 两种情况的曲线. 当探测概率大于约 0.3 时,要达到给定的探测概率,所需的信号电平在 Bose-Einstein 信号情况下要比泊松信号情况下高得多,这是信号的积分强度 W 比其均值小的概率大的结果;当探测概率小于约 0.3 时,Bose-Einstein 信号的性能优于泊松信号,这是由于信号的积分强度 W 比其均值大的概率固然较小但仍然相当大.

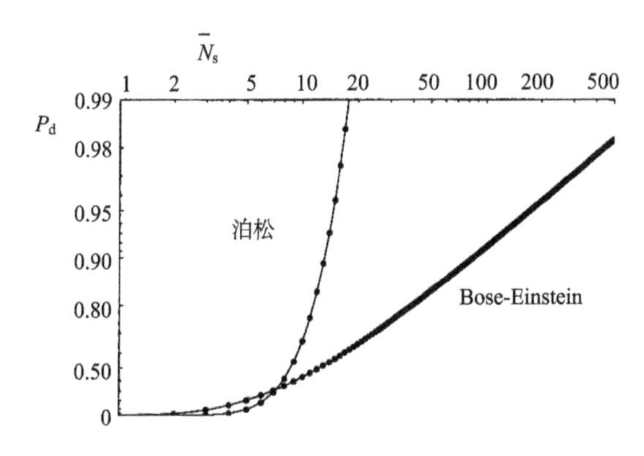

图 7.15 泊松噪声中的泊松信号和 Bose-Einstein 信号的探测概率与 $\overline{N}_{\mathrm{s}}$ 的函数关系的比较,设 $\overline{N}_{\mathrm{n}}=1$,假报警概率为 10^{-6}

泊松噪声中的负二项式分布信号

设噪声仍是泊松分布,但是信号光电事件服从负二项式分布. 仍假设允许的假报警概率为 10^{-6}. K 个光电事件的概率仍然是一个离散卷积,这一次最方便是写成⑧

$$P(K)=\sum_{q=0}^{K}\frac{(\overline{N}_{\mathrm{n}})^{K-q}}{(K-q)!}\mathrm{e}^{-\overline{N}_{\mathrm{n}}}\frac{\Gamma(q+M)}{q!\Gamma(M)}\left(\frac{\overline{N}_{\mathrm{s}}}{\overline{N}_{\mathrm{s}}+M}\right)^{q}\left(\frac{M}{\overline{N}_{\mathrm{s}}+M}\right)^{M}. \tag{7-70}$$

用 Mathematica 计算这个求和,得到结果为

$$P(K)=\left(\frac{M}{M+\overline{N}_{\mathrm{s}}}\right)^{M}\left(\frac{\overline{N}_{\mathrm{s}}}{M+\overline{N}_{\mathrm{s}}}\right)^{k}\frac{\mathrm{e}^{-\overline{N}_{\mathrm{n}}}}{k!}U\left(M,1+K+M,\frac{\overline{N}_{\mathrm{n}}(M+\overline{N}_{\mathrm{s}})}{\overline{N}_{\mathrm{s}}}\right), \tag{7-71}$$

其中 $U(a,b,z)$ 为 Tricomi 合流超几何函数⑨,由下式给出:

⑧ 注意 q 永远是一个整数,但 M 不一定是整数.

⑨ 在文献[122]第 247 页可以找到一个用 Kummer 合流超几何函数表示的等价表达式.

$$U(a,b,z)=\frac{1}{\Gamma(a)}\int_0^{\infty}\mathrm{e}^{-zt}t^{a-1}(t+1)^{-a+b-1}\mathrm{d}t \tag{7-72}$$

式中 $\mathrm{Re}(z)>0$ 和 $\mathrm{Re}(a)>0$. 于是探测概率为

$$P_{\mathrm{d}}=1-\sum_{K=0}^{N_{\mathrm{T}}-1}P(K), \tag{7-73}$$

其中 $P(K)$由(7-71)式给出.

图 7.16 所示为$\overline{N_{\mathrm{n}}}=1$、假报警概率为 10^{-6}时,对四个不同的 M 值,相应的探测概率与$\overline{N_{\mathrm{s}}}$的关系曲线. 注意当 $M=1$ 时,信号服从 Bose-Einstein 统计,曲线与上小节中$\overline{N_{\mathrm{n}}}=1$ 的结果曲线一致. 当 $M=\infty$时,探测器对无穷的散斑集合积分,得到的积分信号强度为常数,信号光电事件的统计服从泊松分布. 这条曲线我们也在前面遇到过. 对应于 $M=2$ 和 $M=4$ 的曲线在这两个极限之间. 随着自由度 M 增大,探测概率有明显的提高.

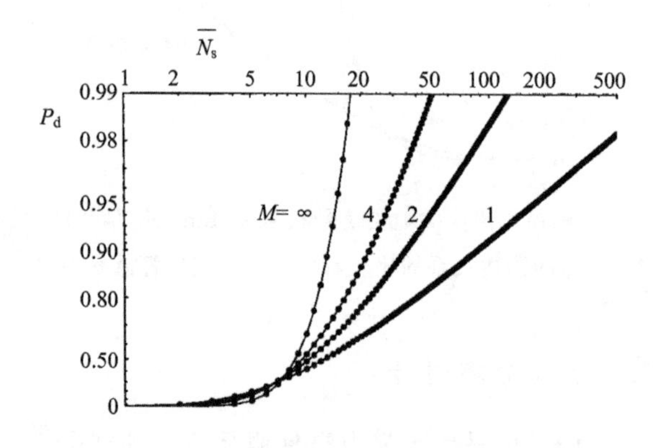

图 7.16　对于不同的 M 值,泊松噪声中的负二项式分布信号的探测概率与$\overline{N_{\mathrm{s}}}$的函数关系. 设假报警概率为 10^{-6}且$\overline{N_{\mathrm{n}}}=1$. $M=1$ 的结果与泊松噪声中的 Bose-Einstein 信号的结果一致. $M=\infty$的结果与泊松噪声中的泊松信号的结果一致

7.2.4　探测统计分布——外差探测

现在我们讨论一种完全不同的探测目标返回信号方法,即外差探测法. 图 7.17 为最简单的发射系统与接收系统的结构示意图. 使用的激光器的相干长度大于到目标的往返距离. 一部分光在发射系统中被分出,频移 $\Delta\nu$ 后送到接收机,作为本机振荡,与从目标返回的光发生干涉或成拍. 放大之后,离开探测器的射频信号经过一组多普勒频率窄带滤波器. 每个滤波器的带宽大致为发射脉冲的脉冲宽度的倒数. 如果目标是完全静止的,那么以频差为中心频率的滤波器将让接收到的脉冲通过. 然而,由于目标的运动是事先不知道的,目标朝向或离开发射机和

接收机引起的接收到的光的多普勒频移大小也是不知道的，因此需要一组滤波器. 这一组滤波器的带宽覆盖的频率范围足够宽，足以覆盖预期的由目标返回的光可能经受的多普勒频移. 跟着的每个多普勒滤波器都是一个包络检波器，用来检测通过滤波器之后 RF 信号的包络线. 根据容许的最大假报警概率设定一个阈值，在每个包络检波器的输出端上，通过比较检测到的包络与设定的阈值，判断目标是否存在.

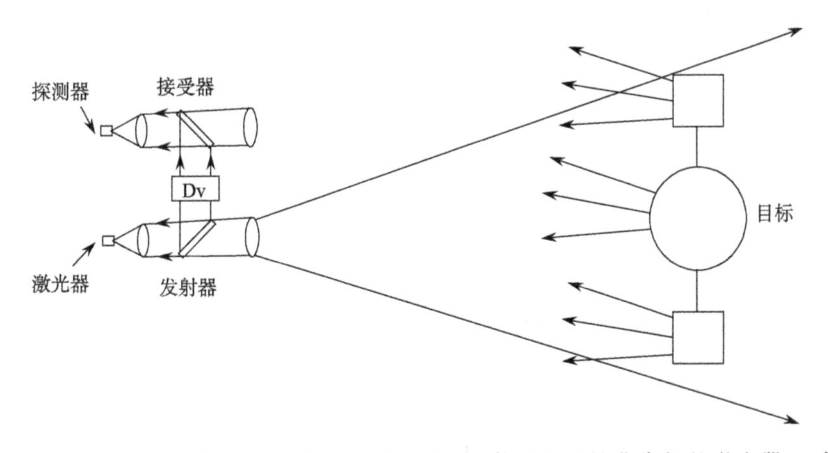

图 7.17 使用外差探测的光学雷达系统示意图. 使用相干性非常好的激光器，一部分光在发射机中被分出，频移后用作接收机的本机振荡. 在接收机之前用于消除背景噪声的滤光片没有在图中画出

注意在图 7.17 的接收机中，从目标返回的光有两大主要损失. 第一个是由信号光路中的分束器引起的，它只把接收到的功率的一半传给探测器. 如果用的是非偏振的分束器，分束的损失可以通过使用平衡探测器进行弥补. 在离开分束器的每束光中用一个探测器，可以证明两个外差接收器输出的拍频信号的相位相差 180°，因此将两个信号用电学方法相减，便得到是单个检波器输出的双倍幅值的单一余弦电信号. 两个接收器的噪声输出是独立的，用电学方法相加后使伴随拍频信号的噪声功率加倍. 其净结果是输出功率的信噪比加倍，详见文献[78](P. 814).

第二种损失由本机振荡是偏振的这一事实引起，接收到的光的与本机振荡偏振方向垂直的偏振分量不产生拍频信号. 通常将从漫射目标返回的光是退偏振的. 偏振引起的损失可以通过用偏振分束器和一对接收器来弥补([78],P. 822). 当返回信号是退偏振的时，由两个外差接收机产生的拍频一般具有随机和相互独立的相位，不能用电学方法组合使信号振幅加倍. 然而在它们各自通过包络检波之后，信号可以用电学方法叠加，同时提高了功率信噪比并改变了待测信号的概率密度分布函数. 在一个合适的接收机结构中使用四个探测器，可以消除这两种损失([78],P. 826).

为简单计，下面我们只考虑图 7.17 所示的简单接收机. 我们将本机振荡与目标返回信号表示为(x,y)平面上随时间变化的电场，分别用符号 $\vec{\boldsymbol{A}}_{\mathrm{LO}}(x,y;t)$以及$\vec{\boldsymbol{A}}_{\mathrm{S}}(x,y;t)$表示，$(x,y)$平面在接收系统的入瞳面上. 这就要求本机振荡的场在概念上要通过光学系统倒传到聚光系统的入瞳；但实际上，如果目标是在接收系统的远场，一般将系统设计成使本机振荡等同于入瞳上的平面波. 如果目标在近场，有效的本机振荡场应该具有中心在目标上的球面波的曲率. 入射到接收孔径上的两个场可以写成

$$
\begin{aligned}
\vec{\boldsymbol{A}}_{\mathrm{LO}}(x,y;t) &= \vec{\boldsymbol{B}}_0 \exp[-\mathrm{j}2\pi(\nu_0+\Delta\nu)t] \\
\vec{\boldsymbol{A}}_{\mathrm{S}}(x,y;t) &= \vec{\boldsymbol{B}}_{\mathrm{S}}(x,y)\exp[-\mathrm{j}2\pi(\nu_0+\nu_{\mathrm{d}})t],
\end{aligned}
\tag{7-74}
$$

其中，ν_0 是雷达发射的光的频率，$\Delta\nu$ 是本机振荡器的偏置频率，ν_{d} 是从目标返回的光的 Doppler 频移. $\boldsymbol{B}_0$ 是本机振荡的复振幅（假设为均匀且为常量），$\boldsymbol{B}_{\mathrm{S}}(x,y)$是目标返回的光的空间复振幅分布，考虑到它们的偏振特性，这些电场均表示为矢量. 为简单计，这里忽略了脉冲的有限宽度.

简单相干接收机的输出

探测器产生一个电流 $i(t)$，它与瞬时的积分强度成正比，比例常数是 $\eta q/h\nu_0$，其中 η 为探测器的量子效率，h 是普朗克常数，q 是电子的电荷，并且假设 $\Delta\nu \ll \nu_0$ 及 $\nu_d \ll \nu_0$[⑩]. 于是

$$
i(t) = \frac{\eta q}{h\upsilon_0}\iint\limits_{\mathcal{A}_{\mathrm{R}}}[\vec{\boldsymbol{A}}_{\mathrm{LO}}(x,y;t)+\vec{\boldsymbol{A}}_{\mathrm{S}}(x,y;t)]\cdot[\vec{\boldsymbol{A}}_{\mathrm{LO}}(x,y;t)+\vec{\boldsymbol{A}}_{\mathrm{S}}(x,y;t)]^*\,\mathrm{d}x\mathrm{d}y,
\tag{7-75}
$$

其中符号"·"表示矢量的内积，$\mathcal{A}_{\mathrm{R}}$ 为接收机的入瞳面积. 展开这个式子，得到

$$
\begin{aligned}
i(t) = {} & \frac{\eta q}{h\nu_0}\iint\limits_{\mathcal{A}_{\mathrm{R}}}[\vec{\boldsymbol{A}}_{\mathrm{LO}}(x,y;t)\cdot\vec{\boldsymbol{A}}_{\mathrm{LO}}^*(x,y;t)+\vec{\boldsymbol{A}}_{\mathrm{S}}(x,y;t)\cdot\vec{\boldsymbol{A}}_{\mathrm{S}}^*(x,y;t) \\
& +\vec{\boldsymbol{A}}_{\mathrm{LO}}(x,y;t)\cdot\vec{\boldsymbol{A}}_{\mathrm{S}}^*(x,y;t)+\vec{\boldsymbol{A}}_{\mathrm{LO}}^*(x,y;t)\cdot\vec{\boldsymbol{A}}_{\mathrm{S}}(x,y;t)]\mathrm{d}x\mathrm{d}y \\
= {} & \frac{\eta q}{h\nu_0}\Big[\iint\limits_{\mathcal{A}_{\mathrm{R}}}|\vec{\boldsymbol{B}}_0|^2\mathrm{d}x\mathrm{d}y+\iint\limits_{\mathcal{A}_{\mathrm{R}}}|\vec{\boldsymbol{B}}_{\mathrm{S}}(x,y)|^2\mathrm{d}x\mathrm{d}y \\
& +\mathrm{e}^{\mathrm{j}2\pi(\Delta\nu-\nu_{\mathrm{d}})t}\iint\limits_{\mathcal{A}_{\mathrm{R}}}\vec{\boldsymbol{B}}_0^*\cdot\vec{\boldsymbol{B}}_{\mathrm{S}}(x,y)\mathrm{d}x\mathrm{d}y
\end{aligned}
$$

---

⑩ 为简单计忽略了背景光噪声.

$$+\exp[-\mathrm{j}2\pi(\Delta\nu-\nu_{\mathrm{d}})t]\iint_{\mathcal{A}_{\mathrm{R}}}\vec{\boldsymbol{B}}_0\cdot\vec{\boldsymbol{B}}_{\mathrm{S}}(x,y)\mathrm{d}x\mathrm{d}y\Big]. \tag{7-76}$$

表达式共有四项,第一项是本机振荡产生的直流分量,以 i_{LO} 表示,可以写成

$$i_{\mathrm{LO}}=\frac{\eta q}{h\nu_0}\mathcal{A}_{\mathrm{R}}I_{\mathrm{LO}}, \tag{7-77}$$

其中,I_{LO} 为本机振荡的强度,指的是接收孔径处的光强,并假设它在那里是均匀的. 此外,因为本机振荡一般比信号强很多,第二项可以忽略,因为它特别小. 这就只剩下第三项和第四项,它们代表本机振荡和信号之间的干涉.

从(7-77)式可清楚看出,从目标返回的光只有偏振方向与本机振荡相同的分量对输出的交流部分有贡献. 为简单起见,从现在开始我们假设 $\boldsymbol{B}_{\mathrm{S}}(x,y)$ 代表与本机振荡偏振方向相同的光波的复振幅. 于是探测器电流的表示式可重写为

$$i(t)=i_{\mathrm{LO}}+\frac{2\eta q}{h\nu_0}|\boldsymbol{B}_0||\boldsymbol{B}_1|\cos[2\pi(\Delta\nu-\nu_{\mathrm{d}})t+\phi_1-\phi_0], \tag{7-78}$$

其中 $\boldsymbol{B}_1=\iint_{\mathcal{A}_{\mathrm{R}}}\boldsymbol{B}_{\mathrm{S}}(x,y)\mathrm{d}x\mathrm{d}y$,$\phi_0$ 为本机振荡有关的已知常相位. ϕ_1 是 $\boldsymbol{B}_1$ 的未知的随机相位.

对 $\boldsymbol{B}_1=\iint_{\mathcal{A}_{\mathrm{R}}}\boldsymbol{B}_{\mathrm{S}}(x,y)\mathrm{d}x\mathrm{d}y$ 这一项需要作些说明. 如果 $\boldsymbol{B}_{\mathrm{S}}$ 是接收到的来自镜面反射目标的信号场,那么这个场在接收孔径上是不变的,并且 $\boldsymbol{B}_1=\boldsymbol{B}_{\mathrm{S}}\mathcal{A}_{\mathrm{R}}$. 但是,如果 $\boldsymbol{B}_{\mathrm{S}}(x,y)$ 表示一个与本机振荡偏振方向相同的散斑图样的复场,那么它是一个空间的圆型复高斯随机过程. 积分表示该过程的线性变换,这样一来,从附录 A 可知,积分也必定服从圆型复高斯统计. 由此可得,$|\boldsymbol{B}_1|$ 必定服从瑞利统计,ϕ_1 必定在 $(-\pi,\pi)$ 上均匀分布. 我们看到一个重要事实:**在一个外差系统中,落在探测器上的散斑瓣上积分不会降低探测到的散斑信号的对比度**,因为空间平均是对振幅而不是对强度进行.

相干探测中的信噪比——镜面目标

用相干接收器检测被测目标返回信号的问题和测量一个信号相幅矢量与一个噪声相幅矢量之和的问题完全相同,这里信号相幅矢量的长度为

$$s=2\frac{\eta q}{h\nu_0}|\boldsymbol{B}_0||\boldsymbol{B}_1|. \tag{7-79}$$

如前所述,如果信号是从一个镜面目标返回,那么 $\boldsymbol{B}_{\mathrm{S}}$ 是常量,$\boldsymbol{B}_1=\boldsymbol{B}_{\mathrm{S}}\mathcal{A}_{\mathrm{R}}$,并且信号相幅矢量的长度可以写成

$$s = 2\,\frac{\eta q}{h\nu_0}\sqrt{P_0 P_S}, \tag{7-80}$$

式中 $P_0=|\boldsymbol{B}_0|^2\mathcal{A}_R$ 为探测器处本机振荡的等价功率，指的是倒回接收孔径处的功率，$P_1=|\boldsymbol{B}_S|^2\mathcal{A}_R$ 为实际到达探测器的、落在接收孔径上的镜面目标返回信号的功率. 与该余弦信号有关的时间平均功率为

$$S = \frac{1}{2}s^2 = 2\left(\frac{\eta q}{h\nu_0}\right)^2 P_0 P_S. \tag{7-81}$$

于是探测问题就成了在圆型复高斯噪声(对应于本机振荡产生的散粒噪声)中检测一个固定相幅矢量是否存在的问题. 一个中心频率在目标返回信号频率而带宽为 B 的多普勒滤波器，放行的散粒噪声的方差为(见文献[111]的(11-102)式)

$$N = \sigma_{\text{shot}}^2 = 2qi_{\text{LO}}B = 2\,\frac{\eta q^2}{h\nu_0}P_0 B. \tag{7-82}$$

圆型复高斯噪声相幅矢量的实部和虚部的方差 σ_N^2 是它的一半，或

$$\sigma_N^2 = \frac{\eta q^2}{h\nu_0}P_0 B. \tag{7-83}$$

从上面的结果我们看到，对于镜面反射目标，检波后功率信噪比为

$$\frac{S}{N} = \frac{\eta}{h\nu_0}\,\frac{P_S}{B}. \tag{7-84}$$

假设多普勒滤波器的带宽 B 近似等于发射脉冲持续时间 T 的倒数，上式化为

$$\frac{S}{N} = \frac{\eta}{h\nu_0}P_S T = \overline{N}_S \tag{7-85}$$

其中 $\overline{N}_S$ 代表没有本机振荡时，在探测器上、在时间 T 内将会观察到的偏振方向与本机振荡相同的返回光波引起的光电事件数的平均值.

在散粒噪声中探测这种信号的问题，与在圆型复高斯噪声中的 Rice 相幅矢量的存在问题完全相同(见第 2.3 节). 不存在信号时，相幅矢量长度按照瑞利分布. 存在信号时，相幅矢量的长度服从 Rice 分布. 假报警概率可从下式求得

$$P_{\text{fa}} = \int_{V_T}^{\infty}\frac{A}{\sigma_N^2}\exp\left[-\frac{A^2}{2\sigma_N^2}\right]\mathrm{d}A = \exp\left[-\frac{V_T^2}{2\sigma_N^2}\right], \tag{7-86}$$

其中 V_T 是为达到想要的假报警概率所应选择的阈值，从(7-83)式有

$$\sigma_N^2 = \frac{\eta q^2}{h\nu_0}P_0 B. \tag{7-87}$$

由此可知 V_T 的适当选择是

$$\frac{V_T}{\sigma_N} = \sqrt{2\ln\frac{1}{P_{\text{fa}}}}. \tag{7-88}$$

探测概率由信号确实存在时信号加噪声超过阈值的概率给出，它可以等价地写为

$$P_{\mathrm{d}}=\int_{V_{\mathrm{T}}}^{\infty}\frac{A}{\sigma_{\mathrm{N}}^{2}}\exp\left[-\frac{A^{2}+S^{2}}{2\sigma_{\mathrm{N}}^{2}}\right]I_{0}\left(\frac{As}{\sigma_{\mathrm{N}}^{2}}\right)\mathrm{d}A$$

$$=\int_{V_{\mathrm{T}}/\sigma_{\mathrm{N}}}^{\infty}q\exp\left[-\frac{q^{2}+S^{2}/\sigma_{\mathrm{N}}^{2}}{2}\right]I_{0}(qs/\sigma_{\mathrm{N}})\mathrm{d}q \tag{7-89}$$

这个积分可以表示为一个已列成表的函数，叫做 Marcum Q 函数[107]，其定义为

$$Q(a,b)=\int_{b}^{\infty}x\exp[-(x^{2}+a^{2})/2]$$

$$I_{0}(ax)\mathrm{d}x \tag{7-90}$$

图 7.18 画出对假警报概率的三个不同的值，探测概率与 $10\ \lg(S/N)=10\lg(S^{2}/2\sigma_{\mathrm{N}}^{2})$ 之间的关系.

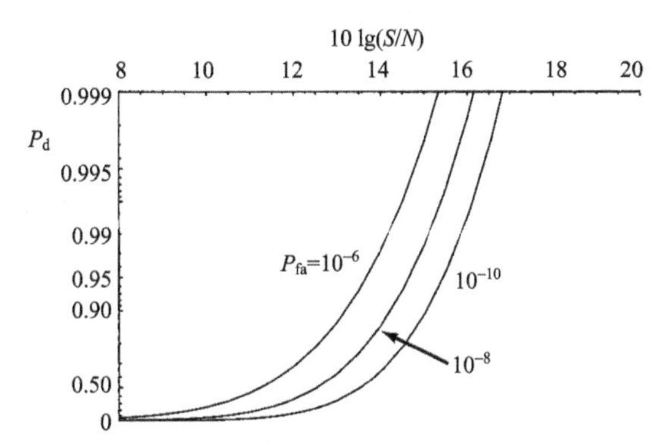

图 7.18　对于镜面目标，在三个不同的假警报概率值下，探测概率 P_{d} 与 $10\ \lg(S/N)$ 的关系

相干探测中的信噪比——漫射目标

在散粒噪声中探测从漫射目标返回的信号的问题等价于在圆型复高斯噪声中探测一个瑞利分布的信号相幅矢量的问题. 实际上，这时信号和噪声都服从圆型复高斯分布. 当只存在噪声时，包络检波器输出的概率密度函数为

$$p_{\mathrm{N}}(A)=\frac{A}{\sigma_{\mathrm{N}}^{2}}\exp\left[-\frac{A^{2}}{2\sigma_{\mathrm{N}}^{2}}\right], \tag{7-91}$$

其中，σ_{N}^{2} 是噪声的实部或虚部的方差. 当信号与噪声加在一起时，概率密度函数变为

$$p_{\mathrm{S+N}}(A)=\frac{A}{\sigma_{\mathrm{S}}^{2}+\sigma_{\mathrm{N}}^{2}}\exp\left[-\frac{A^{2}}{2(\sigma_{\mathrm{S}}^{2}+\sigma_{\mathrm{N}}^{2})}\right], \tag{7-92}$$

其中，σ_{S}^{2} 为信号的实部或虚部的方差.

从(7-83)式可以得到噪声方差 σ_{N}^2 的一个显性表达式. 现在我们的目的是要找到信号方差 σ_{S}^2 的表达式. 为此,我们先集中注意(7-78)式中的量$|B_1|$. $|B_1|$服从瑞利概率密度函数,其形式为

$$p(|\boldsymbol{B}_1|) = \frac{|\boldsymbol{B}_1|}{\sigma_1^2}\exp\left(-\frac{|\boldsymbol{B}_1|^2}{2\sigma_1^2}\right), \tag{7-93}$$

其中,σ_1^2 是 B_1 的实部(或虚部)的方差. 为了求出 σ_1^2,我们用(2-18)式所表示的事实,即

$$\overline{|\boldsymbol{B}_1|^2} = 2\sigma_1^2, \tag{7-94}$$

因此,如果我们能够求出$\overline{|\boldsymbol{B}_1|^2}$的表示式,它的一半就是 σ_1^2. 如果用 $D(x,y)$表示接收光学系统的孔径函数,它在接收区域内为 1 否则为 0,便得到

$$\begin{aligned}\overline{|\boldsymbol{B}_1|^2} &= \iint\limits_{-\infty}^{\infty}\iint\limits_{-\infty}^{\infty} D(x_1,y_1)D(x_2,y_2)\,\overline{\boldsymbol{B}_{\mathrm{S}}(x_1,y_1)B_{\mathrm{S}}^*(x_2,y_2)}\,\mathrm{d}x_1\mathrm{d}y_1\mathrm{d}x_2\mathrm{d}y_2 \\ &= \bar{I}_{\mathrm{S}}\mathcal{A}_{\mathrm{R}}\iint\limits_{-\infty}^{\infty}\mathcal{K}_{\mathrm{D}}(\Delta x,\Delta y)\boldsymbol{\mu}_{\boldsymbol{B}}(\Delta x,\Delta y)\,\mathrm{d}\Delta x\mathrm{d}\Delta y,\end{aligned} \tag{7-95}$$

其中,$\overline{I_{\mathrm{S}}}=\overline{|\boldsymbol{B}_{\mathrm{S}}|^2}$是接收孔径上信号的平均强度,$\boldsymbol{\mu}_{\boldsymbol{B}}(\Delta x,\Delta y)$是 $\boldsymbol{B}_{\mathrm{S}}(x,y)$的归一化自相关函数,并且

$$\mathcal{K}_{\mathrm{D}}(\Delta x,\Delta y) = \frac{1}{\mathcal{A}_{\mathrm{R}}}\iint\limits_{-\infty}^{\infty} D(x_1,y_1)D(x_1+\Delta x,y_1+\Delta y)\,\mathrm{d}x_1\mathrm{d}y_1. \tag{7-96}$$

注意 $\mathcal{K}_{\mathrm{D}}$ 在原点归一化为 1. (7-95)式第二行的积分有面积的量纲. 我们称之为接收器的"有效面积"A_{eff},写为

$$\mathcal{A}_{\mathrm{eff}} = \iint\limits_{-\infty}^{\infty}\mathcal{K}_{\mathrm{D}}(\Delta x,\Delta y)\boldsymbol{\mu}_{\boldsymbol{B}}(\Delta x,\Delta y)\,\mathrm{d}\Delta x\mathrm{d}\Delta y. \tag{7-97}$$

当单个散斑颗粒宽度比接收孔径宽很多时,有 $\mu_B\approx 1$,$A_{\mathrm{eff}}\approx A_{\mathrm{R}}$;即接收孔径的有效面积近似等于其实际面积. 另一方面,当接收孔径中有许多散斑颗粒时,$\mathcal{K}_{\mathrm{D}}\approx 1$,并且

$$\mathcal{A}_{\mathrm{eff}} \approx \iint\limits_{-\infty}^{\infty}\boldsymbol{\mu}_{\boldsymbol{B}}(\Delta x,\Delta y)\,\mathrm{d}\Delta x\mathrm{d}\Delta y, \tag{7-98}$$

用话来说就是,有效面积近似等于单个散斑颗粒的面积,在上述假设下,它比实际的接收机孔径面积小很多. 最后,我们的结论是

$$\sigma_1^2 = \frac{1}{2}\bar{I}_{\mathrm{S}}\mathcal{A}_{\mathrm{R}}\mathcal{A}_{\mathrm{eff}}. \tag{7-99}$$

注意到(7-79)式中$|\boldsymbol{B}_1|$前面的项,我们得出结论,信号相幅矢量的长度 s 是瑞利分

布,其参数 σ_S^2 由下式给出:

$$\sigma_S^2 = \left(\frac{nq}{h\nu_0}\right)^2 I_0 \overline{|\boldsymbol{B}_1|^2} = \frac{1}{2}\left(\frac{nq}{h\nu_0}\right)^2 (I_0 \mathcal{A}_R)(\bar{I}_S \mathcal{A}_{eff})$$

$$= \left(\frac{nq}{h\nu_0}\right)^2 P_0 (\bar{I}_S \mathcal{A}_{eff}). \tag{7-100}$$

注意,并不是射到接收孔径上的全部信号功率都对 σ_S^2 有贡献,只有落在有效面积 $\mathcal{A}_{eff}$ 上的功率起作用. 因此,决定探测到的信号强度的是每个散斑振幅相关区域上的功率.

假报警概率 P_{fa} 的表示式(7-86)式在这种情形下仍然可以用,因为对于一个强本机振荡,散粒噪声的性质不受目标返回信号的本性影响中. 探测概率仍然由对瑞利密度函数进行积分求得,这次是在噪声和信号都存在的情况下,结果为

$$P_d = \exp\left[-\frac{V_T^2}{2(\sigma_N^2+\sigma_S^2)}\right] = \exp\left[-\frac{V_T^2/2\sigma_N^2}{1+\sigma_S^2/\sigma_N^2}\right] = \exp\left[\frac{\ln P_{fa}}{1+S/N}\right], \tag{7-101}$$

其中在最后一步用到(7-88)式,而 $S=2\sigma_S^2$ 与 $N=2\sigma_N^2$ 分别为与信号相幅矢量和噪声相幅矢量对应的功率. 信噪比 S/N 由下式给出:

$$\frac{S}{N} = \frac{\eta}{h\nu_0}\frac{\bar{I}_S \mathcal{A}_{eff}}{B} = \frac{\eta}{h\nu_0}(\bar{I}_S \mathcal{A}_{eff})T, \tag{7-102}$$

这里再次假定 $B \approx 1/T$. 定义 $\widetilde{\overline{N}}_s$ 为不存在本机振荡情况下,单个脉冲会产生的光电事件的数目,由于信号与单个有效面积 A_{eff} 内本机振荡偏振方向相同,我们看到

$$\frac{S}{N} = \widetilde{\overline{N}}_s = \frac{\mathcal{A}_{eff}}{\mathcal{A}_R}\overline{N}_s. \tag{7-103}$$

图 7.19 画的是对于漫射目标,对同样三个假报警概率,探测概率 P_d 与 10 lg(S/N) 之间的关系曲线. 注意这里的横坐标和纵坐标的标度与图 7.18 中所用的不同.

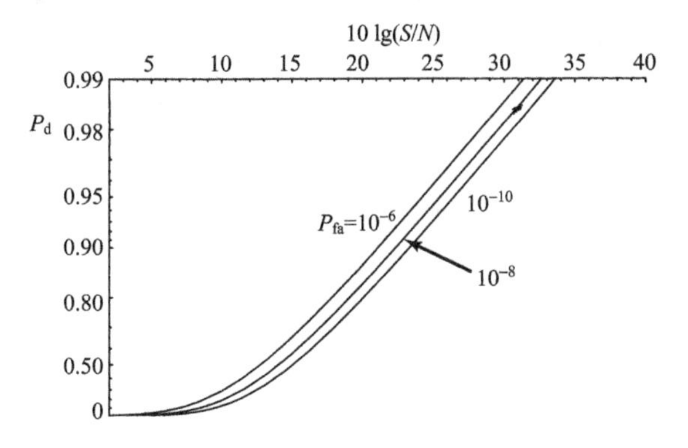

图 7.19 在三个不同假报警概率下,粗糙目标外差检波系统的探测概率 P_d 与 10 lg(S/N)的关系

为了更好地比较镜面目标与漫射目标使用外差探测系统的性能，图 7.20 把图 7.18 与图 7.19 的曲线画在一张图内. 可以看出，工作在漫射目标比工作在镜面目标的性能差很多. 如果从漫射目标返回的信号有多个散斑颗粒落在接收孔径上，情况还要更糟，因为这时的信号功率 S 是对应于面积 $\mathcal{A}_{ff}$ 的，它可能比入射到探测器全整个面积上的功率小.

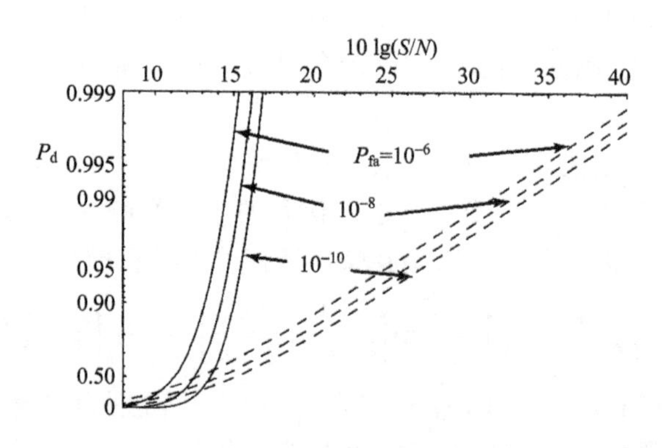

图 7.20　对于不同的假报警概率，镜面目标（实线）和漫射目标（虚线）的外差探测系统的探测概率与 10 lg(S/N)的关系曲线. 实际上，漫射目标的曲线假设了 $\mathcal{A}_{ff}=\mathcal{A}_{t}$，或者说目标不能被接收光学系统分辨

7.2.5　直接探测与外差探测的比较

要对直接探测和外差探测作出公平的比较是困难的，因为这两种系统很可能有不同的几何布局及用不同的系统元件. 但是，出于好奇，我们还是来做这样一种比较，虽然认识到这种比较意思不大.

首先考虑镜面目标的情况. 图 7.21 画的是在镜面目标的情况下，对暗光电事件数目$\overline{N_n}$的几个不同的值的直接探测及外差法探测的探测概率与 10 lg($\overline{N}_s$)的关系. 假设目标返回信号与本机振荡的偏振方向相同. 对于外差探测，计算$\overline{N}_s$必须考虑综合的损耗.

接着考虑漫射目标. 如果发射的光束溢出目标，接收光学系统不能分辨目标，那么只有一个散斑颗粒对探测信号有贡献，结果有 $\mathcal{A}_{ff}=\mathcal{A}_{t}$，$\bar{I}_s\mathcal{A}_{ff}=P_S$，$\widetilde{N}_s=\overline{N}_s$. 图 7.22 画的是对一个漫射物体，探测概率与 10 lg($\overline{N}_s$)的关系. 实线代表不同暗光电事件数水平下的直接探测结果. 虚线代表外差法探测结果. 假设假报警概率为 10^{-6}，并且对于外差探测法，假设目标返回光只有一个偏振分量，它与本机振荡有相同的偏振方向. 对于外差探测法，计算 $\overline{N}_s$ 时仍必须考虑综合的损耗.

如果接收器能够分辨出漫射目标上的照明斑，比较就变得更困难. 对于直接

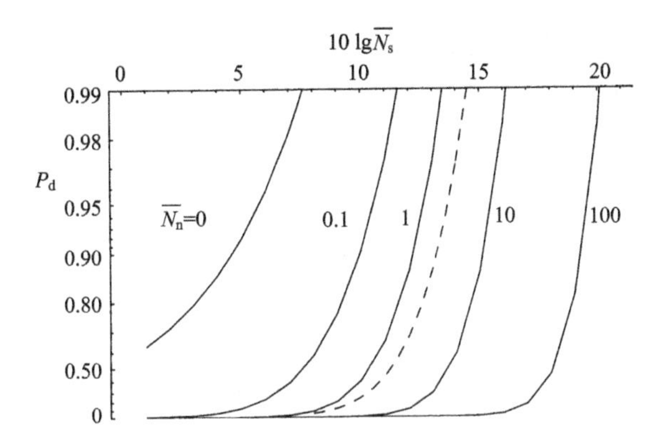

图 7.21 对于一个不能分辨的镜面目标，直接探测与外差检波的比较. 实线表示不同的暗计数下的直接探测结果. 虚线代表外差法探测结果. 假设假报警概率为 10^{-6}，对于外差探测法假设目标返回的光与本机振荡的光偏振方向相同

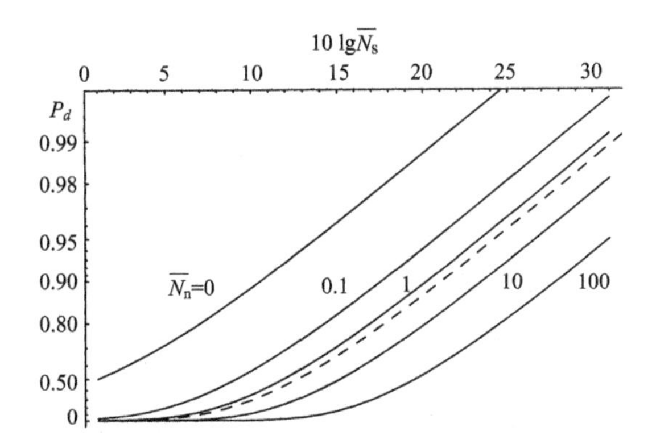

图 7.22 对于一个不能分辨的漫射目标，直接探测与外差检波的比较. 实线代表不同暗光子计数情况下的直接探测结果. 虚线代表外差探测结果. 假定假报警概率为 10^{-6}，而且只有一个偏振分量，它与本机振荡的偏振方向相同

探测，参数 M 的值增加了，从而改善了探测概率. 但另一方面，对于外差探测法，有效面积 $\mathcal{A}_{\mathrm{eff}}$ 随着目标被分辨而缩小，这将引起探测概率降低(随着有效面积缩小 $\overline{N}_s$ 将减少，要保持探测概率不变需更大的信号功率). 不巧，由于 M 值依赖散斑强度的相关面积，而 $\mathcal{A}_{\mathrm{eff}}$ 依赖散斑振幅的相关面积，它们各自性能的变化依赖于散斑振幅相关区域的形状. 例如，假如目标上的照明斑近似为圆对称的高斯强度分布，那么在接收孔径上散斑的振幅相关函数的面积是强度相关函数面积的两倍. 这样，在给定一个大 M 值后，当照明斑为高斯强度分布时，外差法探测的接收光学

系统的有效面积非常近似于 $2\mathcal{A}_{\mathrm{t}}/M$. 不同的照明斑形状得出 $\mathcal{A}_{\mathrm{t}}/M$ 有不同的乘数[11]. 我们只能说,随着 M 增大,直接探测法的性能得到改善,而外差探测法的性能却变得更糟,难以推广到更多的结论.

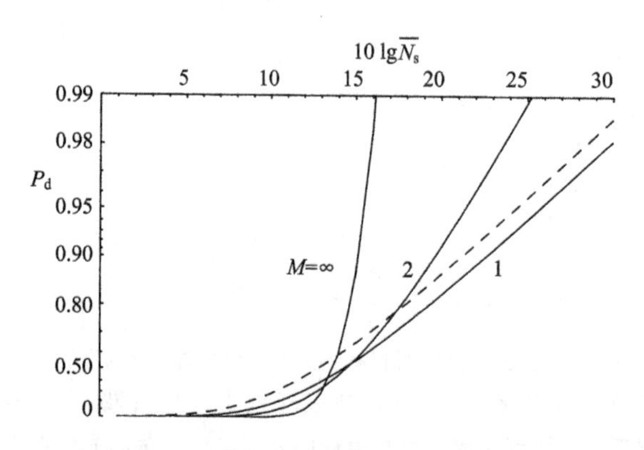

图 7.23　直接探测与外差探测法的比较. 虚线代表外差探测法的可能最佳结果(见正文中所述的三个假设),三条实线代表对目标不同分辨率情况下的直接探测结果. 对于直接探测假设暗计数 $\overline{N}_{\mathrm{n}}=10$,假报警概率为 10^{-6}

最后,我们在图 7.23 中画出了直接探测与外差探测两种方法的探测概率与 $10\ \lg(\overline{N}_{\mathrm{s}})$ 的关系曲线. 实线表示直接探测结果,三条曲线分别对应于探测器上有不同的散斑相关元胞数 M,它们对应的每个脉冲的暗计数都是 10,假报警概率为 10^{-6}. 虚线表示外差探测法可能得到的最佳结果,假设接收器不能分辨目标,已经用平衡式接收机消除了分束损耗,以及返回信号与本机振荡的偏振方向完全相同. 这三个假设中任何一个不成立都使外差探测法的性能变差.

在结束本节时应当要强调,我们假定直接探测接收机中,噪声是以离散计数的形式发生在返回脉冲的测量周期内,对于在光谱的可见光甚至近红外频段内的发射信号,这个假设是合理的,但是在远红外频段(比方 10μm 波长)可能就不合理了,因为在远红外频段光子计数接收器很难实现. 随着我们越来越深入红外频段,必须改变接收机模型,而外差探测法的优越性也增大了.

7.2.6　降低光学雷达探测系统中散斑的影响

我们关于散斑对光学雷达系统性能影响的讨论以用简短讨论如何降低这种影

---

[11] 如果 $M\gg 1$,乘数的一般形式为 $m=\dfrac{\left[\iint_{-\infty}^{\infty}\mu_A(x,y)\mathrm{d}x\mathrm{d}y\right]}{\iint_{-\infty}^{\infty}|\mu_A(x,y)|^2\mathrm{d}x\mathrm{d}y}$. 目标上的方型光斑得到的乘数是 1.

响来结束. 有三种主要方法来降低散斑的影响.

第一种是通过偏振多样化. 在直接探测法中,在接收光路中不装偏振片,这时许多目标返回的光都是不偏振的, M 的有效值将加倍. 对于外差检波法,偏振多样化的接收机会产生两个独立的 Rice 包络,把它们相加就能降低散斑引起的涨落.

第二种降低散斑的方法是通过多脉冲积分. 如果目标是在运动中,那么入射到探测器上的散斑逐个脉冲都会有变化,而如果把探测到的脉冲相加,接收信号的涨落就会降低.

第三种降低散斑的方法是通过频率多样化. 通常遇到的目标都很深. 其结果是,产生散斑的深度的延展使散斑对于照明光频率相当敏感. 例如,对于一个有 d 米深的目标,散斑将不再相关的频率变化为

$$\Delta\nu \approx \frac{c}{2d}, \tag{7-104}$$

其中,c 为光速,出现因子 2 是因为重要的是目标的不同部分光往返一次的时间延迟. 对于深 1 米处的目标,频率退相关区间为 $\Delta\nu \approx 150\mathrm{MHz}$. 相继发射的不同频率的脉冲,若其频率至少相隔 $\Delta\nu$,就可以保证每个脉冲有独立的散斑,即使目标不运动.

这样就结束了我们关于散斑对光学雷达性能影响的讨论,下面转而注意散斑在光学计量术中的运用.

第8章 散斑与计量学

散斑计量术是散斑的成像应用还是非成像应用，是一个可以争论的问题. 一方面，大多数的散斑干涉测量系统有一个成像系统，用来收集信息. 另一方面，我们真正感兴趣的并不是物体的像，而是关于物体的机械性质的信息，例如，物体的运动，振动模式或表面粗糙度等，这些信息是我们想要的. 由于这个原因，加上散斑计量术自身已是一个成熟的领域，我们用单独一章来讨论这个问题. 在前面我们讨论过的几乎所有应用中，散斑都是一种讨厌的“噪声”；但在计量术领域里，它却变得很有用处. 用散斑测量位移的应用发端于 20 世纪 60 年代末和 70 年代初，常常是作为全息干涉测量术的一种替代方法使用. 许多综述文章和专著极好地阐述了这个领域，包括文献[41]，[49]，[39]，[86]，[146]和[128].

散斑计量术领域有如此多的课题和如此多的应用，很难在一章里全面介绍. 至多我们只能触及如此丰富而分支众多的领域的表面. 因此我们的目标只限于介绍一些基本概念，更详细地向读者引荐上面这些论著，以及更完全的文献目录，以便他们进行更深入的研究.

8.1 散斑照相术

“散斑照相术”这个术语指的是使用散斑强度图样叠加的各种技术，其中一幅散斑图样来自一个粗糙物体的初始状态，另一幅散斑图样来自同一物体发生某种形式的位移之后. 从事散斑照相术早期的特别重要的工作的专家包括 Burch 和 Tokarski[22]，Archiboid，Burch 和 Ennos[4]，Groh[75]. 图 8.1 表示典型的测量光路. 图 8.1(a)是记录光路. 相干光照明一个漫反射的光学粗糙表面. 用一个成像透镜对这个表面成像记录散斑图样，像有时是正确调焦的，有时是离焦的. 然后漫射表面发生移动或变形，记录第二张散斑图样，典型方式是记录在同一张照相干板上或同一个探测器阵列上. 这种记录常常叫做一幅“散斑图”. 图 8.1(b)为生成条纹的一种光学方法，这种方法对两次曝光所得的散斑图作光学傅里叶变换，即用相干光照明散斑图的一部分并考察正透镜后焦面上的强度分布，在那里将观察到条纹图样. 条纹图样的周期由两次散斑记录之间物体移动的距离决定，条纹的走向和物体的移动方向垂直. 图 8.1(c)是更现代的条纹分析方法的方框图. 这时这幅散斑图被数字化，数字化散斑图的一部分进行数字傅里叶变换，取结果的模的平方得到傅里叶变换平面上强度的模拟量. 最后分析所得到的傅里叶强度图样得出条纹的周期和方向.

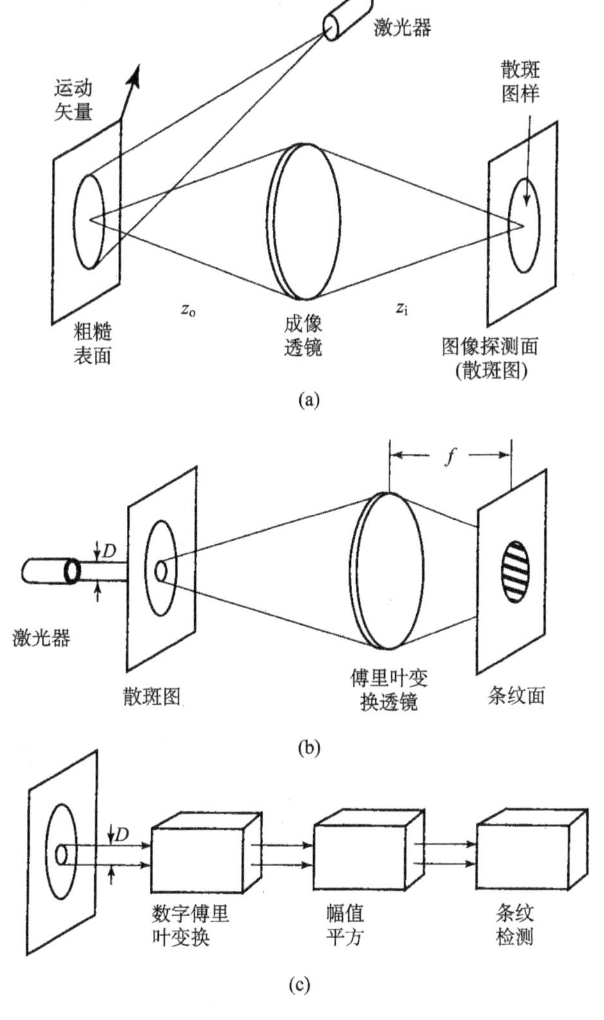

图 8.1 两次曝光的"散斑图"的记录与处理.(a)记录散斑图;(b)对散斑图作光学傅里叶变换以得到条纹;(c)对散斑图作数字傅里叶变换以得到条纹

在下一小节,我们首先考虑物体在面内位移的情况,这意味着移动方向垂直于成像系统光轴;再考虑物体转动的情况,它包括离面位移,意即沿着平行于系统光轴方向的运动.另一种极好的描述和分析散斑照相术的方法见文献[179].

8.1.1 面内位移

首先考虑物体面内位移的情况.为简单计,假设像平面和物平面满足透镜成像定律(散射平面的像正确对焦),并且假设放大率为1(物距和像距相等).第一次曝光时记录的散斑图样用 $I_1(x,y)$ 表示. 物体在其自身平面内的平移导致散斑图样的总体平移和该散斑图样某种程度上的变化,其原因是一部分早先的散射元运动到照明光束之外,同时一些新的散射元移进来代替它们. 令第二次散斑图样强度分布为 $I_2(x-x_0,y-y_0)$,其中 $(-x_0,-y_0)$ 代表两次曝光之间物体在平面内的移动矢量(负号是由于像是倒的). 若移动很小,$I_2(x-x_0,y-y_0)\approx I_1(x-x_0,y-y_0)$;但是当移动较大时,$I_1$ 和 I_2 就变得部分退相关. 这两个强度图样的和可以写成 $I_{\mathrm{T}}(x,y)=I_1(x,y)+I_2(x-x_0,y-y_0)$.

如图 8.1(b)和(c)所示,一般情况下,一次可以分析整个散斑图的一部分,散斑图受到处理的这一部分可以用一个实值的权重函数 $0\leqslant W(x,y)\leqslant 1$ 来规定. 权重函数常常可能是一个直径为 D 的均匀的圆,但是暂时我们还是保留更一般的可能性. 一次处理少于整幅散斑图的原因以后再讨论. 用光学方法[①]或数字方法得到加权的强度区域的傅里叶变换为

$$\mathcal{F}\{W(x,y)I_{\mathrm{T}}(x,y)\}=\mathcal{I}_1(\nu_X,\nu_Y)+\mathcal{I}_2(\nu_X,\nu_Y)\mathrm{e}^{-\mathrm{j}2\pi(x_0\nu_X+y_0\nu_Y)},\tag{8-1}$$

式中 $\mathcal{I}_1$ 和 $\mathcal{I}_2$ 分别是 $W(x,y)I_1(x,y)$ 和 $W(x,y)I_2(x,y)$ 的傅里叶变换,(ν_X,ν_Y) 为频率变量,推导中用了傅里叶分析的相移定理. 这个傅里叶变换的强度或模平方为

$$\begin{aligned}|\mathcal{F}\{W(x,y)I_{\mathrm{T}}(x,y)\}|^2 &= (|\mathcal{I}_1(\nu_X,\nu_Y)|^2+|\mathcal{I}_2(\nu_X,\nu_Y)|^2)\\ &\quad+\mathcal{I}_1(\nu_X,\nu_Y)\mathcal{I}_2^*(\nu_X,\nu_Y)\exp[\mathrm{j}2\pi(x_0\nu_X+y_0\nu_Y)]\\ &\quad+\mathcal{I}_1^*(\nu_X,\nu_Y)\mathcal{I}_2(\nu_X,\nu_Y)\exp[-\mathrm{j}2\pi(x_0\nu_X+y_0\nu_Y)]\\ &=(|\mathcal{I}_1|^2+|\mathcal{I}_2|^2)+2|\mathcal{I}_1||\mathcal{I}_2|\\ &\quad\times\cos[2\pi(x_0\nu_X+y_0\nu_Y)+\phi_1-\phi_2],\end{aligned}\tag{8-2}$$

其中 $\phi_1=\arg\{\mathcal{I}_1\}$,$\phi_2=\arg\{\mathcal{I}_2\}$. 于是我们看到,傅里叶平面上的强度分布由一个变化的偏置和幅度与相位受到变化调制的条纹图样构成. 表面的横向位移 (x_0,y_0) 原则上由 (ν_X,ν_Y) 平面上[②]的条纹图样的周期 $(1/x_0,1/y_0)$ 确定(但位移方向还确定不了).

提取关于条纹周期和方向的信息的一种合理的方法是再做一次附加的傅里叶变换,这一次是对功率谱 $|\mathcal{I}(\nu_X,\nu_Y)|^2$ 作变换. 根据傅里叶分析的自相关定理,这样一个傅里叶变换会得出散斑图 $I_{\mathrm{T}}(x,y)$ 的**自相关函数**. 我们预期这个自相关函数会有一个中央峰值,它来自散斑图上不代表干涉条纹的强度分量,还有两个侧峰,位于坐标 (x_0,y_0) 和 $(-x_0,-y_0)$ 处. 侧峰的位置给出表面位移的信息,不过位移方

---

① 如果用光学方法完成傅里叶变换,则 $(\nu_X,\nu_Y)=\left(\frac{u}{\lambda f},\frac{v}{\lambda f}\right)$,式中 λ 为在傅里叶变换操作中用的光的波长,f 是傅里叶变换透镜的焦距,(u,v) 是光学傅里叶变换平面上的空间坐标.

② 读者在这里可能会遇到一个潜在的概念混淆:我们说到 (ν_X,ν_Y) 平面上条纹图样的空间频率,而这个平面本身就是一个空间频率平面. 不过尽管把 (ν_X,ν_Y) 平面当作另一个空域(如果傅里叶变换是用光学方法实现的话的确就是如此),在这个空域上存在有周期为 $(1/x_0,1/y_0)$ 的条纹图样.

向的正负仍不确定.

我们在下一小节将看到,$\mathcal{I}_1$ 和 $\mathcal{I}_2$ 两个量实际上是两个随机量,它们表现出很多散斑振幅的性质.常常更有意义的是讨论**期望的**或平均的条纹图样,如果在经受同样的位移的一个粗糙表面的系综上重复实验,就会观察到这样的条纹图样.这样的一个均值表达式由下式给出:

$$\overline{|\mathcal{F}\{W(x,y)I_{\mathrm{T}}(x,y)\}|^2} = (\overline{|\mathcal{I}_1(\nu_X,\nu_Y)|^2} + \overline{|\mathcal{I}_2(\nu_X,\nu_Y)|^2}) + \overline{\mathcal{I}_1(\nu_X,\nu_Y)\mathcal{I}_2^*(\nu_X,\nu_Y)}\exp[\mathrm{j}2\pi(x_0\nu_X + y_0,\nu_Y)] + \overline{\mathcal{I}_1^*(\nu_X,\nu_Y)\mathcal{I}_2(\nu_X,\nu_Y)}\exp[-\mathrm{j}2\pi(x_0\nu_X + y_0\nu_Y)]. \tag{8-3}$$

8.1.2 仿真

在这一小节,我们给出一个简单的模拟结果,以显示上述过程不同阶段的结果.这个仿真模拟用的初始散斑图样的大小为 1024×1024 像素,单个散斑的大小大约是 8×8 像素,一个散斑图样相对于另一个散斑图样移动的大小从 16 个像素到 128 个像素.用来生成这些散斑图样的成像系统的光瞳函数有一个方形的出瞳.两个散斑图样的强度相加,划出一个大小为 512×512 的较小的窗口用于处理.图 8.2 示出有一个 16 像素的小位移的两幅散斑图样和它们的和.对 512×512 个像

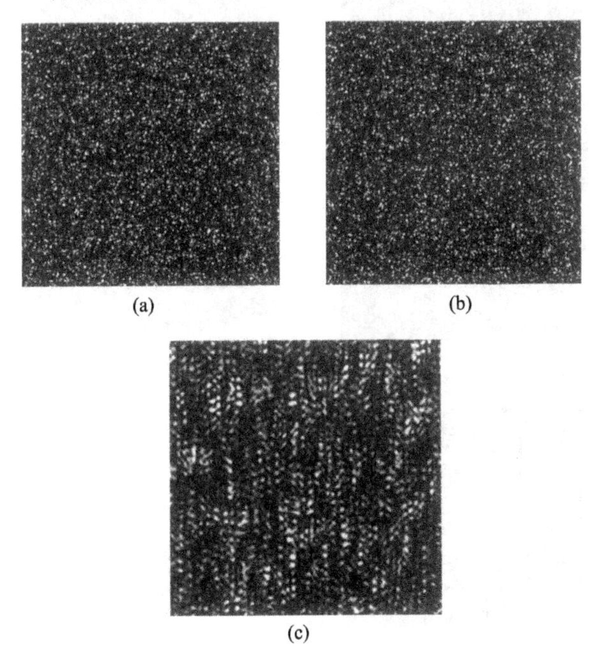

图 8.2 (a)原始的 1024×1024 个像素的散斑图样的强度图;(b)向上移动 16 个像素的同一散斑图样;(c)在这两张散斑图样之和的中心取的 512×512 的窗口

素的散斑图作傅里叶变换，并且对结果取模的平方. 这就把我们带到条纹平面. 对条纹再做一次傅里叶变换，接着取模平方操作，于是就到了最后的平面，在那里得到了散斑图的自相关函数. 图 8.3 的左面是散斑图样之间位移为 16，32，64，128 像素时得到的条纹图样，右面是相应的自相关函数. 当谱 $\mathcal{I}_1(\nu_X,\nu_Y)$ 和 $\mathcal{I}_2(\nu_X,\nu_Y)$ 完全相关时，预期相关函数中两个边峰是中央峰高的一半. 随着位移的增加，由于两个谱

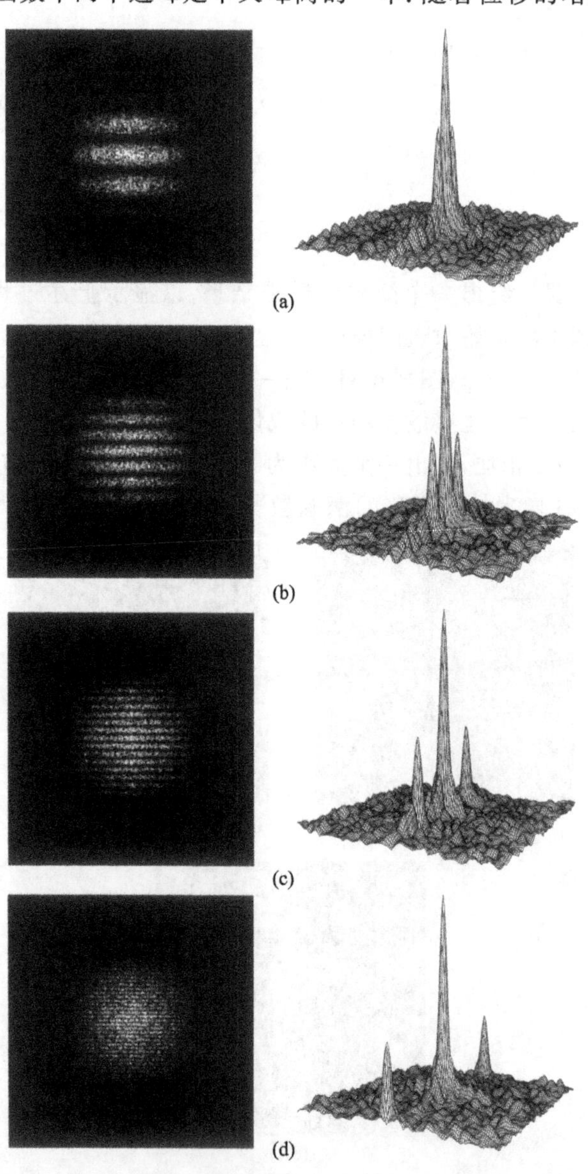

图 8.3 左边是谱条纹图样，右边是散斑图的自相关函数，物体的位移分别为 (a)16 像素；(b)32 像素；(c)64 像素；(d)128 像素

的退相关,使边峰的高度降低,这将在下一小节解释.

我们现在转而来更深入地了解谱 $\mathcal{I}_1(\nu_X,\nu_Y)$ 和 $\mathcal{I}_2(\nu_X,\nu_Y)$ 的性质.

8.1.3 谱 $\mathcal{I}_k(\nu_X,\nu_Y)$ 的性质

提取上述条纹图样的周期的工作由于 $\mathcal{I}_1$ 和 $\mathcal{I}_2$ 是随机函数而变得复杂,我们可以证明,它们是复平面上随机行走的结果. 为了看出这一点,考虑傅里叶变换(其中 $k=1,2$)

$$\mathcal{I}_k(\nu_X,\nu_Y)=\iint_{-\infty}^{\infty} W(x,y)I_k(x,y)\exp[-\mathrm{j}2\pi(\nu_X x+\nu_Y y)]\,\mathrm{d}x\mathrm{d}y. \quad (8\text{-}4)$$

在频率平面 (ν_X,ν_Y) 上除原点及其附近区域外,上述积分是无穷多个具有随机振幅 $W(x,y)I_k(x,y)$ 和随 (x,y) 变化的相位的复分量 $\exp[-\mathrm{j}2\pi(\nu_X x+\nu_Y y)]$ 之和. 结果,在很好的近似程度上,对于不在原点及其附近的频率,傅里叶变换 $\mathcal{I}_k(\nu_X,\nu_Y)$ 是一个圆型复值高斯随机变量,其辐值 $|\mathcal{I}_k|$ 服从瑞利分布,相位 ϕ_k 服从均匀分布. 这个结论成立的条件是:①一对频率 (ν_X,ν_Y) 离原点足够远,使空间坐标 (x,y) 在 $W(x,y)I_k(x,y)$ 的全部非零区域上变化时复指数的宗量的变化至少超过 2π 弧度;②由 $W(x,y)$ 定义的窗口包含许多个散斑[③]. 若 $W(x,y)I(x,y)$ 的平均值在以 D 为直径的圆内是常数,则条件①近似变为 $\rho=\sqrt{\nu_X^2+\nu_Y^2}>1/D$.

对 $\mathcal{I}_k$ 的其他性质还需要作一些讨论. 首先,知道由 $\overline{|\mathcal{I}_k(\nu_X,\nu_Y)|^2}$ 代表的衍射"晕"的平均宽度和形状是很有用的. 其次,由于 $|\mathcal{I}_k|^2$ 的一个具体的实现有涨落,知道这些涨落在频率平面上的相关宽度是有用的. 首先考虑 $\mathcal{I}_k$ 在两对不同的频率上的复相关:

$$\overline{\mathcal{I}_k(\nu_{X_1},\nu_{Y_1})\mathcal{I}_k^*(\nu_{X_2},\nu_{Y_2})}=\iint_{-\infty}^{\infty}\iint_{-\infty}^{\infty} W(x_1,y_1)W(x_2,y_2)\,\overline{I_k(x_1,y_1)I_k(x_2,y_2)}$$
$$\times\, \mathrm{e}^{-\mathrm{j}2\pi(\nu_{X_1}x_1+\nu_{Y_1}y_1-\nu_{X_2}x_2-\nu_{Y_2}y_2)}\,\mathrm{d}x_1\mathrm{d}y_1\mathrm{d}x_2\mathrm{d}y_2. \quad (8\text{-}5)$$

若 $W(x,y)$ 的宽度与强度 $I(x,y)$ 的相关宽度相比很宽,我们可以作以下近似:

$$W(x_1,y_1)W(x_2,y_2)\,\overline{I_k(x_1,y_1)I_k(x_2,y_2)}\approx \bar{I}^2W(x_1,y_1)W(x_2,y_2)$$
$$+\bar{I}^2W^2(x_1,y_1)\mu_I(\Delta x,\Delta y), \quad (8\text{-}6)$$

其中 μ_I 是强度 $I(x,y)$ 的归一化自协方差作为坐标差 $\Delta x=x_1-x_2$ 和 $\Delta y=y_1-y_2$ 的函数. 这样(8-5)式的复相关函数变为

---

③ 对于足够大的 (ν_X,ν_Y),$\mathcal{I}$ 是一个圆形复值高斯随机变量,这个论断的证明包括证明其实部和虚部的平均值都为零,实部和虚部的方差相等以及实部和虚部互不相关 中心极限定理意味着其实部和虚部服从高斯分布 我们这里省去了证明的具体细节

$$\overline{\mathcal{I}_k(\nu_{X_1},\nu_{Y_1})\mathcal{I}_k^*(\nu_{X_2},\nu_{Y_2})} \approx \bar{I}^2 \left| \iint_{-\infty}^{\infty} W(x,y)\exp\left[-\mathrm{j}2\pi(\nu_X x+\nu_Y y)\right]\mathrm{d}x\mathrm{d}y \right|^2$$

$$+\bar{I}^2\left[\iint_{-\infty}^{\infty} W^2(x_1,y_1)\exp\left[-\mathrm{j}2\pi(\Delta\nu_X x_1+\Delta\nu_Y y_1)\right]\mathrm{d}x_1\mathrm{d}y_1\right.$$

$$\left.\times\iint_{-\infty}^{\infty}\mu_I(\Delta x,\Delta y)\exp\left[-\mathrm{j}2\pi(\nu_X\Delta x+\nu_Y\Delta y)\right]\mathrm{d}\Delta x\mathrm{d}\Delta y\right], \tag{8-7}$$

其中，$\Delta\nu_X=\nu_{X_1}-\nu_{X_2}$，$\Delta\nu_Y=\nu_{Y_1}-\nu_{Y_2}$，并且在 $W(x,y)$ 定义的窗口中假设 $\overline{I_k(x_1,y_1)}=\overline{I_k(x_2,y_2)}=\bar{I}$. 这个结果和推广的范西特-泽尼克定理(4-86)式完全类似，I 相当于 a，$\mathcal{I}_k$ 相当于 A. 若我们进一步假设 $W(x_1,y_1)$ 在直径为 D 圆内为 1，在其他地方为零，便得到如下结果：

$$\overline{\mathcal{I}_k(\nu_{X_1},\nu_{Y_1})\mathcal{I}_k^*(\nu_{X_2},\nu_{Y_2})} \approx \bar{I}^2\left[\pi\left(\frac{D}{2}\right)^2 2\,\frac{J_1(\pi D\rho)}{\pi D\rho}\right]^2$$

$$+\bar{I}^2\left[\pi\left(\frac{D}{2}\right)^2 2\,\frac{J_1(\pi D\Delta\rho)}{\pi D\Delta\rho}\iint_{-\infty}^{\infty}\mu_I(\Delta x,\Delta y)\exp\left[-\mathrm{j}2\pi(\nu_X\Delta x+\nu_Y\Delta y)\right]\mathrm{d}\Delta x\mathrm{d}\Delta y\right], \tag{8-8}$$

其中，$\rho=\sqrt{\nu_X^2+\nu_Y^2}$ 和 $\Delta\rho=\sqrt{\Delta\nu_X^2+\Delta\nu_Y^2}$. (8-8)式的第一项是中心位于频率平面原点的衍射置限亮斑，在下面的讨论中予以忽略.

从这个结果可以算出平均分布 $\overline{|\mathcal{I}_k|^2}$. 在上面的一般结果中令 $(\Delta\nu_X,\Delta\nu_Y)=(0,0)$，得

$$\overline{|\mathcal{I}_k(\nu_X,\nu_Y)|^2}=\pi\left(\frac{D}{2}\right)^2\bar{I}^2\iint_{-\infty}^{\infty}\mu_I(\Delta x,\Delta y)\exp\left[-\mathrm{j}2\pi(\nu_X\Delta x+\nu_Y\Delta y)\right]\mathrm{d}\Delta x\mathrm{d}\Delta y. \tag{8-9}$$

因此，包络或"晕"在频率平面上宽度由记录散斑图的图像平面上的强度的相关函数的傅里叶变换决定. 根据范西特-泽尼克定理，散射斑的成像面上的相关函数 μ_I 由成像透镜出瞳上的光强分布的傅里叶变换的模的平方在适当标度后给出. 若光瞳是直径为 L 的圆并且照明是均匀的，可以证明：

$$\mu_I(\Delta x,\Delta y)=\left[2\,\frac{J_1\left(\dfrac{\pi Lr}{\lambda z_\mathrm{i}}\right)}{\dfrac{\pi Lr}{\lambda z_\mathrm{i}}}\right]^2, \tag{8-10}$$

其中，$r=\sqrt{\Delta x^2+\Delta y^2}$，$z_\mathrm{i}$ 是像平面到透镜出瞳的轴向距离. 为得到 $\overline{|\mathcal{I}_k|^2}$ 需要再作一次傅里叶变换，得到

$$\overline{|\mathcal{I}_k(\nu_X,\nu_Y)|^2}=\frac{2c}{\pi}\left[\arccos(\rho/\rho_0)-(\rho/\rho_0)\sqrt{1-(\rho/\rho_0)^2}\right]. \tag{8-11}$$

(在 $\rho>\rho_0$ 成立)，其中，$\rho=\sqrt{\nu_X^2+\nu_Y^2}$，$\rho_0=L/\lambda z_\mathrm{i}$，常数 c 由下式给出：

$$c = \left(\lambda z_{\mathrm{i}} \bar{I} \frac{D}{L}\right)^2. \tag{8-12}$$

在 $\rho > \rho_0$，结果为零. 因此衍射"晕"的平均外形 $\overline{|\mathcal{I}_k(\nu_X, \nu_Y)|^2}$ 由(8-11)式给出，当频域内半径超出 $L/\lambda z_{\mathrm{i}}$ 时，衍射晕消失. 这个结果和(4-69)式完全类似，(4-69)式给出了用成像系统的出瞳函数的自相关表示的散斑图样的功率谱密度.

从同一普遍结果能计算(ν_X, ν_Y)平面上 $|\mathcal{I}_k|^2$ 的涨落的相关宽度. 为此我们令(ν_X, ν_Y)趋于频率平面上一点$(\tilde{\nu}_X, \tilde{\nu}_Y)$，该点离原点足够远以保证 $\mathcal{I}_k$ 服从圆型复值高斯统计. 在这一点附近，$\mathcal{I}_k$ 的归一化协方差满足

$$\boldsymbol{\mu}_{\mathcal{I}}(\Delta\rho) = 2\frac{J_1(\pi D \Delta\rho)}{\pi D \Delta\rho}. \tag{8-13}$$

由于 $\mathcal{I}_k$ 是一个圆型复值高斯随机变量，$|\mathcal{I}_k|^2$ 的归一化自协方差正比于(8-13)式右边的模的平方：

$$\boldsymbol{\mu}_{|\mathcal{I}|^2}(\Delta\rho) = \left|2\frac{J_1(\pi D \Delta\rho)}{\pi D \Delta\rho}\right|^2. \tag{8-14}$$

由于函数 $2\dfrac{J_1(\pi x)}{\pi x}$在 $x = 1.22$ 达到它的第一个零点，我们得到(ν_X, ν_Y)面上的相关宽度为

$$\Delta\rho = \frac{1.22}{D} \approx \frac{1}{D}. \tag{8-15}$$

8.1.4 对移动量(x_0, y_0)的限制

上一小节导出的各个性质意味着对可通过散斑照相法测量的面内移动量(x_0, y_0)的大小有若干限制. 首先，为了测量频率平面上的条纹周期，正常地就必须要求在(8-11)式的平均衍射晕 $\overline{|\mathcal{I}_k(\nu_X, \nu_Y)|^2}$ 的大小范围至少有一周期. 这一点成立的条件是

$$r_0 = \sqrt{x_0^2 + y_0^2} > \frac{\lambda z_{\mathrm{i}}}{L}. \tag{8-16}$$

这相当于要求在(x, y)上，面内位移大于单个散斑的尺寸.

第二个要求限制位移不能太大. 如果条纹周期是如此之小，小得和频域中单个散斑的大小 $\overline{|\mathcal{I}_k(\nu_X, \nu_Y)|^2}$ 可以相比，那就不可能测量条纹的周期. 这个要求可以用数学方式表述为

$$r_0 < \frac{D}{1.22}. \tag{8-17}$$

因此，和在(x, y)面内散斑图样的窗口 $W(x, y)$ 的全宽度相比位移必须很小.

另外还有一个因素限制位移不能太大. 随着两次曝光之间散射表面位移的增

大,不仅 $I_2(x-x_0,y-y_0)$ 相对于 $I_1(x,y)$ 运动,而且 $W(x,y)I_1(x,y)$ 和 $W(x,y)I_2(x,y)$ 的相关度减小,这是由于散射表面上受到照明的散射元有移动,使得窗口内的两组散射元是不同的,不同的程度与运动的大小有关. $W(x,y)I_1(x,y)$ 和 $W(x,y)I_2(x-x_0,y-y_0)$ 的这种退相关导致 $\mathcal{I}_1(\nu_X,\nu_Y)$ 和 $\mathcal{I}_2(\nu_X,\nu_Y)$ 的退相关.事实上,由于它们之间通过傅里叶变换相联系,$W(x,y)I_1(x,y)$ 和 $W(x,y)I_2(x-x_0,y-y_0)$ 之间的归一化交叉协方差必须与 $\mathcal{I}_1(\nu_X,\nu_Y)$ 和 $\mathcal{I}_2(v_X,v_Y)$ 之间的归一化交叉协方差相同.没有任何机制能够增减频域内的相关度,使之与空域内的相关度不同. $W(x,y)I_1(x,y)$ 和 $W(x,y)I_2(x,y)$ 的交叉协方差必然与它们在窗口 $W(x,y)$ 内共有的散斑的个数有关.它们共享的散斑的百分数又由两个权重函数 $W(x,y)$ 和 $W(x-x_0,y-y_0)$ 的归一化的重迭部分[④]决定.然而,因为 $\mathcal{I}_1$ 和 $\mathcal{I}_2$ 是随机行走的结果,(x,y) 面内的每个散斑起着一个散射元的作用,相关性 $\overline{\mathcal{I}_1\mathcal{I}_2}$ 依赖于他们共有的散斑数目的平方.结果,对一个给定的位移 (x_0,y_0),我们感兴趣的归一化交叉协方差由下式给出:

$$\gamma=\frac{\overline{\mathcal{I}_1\mathcal{I}_2^*}}{\sqrt{\overline{|\mathcal{I}_1|^2}\ \overline{|\mathcal{I}_2|^2}}}=\frac{\left|\iint\limits_{-\infty}^{\infty}W(x,y)W(x-x_0,y-y_0)\mathrm{d}x\mathrm{d}y\right|^2}{\left|\iint\limits_{-\infty}^{\infty}W^2(x,y)\mathrm{d}x\mathrm{d}y\right|^2}. \quad (8\text{-}18)$$

对一个直径为 D 的均匀圆形权重函数 $W(x,y)$,结果为

$$\gamma=\left[\frac{2}{\pi}\left(\arccos\frac{r_0}{D}-\frac{r_0}{D}\sqrt{1-\left(\frac{r_0}{D}\right)^2}\right)\right]^2, \quad (8\text{-}19)$$

其定义域为 $r_0=\sqrt{x_0^2+y_0^2}\leqslant D$,在别处为零.量 γ 给出了在 (ν_X,ν_Y) 面上观察到的条纹的平均对比度的估值.随着位移半径 r_0 接近散斑图上窗口的直径 D,条纹可见度降低,使条纹的检测越来越困难.当 $r_0>D$,条纹完全消失.

8.1.5　多散斑图窗口分析

在前面的讨论中,假设权重函数 $W(x,y)$ 限制散斑图的处理区域,使它比散斑图的整个尺寸小.一次处理整个散斑图总是可能的,但是在某些场合,处理多个较小区域可能更为理想.

使用散斑图的一个小区域的主要原因,是为了能够确定非刚体内的应变和位

---

④ 译者注:定义为 $\dfrac{\iint\limits_{-\infty}^{+\infty}W(x,y)W(x-x_0,y-y_0)\mathrm{d}x\mathrm{d}y}{\iint\limits_{-\infty}^{+\infty}W^2(x,y)\mathrm{d}x\mathrm{d}y}$.

移图样，所谓非刚体就是在整个待测物体中各处位移的大小和方向都不相同. 每个权重函数的位置分析物体的像的一部分，因此如果在整个物体的各点位移有变化，就有可能确定被测物体的不同部分发生的不同的位移矢量. 付出的代价仍然是对位移能有多大仍能被观测到的限制.

8.1.6 物体转动

散斑对沿光轴的运动没有对面内运动那么敏感，因为沿着系统光轴的方向散斑延伸的尺寸比垂直于光轴方向上的散斑尺寸大. 然而，实验已经证明，散斑照相术能够用来相当精确地测量粗糙表面的离面倾斜. 考虑图 8.4 所示的由 Tiziani[163] 首先提出的光路. 透镜前 z_0 处一个粗糙表面被一束准直的相干光照明，这束光以角度为 ψ_i 入射到转动前的表面上，这个表面产生的散斑图样记录在焦距为 f 的正透镜的焦平面上. 假设由这个表面到焦平面的中心光线相对于表面法线的角度为 ψ_r. 这个表面倾斜一个小角度 $\mathrm{d}\Phi$，则散斑在倾斜方向上旋转的角度为 $\mathrm{d}\theta=\left(1+\dfrac{\cos\psi_i}{\cos\psi_r}\right)\mathrm{d}\Phi$. 假设倾斜方向平行于 x 轴，则散斑在焦平面内的位移为 $x_0=f\tan\mathrm{d}\theta$. 对于小角度 ψ_i 和 ψ_r，结果变为 $x_0=f\tan 2\mathrm{d}\Phi$.

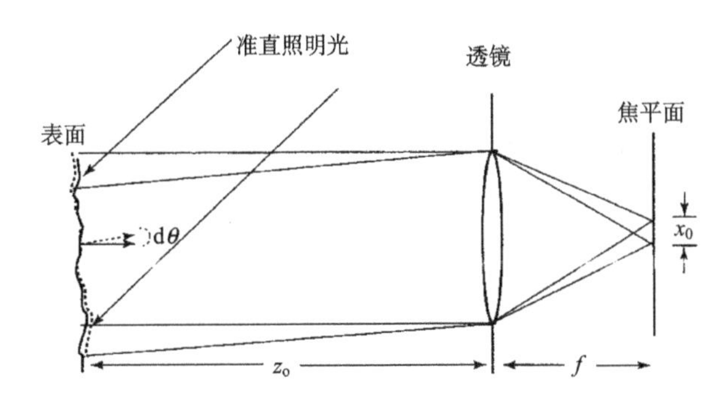

图 8.4 用散斑照相术测量倾斜的光路，$\mathrm{d}\theta$ 是散斑图样的转角

记录转动前的强度 $I_1(x,y)$ 和转动后的强度 $I_2(x-x_0,y)$，得到一幅散斑图. 用处理刚性物体移动散斑图的同样方式处理现在这个散斑图，结果在处理后可以定出 x_0. 由 x_0 的测量值，结合已知的 ψ_i、ψ_r 和 f，就能算出旋转的角度 $\mathrm{d}\Phi$.

与刚体运动的情况一样，随着转角 $\mathrm{d}\Phi$ 和运动量 x_0 的增大，谱 $\mathcal{I}_1$ 和 $\mathcal{I}_2$ 变得越来越不相关. 如果散斑图上的窗口函数仍由 $W(x,y)$ 表示，则当物体转动时，一些散斑转出窗口，另一些新散斑转进窗口. 它们的相关度仍由(8-18)式给出.

Gregory 演示了这个光路的一种修正[74]，其中照明光束不必是准直的.

8.2　散斑干涉术

散斑照相术一般涉及散斑图样强度的叠加，而散斑干涉术一般涉及散斑图样**振幅**的叠加. 自从 Leendertz 的早期工作以来，散斑干涉术系统已经采取了多种形式. 在这个领域的早期，记录干涉图所选用的探测器材为照相底片. 然而，在 Leendertz 的工作发表后的一年之内，两个不同的小组就报道了用电子探测器完成散斑干涉测量的不同方法[23,104]. 20 世纪 70 年代初电子探测器件的比较原始的状态(同今天相比)限制了后来称为“电子散斑干涉测量术”(ESPI)的应用，但是今天最好用的散斑干涉术都使用电子探测器.

8.2.1　使用照相探测的系统

我们对散斑干涉术的讨论从描述 Leendertz 为测量面内位移而引入的双光束系统[98]开始. 然后我们再讨论其他使用照相探测的系统.

图 8.5 示出我们感兴趣的系统. 两束互相相干的准直光束同时照射到一个粗糙表面上，入射角度与表面法线分别成 $+\theta$ 和 $-\theta$ 角. 直径为 D 的圆形透镜将被照到的表面区域成像到照相底板上.

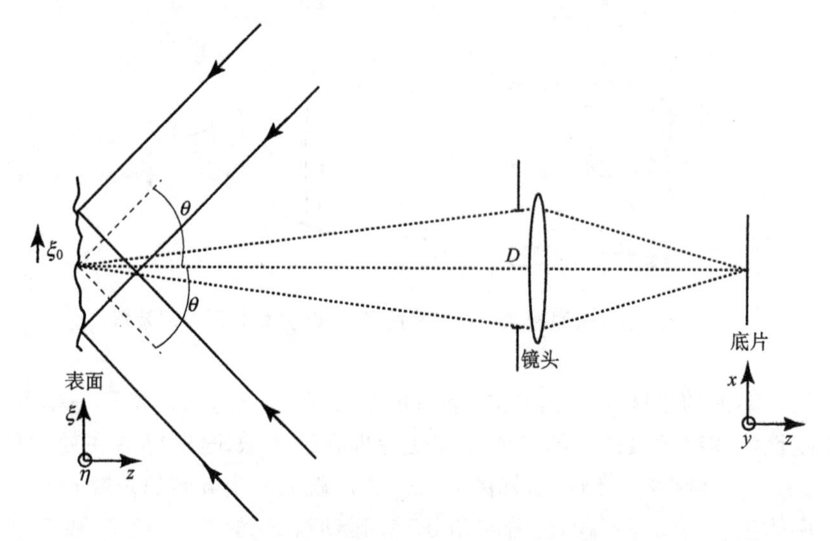

图 8.5　两束相干光以相同相反的斜角照明一个粗糙表面，两散斑图样在底片平面上在振幅基础上相加，发生干涉

若两束照明光方向的夹角 2θ 大于从散射面观测的成像透镜的张角，那么两个被叠加的散斑就不相关，这一事实已隐含在(5-134)式中. 但是，与两种束互不相干

的照明光束的情况不同，这时两个散斑图样在振幅基础上相加，给出一个有最大对比度的单个散斑图样. 还要注意，这两束入射光束在物体表面发生干涉生成条纹图样，但此条纹图样的周期太小，光学系统分辨不出.

为简单起见，我们假设成像系统的放大率为 1，并忽略像是倒像. 当表面的一个面元在 z 方向运动时，由于对两组散斑振幅的影响完全相同，入射到底片平面上的干涉图样没有变化. 在 η 方向的移动也是这样. 然而，当在 ξ 方向有一个小运动，而其位移 $+\xi_0$ 小于散斑的颗粒尺寸时，表面上给定一点被上面的光束照明的光路比原先缩短 $\xi_0\sin\theta$，而下面光束照明的光路比原先长了 $\xi_0\sin\theta$. 在这一特定点的像点处，干涉图样的相位改变了

$$\Delta\phi = \frac{4\pi}{\lambda}\xi_0\sin\theta. \tag{8-20}$$

于是在发生这个运动的区域中，所记录的散斑图样将会发生变化.

在物体未受扰动的状态下，把一个干涉条纹图样记录在照相底板上. 底板显影后，将所得负片放回仪器，放在和记录时完全相同的位置上. 现在通过这个照相底板掩模来观察物. 如果物没有变形，则第二个图样上的明亮的散斑位于底板上吸收最大的位置，因此将只有很少的光会透过. 然而，如果物在 ξ 方向上发生了移动或扭曲，扭曲区域内的散斑极大的位置将移动，结果在这些区域里掩模会透过更多的光. 观察像中比较亮的区域，可以推算出物上发生过运动的区域.

考虑分别与物未变形时的散斑像和变形后相应的散斑像相联系的两个强度分布，可以得到对这个系统的更定量的了解. 未变形时的强度为

$$\begin{aligned} I_1(x,y) &= |\mathbf{A}_u(x,y)+\mathbf{A}_l(x,y)|^{2} \text{⑤} \\ &= |\mathbf{A}_u|^2+|\mathbf{A}_l|^2+2|\mathbf{A}_u||\mathbf{A}_l|\cos(\phi_u-\phi_l), \end{aligned} \tag{8-21}$$

其中，$\mathbf{A}_u$ 是由上面的照明光束产生的入射到底板上的散斑的复振幅，$\mathbf{A}_l$ 是由下面的照明光束产生的入射散斑的复振幅. ϕ_u 和 ϕ_l 分别是这些贡献的相位分布. 注意这些量都是(x,y)的函数. 变形后的强度为

$$\begin{aligned} I_2(x,y) &= |\mathbf{A}_u(x,y)+\mathbf{A}_l(x,y)|^2 \\ &= |\mathbf{A}_u|^2+|\mathbf{A}_l|^2+2|\mathbf{A}_u||\mathbf{A}_l|\cos(\phi_u-\phi_l-\Delta\phi). \end{aligned} \tag{8-22}$$

记录强度分布 I_1 的照相干板可以用它的强度透过率与曝光量的关系曲线 $\tau(E)$ 描述，这里 τ 代表强度透过率，E 代表底片受到的曝光量，曝光量是入射光强度和曝光时间的乘积. 图 8.6 示出一条典型的 $\tau(E)$ 曲线. 如果这样选择曝光时间 T，使强度变化主要发生在这条特性曲线中央附近的线性区域内，那么当用强度 I_2 的光照

---

⑤ 译者注：原书为 $I_1(x,y)=|\mathbf{A}_u(x,y)|+|\mathbf{A}_l(x,y)|^2$，这是不对的.
应该是 $I_1(x,y)=|\mathbf{A}_u(x,y)+\mathbf{A}_l(x,y)|^2$.

明显影后的透明片时,透过的光强在很好的近似程度上为

$$I_T(x,y) = I_2(x,y)\tau(I_1 T) \approx I_2(x,y)\tau_0 - KI_2(x,y)I_1(x,y), \quad (8\text{-}23)$$

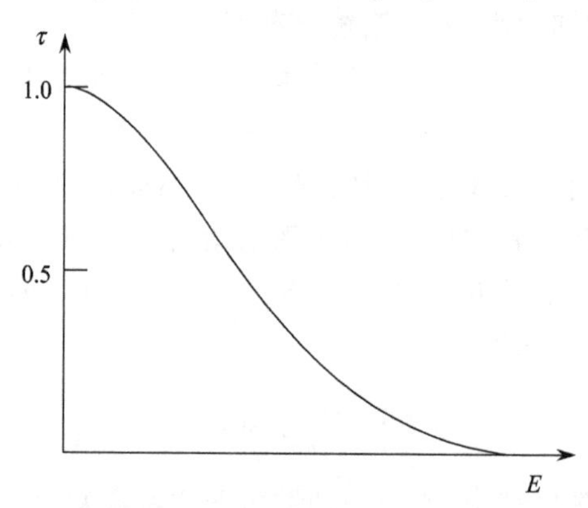

图 8.6 照相干板的典型的强度透过率与曝光量的关系曲线

其中,τ_0 是曲线 $\tau(E)$上的一个偏置点,K 是一个结合曲线斜率和曝光时间的常数. 可以看到,透过的光强的平均值与 I_1 和 I_2 的相关度有关:

$$\overline{I_T(x,y)} = \overline{I_2(x,y)}\tau_0 - K\,\overline{I_1(x,y)I_2(x,y)}. \quad (8\text{-}24)$$

于是 I_1 和 I_2 的相关度成了我们的关注点. 为了找到这个相关的最大值和最小值的位置,我们计算强度差的平方$|I_1 - I_2|^2$ 的均值. 求平均前我们有

$$\begin{aligned}|I_2(x,y) - I_1(x,y)|^2 &= 4I_u I_l\,|\cos(\phi_u - \phi_l - \Delta\phi) - \cos(\phi_u - \phi_l)|^2 \\ &= 16 I_u I_l \sin^2\frac{\Delta\phi}{2}\sin^2\left(\phi_u - \phi_l - \frac{\Delta\phi}{2}\right),\end{aligned} \quad (8\text{-}25)$$

其中,$I_u = |\mathbf{A}_u|^2, I_l = |\mathbf{A}_l|^2$.

现在我们考虑物上的一个小的空间区域,在这个区域里相位差 $\phi_u - \phi_l$ 的变化为 2π 弧度的几倍(这个区域将跨越物上好几条分辨不出的条纹). 用系综平均值近似代替这个有限的空间平均值,假设 I_u,I_l 和 $\phi_u - \phi_l$ 统计独立,并且 $\phi_u - \phi_l$ 在$(-\pi,\pi)$上均匀分布,则

$$\begin{aligned}\overline{(I_2 - I_1)^2} &= 16\,\overline{I_u I_l}\sin^2\left(\frac{\Delta\phi}{2}\right)\overline{\sin^2\left(\phi_u - \phi_l - \frac{\Delta\phi}{2}\right)} \\ &= 8\bar{I}^2\sin^2\left(\frac{\Delta\phi}{2}\right),\end{aligned} \quad (8\text{-}26)$$

其中$\overline{I_u} = \overline{I_l} = \bar{I}$,最后的 $\sin^2$ 项的均值是 1/2. 可以看出,当 $\Delta\phi = n2\pi$ 且 n 为整数时,这两个图样有最高度的相关. 确实,回过头参看 I_1 和 I_2 原来的表示式,我们看到在这个条件下 I_1 和 I_2 完全相同. 因此,我们看到透过光强最小时物体的位移是

$$\xi_0 = \frac{n\lambda}{2\sin\theta}. \tag{8-27}$$

而最大的透过光强发生在 $\Delta\phi=(2n+1)\pi$(n 为整数)时,或下式成立时

$$\xi_0 = \frac{(2n+1)\lambda}{4\sin\theta}. \tag{8-28}$$

不幸的是用这个照相方法获得的条纹的可见度相当低,可见度的最大值为1/3(见文献[86],P. 149). 使用两束对光轴等倾斜的光的光路有以下的优点:

- 测量对离面位移不敏感. 这就可以测量纯粹的面内位移,没有离面位移引起的误差.
- 对面内位移的灵敏度可以通过对称改变入射光束的角度 $\pm\theta$ 在一定范围内调整.

用与上面描述和分析的相同的基本系统获得面内位移数据的另一种方法是将 I_1 和 I_2 顺序记录在同一张照相底板上,使底板在两次曝光之间有一个小位移. 然后用准直光束照明冲洗后的底板,并在正透镜的焦平面上检测其傅里叶谱的强度. 底板的移动量必须很小,以确保相关的散斑在很大程度上仍然重叠. 典型地,干板移动的大小应该是这样:在两个散斑图样高度相关时在衍射晕内能够看到大约两条条纹. 当物的横向应变导致像上一区域内的散斑去相关时,那个区对谱的贡献中没有条纹出现. 一般情况下,这两种区域都将出现在物的不同位置上,傅里叶平面上的光强将由一个未调制的衍射晕和一个调制的衍射晕叠加而成. 如果在条纹亮度的极小值处放一个小孔径,使通过孔径的这一部分频谱成像,观察者就将只看到散斑不相关的区域. 亮度极大值出现在(8-28)式成立的地方.

在结束这一小节时,我们注意到,如果两束照明光来自光轴的同一侧并且成一个适当的角度,就可以使系统对离面位移或离面位移与面内位移的组合也灵敏. 进一步的细节见文献[86](P. 153-156).

8.2.2 电子散斑干涉术(ESPI)

电子探测器出现在散斑干涉术中开始于 1971 年[23,104],从此随着探测技术的飞跃进步⑥而加速发展. 对这个题目的历史综述,以及对众多系统和广泛应用的介绍,这些都可以在文献[146]中由 O. J. Løkberg 所撰写的一章中找到. 另外一篇权威的参考文献是由 Butters 贡献的文献[41]. 这个领域里有两种明显不同的研究方法. 在一种方法中,来自待测漫射体的散斑场与一个均匀的参考光场,即一个球

⑥ 早期 ESPI 系统用模拟视频技术,但是大多数现代方法对收集的数据进行数字化. 有时用"数字散斑干涉术(DSPI)"这一术语描述后一种技术,但在当前计算机的应用无处不在的情况下,再区分这两种方法似乎是不必要的了.

面或平面参考波相干涉.在另一种方法中,参考光场本身也是由一个漫散体参考面产生的散斑场.参考面可以是待测物本身,如图 8.5 所示,也可以是分离的另一个面.图 8.7 示出两种不同的散斑干涉仪的例子.在图 8.7 的(a)部分,探测器处的参考光是一个球面波,它与来自待测物表面的成像光相干.在图 8.7 的(b)部分,参考光来自粗糙表面的漫反射(这时是被测物之外的另一物体).在这两种情况下,因为物体是在垂直方向照明和观测的,由物体的加载引起的相位变化为 $\Delta\phi(x,y)=4\pi\Delta z(x,y)/\lambda$,其中 $\Delta z(x,y)$ 是物在每点 (x,y) 沿光轴方向的移动.即将看到,这两种情况能够用一个共同的数学框架分析.

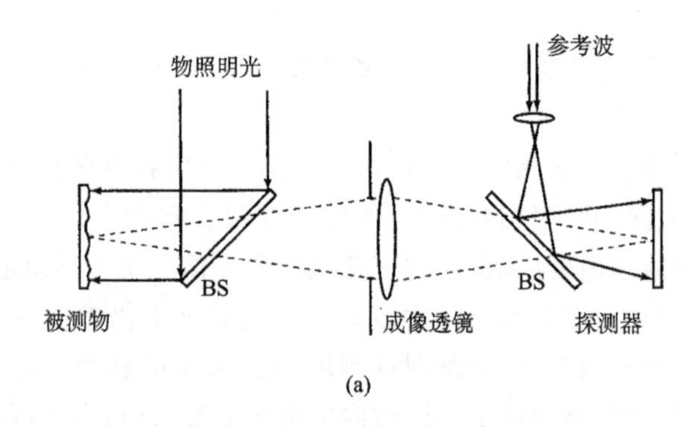

(a)

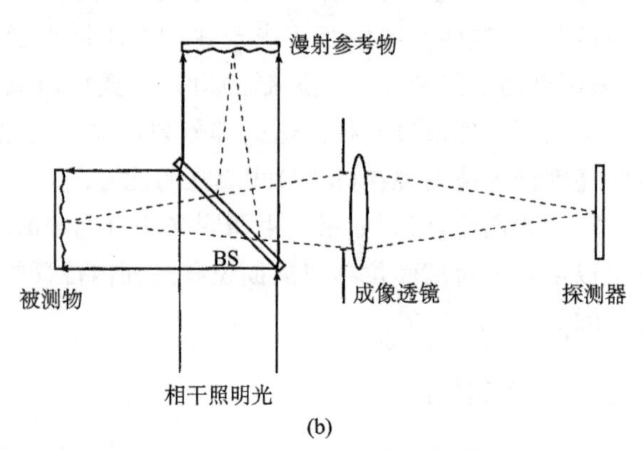

(b)

图 8.7　两种散斑干涉测量系统:(a)用一个球面参考波;(b)用一个散斑参考波

顺序检测两个不同的光强分布 I_1 和 I_2,得到两组分开的数据,一组是物在自然状态下,一个是物在受应力状态下.把这两个强度表示为

$$\begin{aligned} I_1(x,y) &= I_r + I_o + 2\sqrt{I_r I_o}\cos(\phi_r - \phi_o) \\ I_2(x,y) &= I_r + I_o + 2\sqrt{I_r I_o}\cos(\phi_r - \phi_o - \Delta\phi), \end{aligned} \tag{8-29}$$

其中 I_r 和 I_o 分别是探测器上参考光波和物光波的强度,ϕ_r 和 ϕ_o 为各自的相位,$\Delta\phi$

是物承受负载后在物光波中引起的相位变化(这个相位差对(x,y)的依赖关系为简单起见没有明确写出). 典型的做法是用电子学方法使两个强度分布相减,然后对所得的差值像进行全波整流,得到

$$|I_1-I_2|=4\sqrt{I_r I_o}\left|\sin\frac{\Delta\phi}{2}\right|\left|\sin\left(\phi_r-\phi_o-\frac{\Delta\phi}{2}\right)\right|. \tag{8-30}$$

在球面参考波的情况下,差值要对I_o和ϕ_o求平均,假设I_o和ϕ_o统计独立,强度I_o服从负指数统计分布,相位ϕ_o在$(-\pi,\pi)$上均匀分布. 于是

$$\overline{|I_1-I_2|}=4\sqrt{I_r}\,\overline{\sqrt{I_o}}\left|\sin\frac{\Delta\phi}{2}\right|\overline{\left|\sin\left(\phi_r-\phi_o-\frac{\Delta\phi}{2}\right)\right|}. \tag{8-31}$$

简单的计算得出$\overline{\sqrt{I_o}}=\sqrt{\pi\,\overline{I_o}}/2$及

$$\overline{|\sin(\phi_r-\phi_o-\Delta\phi/2)|}=2/\pi,$$

结果为

$$\overline{|I_1-I_2|}=\frac{4}{\sqrt{\pi}}\sqrt{I_r\,\overline{I_o}}\left|\sin\frac{\Delta\phi}{2}\right|. \tag{8-32}$$

在解释这个结果之前,我们考虑漫射参考光的情形,这时我们必须相对于I_r,I_o,ϕ_r和ϕ_o求平均,假设它们都统计独立,I_r和I_o服从负指数统计,ϕ_r和ϕ_o在$(-\pi,\pi)$上服从均匀分布. 于是要算的均值为

$$\overline{|I_1-I_2|}=4\,\overline{\sqrt{I_r I_o}}\left|\sin\frac{\Delta\phi}{2}\right|\overline{\left|\sin\left(\phi_r-\phi_o-\frac{\Delta\phi}{2}\right)\right|}. \tag{8-33}$$

再次通过简单的计算得到$\overline{\sqrt{I_r I_o}}=(\pi/4)\sqrt{\overline{I_r}\,\overline{I_o}}$,及

$$\overline{|\sin(\phi_r-\phi_o-\Delta\phi/2)|}=2/\pi,$$

结果:

$$\overline{|I_1-I_2|}=2\sqrt{\overline{I_r}\,\overline{I_o}}\left|\sin\frac{\Delta\phi}{2}\right|. \tag{8-34}$$

于是我们看到,对于球面(或平面)参考波和散斑参考波两种情况,两幅像的差值的均值都同$|\sin(\Delta\phi/2)|$成正比. 这个结果的最小值(I_1,I_2完全相关)仍发生在$\Delta\phi=2n\pi$,而最大值(零相关)仍发生在$\Delta\phi=(2n+1)\pi$. 于是在显示器上可以看到物体位移量为常数的等值线条纹,这些条纹对物体的像$\sqrt{\overline{I_o(x,y)}}$进行调制(假设$\sqrt{I_r}$或$\sqrt{\overline{I_r}}$是常数). 虽然我们算出了图像之差的平均大小和它给出的条纹图样,但是应该记住,用这种方法获得的任何一个结果中,平均值将不会发生,条纹将叠加在散斑上,使得难以决定条纹准确的峰和零点所在. 这种干涉测量方法的一个美妙之处是其条纹数据可以数字化,这使得可以应用各种图像处理算法使散斑平滑化,从而对确定条纹的峰值和零点有些帮助.

电子散斑干涉测量术的最大优点是可以快速获得结果. 典型情况下单幅图像可以在 1/30 s(电视每帧的时间)内获得,处理后的结果在两帧图像都收集到之后很短时间内就能显示出来. 具有许多兆个像素的电子探测器阵列的出现,使它能获得的图像的复杂性可以和照相方法竞争,而它的速度更快得多.

8.2.3　剪切散斑干涉术

上述讨论的散斑干涉仪的常用改进形式是剪切散斑干涉仪. 这个领域里几乎每个工作人员都用自己的特殊系统,但我们将用一个简单例子来说明. 对这个题目的更完整的讨论,见文献[128]中 P. K. Rastogi 写的那一章,特别是 3.5 节,及 W. Steinchen 和 L. Yang 关于这个题目的书[152]. 图 8.8 表示一个这样的系统. 激光器发出的光照明待测物体的粗糙表面. 粗糙面散射的光进入分束器 BS,一半透射,一半被反射. 被反射的光传播到上部的平面镜,再次被反射. 这次反射光的一半向下通过分束器,经过成像透镜到达探测器,在探测器上生成物的像. 第二条光路是,第一轮穿过分束器的透射光传播到一块**倾斜**的反射镜上,并以一定的角度偏差被反射回来. 反射回的光一半被分束器反射,传到探测器,由于右面的反射镜是倾斜的,使这束光到达探测器时在空间有一个很小的偏移.

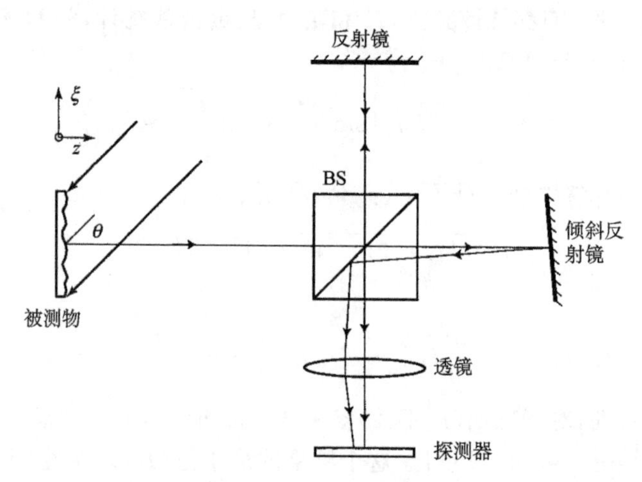

图 8.8　用带有倾斜反射镜的 Michelson 干涉仪装配成的剪切散斑干涉仪,BS 是一个立方棱镜分束器

不倾斜的镜子反射的光到达探测器的波振幅 $\mathbf{A}_u(x,y)$ 和倾斜的镜子反射的光到达探测器的波振幅 $\mathbf{A}_t(x,y)$ 在探测器上发生干涉. $\mathbf{A}_t(x,y)$ 可以通过 $\mathbf{A}_u(x,y)$ 表示为

$$\mathbf{A}_t(x,y)=\mathbf{A}_u(x-\delta x)\mathrm{e}^{-\mathrm{j}\frac{2\pi}{\lambda}\sin(\delta\alpha)x} \tag{8-35}$$

这里假设波在 x 方向的偏移或剪切量为 δx，$\delta\alpha$ 是伴之而来的小角度移动. 下面我们假设 $\delta\alpha$ 对相移的贡献足够小，可以忽略.

物未变形前入射到探测器上的光强为

$$\begin{aligned} I_1(x,y) &= |\boldsymbol{A}_u + \boldsymbol{A}_t|^2 = |\boldsymbol{A}_u(x,y) + \boldsymbol{A}_u(x-\delta x, y)|^2 \\ &= I_u(x,y) + I_u(x-\delta x, y) \\ &\quad + 2\sqrt{I_u(x,y) I_u(x-\delta x,y)} \cos[\phi_u(x,y) - \phi_u(x-\delta x,y)], \end{aligned} \tag{8-36}$$

其中 $\phi_u(x,y)$ 是 $\boldsymbol{A}_u(x,y)$ 的相位分布. 现在我们假设剪切量 δx 比单个散斑颗粒的平均宽度小得多，允许下面的近似成立：

$$\begin{aligned} I_u(x,y) &\approx I_u(x-\delta x, y) \\ \phi_u(x,y) - \phi_u(x-\delta x,y) &\approx \frac{\partial \phi_u}{\partial x}\delta x, \end{aligned} \tag{8-37}$$

得出

$$I_1(x,y) \approx 2I_u(x,y)\left[1+\cos\left(\frac{\partial\phi_u}{\partial x}\delta x\right)\right]. \tag{8-38}$$

现在假设物受到一个机械载荷，产生变形. 与物像相应的相位分布的变化量为 $\Delta\phi(x,y)$，入射到探测器上的第二个光强是

$$\begin{aligned} I_2 &\approx 2I_u(x,y)[1+\cos[\phi_u(x,y)-\Delta\phi(x,y)-\phi_u(x-\delta x,y)+\Delta\phi(x-\delta x,y)]] \\ &\approx 2I_u(x,y)\left[1+\cos\left(\frac{\partial\phi_u}{\partial x}\delta x - \frac{\partial\Delta\phi}{\partial x}\delta x\right)\right]. \end{aligned} \tag{8-39}$$

再次探测到两幅强度图像，一幅是物体没有承受载荷时记录的，另一幅为物体在载荷下记录的. 其差值大小的均值为

$$\overline{|I_1(x,y) - I_2(x,y)|} = 2\,\overline{I_u}(x,y)\left|\sin\left(\frac{1}{2}\,\frac{\partial\Delta\phi(x,y)}{\partial x}\delta x\right)\right|, \tag{8-40}$$

这里假设了 I_u 和 ϕ_u 是统计独立的随机变量，$\frac{\partial\phi_u}{\partial x}\delta x$ 在 $(-\pi,\pi)$ 上均匀分布. 因此我们发现，两帧图像差值大小的平均值依赖于 x 方向上 $\Delta\phi$ 的**斜率**. 使反射镜在不同于 x 方向的其他方向的倾斜，将把(8-40)式中 $\Delta\phi$ 在 x 方向上的斜率换成在倾斜方向上的斜率. (8-40)式有一个零点，我们看到条纹零点发生在

$$\frac{\partial\Delta\phi}{\partial x} = \frac{n2\pi}{\delta x}, \tag{8-41}$$

看到条纹峰值的条件是

$$\frac{\partial\Delta\phi}{\partial x} = \frac{(2n+1)\pi}{\delta x}. \tag{8-42}$$

最后我们的问题是 $\Delta\phi$ 的变化如何与物上表面位置在 ξ 和 z 方向上的变化相联系. 如果为了简单我们假设放大率为 1 并忽略像的倒置,考虑图示的光路表明

$$\frac{\partial \Delta\phi}{\partial x}\delta x = \frac{2\pi\delta x}{\lambda}\left[\sin\theta\,\frac{\partial x_0}{\partial x} + (1+\cos\theta)\,\frac{\partial z_0}{\partial x}\right], \tag{8-43}$$

其中,x_0 和 z_0 分别是物在像面上在 x 方向和 z 方向上运动的大小,θ 是照明表面的光线的角度⑦. 可以看到,若 $\theta=0$,即在垂直照明物体的情况下,只能保证离面位移的灵敏度. 这时条纹零点出现在

$$\frac{\partial z_0}{\partial x} = \frac{n\lambda}{2\delta x}, \tag{8-44}$$

条纹峰值出现在

$$\frac{\partial z_0}{\partial x} = \frac{(n+1/2)\lambda}{2\delta x}. \tag{8-45}$$

已知剪切散斑干涉系统有大量的变型,有些专用于特殊的用途,另一些则较为通用. 在这个简短的综述中是不可能公正评判这个题目的,因此请读者参考本节开始处所引的参考文献,以对这个题目有更全面的了解.

8.3　从条纹图样到相位分布图

在上一节对散斑计量学的讨论里,我们看到,分别在物体未受干扰前和受干扰后通过干涉产生两个散斑图样,将检测到的这两个图样相减,能够获得一幅条纹图样,它含有两次检测之间物体变化的信息. 为了确定物体变化的定量信息,必须生成所得条纹图样的等值线图并定出峰值和零值的位置. 这种探测受到散斑的阻碍,因为散斑使条纹受到调制,从而使峰值和零值的准确位置难以确定.

在这一节里,我们要么通过在检测后作适当处理,要么通过一种修正的干涉测量方法与检测后处理的结合,考虑确定条纹所隐含的相位分布图的别种方法. 然后我们再转而简要讨论相位展开问题.

8.3.1　傅里叶变换法

1982 年,Takeda、Ina 和 Kobayashi[158] 发表了一篇以傅里叶变换为基础的从记录的条纹图样确定相位分布图的方法. 一般地说这个方法对干涉术很有用处,尤其是它能应用于散斑干涉术. 要使这种方法能够实际应用,条纹图样中必须有一个载波频率项,也就是说,检测到的条纹图样必须为如下形式:

---

⑦　这个结果假设从物来看透镜所张的角不是太大.

$$f(x,y) = a(x,y) + b(x,y)\cos[2\pi f_0 x + \phi(x,y)]$$
$$= a(x,y) + \boldsymbol{c}(x,y)\mathrm{e}^{\mathrm{j}2\pi f_0 x} + \boldsymbol{c}^*(x,y)\mathrm{e}^{-\mathrm{j}2\pi f_0 x}, \tag{8-46}$$

其中，

$$\boldsymbol{c}(x,y) = \frac{b(x,y)}{2}\mathrm{e}^{\mathrm{j}\phi(x,y)}.$$

这种形式的条纹可以在散斑干涉术中得到，例如，如果在记录下 I_1 的第一次曝光中参考波倾斜一个足够大的角度，而在记录下 I_2 的第二次曝光中不倾斜，就能产生这种条纹. 如果将 I_1 和 I_2 之差平方后取平均，所得到的条纹可以表示为

$$\overline{(I_1 - I_2)^2} = 4\,\overline{I_r}\,\overline{I_o}[1 + \cos(2\pi f_0 x + \Delta\phi)], \tag{8-47}$$

其中 f_0 为载波频率，由 $f_0 = \sin\alpha/\lambda$ 给出，式中 α 为给予参考波的角位移. 也能从单张干涉图生成这种条纹图样[52].

(8-46)式关于 x 的一维傅里叶变换给出

$$\boldsymbol{F}(\nu_X, y) = \boldsymbol{A}(\nu_X, y) + \boldsymbol{C}(\nu_X - f_0, y) + \boldsymbol{C}^*(-(\nu_X + f_0), y), \tag{8-48}$$

式中的大写字母是相应的小写字母变量的一维傅里叶变换. 图 8.9(a)画的是这个谱在固定 y 值上的大小的典型图形. 处理的第一步是选出中心频率在 f_0 的上边带，并将它往下移到中心到原点，在此过程中除去 $\boldsymbol{F}$ 谱的中心部分和下边带. 所得到的频谱如图 8.9(b)所示.

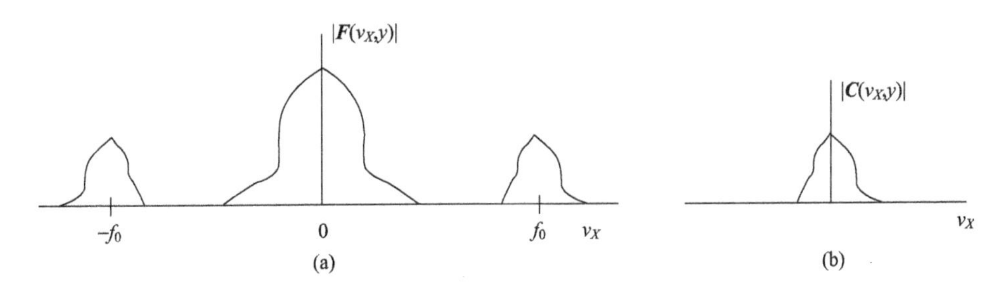

图 8.9 对一个固定 y 值的一维傅里叶谱

(a)条纹图样的；(b)移动后的单边带的

分离出傅里叶谱 $\boldsymbol{C}(\nu_X, y)$后，现在可以关于 ν_X 对其进行反傅里叶变换得出复函数 $\boldsymbol{c}(x,y)$. 处理的下一步是数值计算 $\boldsymbol{c}$ 的复对数：

$$\ln[\boldsymbol{c}(x,y)] = \ln[b(x,y)/2] + \mathrm{j}\phi(x,y), \tag{8-49}$$

从这里我们看到，复对数的虚部是相位分布 $\phi(x,y)$. 用这种方法得到的相位被“包裹”在区间$(-\pi,\pi)$内. 在后面的一小节中我们将讨论相位去包裹或相位展开的各种方法. 当下已经清楚的是，按照上面概述的步骤，可以得到相位分布 ϕ 的一个被包裹的形式. 一旦相位去包裹，通常可以得到一张引起相移的表面形变图.

用这种方法求相位分布，比起求找条纹等值线(fringe contour)的方法，有许多明显的优点：①在考虑相位去包裹时，我们将看到，既能确定相位改变的符号，也能确定它们的大小；②$a(x,y)$和$b(x,y)$的变化会限制求条纹轮廓的精度，这个因素在这个处理过程中被去掉了. 总的来讲，这种提取相位的方法比那些基于检测相位等值线的方法更精确得多.

8.3.2　相移散斑干涉术

1985 年，K. Creath 提出一种在电子散斑干涉术中得到极高精度的方法[28]. 这种方法叫做**相移散斑干涉术**，它需要用一个参考波记录好几张干涉图，参考波的相位在两次记录之间要步进一次(即相位移动一个常量). 通过这一组干涉图，可以用模 2π 运算算出与物的变化相联系的相位分布，然后再对它进行相位展开.

在这种散斑干涉术方法里，来自待测漫射物的光，在与参考波发生干涉之前先被一面反射镜反射，此反射镜通过一块压电陶瓷驱动器(PZT)实现高精度移动，这样就在待测物的形变造成的相位变化 $\Delta\phi$ 之外，还引入了一个取决于反射镜所带来的相位改变的相位增量. 我们仍用 I_1 和 I_2 表示在通常的散斑干涉术中得到的两次不同的干涉曝光的结果，考虑两者之差的平方的均值，得到(见(8-26)式)

$$\overline{(I_1 - I_2)^2} = 8\,\overline{I_1}\,\overline{I_2}\sin^2(\Delta\phi/2) = 4\,\overline{I_1}\,\overline{I_2}(1-\cos\Delta\phi). \tag{8-50}$$

现在来看上述类型的四对不同的干涉图的集合，压电传感器的移动产生四个不同的相移：$-3\pi/4$，$-\pi/4$，$+\pi/4$ 和 $+3\pi/4$. 四组干涉图分别为

$$\begin{aligned}
A(x,y) &= 4\,\overline{I_1}\,\overline{I_2}(1-\cos(\Delta\phi - 3\pi/4)) \\
B(x,y) &= 4\,\overline{I_1}\,\overline{I_2}(1-\cos(\Delta\phi - \pi/4)) \\
C(x,y) &= 4\,\overline{I_1}\,\overline{I_2}(1-\cos(\Delta\phi + \pi/4)) \\
D(x,y) &= 4\,\overline{I_1}\,\overline{I_2}(1-\cos(\Delta\phi + 3\pi/4)).
\end{aligned} \tag{8-51}$$

有好几种方法组合这些量以恢复 $\Delta\phi$. 我们选用的方法是让这四个量组合成下式：

$$\psi = \arctan\left(\frac{C+D-A-B}{A+D-B-C}\right). \tag{8-52}$$

Mathematica 软件求出 ψ 为

$$\psi = \arctan\left(\frac{\sin\Delta\phi}{\cos\Delta\phi}\right) = \Delta\phi \tag{8-53}$$

在$(-\pi,\pi)$区间上，这个相位是对模 2π 运算的结果. 选用参考光的别种位相增量也是可以的. 更多的细节见文献[152]第 4 章和文献[155]. 还有很多与这些方法相联系的实际问题，我们在这里没有触及. 更详细的讨论见文献[28]以及刚说的文献. 用相移技术对 $\Delta\phi$ 进行非常精确的测量是可能的.

文献[114]最近报道了在不到 10 ns 时间内并行记录全部四个相移干涉图的

方法,用的是一台脉冲激光器和一块同时引入所需的各个相移的相位板.

8.3.3 相位展开

相位展开问题总的说来是光学中的一个重要问题,在光学干涉计量学中尤其重要.关于这个普遍题目的参考文献,请参阅 Ghiglia 和 Pritt 关于这个题目的书[60],Takeda 的综述论文[157],以及 Robinson[134] 和 Judge 与 Bryanston-Cross[88] 的综述文章.假设给了我们一个二维的被包裹或折叠的相位图 $\{\phi(x,y)\}$,其中 $\{\}$是一个包裹算子,它将任何相位值包裹到区间$(-\pi,\pi)$内.我们的目的就是将这些相位值展开,得出与干涉测量时发生的表面形变成正比的真实相位分布 $\phi(x,y)$.

我们从描述最简单的相位展开方法开始,再解释它常常不能工作的原因.然后我们转而简短讨论除去它遇到的问题的方法.最简单的方法就是取 $\phi(x,y)$的采样值,我们假定这些值已存在于二维阵列中(垂直方向上的 y 采样和水平坐标方向上的 x 采样),接着对一个固定的 x 值,先在 y 方向检查相邻的采样值.把每个相位采样值(除第一个外)从它前面的相位采样值减去,如果差值超过 2π 的一个预设的分数倍,比方说 $0.9\times2\pi$,则根据前面那个位相差值是正还是负(正斜率还是负斜率),将当前的相位值加上或者减去 2π.沿着垂直的一列(比方最左边的一列)进行相位展开后,这样得到的展开的相位值就用来作为出发点,沿着相位矩阵所有各行一行一行铺开.在理想情况下,会得到展开的位相值的一个完整阵列.

上述过程当然会受到数据中噪声的限制,但这不是最严重的限制.主要的困难来自于得到的相位分布图可能与展开过程中在(x,y)平面上所取的具体路径有关.比如,要求出阵列中某个位置(x_n,y_m)上的展开相位,根据上述过程,我们从阵列的左上角出发,沿着第一列向下到达要求的那一行,再沿着这一行向需要展开相位的位置运动.这条路径在图 8.10 中用实线表示.如果我们是沿着图中的虚线行进而不是沿实线,我们能得到相同的展开的位相值吗?若物是一个平滑而逐渐变化的反射面,答案是肯定的,而且这套程序将工作得很好,它在 Takeda 等所用的例子中就是这样[158].反之,若测试的波前来自一个有强度零点的场分布,这些零点上的相位“涡旋”会带来严重的问题(见 4.8 节关于相位涡旋的讨论).图 8.10 中画的两条路径合在一起,就在(x,y)面上构成一条闭合路径.如果这个闭合路径内包围了一个相位涡旋,则沿此路径的相位积分(或求和)之值将为$\pm2\pi$ 弧度,正负号取决于涡旋是正还是负,以及所取的环绕闭合路径的方向.如果闭合路径内包围了一个正涡旋和一个负涡旋,这两个涡旋的作用相互抵消,沿着这个闭合路径的积分为零,意味着两条路径用作相位展开时得到相同的结果.要得到完全确定的相位展开,要求就是沿任何封闭路径的相位差之和为零.这个条件在连续条件下的等价物是环绕(x,y)平面上任意闭合路径的相位梯度$\nabla\phi(\boldsymbol{r})$的积分为 0:

$$\oint_C \nabla\phi(\boldsymbol{r})\mathrm{d}\boldsymbol{r} = 0, \tag{8-54}$$

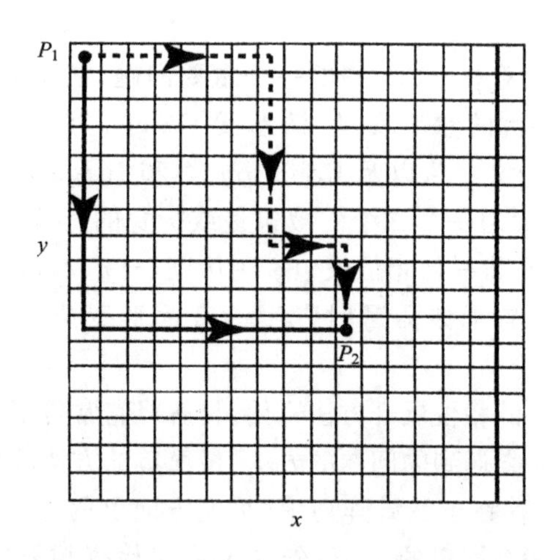

图 8.10　P_1 点和 P_2 点之间用来展开相位的两条不同的路径

式中 $\boldsymbol{r}=(x,y)$. 已经知道,任何散斑图样的场分布,其相位涡旋的数目近似等于散斑的个数,展开这种场的相位可能是极困难的.

检测相位涡旋的存在和位置是任何相位展开策略的核心部分. 在离散情况下,涡旋图可以通过环绕像素阵列中所有局部 2×2 像素正方形对相位差求和得出⑧. 只要这些相位差之和中有任何一项是 $\pm 2\pi$(或 $\pm 2\pi$ 的倍数,这种情况出现在极罕见的高阶涡旋时),则对应的正方形内有一个涡旋.

已经知道有许多避免涡旋影响的方法,但我们不在这里对它们作综述. 要对这个迷人的数学问题作更全面的讨论,请读者参阅前面引的文献. 最后我们注意到,相位展开问题实质上和通过测量一个相位差阵列来确定相位分布的问题是同一个问题. 这个问题在自适应光学领域中被广泛研究过,如文献[156].

8.4　用散斑测量振动

存在有多种与散斑有关的技术,用来测量漫反射的粗糙表面的振动振幅和(或)模式. Archibold, Ennos 和 Taylor[5] 及 Tiziani[162] 的早期工作值得一提. 很多方法依靠在振动最强烈的区域中的散斑对比度降低,而在相对平稳的区域则保持高散斑对比度.

---

⑧　M. Takeda,私人通信.

这里我们考虑一种用作说明的方法. 这个方法用了一个成像光路, 如图 8.11 所示. 激光器发出的光照明被测的粗糙反射物. 一束平面参考波叠加到入射到探测器的光场上. 物成像在探测器上. 单位向量 $\hat{i}$ 表示射到物上的照明光方向. 单位向量 $\hat{l}$ 表示垂直于透镜孔径的方向, 而单位向量 $\hat{v}$ 表示物的振动方向(最多差一个正负号). 探测器上的总光强为

$$I_{\mathrm{D}}(x,y;t)=I_{\mathrm{r}}+I_{\mathrm{o}}(x,y)+2\sqrt{I_{\mathrm{r}}I_{\mathrm{o}}(x,y)}\cos\phi(x,y;t), \tag{8-55}$$

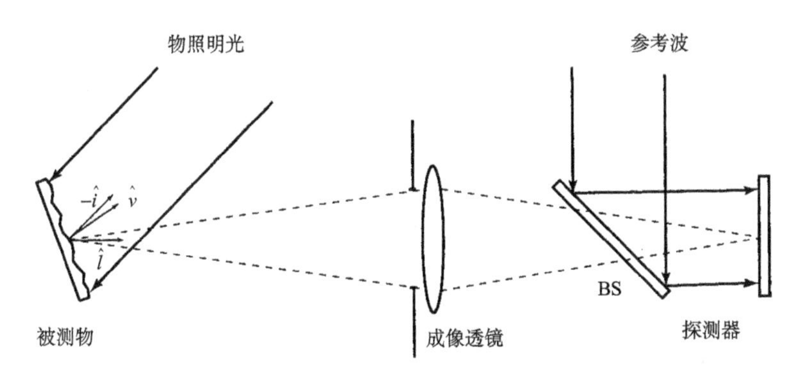

图 8.11 振动分析用成像光路

其中, I_{r} 是参考波的常数光强, $I_{\mathrm{o}}(x,y)$ 是不随时间变化的物波的散斑形状的光强, $\phi(x,y;t)$ 是参考波与物波在探测器上每点 (x,y) 的相位差. 令物以 $a(x,y)\sin\omega t$ 形式在 $\pm\hat{v}$ 方向上振动, 式中 $a(x,y)$ 是 (x,y) 点振幅的峰值, ω 为角频率. 令 α 表示 $-\hat{i}$ 和 $\hat{v}$ 之间的夹角, β 表示 $\hat{v}$ 和 $\hat{l}$ 之间的夹角. 则

$$\phi(x,y;t)=\phi_0(x,y)+\frac{2\pi}{\lambda}(\cos\alpha+\cos\beta)a(x,y)\sin\omega t \tag{8-56}$$

式中, $\phi_0(x,y)$ 是参考波和物波之间的相位差, 它随空间位置变, 但不随时间变.

令探测器在一个比振动周期 $2\pi/\omega$ 长很多的时间 T 内对入射光强积分. 有

$$\begin{aligned}E(x,y)&=\int_0^T I_{\mathrm{D}}(x,y;t)\mathrm{d}t\\&=TI_{\mathrm{r}}+TI_{\mathrm{o}}(x,y)+2\sqrt{I_{\mathrm{r}}I_{\mathrm{o}}(x,y)}\int_0^T\cos\phi(x,y;t)\mathrm{d}t.\end{aligned} \tag{8-57}$$

对于 $T\gg 2\pi/\omega$, 上面的积分给出(在很好的近似程度上)

$$\int_0^T\cos\phi(x,y;t)\mathrm{d}t\approx T\cos\phi_0(x,y)J_0\left(\frac{2\pi}{\lambda}(\cos\alpha+\cos\beta)a(x,y)\right), \tag{8-58}$$

其中, $J_0(x)$ 是零阶第一类贝塞尔函数. 如果积分是在整数个周期上进行, 这个结果是精确结果, 否则也是一个很好的近似; 于是

$$E(x,y) \approx T\left[I_r + I_o(x,y) \right.$$

$$\left. + 2\sqrt{I_r I_o(x,y)} \cos\phi_0(x,y) J_0\left(\frac{2\pi}{\lambda}(\cos\alpha + \cos\beta) a(x,y)\right)\right]. \quad (8\text{-}59)$$

(8-59)式是一个含有散斑的条纹图样. 此条纹不是正弦型的,而是按贝塞尔函数 $J_0\left(\frac{2\pi}{\lambda}(\cos\alpha+\cos\beta)a(x,y)\right)$的包络变化,因而可以确定所研究的物体上每一点 (x,y)的振幅 $a(x,y)$. 由于 $\sqrt{I_o(x,y)}\cos\phi_0(x,y)$项的存在,条纹图样中包含散斑,此项是复散斑振幅的实部,但是这个散斑场是和一个强的常数相幅矢量(参考波)与一个较弱的圆型复值高斯分布的相幅矢量(物光波)的干涉相联系的,不是对比度为 1 的完全散射散斑.

图 8.12 所示的是对于参考波强度与物光平均强度的三个不同的比值 $I_r\sqrt{I_o}$,上述方法的模拟结果,模拟的物体是一个周边紧固的膜盒,受到激振后,其中心产生最大振动,峰-峰振幅从在图的中部的三个波长光程差到边缘的零成二次曲线形式变化. 照明方向、观测方向、振动方向都选取为与物面垂直. 条纹的对比度实际上远低于图中所示,图中大大压低了偏置值以显示条纹结构. 我们看到,条纹含有散斑,并且条纹对比度很低,尤其是参物比($I_r/\overline{I_o}$)较小的情况. 当参物比太小时,$E(x,y)$的表达式中第二项所产生的散斑开始占主导地位,将条纹隐藏起来;而当参物比太大时,条纹的对比度将变得太低,不易看到.

图 8.12　一个具有抛物线振动模式的物的模拟条纹图,此物的中间部分近似有三个波的峰-峰振动最大值,边缘逐渐减弱为零. 参考波强度与平均物波强度之比分别为(a)32,(b)128,(c)640. 为提高对比度抑制了相当大的偏置. 图(a)中条纹可见度最差,(c)中最好

条纹的对比度能够大大提高,办法是:采集两幅图像,并将这两幅图像相减,两次曝光的参考波位相改变 180 度,但保持物波不变(除物体振动外). 此时第二次曝光为

$$\widetilde{E}(x,y) \approx T\Big[I_r + I_o(x,y) \\ - 2\sqrt{I_r I_o(x,y)}\cos\phi_0(x,y) J_0\left(\frac{2\pi}{\lambda}(\cos\alpha + \cos\beta)a(x,y)\right)\Big], \quad (8\text{-}60)$$

两次曝光之差取平方得

$$(E(x,y) - \widetilde{E}(x,y))^2 \approx 16T^2 I_r I_o(x,y)\cos^2\phi_0(x,y) \\ \times J_0^2\left(\frac{2\pi}{\lambda}(\cos\alpha + \cos\beta)a(x,y)\right). \quad (8\text{-}61)$$

图 8.13 所示为算出条纹差的平方后对应于图 8.12 中(a),(b),(c)的结果. 条纹的对比度在所有情况下都很好. 然而,在这个模拟中条纹图样显得和参物比 $I_r/\overline{I_o}$ 无关,这一点掩盖了在真实的实验中发生的一个重要效应. 检测到的每幅条纹图样都包含有测量噪声,以及 I_r 和 $\overline{I_o}$ 的小变化. 对比度很大时,背景相减将不理想,对于足够大的参物比,条纹会被噪声和相减后的剩余误差掩盖. 尽管如此,只要细心做试验,适当选择参物比,不太大也不太小,还是能得到好的结果.

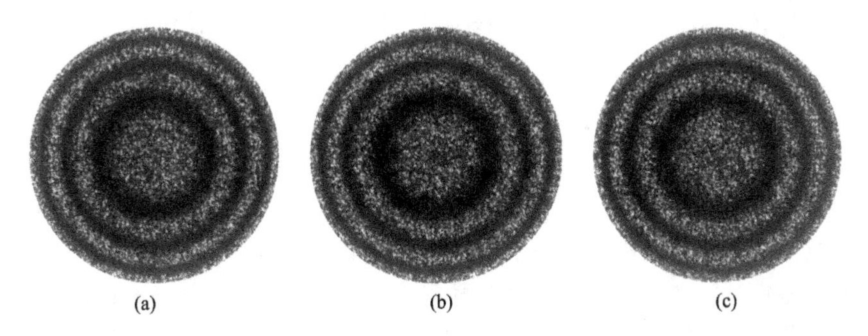

(a) (b) (c)

图 8.13 两次曝光的图像的差值取平方后得到的条纹图样.
条件与图 8.12 相同,三幅条纹图样相同,与参物比无关

用散斑测量振动还有许多别的光路和技术. 例如,不是从原始图像减去相移后的图像,而是对第一幅图像进行高通滤波和全波整流,以得到更加清晰的条纹也是可能的. 也可以用更复杂的相移方法将多于两幅的图像整合起来,得到高对比度条纹. Tiziani 为此写了一篇非常出色的综述文章(文献[41],第 5 章).

8.5 散斑与表面粗糙度的测量

这里介绍的散斑在计量学中的最后一种应用是表面粗糙度的测量. 关于这个题目的极好的讨论,见文献[41]中 Asakura 写的一章节及文献[146]中 Briers 写的一章.

表面粗糙度有两个方面一般是人们特别注意的:

1. 表面高度变化的均方差值(均方差即均方根差或标准差);

2. 表面高度的协方差函数,它给出了表面高度变化的相关长度.

我们下面将介绍多种测量这两个量的技术.然而在讨论这些技术之前,要先提醒读者一下.由于这里用的散斑均由光波干涉生成,**任何通过散斑测量表面粗糙度的企图实质上测量的都是被测表面反射的光波的性质,而不是这个表面本身的性质**.如果被测表面的相关长度小于用的光的波长,那么反射光的相位变化就跟不上被测表面的起伏,因为在小于一个光波波长的距离内光波不会有很大变化.因此要得到有意义结果,一个主要问题是如何将反射光波的涨落与表面的起伏联系起来.关于这个课题的一部优秀著作是由 Beckmann 和 Spizzichino 写的一本书[16].进一步的问题是为表面高度的统计涨落选一个模型,最常见的是假设服从高斯分布,这纯粹是为了分析的方便.

记住了这些之后,我们再假设表面高度的变化足够平缓,使得反射波的相位精确地与表面上每一点的表面高度成正比.

下面我们来介绍测量表面粗糙度和相关长度的几种不同方法.

8.5.1　由散斑对比度得到表面高度的均方差值和表面协方差面积

首先我们来看 Asakura 和他的小组开创的一种测量技术(见文献[120]和[54]),这种技术在散射表面相对平滑情况下,从散斑对比度导出表面粗糙度和表面高度相关面积.在现在考虑的情况下,测量的光路如前面图 4.20 中所示.

这种成像场合已在第 4.5.5 节分析过了,散斑对比度 C 对表面高度的标准偏差 σ_h 和成像系统的权重函数在物平面上所覆盖的表面相关区域个数 N_0 的依赖关系已画在图 4.21(a)中.这个图假设表面高度涨落服从高斯统计,表面高度的协方差函数为圆对称高斯型.由此结果可以看出,如果 N_0 已知或者能够精确估算出来,那么测量对比度就会给出归一化的表面高度标准偏差 σ_h/λ 的唯一值,条件是 $\sigma_h \ll \lambda$.当 σ_h 的大小和 λ 可以比较时,曲线在值为 1 处饱和,对完全散射散斑理应如此,这时不再能从对比度推出 σ_h 的值了.

由于同样原因,对于小的表面高度涨落,图 4.21(b)建议了一种在 σ_h 已知或者能估算出时测量表面高度相关半径 r_c 的方法.放开或缩小成像系统的光瞳可以改变 N_0 的值.放开光瞳减小点扩展函数覆盖的表面相关面积的个数,缩小光瞳增大这个数.N_0 由下式给出:

$$N_0 = \frac{\lambda^2 f^2}{\pi r_c^2 A_p}, \tag{8-62}$$

其中 A_p 是成像系统的光瞳的面积.每一条对比度随 N_0 变化的曲线有一个最大值,到达最大对比度的 N_0 值可由(4-118)式和(4-117)式确定.用这个办法,能够由一个已知的 σ_h 值得出表面相关半径 r_c 的一个估计值.

在这种成像光路中，光的漫散射分量不服从圆型统计. 反之，光的相幅矢量分量中，垂直于镜面分量相幅矢量的分量要强于平行于镜面分量相幅矢量的分量. 如果改变测量的光路，使得测量对比度的平面不是像平面，那么漫散射光的统计分布变成圆型，而且散斑对比度会大一些. 更多的细节见文献[126]和[68].

上面描述的技术对于表面粗糙度的均方根值在 0.02 到 0.3 个波长的范围内是准确的(文献[146]，第 8 章，P. 393).

8.5.2 由两个波长的退相关得到表面高度的均方差

现在来考虑一种自由空间光路，粗糙表面被垂直照明，在平行于散射表面的一个平面上测量散斑强度. 在第 5.3.1 节中已经看到，用波长 λ_1 和 λ_2 记录的两个振幅散斑图样的归一化相关函数为(参阅(5-42)式)

$$\boldsymbol{\mu}_{A}(\boldsymbol{q}_1,\boldsymbol{q}_2)\approx \boldsymbol{M}_{\mathrm{h}}\left(4\pi\frac{|\lambda_2-\lambda_1|}{\overline{\lambda_1\lambda_2}}\right), \tag{8-63}$$

其中 $\boldsymbol{M}_h(\omega)$ 是表面高度涨落的特征函数. 由于散斑振幅是圆型复值高斯随机变量，由此得强度相关函数为

$$|\boldsymbol{\mu}_{A}|^2=\left|\boldsymbol{M}_{\mathrm{h}}\left(4\pi\frac{|\lambda_2-\lambda_1|}{\overline{\lambda_1\lambda_2}}\right)\right|^2\approx\left|\boldsymbol{M}_{\mathrm{h}}\left(4\pi\frac{|\Delta\lambda|}{\bar{\lambda}^2}\right)\right|^2. \tag{8-64}$$

若表面粗糙度服从高斯统计，则此结果取(5-46)式的形式

$$|\boldsymbol{\mu}_{A}|^2=\exp(-\sigma_{\mathrm{h}}^2|q_z|^2)=\exp\left[-\left(2\pi\frac{\sigma_{\mathrm{h}}}{\bar{\lambda}}\frac{|\Delta\lambda|}{\bar{\lambda}}\right)^2\right]. \tag{8-65}$$

这样测量系统将在波长为 λ_1 的照明下检测到一幅散斑强度图样，在波长为 λ_2 的照明下检测到第二幅散斑强度图样，两幅图样是相关的. 相关的值给出图 5.10 中的一条曲线. 知道了引起这个相关的波长变化，就可以从引用的这个图得到一定会引起这么大小的退相关的 $\sigma_{\mathrm{h}}/\bar{\lambda}$ 值. 用这个方法就得到了表面的粗糙度.

在零点几微米到几微米范围内的表面粗糙度标准差能够用这种方法来测量，它依赖于能够得到的波长间隔的大小. 注意，对粗糙表面波长间隔要小，对光滑表面波长间隔需要大一些，因为相关性依赖于 $\sigma_{\mathrm{h}}/\bar{\lambda}$ 和 $|\Delta\lambda|/\bar{\lambda}$ 的乘积.

还要注意，上面提到的相关运算可以用本章前面介绍的两次曝光方法来实行，也可以用数字化方法实行.

这些想法的一个推广是使用有限带宽的照明光[150,37]，仍然在自由空间光路中测量散斑的对比度. 若用的照明光是高斯型光谱，并且表面高度涨落服从高斯统计，就可以用对所得的散斑图样的对比度的测量结果，连同图 5.18 所示的结果，确定表面的粗糙度.

8.5.3 由两个角度的退相关得到表面高度的均方差

就像用不同波长的照明光得出的两幅散斑图样的相关可以给出表面粗糙度的

信息一样，用同一波长但以不同的角度照明得出的两幅散斑图样的相关也能给出表面粗糙度的信息. 在137页开头的那一小节已评估了相对于角度变化的灵敏度. 如果用一幅图样相对于另一幅图样作适当的移动来抵消改变角度所带来的平移效应，则强度相关就变成(5-60)式所示的结果，这个结果已画在图5.13中，为了读者的方便我们在这里重复：

$$|\boldsymbol{\mu}_A|^2 \approx \exp\left[-\left(2\pi\frac{\sigma_h}{\lambda}\Delta\theta_i\sin\theta_i\right)^2\right], \tag{8-66}$$

其中，σ_h 是表面高度涨落的标准偏差，θ_i 是初始照明角，$\Delta\theta_i$ 是照明角的改变量，λ 是波长，并假设观察方向垂直于表面. 所需的第二幅图样的移动量是 $\Delta\theta_i z$，移动方向为照明移动方向的镜像反方向，z 是被测表面与观察平面的距离. 这样一来，给出测得的在适当移动的两幅图样之间的强度相关，并且已知在两次测量之间所作的角度变化，就能对归一化的表面粗糙度作出估计.

这个结果可以推广到用一个扩展光源作单次曝光的情况. 散斑对比度的降低可以与表面粗糙度联系起来[125]，有关结果见5.4.4节.

8.5.4 由测量角功率谱得到表面高度标准偏差和协方差函数

第4.5.2节中的广义范西特-泽尼克定理为我们提供了离开散射表面的场的归一化协方差函数 $\boldsymbol{\mu}_A$ 与在一个正透镜的焦平面上观察的大面积的平均强度分布 $\overline{I}$ 之间的联系. 特别是，

$$\overline{I(x,y)} \propto \iint\limits_{-\infty}^{\infty} \boldsymbol{\mu}_a(\Delta\alpha,\Delta\beta)\mathrm{e}^{-\mathrm{j}\frac{2\pi}{\lambda f}(x\Delta\alpha+y\Delta\beta)}\mathrm{d}\Delta\alpha\mathrm{d}\Delta\beta, \tag{8-67}$$

其中 f 为所用正透镜的焦距. 因此，如果用一个大小适当的探测器小心地测出 $\overline{I(x,y)}$（探测器足够大，使得能对许多散斑个体作平均，同时又足够小，使得 $\overline{I(x,y)}$ 的结构不被平滑掉），那么测量结果的适当归一化的傅里叶变换就应当给出散射面上的场的自协方差函数 $\boldsymbol{\mu}_a$.

剩下的问题是将 $\boldsymbol{\mu}_a$ 和散射面的协方差函数 μ_h 联系起来. 为了使问题能有所进展，前面几小节中曾作过的两个假设是必要的：

1. 离开表面的场的形式为 $\boldsymbol{a}(\alpha,\beta)=\mathrm{e}^{\mathrm{j}\frac{4\pi}{\lambda}h(\alpha,\beta)}$，其中 h 是表面高度（假设照明方向和观察方向都垂直于表面）；

2. 表面高度起伏 $h(\alpha,\beta)$ 服从高斯统计，并且是一个空间平稳随机过程.

有了这两个假设，可得（见(4-103)式）

$$\boldsymbol{\mu}_a(\Delta\alpha,\Delta\beta) = \exp\left[-\left(\frac{4\pi}{\lambda}\sigma_h\right)^2(1-\mu_h(\Delta\alpha,\Delta\beta))\right], \tag{8-68}$$

其中 σ_h 为表面高度涨落的标准偏差.

归一化场的相关函数 $\boldsymbol{\mu}_a$ 在总量很大时有渐近值：

$$\sqrt{\Delta\alpha^2+\Delta\beta^2}\to\infty\Rightarrow\boldsymbol{\mu}_a\to\exp\left[-\left(\frac{4\pi}{\lambda}\sigma_{\mathrm{h}}\right)^2\right]. \tag{8-69}$$

这个渐近值是由镜面反射引起的，只对比较平滑的表面这个值才比较大. 对于这样的表面，由于我们知道 $\boldsymbol{\mu}_a$，通过确定它在大宗量时的值，就可以由下式推出表面高度涨落的标准偏差：

$$\sigma_{\mathrm{h}}=\frac{\lambda}{4\pi}\sqrt{\ln\left(\frac{1}{\boldsymbol{\mu}_a}\right)}, \tag{8-70}$$

式中的 $\boldsymbol{\mu}_a$ 理解为大宗量时的实数值渐近值. 现在，已知 σ_{h} 的值，我们可回到(8-68)式解出 μ_{h}：

$$\mu_{\mathrm{h}}(\Delta\alpha,\Delta\beta)=1-\left(\frac{\lambda}{4\pi\sigma_{\mathrm{h}}}\right)^2\ln\left(\frac{1}{\boldsymbol{\mu}_a}\right). \tag{8-71}$$

于是在原则上，对于比较光滑的表面，从我们描述的那些测量方法，表面高度涨落的标准偏差和协方差函数都能求出. 在实践中，这种方法受到两个限制：一个是因为表面高度涨落服从高斯统计的假设不准确，另一个是在检测 $\overline{I(x,y)}$ 时遇到的测量噪声. 此外，对于在一个波长的尺度上为粗糙的表面，不能测出 $\boldsymbol{\mu}_a$ 的渐近值. 结果，在这些条件下，标准差 σ_{h} 和协方差函数 μ_{h} 不能分别确定.

第 9 章　通过大气成像中的散斑

9.1　背景

前面各章强调的是粗糙表面散射或漫射体散射生成的散斑.在本章我们将注意力转向一种不同的散斑,即远处的一个非相干物发出的光通过与大气湍流有关的随机不均匀媒质传输时,这个物的像的强度涨落.当曝光时间或探测时间与那些不均匀性的涨落时间相比很短时,就会在像中观察到大气引起的散斑.随后的几小节将给出这种现象的起源的一个解释.

与前面各章节对散斑的讨论不同,那里合理地假设光是单色光,这里讨论的散斑则可以发生在谱段很宽的光中,虽然如果带宽过大散斑也将消失.此外,由于通过大气湍流传播不改变光的偏振态[154],这里讨论的散斑与偏振无关.

关于光通过大气传播的引用最广和最有影响的著作是 Tatarski 的书[159].更多的见文献[80](第 2 卷,第 4 部分),[137],[135]和[70](第 8 章).

9.1.1　大气中折射率的涨落

图 9.1 画的是有大气湍流出现时成像的一般情况.左边的物假设是空间不相干的,不论是自发光还是被阳光照射,出现这种物是最自然的.物与透镜之间一团团灰色的"斑块"是折射率不均匀或偏离未受扰动空气的折射率的区域的理想化表示.这些不均匀成分的起源是一个由太阳对地球表面的不均匀加热引起的复杂的物理过程,以及湍流和对流使温度引起的折射率不均匀结构的尺度越来越小的级联过程.总地来说,通过布满各种尺寸的随机非均匀成分的媒质的传播使进入透镜的光的幅度和相位都发生涨落.透镜左边那条不规则弯曲的线是用来表示到达成像孔径的变形的波前——其幅度的涨落在这幅图中很难表示出来.从物的中心到

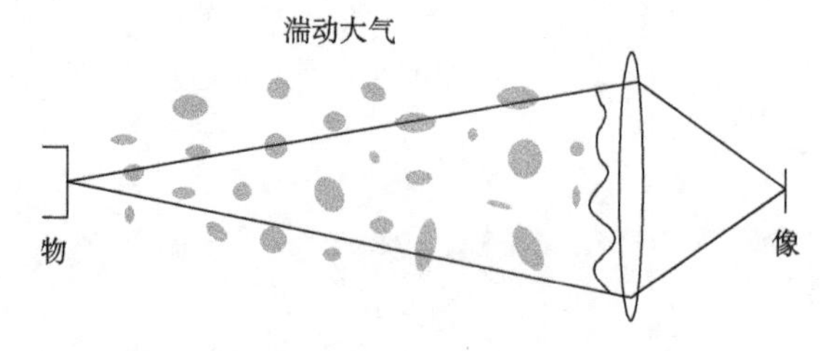

图 9.1　不均匀大气成像

像的中心的几条直线光线表示如果没有非均匀成分出现时光线的路径.透镜把入射的复振幅分布聚焦成像,由于大气引起的波前误差,这个像不是一个理想的衍射置限像.

在本章关注的主要应用——天文学中,光路有些不同.这时成像系统最常见的是用一个反射镜而不是折射透镜来成像,而且是从地球表面向上看,而不是平行于地表看.此外,湍流只是出现在紧接在望远镜顶上的大气中,而在通往遥远的天体的大部分路程上并不存在.

习惯上通过一个**结构函数**来描述折射率涨落的空间性质,其定义为

$$D_n(\boldsymbol{r}_1,\boldsymbol{r}_2) = \overline{[n(\boldsymbol{r}_1) - n(\boldsymbol{r}_2)]^2}. \tag{9-1}$$

从 Kolmogorov 关于湍流理论的经典著作[92],可知折射率结构函数之形式为(在各向同性情形下)

$$D_n(r) = C_n^2 r^{2/3}, \tag{9-2}$$

这里 C_n^2 叫做**结构常数**(量纲为 $\mathrm{m}^{-2/3}$),它是湍流强度的量度.具有这种结构函数的湍流称为 **Kolmogorov 湍流**. C_n^2 一般随高度增加而减小,除了在对流层顶附近,那里强度可能会局域地增加,虽然一般不会到地面附近的水平.一般说来,湍流强度在对流层顶之上(大约 20 km 的高度以上)①变得极小.以地面为基地的望远镜所获取的最佳天体图像是由建在山顶的天文台获得的,它们的高度使得所受湍流的影响最小,虽然这些影响远非可以忽略.

9.2 短曝光和长曝光的点扩展函数

大气中的非均匀成分处于在不断的运动中,结果使进入望远镜的波前的变形随着时间变化.设望远镜对焦在一颗恒星上,一个简单的平面波从那颗星射来.暂且假定探测器是快速反应的,在一通次短时间曝光中得到一个像,这个像来自实质上平稳不动的大气引起的波前畸变.如果我们考虑探测器上一点所截获的光,它由望远镜的反射镜(即入射孔径)上所有各点的贡献组成;由于这个孔径的不同部位受到大气引起的不同大小的相位延迟,探测器上该点的复场会经历一场随机行走②.随机行走的步数由望远镜口径所包含的独立波前相关元胞的数目决定.如果相位延迟的标准偏差的量级在 2π 弧度或更大,那么就会给出对角度均匀分布在复平面上的随机行走.这一随机行走由于在某些场合下伴随着波前畸变,还可能有明显的光强涨落而变得复杂化,此时随机行走还具有随机步长.不过,如果一个波前

---

① 对流层顶的高度随着纬度和季节变化.

② 在这里和整个这一章我们假设光是窄带光.

相关元胞内的幅度涨落是独立于该元胞内的相位涨落，并且对每个像点上的光强有许多波前相关元胞作贡献，那么短曝光强度扩展函数中的强度统计分布将非常近似于负指数分布，但其均值在点扩展函数内随空间变化.

图 9.2 示出对一个短曝光点扩展函数和一个长曝光点扩展函数的计算机模拟结果，它们是探测器对波前涨落的许多个实现(在这个具体情况下是 1000 个实现)进行积分而获得的. 这个短曝光点扩展函数的"散斑"本性是显而易见的. 单个散斑的尺寸大小近似于衍射置限点扩展函数的大小，而总扩展函数的宽度由进入成像系统孔径的光波振幅的横向相关函数来决定. 在长曝光情况下，散斑在很大的程度上被平均掉，得到一个相对平滑和宽阔的点扩展函数.

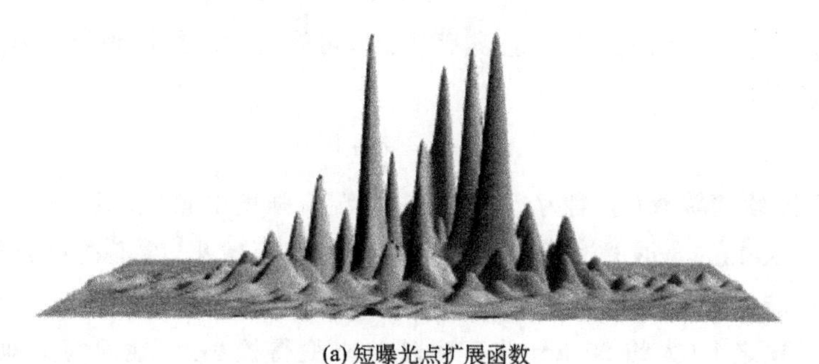

(a) 短曝光点扩展函数

(b) 长曝光点扩展函数

图 9.2　短曝光和长曝光的强度点扩展函数(PSF). 取相位涨落为在 $(-\pi,\pi)$ 区间上的均匀概率分布，并且假设有各向同性的高斯型相关函数. 这是真实情况的简化，但可用来阐明我们讨论的内容. 对短曝光的情况，对由圆孔径的有限范围所限制的这种相位分布的一个实现作傅里叶变换，求出所得到的强度. 对长曝光的情况，对 1000 个短曝光点扩展函数的独立实现在强度基础上作平均

如上所述，在短曝光点扩展函数中观测到的散斑，具有在空间变化的平均光强分布，其最大值一般落在点扩展函数的"中央"，随着离开中央平均强度下降. 这会

诱导人们以为这个点扩展函数中平均光强的分布等于长曝光点扩展函数，但是这并不完全正确. 成像系统孔径上波前畸变分布有一个线性相位倾斜分量，加上高阶畸变. 相位倾斜分量的作用是使点扩展函数移动而不是扩宽它. 点扩展函数的移动改变了成像位置但不会使像模糊，因此在大多数应用中，在计算平均短曝光传递函数时可以将它忽略. 另一方面，对长曝光，变化的相位线性分量会扩宽点扩展函数，因而会影响平均点扩展函数.

曝光时间多短才是“短”曝光呢？完整的答案是复杂的（例如见文献[137]，P. 76-78）. 常常把点扩展函数中的时间变化看成是起源于大气湍动层横过紧接成像系统集光孔径的光路的流动，结果涨落时间常常依赖于风速. 一般这种流动可以以时间涨落的频谱为模型，这种频谱包含低频和高频涨落. 这里我们不深入这些细节. 作为一条经验定则，在天文台中，一次几毫秒或更短时间的曝光被看成“短”曝光，而比这个数值长得多的曝光则被看成“长”曝光. 不过，像大多数经验定则一样，在极端条件下，这个数字可能低估或高估了临界时间.

9.3 长曝光和短曝光的平均光学传递函数

我们这里的目的不是来推导一些能够对大气扰动的影响做定量分析的关键的数学表示式，而是要叙述一些与散斑有关的结果. 详细的推导可以参阅其他文献，如文献[70]第 8 章及所列的参考文献以及文献[137]. 在后面所有的内容中，我们都假设湍流是各向同性的.

为了我们的目的，我们从对一个量的讨论开始，这个量可以叫做“大气相干直径”，它首先是 D. L. Fried 在文献[53]中提出的，所以又叫做“Fried 参数”. 这个参数的符号是 r_0（尽管它是直径），由下式给出：

$$r_0 = 0.185\left[\frac{\bar{\lambda}^2}{\int_0^z C_n^2(\xi)\,\mathrm{d}\xi}\right]^{3/5}, \tag{9-3}$$

其中，$C_n^2(\xi)$是作为距离 ξ 函数的结构常数，z 是处于显著扰动介质中的最大光程长度，$\bar{\lambda}$ 是平均波长. 由(9-3)式可见，C_n^2 的积分值越大，r_0 值就越小.

在大气中运作的成像系统的总的平均光学传递函数可以写成衍射置限 OTF[③]（OTF 即光学传递函数）$\boldsymbol{\mathcal{H}}_0(\vec{\nu})$与平均大气 OTF 的乘积；于是

$$\boldsymbol{\mathcal{H}}_L(\vec{\nu}) = \mathcal{H}_0(\vec{\nu}) \times \bar{\boldsymbol{\mathcal{H}}}_{LE}(\vec{\nu}) \qquad \text{长曝光}, \tag{9-4}$$

$$\boldsymbol{\mathcal{H}}_S(\vec{\nu}) = \mathcal{H}_0(\vec{\nu}) \times \bar{\boldsymbol{\mathcal{H}}}_{SE}(\vec{\nu}) \qquad \text{短曝光}, \tag{9-5}$$

---

③ 这里和全书都假设衍射置限 OTF 为正实值，因此它的符号不写成黑体.

其中，$\mathcal{H}_{LE}(\vec{\nu})$代表大气的平均长曝光 OTF，$\mathcal{H}_{SE}(\vec{\nu})$代表大气的平均短曝光 OTF，$\mathcal{H}_L$ 和 $\mathcal{H}_S$ 是总的长曝光和短曝光的平均 OTF(包括有限集光孔径的影响)，$\vec{\nu}=\nu_X\hat{x}+\nu_Y\hat{y}$. 对于一个直径为 D 的衍射置限的圆孔径：

$$\overline{\mathcal{H}}_0(\vec{\nu}) = \frac{2}{\pi}\left[\arccos\left(\frac{\bar{\lambda}z_i\nu}{D}\right)-\frac{\bar{\lambda}z_i\nu}{D}\sqrt{1-\left(\frac{\bar{\lambda}z_i\nu}{D}\right)^2}\right], \tag{9-6}$$

其中 $\nu=|\vec{\nu}|$，$\bar{\lambda}$ 是平均波长，z_i 是从出瞳到像平面的距离.

在我们考虑大气的平均长曝光光学传递函数(它是平均强度点扩展函数的傅里叶变换)时，r_0 的意义就变得明显了. 用 $\overline{\mathcal{H}}_{LE}(\vec{\nu})$表示这个 OTF，对于各向同性湍流我们有(参阅上面引用的文献)

$$\overline{\mathcal{H}}_{LE}(\vec{\nu}) = \exp\left[-3.44\left(\frac{\bar{\lambda}z_i\nu}{r_0}\right)^{5/3}\right] \tag{9-7}$$

比较 $D/(\bar{\lambda}z_i)$在(9-6)式中和 $r_0/(\bar{\lambda}z_i)$在(9-7)式中的作用，我们可以看到，当 $r_0 \ll D$ 时，系统的分辨率以很高的近似程度趋近有一个直径为 r_0 孔径的系统的分辨率.

在很多方面，我们对短曝光情况比长曝光情况更感兴趣，这是因为我们要讨论的基于散斑的成像技术假设全都是短曝光成像. 短曝光情况下的平均 OTF 可以表示为

$$\overline{\mathcal{H}}_{SE}(\vec{\nu}) = \exp\left\{-3.44\left(\frac{\bar{\lambda}z_i\nu}{r_0}\right)^{5/3}\left[1-\alpha\left(\frac{\bar{\lambda}z_i\nu}{D}\right)^{1/3}\right]\right\}, \tag{9-8}$$

其中，α 是一个在 1/2 和及 1 之间变化的参数，1/2 对应于在集光孔径上既有强度变化也有相位变化，1 对应于只有相位变化的情况. 如 9.2 节倒数第二段所述，在推导这个表达式时，从波前减去了波前倾斜的最小二乘估值.

图 9.3 画出了 4 个涉及的 OTF 的图形：衍射置限 OTF，平均长曝光 OTF，和两个短曝光 OTF. 四条曲线都是对$D=5r_0$的情况.

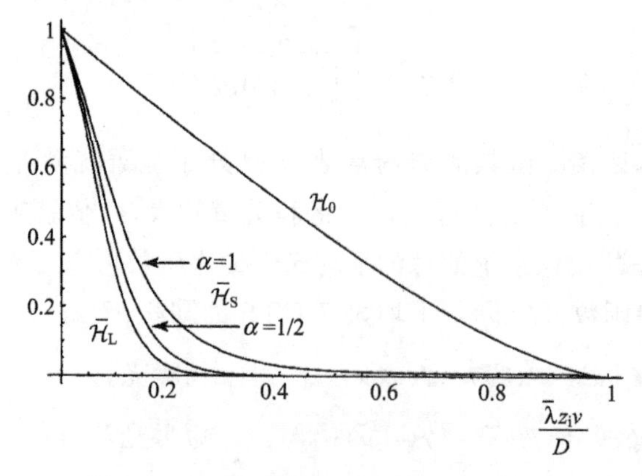

图 9.3 $\mathcal{H}_0$，$\overline{\mathcal{H}}_L$ 和 $\overline{\mathcal{H}}_S$(α=1 和 1/2)与归一化径向频率的关系曲线，r_0 是 D 的 1/5

9.4 短曝光OTF和MTF的统计性质

上面的结果提供了对平均OTF的描述，但是任何单次短曝光所得到的真实OTF一般不怎么像这个平均OTF. 单次短曝光得到的OTF实际上很不规则，具有类似散斑的行为，尤其在中频上. 图9.4画的是一个计算机模拟的短曝光点扩展函数和相应的调制传递函数(MTF和OTF的模). MTF在零频之值为1，但其值在中心瓣外迅速下降，成为散斑状结构，这在图中明显可见. 这个模拟图与图9.2中所用的模拟图类似，除了圆形孔径的直径现在更大些. 为了使MTF中的散斑结构更明显，只画出从0到0.12之间的MTF值(我们还记得，通常根据约定MTF是归一化为在原点之值为1). 与MTF的类散斑结构相关联的是一个复杂的散斑相位函数，它在$(-\pi,\pi)$区间上均匀分布，以及只要MTF趋于0就出现的相位旋涡.

记住一个光学成像系统的OTF是如何计算出来的，可以更好地理解光学成像系统的短曝光OTF和MTF的统计本性. OTF是系统的复光瞳函数的(适当归

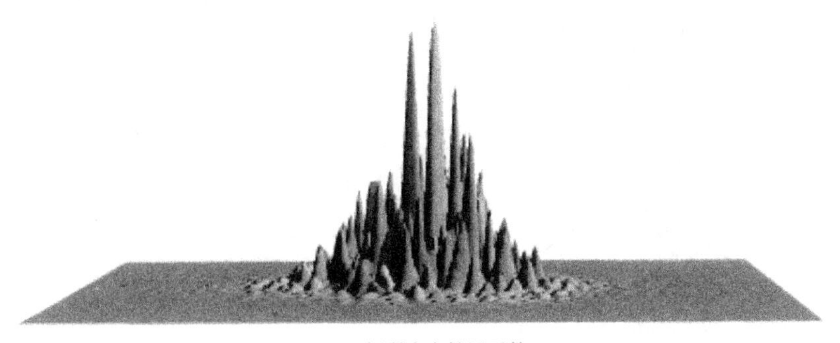

(a) 短曝光点扩展函数

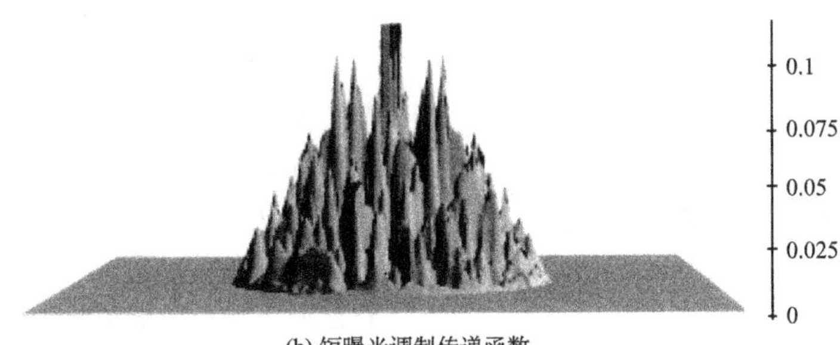

(b) 短曝光调制传递函数

图9.4 短曝光情况下的(a)PSF；(b)MTF
(仅画出0～0.12范围内的值)

一化的)确定性的自相关函数.因此,如果 $\boldsymbol{P}(u,\nu)$ 表示系统的出瞳上(坐标为(u,ν))的振幅和位相分布,则其短曝光 OTF $\mathcal{H}(\vec{\nu})$ 由下式给出:

$$\mathcal{H}_S(\vec{\nu})=\frac{\iint\limits_{-\infty}^{\infty}\boldsymbol{P}\left(\xi+\frac{\bar{\lambda}z_i\nu_X}{2},\ \eta+\frac{\bar{\lambda}z_i\nu_Y}{2}\right)\boldsymbol{P}^*\left(\xi-\frac{\bar{\lambda}z_i\nu_X}{2},\ \eta-\frac{\bar{\lambda}z_i\nu_Y}{2}\right)\mathrm{d}\xi\mathrm{d}\eta}{\iint\limits_{-\infty}^{\infty}|\boldsymbol{P}(\xi,\eta)|^2\mathrm{d}\xi\mathrm{d}\eta}. \tag{9-9}$$

在我们感兴趣的情况中,波穿过大气传到成像系统时引入了相位像差(波相差).在下面的讨论中,我们假设光瞳内由大气引起的光强变化小到可以忽略,或等价地光瞳函数之形式为

$$\boldsymbol{P}(\xi,\eta)=\begin{cases}\exp[\mathrm{j}\psi(\xi,\eta)] & \text{光瞳内}\\ 0 & \text{光瞳外,}\end{cases} \tag{9-10}$$

其中 $\psi(\xi,\eta)$ 是**波像差函数**.注意对于上面的光瞳函数,OTF 的分母简单地就是光瞳的面积,没有统计涨落,若仍然假设光瞳上没有大气引起的光强涨落.

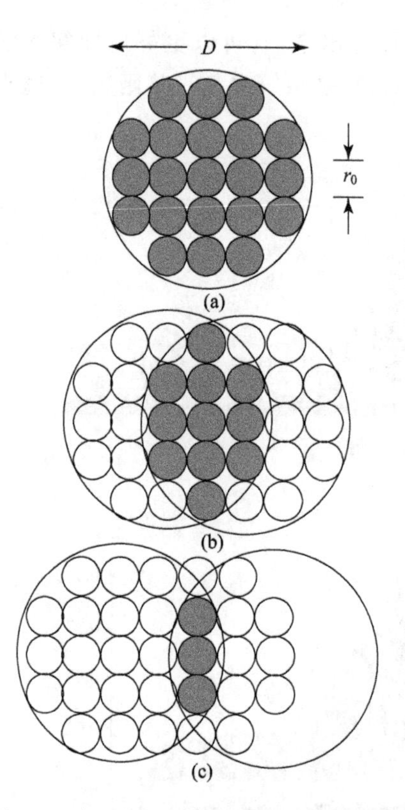

图 9.5 在三个不同的频率下计算的 OTF
(a)零频率;(b)中频;(c)高频.涂阴影的小圆代表落在重叠区域内的相干面积

考虑图 9.5,可以找到一个有些直观的对 OTF 本性的解释.系统的光瞳用一个大圆(直径为 D)表示.小圆圈(直径 r_0)表示大气相干直径.作为初步近似,每个小圆内的波像差在短曝光中是恒定的,但是是随机的,服从高斯统计.孔径内的不同相干元胞数为

$$N_0=\frac{D^2}{r_0^2}. \tag{9-11}$$

在计算自相关函数时,我们把光瞳从另一个完全相同的光瞳移开一段距离$(\bar{\lambda}z_i\vec{\nu})$,计算两个移开的函数(其中一个取复共轭)的乘积下面的面积.涂阴影的相干面积用来表示它们处于重叠区域内.两个圆没有相对移动时,我们计算的是 OTF 在空间频率为零的值.这时每个相干面积与自身完全重叠,$\exp[\mathrm{j}\psi(\xi,\eta)]$与其复共轭的归一化乘积处处为 1.一旦我们移动距离 r_0,那么每个相干面积与一个不同的、独立的相干面积重叠,两个指数

的乘积给出一个复数，它有一个随机相位，长度正比于 r_0^2. 在这个复相幅矢量上必须再加上 $N-1$ 个另外的相幅矢量，它们来自于重叠区域中的其他相干面积. 这些相幅矢量都有同样的长度，但是有独立的随机相位. 对任何特定频率 $\bar{\lambda} z_i \vec{\nu}$，相加的随机相幅矢量的个数 N 由下式给出

$$N = N_0 \mathcal{H}(\vec{\nu}) \tag{9-12}$$

条件是 $|\vec{\nu}| > r_0(\bar{\lambda} z_i)$. 这里 $\mathcal{H}$ 仍然是成像系统的衍射置限 OTF. 在圆形孔径情况下：

$$\frac{N}{N_0} \approx \begin{cases} 1 & \nu < r_0/(\bar{\lambda} z_i) \\ \dfrac{2}{\pi}\left[\arccos\left(\dfrac{\bar{\lambda} z_i \nu}{D}\right) - \left(\dfrac{\bar{\lambda} z_i \nu}{D}\right)\sqrt{1-\left(\dfrac{\lambda z_i \nu}{D}\right)^2}\right] & r_0/(\bar{\lambda} z_i) < \nu < D/(\bar{\lambda} z_i) \\ 0 & \nu > D/(\bar{\lambda} z_i), \end{cases} \tag{9-13}$$

其中仍有 $\nu = |\vec{\nu}|$.

于是，对每个大于 $r_0/(\bar{\lambda} z_i)$ 的空间频率，OTF 的分子可以看成是由 N 个等长度和随机相位的相幅矢量构成的振幅随机行走之和，每个相幅矢量的长度与 r_0^2 成正比. 如果在出瞳的波前的强度用 1 表示（这里我们关心的是归一化的量，所以实际强度并不重要），那么每个相幅矢量的（相同的）振幅是

$$a = \pi\left(\frac{r_0}{2}\right)^2. \tag{9-14}$$

如果 $D \gg r_0$，那么对于中间的频率，对 $\mathcal{H}_S(\vec{\nu})$ 有贡献的独立相幅矢量的数目大，可以预期，在这个频段上，$|\mathcal{H}_S(\vec{\nu})|$ 的统计性质可以用瑞利分布很好地近似. 我们可以利用下一段关于 $\overline{|\mathcal{H}_S|^2}$ 的结果近似得到 $|\mathcal{H}_S|$ 在中频段的值.

在讨论散斑成像的题目时，一个将被证明很重要的量是短曝光 OTF 模平方的平均值. OTF 的幅值平方的分子的平均值类似于随机行走的和的强度的平均值，由 $Na^2 = N\pi^2\left(\frac{r_0}{2}\right)^4$ 给出. 这个分子必须用 $\pi^2\left(\frac{D}{2}\right)^4$ 归一化以得到 OTF 的平方，结果是

$$\overline{|\boldsymbol{\mathcal{H}}_S(\vec{\nu})|^2} = \frac{\pi^2\left(\dfrac{r_0}{2}\right)^4}{\pi^2\left(\dfrac{D}{2}\right)^4} N = \left(\frac{r_0}{D}\right)^4 N_0 \mathcal{H}(\vec{\nu}) = \left(\frac{r_0}{D}\right)^2 \mathcal{H}(\vec{\nu}). \tag{9-15}$$

于是我们看到，$\overline{|\boldsymbol{\mathcal{H}}_S(\vec{\nu})|^2}$ 有以下的近似行为：

$$\overline{|\boldsymbol{\mathcal{H}}_S(\vec{\nu})|^2} \approx \begin{cases} \left(\dfrac{r_0}{D}\right)^2 \boldsymbol{\mathcal{H}}_0(\vec{\nu}) & r_0/(\bar{\lambda} z_i) < \nu < D/(\bar{\lambda} z_i) \\ 0 & \nu > D/(\bar{\lambda} z_i). \end{cases} \tag{9-16}$$

这个近似论据并不给出一个在 $\nu < r_0/(\bar{\lambda} z_i)$ 成立的表示式，但是 $|\mathcal{H}_S|^2$ 一定从原点之值 1 开始并且平滑地下降到 $\left(\frac{r_0}{D}\right)^2 \mathcal{H}_0(r_0/(\bar{\lambda} z_i))$ 附近.

上一段落给出的结果是相当普遍的，无论独立的相幅矢量的数目是大还是小. 如果 $D \gg r_0$，则在中间频率，对 $|\mathcal{H}_S(\vec{\nu})|$ 有贡献的独立相幅矢量数量很大，$|\mathcal{H}_S(\vec{\nu})|^2$ 的统计性质可以用负指数分布很好地近似. 从(3-13)式可知，负指数随机变量的均值等于生成这个负指数变量的复振幅的实部或虚部的方差 σ^2 的两倍. 于是对手头的情况，在中间频带有

$$\sigma^2 = \frac{1}{2}\overline{|\mathcal{H}_S(\vec{\nu})|^2} \approx \frac{1}{2}\left(\frac{r_0}{D}\right)^2 \mathcal{H}_0(\vec{\nu}). \tag{9-17}$$

从(2-18)式的结果可得，$|\mathcal{H}_S(\vec{\nu})|$ 所服从的瑞利分布的均值由下式给出：

$$\overline{|\mathcal{H}_S(\vec{\nu})|^2} = \sqrt{\frac{\pi}{2}}\sigma = \sqrt{\frac{\pi}{2}}\left(\frac{r_0}{D}\right)\sqrt{\mathcal{H}_0(\vec{\nu})}. \tag{9-18}$$

注意这与(9-5)式和(9-8)式里的 $\overline{\mathcal{H}_S}(\vec{\nu})$ 不是同一个量. 由于 OTF 的相位的变化使 $\overline{\mathcal{H}_S}(\vec{\nu})$ 减小，但不使 $\overline{|\mathcal{H}_S(\vec{\nu})|}$ 减小，这两个量是不同的. 此外，(9-18)式适用于中间频率，而(9-5)式和(9-8)式适用于一切频率.

最后我们注意，在中间频率上，MTF 的方差由下式给出：

$$\sigma^2_{|\mathcal{H}_S|} = \overline{|\mathcal{H}_S|^2} - (\overline{|\mathcal{H}_S|})^2 = \left(1 - \frac{\pi}{4}\right)\left(\frac{r_0}{D}\right)^2 \mathcal{H}_0(\vec{\nu}). \tag{9-19}$$

本节最重要的结论是：虽然平均短曝光 OTF 当 $\nu \approx r_0/(\bar{\lambda} z_i)$ 时下降到接近 0，但是 $\overline{|\mathcal{H}_S|^2}$ 与 $\overline{\mathcal{H}_S}$ 这两个量在高于这个频率时达到中等水平，随着频率增高它们的下降缓慢得多.

为检验其中一些结果，可实行一个模拟，构建 $|\mathcal{H}_S(\vec{\nu})|^2$ 的样本，对由大气扰动引起的相位误差的许多个独立实现作平均④. 图 9.6 画的是对 5000 个独立的短曝光像作这样的模拟的结果. 从同一模拟还画出了 5000 个短曝光 OTF(短曝光点扩展函数的傅立叶变换)值的平均值曲线，未从瞳孔波前除去倾斜分量. 可以看出，在频率小于 $r_0/(\bar{\lambda} z_i)$ 时 $|\mathcal{H}_S(\vec{\nu})|^2$ 的平均值紧随 $\mathcal{H}_L(\vec{\nu})$，然后变平，在中频和高频范围内可以合理地假设为 $(r_0/D)^2\mathcal{H}_0$.

现在我们转而讨论利用 $\overline{|\mathcal{H}_S(\vec{\nu})|^2}$ 在中频段的这一行为的方法.

---

④ 模拟过程如下：首先产生一个方形阵列，它包含 256×256 个独立的高斯分布的随机相位，每个随机相位的均值为零，标准偏差为 1.8138. 然后这个随机位相阵列与一个 16×16 的截断的高斯型核作卷积，该核的 1/e 的半径近似是 5. 然后用所得到的平滑后的相位当作大气引起的相位误差. 所得到的复波前阵列用一个半径为 32 的圆形光瞳截取，对得到的波做傅里叶变换. 求出变换结果的强度，再做傅里叶变换并归一化，求出短曝光 OTF. 求出结果的模的平方，再对 5000 次实验作平均.

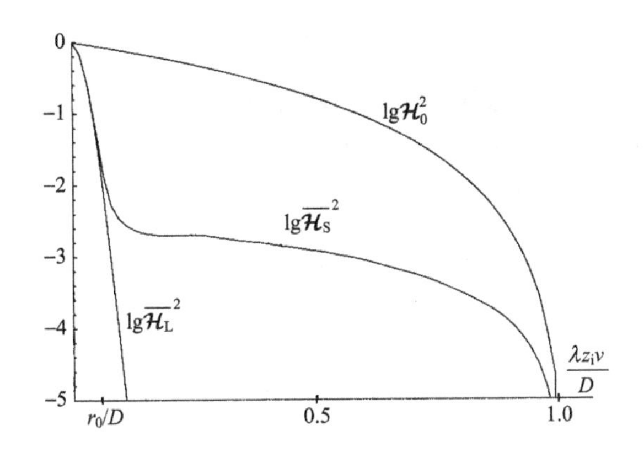

图 9.6 $\mathcal{H}_0$，$\overline{|\mathcal{H}_S|^2}$和$\overline{\mathcal{H}_L}^2$ 的对数与归一化径向频率的关系曲线

9.5 天文散斑干涉测量术

在 1970 年的一篇创新性论文中，A. Labeyrie[97] 提出了一种从一系列短曝光天文像提取若干种物信息的新技术. 这项技术允诺在远远超过通常的长曝光极限(由大气湍流带来的)的频率上仍可提取有限种类的信息. 这种技术在 1972 年由 Gezari，Labeyrie 和 Stachnik[58] 在天文成像中首次得到验证.

这个方法的基础是前面讨论过的事实，即 MTF 的平方的平均值在中频和高频段像$(r_0/D)^2\mathcal{H}$那样下降. 下一小章节概述利用这个现象的方法.

9.5.1 可恢复的物信息

令所研究的物强度的傅里叶频谱为 $(\vec{\nu})$，并令用短曝光方法获取探测的像的傅里叶频谱为 $\mathcal{I}(\vec{\nu})$. 那么在成像系统是空间不变的假设下，这两个频谱通过下式相联系：

$$\mathcal{I}(\vec{\nu}) = \mathcal{H}_S(\vec{\nu})\ (\vec{\nu}). \tag{9-20}$$

现在假设我们不是直接使用像的傅里叶频谱，而是取其模的平方，在许多个短曝光像上求这个量的平均. 于是这个平均值变为

$$\overline{|\mathcal{I}(\vec{\nu})|^2} = \overline{|\mathcal{H}_S(\vec{\nu})|^2}\ |\ \ (\vec{\nu})|^2, \tag{9-21}$$

其中假设物的频谱对所有的像是相同的. 但是当 $\nu > r/(\bar{\lambda} z_i)$时，

$$\overline{|\mathcal{H}_S(\vec{\nu})|^2} \approx \left(\frac{r_0}{D}\right)^2 \mathcal{H}(\vec{\nu}), \tag{9-22}$$

因此

$$\overline{|\mathcal{I}(\vec{\nu})^2} \approx \left(\frac{r_0}{D}\right)^2 \mathcal{H}(\vec{\nu}) \mid \quad (\vec{\nu}) \mid^2, \tag{9-23}$$

(9-23)式对于从 $\nu=r/(\bar{\lambda}z_i)$ 到衍射置限的截止频率范围内的频率都成立. 因此，若 $(r_0/D)^2 H_0(\vec{\nu})$ 的值可以通过使用参考星（足够小以保证$|\quad(\vec{\nu})|$对所有频率为常数）事先估计出来，则物的频谱的模的平方可以由下式确定：

$$\mid \quad (\vec{\nu}) \mid^2 \approx \frac{\overline{|\mathcal{I}(\vec{\nu})|^2}}{(r_0/D)^2 \mathcal{H}(\vec{\nu})}. \tag{9-24}$$

这里用"近似"号是因为我们分析是近似的.

当然，这个过程中有几处不精确的地方. 第一，对有限数目的短曝光像的平均绝不精确等于对应的系综平均；第二，在探测过程中不可避免会有噪声，这个噪声必须考虑；第三，求平均过程假设我们把许多具有**独立**散斑图样的频谱分布相加，这意味着进行短曝光的时间长度被拉长到大气涨落时间的许多倍. 但是，就算把这些问题放在一边，还有一个合理的问题：从关于其频谱的幅值（或幅值的平方）的知识可以获得关于物的哪些信息. 由于从这种测量中并不能获得物谱的相位信息，一般而言就不能直接得到物本身. 虽然在可以提供某些其他先验知识时，从频谱幅值的信息获得完整的复频谱的方法的确存在（例如，见文献[45]），但这个问题已超出了我们在这里讨论的范围.

看待散斑干涉术的功能的一种有用的方式是，注意到(9-21)式与一个线性滤波操作的频域表示相似，其中与像相应的频谱分布由与物相应的频谱分布和与成像系统相应的频谱分布相乘给出. 不过，不像通常的 OTF 的情形，这里物频谱分布与像频谱分布是物谱和像谱的模平方. 从傅里叶分析的自相关定理（见文献[71]，P. 8），频谱的模的平方的逆傅里叶变换就是产生该频谱的物（或像）的自相关函数，即

$$\begin{aligned} \mathcal{F}^{1}\{\mid \quad (\nu_X,\nu_Y)\mid^2\} &= \iint\limits_{-\infty}^{\infty} O(\xi,\eta)O^*(\xi-x,\ \eta-y)\,\mathrm{d}\xi\mathrm{d}\eta \\ \mathcal{F}^{1}\{\mid \mathcal{I}(\nu_X,\nu_Y)\mid^2\} &= \iint\limits_{-\infty}^{\infty} I(\xi,\eta)I^*(\xi-x,\ \eta-y)\,\mathrm{d}\xi\mathrm{d}\eta, \end{aligned} \tag{9-25}$$

其中，$\mathcal{F}^{1}$ 是傅里叶逆变换算符，并且因为 $O(x,y)$ 与 $I(x,y)$ 是实值的强度分布，表示复共轭的星号这时不起作用. 我们的结论是，$\overline{|\boldsymbol{\mathcal{H}}(\vec{\nu})|^2}$ 这个量可以看作是联系物光强分布的自相关函数和像光强分布的自相关函数的传递函数. 由于这个原因，常常把这个量叫做"散斑传递函数". 上述讨论还指出，从 (9-24)式中的$|\quad|^2$ 可直接获得的信息实际上是物光强分布的自相关函数.

这种散斑干涉测量术得到广泛应用的一个场合是测量双星的距离. 为了分析和考察这种应用，假设双星的光强分布模型为

$$O(x,y) = I_1\delta\left(x - \frac{\Delta}{2}, y\right) + I_2\delta\left(x + \frac{\Delta}{2}, y\right) \tag{9-26}$$

其中，两个不可分辨的单星用 δ 函数表示，两星的距离是 Δ. 很容易证明这个物强度分布的傅里叶频谱的模的平方是

$$|\quad(\nu_X,\nu_Y)|^2 = (I_1^2 + I_2^2)\left[1 + \frac{2I_1I_2}{I_1^2+I_2^2}\cos(2\pi\nu_X\Delta)\right] \tag{9-27}$$

特别注意在频域出现的周期为 $1/\Delta$ 的余弦条纹. 双星中的两颗星离得越远，周期越密. 如果测量 $|\quad(\vec{\nu})|^2$ 时信噪比足够高，条纹周期就可以测出，通过这个测量便可以确定距离 Δ. 还要注意，这时有可能对 $|\quad(\nu_X,\nu_Y)|^2$ 进行傅里叶逆变换，从物强度分布的自相关函数测量两颗子星的距离. 最后还要提醒，从(9-27)式的条纹图样还能求出两个光源的光强比.

图 9.7 示出一次产生条纹的模拟结果[5]，它是在两个等亮度的点光源的情形

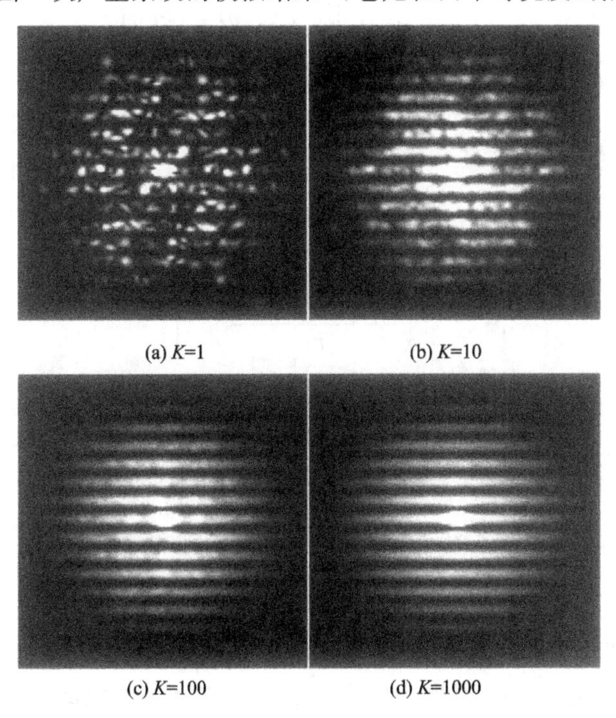

(a) K=1　(b) K=10　(c) K=100　(d) K=1000

图 9.7　对两个等亮点光源组成的物作 K 次独立测量所得 K 个短曝光像的 $|\boldsymbol{I}(\vec{\nu})|^2$ 求平均所得条纹图样. 测量次数分别为(a) $K=1$，(b) $K=10$，(c) $K=100$ 和(d) $K=1000$. 条纹图样中心的亮峰值比亮峰外的条纹光强最大值大约强 450 倍

⑤　这次模拟所用的参数与前一脚注中所用的相同.

下,从 K 次独立的短曝光像获取 K 个不同的对 $|I(\vec{\nu})|^2$ 的测量结果.即使 $K=1$ 条纹图样也很明显,但是随着 K 值增加,测量其周期的准确值的能力也提高了.

9.5.2　对散斑传递函数形式的更完整的分析结果

Kroff 对散斑传递函数的形式进行做了更精确的计算[93].对他的分析的别种讨论可在文献[70]和[137]中找到.这里,我们只讲述和讨论他的分析结果.

假设大气的效应主要由相位畸变组成,幅度的涨落小得可以忽略.还假设大气湍流在统计上各向同性,服从 Kolmogorov 统计,并且成像系统的出瞳是圆对称的,这时散斑传递函数只依赖于 $\nu=|\vec{\nu}|$.于是([70],8.8.3 节),

$$\overline{|\mathcal{H}_S(\nu)|^2}=\frac{\iint\limits_{-\infty}^{\infty} Q(\xi,\eta,s)L(\xi,\eta,s)\,\mathrm{d}\xi\mathrm{d}\eta}{\left[\iint\limits_{-\infty}^{\infty}|P(\xi,\eta)|^2\mathrm{d}\xi\mathrm{d}\eta\right]^2},\tag{9-28}$$

式中 $s=\bar{\lambda}z_i\nu$(不失一般性,我们可以取 s 为 ξ 方向上的位移).这里

$$\begin{aligned}Q(\xi,\eta,s)=&\exp\left\{-6.88\left[\left(\frac{s}{r_0}\right)^{5/3}+\left(\frac{\sqrt{\xi^2+\eta^2}}{r_0}\right)^{5/3}\right]\right\}\\&\times\exp\left\{-6.88\left[-\frac{1}{2}\left(\frac{\sqrt{(\xi+s)^2+\eta^2}}{r_0}\right)^{5/3}\right.\right.\\&\left.\left.-\frac{1}{2}\left(\frac{\sqrt{(\xi-s)^2+\eta^2}}{r_0}\right)^{5/3}\right]\right\},\end{aligned}\tag{9-29}$$

及

$$\begin{aligned}L(\xi,\eta,s)=&\iint\limits_{-\infty}^{\infty}\boldsymbol{P}\left(\frac{\rho_x+\xi-2s}{2},\frac{\rho_y+\eta}{2}\right)\boldsymbol{P}^*\left(\frac{\rho_x+\xi}{2},\frac{\rho_y+\eta}{2}\right)\\&\times\boldsymbol{P}^*\left(\frac{\rho_x-\xi-2s}{2},\frac{\rho_y-\eta}{2}\right)\boldsymbol{P}\left(\frac{\rho_x-\xi}{2},\frac{\rho_y-\eta}{2}\right)\mathrm{d}\rho_x\mathrm{d}\rho_y,\end{aligned}\tag{9-30}$$

$\boldsymbol{P}$ 是没有大气相位失真时系统的光瞳函数.对于一个清晰的光瞳($\boldsymbol{P}=1$ 或 $\boldsymbol{P}=0$),函数 L 简单地决定函数 Q 积分的区域,和给予这个区域的权重.

对这个散斑传递函数表示式求值必须用数值计算方法完成,这是一项计算量很大的任务.我们在图 9.8 中画出在 $D/r_0=14.3$ 时散斑传递函数的曲线及衍射置限 OTF 的平方(又见文献[137],图 4.2).这个结果与早先模拟得出的结果相容.

还有重要的一点是要注意用散斑干涉测量术恢复物信息是一个**噪音置限**的过程.也就是说,虽然在一个没有噪音的环境里,可以恢复物强度分布的自相关函数的大量细节,但在实践中,测量所涉及的光电事件的数目只能是有限的,以及由此

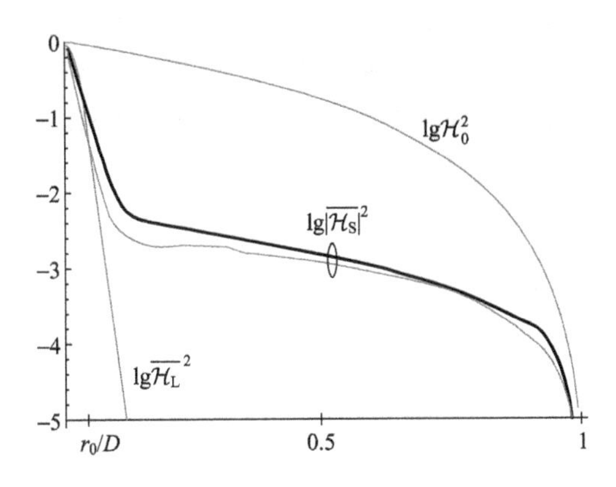

图 9.8 黑色曲线表示 $D/r_0=14.3$ 时散斑传递函数的精确计算结果,这个结果与图 9.6 所示的模拟结果近似相同. 图 9.6 中的曲线在这张图中用灰色示出以资比较

得出的相关噪音,是这一过程最重要的限制因素.

9.6 交叉谱或 Knox-Thompson 技术

交叉谱方法是 Labeyrie 的散斑干涉术的一种修正,它可以从一系列因大气抖动变坏的短曝光像恢复完整的像. 这种技术也叫做 Knox-Thompson 技术,以其提出者的名字[91]命名. 我们在这里的说明是遵循 Roggemann[137]的说法. 首先考虑保留物信息的交叉谱的性质,然后转而考虑如何从像的交叉谱恢复全部物信息.

9.6.1 交叉频谱传递函数

一幅像 $i(\vec{x})$ 的交叉谱 $\boldsymbol{C}_{\mathrm{I}}(\vec{\nu},\Delta\vec{\nu})$ 通过下式用像的傅里叶变换 $\boldsymbol{I}(\vec{\nu})$ 定义

$$\boldsymbol{C}_{\mathrm{I}}(\vec{\nu},\ \Delta\vec{\nu}) = \boldsymbol{I}(\vec{\nu})\boldsymbol{I}^*(\vec{\nu}+\Delta\vec{\nu}). \tag{9-31}$$

一幅像的交叉谱通常是复值. 此外,它还有下述对称性

$$\boldsymbol{C}_{\mathrm{I}}(-\vec{\nu},\ -\Delta\vec{\nu}) = \boldsymbol{C}_{\mathrm{I}}^*(\vec{\nu},\ \Delta\vec{\nu}), \tag{9-32}$$

这是一幅实值像的傅里叶变换的厄米性的结果.

若 $\boldsymbol{O}(\vec{\nu})$ 是物的频谱,$\boldsymbol{\mathcal{H}}_{\mathrm{S}}(\vec{\nu})$ 是光学系统和大气的综合短曝光 OTF,则

$$\boldsymbol{I}(\vec{\nu}) = \boldsymbol{\mathcal{H}}_{\mathrm{S}}(\vec{\nu})\boldsymbol{O}(\vec{\nu}) \tag{9-33}$$

及

$$\boldsymbol{C}_{\mathrm{I}}(\vec{\nu},\ \Delta\vec{\nu}) = \boldsymbol{O}(\vec{\nu})\boldsymbol{O}^*(\vec{\nu}+\Delta\vec{\nu})\boldsymbol{\mathcal{H}}_{\mathrm{S}}(\vec{\nu})\boldsymbol{\mathcal{H}}_{\mathrm{S}}(\vec{\nu}+\Delta\vec{\nu}). \tag{9-34}$$

现在假设得到了整整一系列的短曝光像,在这些像之间大气变了,但是物不变.考虑在这组像上计算像交叉谱的**平均值**.由于物不变,求平均运算只对含 $\mathcal{H}_S$ 的项进行.用统计平均来近似有限项平均,我们得到平均交叉谱如下:

$$\overline{C}_I(\vec{\nu},\Delta\vec{\nu}) = O(\vec{\nu})O^*(\vec{\nu}+\Delta\vec{\nu})\,\overline{\mathcal{H}_S(\vec{\nu})\mathcal{H}_S^*(\vec{\nu}+\Delta\vec{\nu})} = C_O(\vec{\nu},\Delta\vec{\nu})\overline{C}_{\mathcal{H}}(\vec{\nu},\vec{\nu}+\Delta\vec{\nu}), \tag{9-35}$$

其中 C_O 是物的交叉谱,及

$$\overline{C}_{\mathcal{H}}(\vec{\nu},\vec{\nu}+\Delta\vec{\nu}) = \overline{\mathcal{H}_S(\vec{\nu})\mathcal{H}_S^*(\vec{\nu}+\Delta\vec{\nu})}. \tag{9-36}$$

因此很自然将 $C_{\mathcal{H}}(\vec{\nu},\vec{\nu}+\Delta\vec{\nu})$ 这个量称为**交叉谱传递函数**.

交叉谱传递函数与用在散斑干涉术中的散斑传递函数十分相像,并且当 $\Delta\vec{\nu}=0$ 时确实化为散斑传递函数.但是交叉频谱传递函数是一个更复杂的函数,因为它与两个矢量变量而不是只与一个矢量变量有关.和散斑传递函数一样,交叉频谱传递函数是实值函数,虽然现在这一点并不明显.此外,由于它的定义中有频率偏移 $\Delta\vec{\nu}$,交叉谱传递函数在 $\vec{\nu}=0$ 之值不等于 1.

图 9.9 所示为用计算机模拟得到的交叉谱传递函数,用的参数值与在本章脚注 5 中给定的一样,频率偏移 $\Delta\vec{\nu}=(0.03\overline{\lambda}z_i/D)\hat{\nu}_X$,式中 $\hat{\nu}_X$ 是 $\vec{\nu}_X$ 方向上的单位矢量.像散斑传递函数一样,交叉谱传递函数起始在低频时下降,然后在中频范围平下来,在高频处再度下降.对于这次模拟中的选定的具体 $\Delta\nu$ 值,中频的平坦区的高度与散斑传递函数对应的平坦区的高度类似.

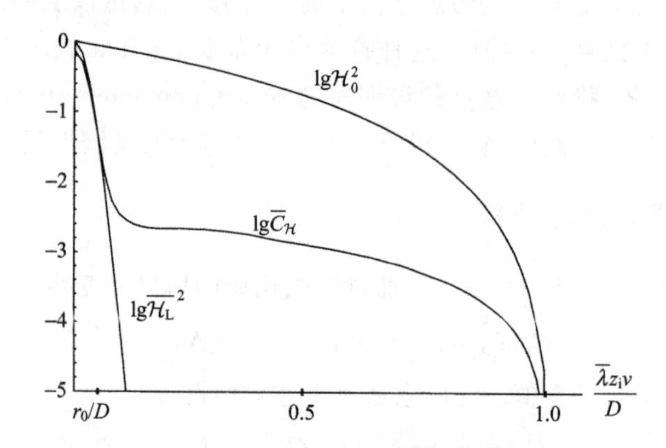

图 9.9 由计算机模拟得到的交叉谱传递函数
$C_{\mathcal{H}}$, $r_0=0.07D$, $\Delta\nu=0.03D/(\lambda z_i)$,图中还给出了衍射置
限 OTF 的平方和长曝光 OTF 的平方

一个微妙之处需要提一下,那是关于波前畸变的倾斜成分,它使每次曝光产生的像移动.这个效应在天文散斑干涉测量术中没有影响,但是容易证明,它会使交

叉频谱传递函数降低$\overline{\exp[\mathrm{j}2\pi(\vec{\delta}\cdot\vec{\nu})]}$，这里$\vec{\delta}$是随机的像位移. 在实际中，将在各次短曝光获得的图像移动以保证他们的中心重合，从而大大消除了这个效应. 在模拟中没有实行这种图像对准. 不过，因为r_0比起D来小得太多，波前畸变的倾斜分量在模拟中可以忽略，因此结果不应该与对准图像的情况有大的偏差.

已经得到了交叉谱传递函数的一个精确表示式(见文献[137]，P. 149)，但是由于它太复杂，这里就不讲了. 那个精确表示式证实了交叉谱传递函数是实值的.

通过表明交叉频谱传递函数中存在一个平坦区，我们已经证明在超出$r_0/(\lambda z_i)$的频率上有可能提取物信息. 然而，还没有回答为了完全重建物体的强度分布需要提取哪些信息的问题，这个问题正是我们要在下一小节讨论的.

9.6.2 从交叉谱恢复全部物信息

我们考虑空间频率偏移$|\Delta\vec{\nu}|$的作用时发现了一个限制. 参考图 9.4，可以看出短曝光 MTF(因而还有 OTF)的涨落的相关宽度是$r_0/(\bar{\lambda}z_i)$的量级. 超过这个频率间隔，MTF(以及 OTF)的涨落近似不相关. 结果，对于$\Delta\vec{\nu}>(r_0/\bar{\lambda}z_i)$，下式成立：

$$\overline{\boldsymbol{\mathcal{H}}_S(\vec{\nu})\boldsymbol{\mathcal{H}}_S^*(\vec{\nu}+\Delta\vec{\nu})}=\overline{\boldsymbol{\mathcal{H}}_S(\vec{\nu})}\;\overline{\boldsymbol{\mathcal{H}}_S^*(\vec{\nu}+\Delta\vec{\nu})}=0 \tag{9-37}$$

式中的统计独立性由两个复高斯变量不相关来解释. 于是我们得出结论，如果要用这种技术得出任何信息，$|\Delta\vec{\nu}|$必须小于$r_0/(\bar{\lambda}z_i)$.

上述限制得到满足后，我们假设当(用参考星测量时的)大气条件与更一般的测量的条件在统计上相似时，$\mathcal{H}_S$的平均交叉谱$\bar{\boldsymbol{C}}_{\mathcal{H}}$可以从带参考星的测量中获得.

第二个要求是物本身加在$\Delta\vec{\nu}$上的. 考虑物的交叉谱：

$$\begin{aligned}\boldsymbol{C}_{\mathbf{O}}(\vec{\nu},\ \vec{\nu}+\Delta\vec{\nu})&=\boldsymbol{O}(\vec{\nu})\boldsymbol{O}^*(\vec{\nu}+\Delta\vec{\nu})=|\boldsymbol{O}(\vec{\nu})|\,|\boldsymbol{O}^*(\vec{\nu}+\Delta\vec{\nu})|\\&\quad\times\exp\{\mathrm{j}[\phi_o(\vec{\nu})-\phi_o(\vec{\nu}+\Delta\vec{\nu})]\},\end{aligned} \tag{9-38}$$

其中ϕ_o代表物频谱频率上的相位分布. 关于$|\boldsymbol{O}|$的信息可以从 Labeyrie 型散斑干涉测量术确定，在$\Delta\vec{\nu}=0$下得到. 因此，我们集中注意相位差：

$$\Delta\phi(\vec{\nu};\ \Delta\vec{\nu})=\phi_o(\vec{\nu})-\phi_o(\vec{\nu}+\Delta\vec{\nu}). \tag{9-39}$$

考虑频谱平面上的一个方向. 如果物体在角空间中相应的方向上有最大的角宽度ω，那么可以期望，物谱的大小和相位在等于这个物的 Nyquist 采样区间$\delta\nu$的频率区间上会有显著变化，这里$\delta\nu=\omega/\bar{\lambda}$. 如果我们限制频率增量$|\Delta\vec{\nu}|$小于等于$\omega/\bar{\lambda}$，那么就可以肯定在频率$\vec{\nu}$和$\vec{\nu}+\Delta\vec{\nu}$之间相位不会变化很多. 这构成了$\Delta\vec{\nu}$必须满足的第二个条件. 因此$|\Delta\vec{\nu}|$应当满足

$$|\Delta\vec{\nu}|\leqslant\min\begin{cases}\dfrac{r_0}{\bar{\lambda}z_i}\\[2ex]\dfrac{\omega}{\bar{\lambda}}.\end{cases} \tag{9-40}$$

注意频率间隔不要选得比必需的值更小,因为如果选得太小,那么 $\Delta\phi$ 的微小变化会被噪音掩盖.

要得到进一步的进展,考虑限制矢量 $\Delta\vec{\nu}$ 要么沿 v_X 轴要么沿 v_Y 轴.这样 $\Delta\vec{\nu}$ 要么是 $\Delta\nu_X$ 要么是 $\Delta\nu_Y$,在这两种情况下我们有

$$\Delta\phi_X(\nu_X,\nu_Y) = \phi_o(\nu_X,\nu_Y) - \phi_o(\nu_X + \Delta\nu_X,\ \nu_Y) \approx \frac{\partial\phi_o(\vec{\nu})}{\partial\nu_X}\Delta\nu_X$$

$$\Delta\phi_Y(\nu_X,\nu_Y) = \phi_o(\nu_X,\nu_Y) - \phi_o(\nu_X, x_Y + \Delta\nu_Y) \approx \frac{\partial\phi_o(\vec{\nu})}{\partial\nu_Y}\Delta\nu_Y, \tag{9-41}$$

式中近似成立的条件是 Δv_X 和 Δv_Y 足够小.这两个偏导数是物的相位频谱的梯度 $\nabla\phi_0(\vec{\nu})$ 的两个正交分量.剩下待解决的问题是从测量相位差(它们是相位梯度的近似)恢复相位函数.这和我们在 8.3.3 节遇到的从散斑干涉图确定相位图是完全相同的问题.请读者参看那一节对这个问题的讨论.这里只需重复一句,有可能频域中的不同路径给出不同的要恢复的相位值决定是否会出现模糊性的关键是频域内是否存在相位旋涡,或等价地是否存在频谱为零的点.在那一节中给出了用来克服这些问题的很多方法的相关文献.天文学中的一种独特方法是 Nisenson 的方法[117],他只和复相幅矢量的平均值打交道而不讨论相位.这种方法是用来避免 2π 相位模糊问题.

于是,如果能用合适的技术提供相位恢复,那么交叉谱方法能够重建整个物谱,只要在测量中有适当的信噪比.噪音问题不在我们这里的考虑范围之内,但可在文献[137](P. 147)中找到一些相关讨论.噪音仍是决定恢复的像的质量的一个限制因素.

9.7 双频频谱(Bispectrum)技术

另一种与 Labeyrie 散斑干涉测量术和交叉谱技术有关的技术叫做双频频谱技术.对双频频谱的别种讨论见文献[137],[8]和[102].

单幅短曝光像 $i(\vec{x})$ 的双频频谱 $\boldsymbol{B_I}(\vec{\nu}_1,\vec{\nu}_2)$ 定义为

$$\boldsymbol{B_I}(\vec{\nu}_1,\vec{\nu}_2) = \boldsymbol{I}(\vec{\nu}_1)\boldsymbol{I}(\vec{\nu}_2)\boldsymbol{I}^*(\vec{\nu}_1+\vec{\nu}_2), \tag{9-42}$$

式中 $\boldsymbol{I}(\vec{\nu})$ 仍是 $i(\vec{x})$ 的傅里叶变换.可以证明,双频频谱的四维傅里叶逆变换是像强度分布的所谓三重相关⑥:

$$\int d\vec{\nu}_1\int d\vec{\nu}_2\boldsymbol{B_I}(\vec{\nu}_1,\vec{\nu}_2)e^{j2\pi(\vec{\nu}_1\cdot\vec{x}_1+\vec{\nu}_2\cdot\vec{x}_2)} = \int d\vec{x}\, i(\vec{x})i(\vec{x}+\vec{x}_1)i(\vec{x}+\vec{x}_2), \tag{9-43}$$

⑥ 这个证明非常容易,对等式右边做四维傅里叶变换,就得出等式左边.

式中积分在所有情况下都是在整个无限平面上进行.

由双频频谱的定义和像频谱的厄米性可得出双频频谱的下述对称性：

$$\begin{aligned} \boldsymbol{B}_{\mathrm{I}}(\vec{\nu}_1,\vec{\nu}_2) &= \boldsymbol{B}_{\mathrm{I}}(\vec{\nu}_2,\vec{\nu}_1), \\ \boldsymbol{B}_{\mathrm{I}}(\vec{\nu}_1,\vec{\nu}_2) &= \boldsymbol{B}_{\mathrm{I}}(\vec{\nu}_1-\vec{\nu}_2,\ \vec{\nu}_2), \\ \boldsymbol{B}_{\mathrm{I}}(\vec{\nu}_1,\vec{\nu}_2) &= \boldsymbol{B}_{\mathrm{I}}^*(-\vec{\nu}_1,-\vec{\nu}_2). \end{aligned} \tag{9-44}$$

此外,像自相关一样,容易证明三重相关因而双频频谱与像的移位无关.

9.7.1 双频频谱传递函数

单幅像的双频频谱与物的双频频谱和短曝光光学传递函数的一个实现的双频频谱通过下式相联系：

$$\boldsymbol{B}_{\mathrm{I}}(\vec{\nu}_1,\vec{\nu}_2) = \boldsymbol{B}_{\mathcal{H}}(\vec{\nu}_1,\vec{\nu}_2)\boldsymbol{B}_{\mathrm{O}}(\vec{\nu}_1,\vec{\nu}_2), \tag{9-45}$$

其中

$$\begin{aligned} \boldsymbol{B}_{\mathrm{O}}(\vec{\nu}_1,\vec{\nu}_2) &= \boldsymbol{O}(\vec{\nu}_1)\boldsymbol{O}(\vec{\nu}_2)\boldsymbol{O}^*(\vec{\nu}_1+\vec{\nu}_2), \\ \boldsymbol{B}_{\mathcal{H}}(\vec{\nu}_1,\vec{\nu}_2) &= \mathcal{H}_{\mathrm{S}}(\vec{\nu}_1)\mathcal{H}_{\mathrm{S}}(\vec{\nu}_2)\mathcal{H}_{\mathrm{S}}^*(\vec{\nu}_1+\vec{\nu}_2). \end{aligned} \tag{9-46}$$

现在考虑大量短曝光像的一个序列,每个短曝光像在大气湍流的一个不同实现下采集,但在所有的曝光中物不变.在图像的系综上求平均得到的像的双频频谱在很好的近似程度上可表示为[⑦]

$$\overline{\boldsymbol{B}}_{\mathrm{I}}(\vec{\nu}_1,\vec{\nu}_2) = \boldsymbol{B}_{\mathrm{O}}(\vec{\nu}_1,\vec{\nu}_2)\overline{\boldsymbol{B}}_{\mathcal{H}}(\vec{\nu}_1,\vec{\nu}_2), \tag{9-47}$$

其中 $\overline{\boldsymbol{B}}_{\mathcal{H}}(\vec{\nu}_1,\vec{\nu}_2)$ 可以合理地叫做**双频频谱传递函数**.

第一个需要回答的问题是双频频谱传递函数是否在频率 $r_0/(\bar{\lambda}z_i)$ 以上保留了物的双频频谱信息.令 $\vec{\nu}_1=\vec{\nu}\gg r_0/(\bar{\lambda}z_i)$, $\vec{\nu}_2=\Delta\vec{\nu}$ 其中 $|\Delta\vec{\nu}|$ 满足(9-40)式.那么

$$\overline{\boldsymbol{B}}_{\mathcal{H}}(\vec{\nu},\Delta\vec{\nu}) = \overline{\mathcal{H}_{\mathrm{S}}(\vec{\nu})\mathcal{H}_{\mathrm{S}}(\Delta\vec{\nu})\mathcal{H}_{\mathrm{S}}^*(\vec{\nu}+\Delta\vec{\nu})} \approx \overline{\mathcal{H}_{\mathrm{S}}(\Delta\vec{\nu})}\,\overline{\mathcal{H}_{\mathrm{S}}(\vec{\nu})\mathcal{H}_{\mathrm{S}}^*(\vec{\nu}+\Delta\vec{\nu})}, \tag{9-48}$$

其中 $\vec{\nu}$ 和 $\vec{\nu}+\Delta\vec{\nu}$ 远大于 $\Delta\vec{\nu}$ 这一点保证了式子中第一项与后两项不相关. $\mathcal{H}_{\mathrm{S}}$ 的圆型复值高斯统计性质确保了不相关就意味着统计独立. $\overline{\mathcal{H}_{\mathrm{S}}(\Delta\vec{\nu})}$ 这个量在 $|\Delta\vec{\nu}|<r_0/(\bar{\lambda}z_i)$ 时有较大的值；而 $\overline{\mathcal{H}_{\mathrm{S}}(\vec{\nu})\mathcal{H}_{\mathrm{S}}^*(\vec{\nu}+\Delta\vec{\nu})}$ 这个量就是交叉谱,我们知道它在频率超出 $|\vec{\nu}|=r_0/(\bar{\lambda}z_i)$ 时仍有有限值.注意(9-48)式右边的两个因子都是实数值,因此可以安全地假设双频频谱传递函数为实值.这样双频频谱传递函数确实保留了在 $r_0/(\bar{\lambda}z_i)$ 以上的频率的信息.这里假设,在与生成完整的图像时出现的大气条件统计类似的大气条件下,双频频谱传递函数能够从一颗星的多幅像得出.

---

⑦ 这里唯一的近似是我们用统计系综平均来表示对大量照片的有限平均.

双频频谱传递函数的更完全的表达式的推导可以在文献[102]和[8]中找到，这里就不讲了.

9.7.2 从双频频谱恢复完全的物信息

已知双频频谱传递函数在衍射置限 OTF 的中频及高频上保留非零值，剩下的问题是怎样从物的双频频谱提取物谱的大小和相位. 物谱的大小 $|\boldsymbol{O}|$ 可以按照适合于 Labeyrie 散斑干涉测量术的方法处理像的数据而得到. 余下的问题就是如何从物的双频频谱提取物的相位信息. 注意：

$$\begin{aligned}\boldsymbol{B}_{\mathbf{O}}(\vec{\nu}_1,\vec{\nu}_2) &= \boldsymbol{O}(\vec{\nu}_1)\boldsymbol{O}(\vec{\nu}_2)\boldsymbol{O}^*(\vec{\nu}_1+\vec{\nu}_2)\\ &= |\boldsymbol{O}(\vec{\nu}_1)||\boldsymbol{O}(\vec{\nu}_2)||\boldsymbol{O}^*(\vec{\nu}_1+\vec{\nu}_2)|\exp[\mathrm{j}(\phi_{\mathrm{o}}(\vec{\nu}_1)\\ &\quad +\phi_{\mathrm{o}}(\vec{\nu}_2)-\phi_{\mathrm{o}}(\vec{\nu}_1+\vec{\nu}_2))].\end{aligned} \tag{9-49}$$

于是物的双频频谱的相位（在这里用符号 $\Delta\phi(\vec{\nu}_1,\vec{\nu}_2)$ 表示，它是一个可以测量的量）由下式给出：

$$\Delta\phi(\vec{\nu}_1;\vec{\nu}_2) = \phi_{\mathrm{o}}(\vec{\nu}_1)+\phi_{\mathrm{o}}(\vec{\nu}_2)-\phi_{\mathrm{o}}(\vec{\nu}_1+\vec{\nu}_2). \tag{9-50}$$

把 $\vec{\nu}_1$ 换成 $\vec{\nu}$，把 $\vec{\nu}_2$ 换成 $\Delta\vec{\nu}$，重新排列后我们得到

$$\phi_{\mathrm{o}}(\vec{\nu}+\Delta\vec{\nu})-\phi_{\mathrm{o}}(\vec{\nu}) = \Delta\phi(\vec{\nu};\Delta\vec{\nu})-\phi_{\mathrm{o}}(\Delta\vec{\nu}), \tag{9-51}$$

(9-51)式提供了一个递归方程，原则上从这个方程可以得到相位分布，下面来讨论这一点.

我们在一个频率坐标栅格上来求物谱. 由于物本身总是正实值，我们知道 ϕ_{o} 在频域的原点之值为零. 此外，还假设 $\phi_{\mathrm{o}}(\pm\Delta\nu_X,0)$ 和 $\phi_{\mathrm{o}}(0,\pm\Delta\nu_Y)$ 都是零. 可以证明，这个假设等价于放弃关于物的中心或平移的信息. 这五个零值提供了足够的出发点，以求出全部采样点阵列上的相位. 例如，要得到 $\phi_{\mathrm{o}}(2\Delta\nu_X,0)$，可用下式：

$$\phi_{\mathrm{o}}(2\Delta\nu_X,0)-\phi_{\mathrm{o}}(\Delta\nu_X,0) = \Delta\phi(2\Delta\nu_X,0;\Delta\nu_X,0)-\phi_{\mathrm{o}}(\Delta\nu_X,0), \tag{9-52}$$

或

$$\phi_{\mathrm{o}}(2\Delta\nu_X,0) = \Delta\phi(2\Delta\nu_X,0;\Delta\nu_X,0). \tag{9-53}$$

Roddier 认出[136]这种求频谱相位的递推方法与之前在射电天文学中早已知道的**相位封闭性**原理有关. 相位封闭性原理早期在通过未知像差成像中的应用可以在文献[131]中找到.

在(ν_X,ν_Y)平面上能够取不同的路径来得到具体的一对频率上的频谱值，但是不同的路径往往给出不同的结果，彼此相差 2π 的整数倍，使得噪声求平均不可能. 8.3.3 节中提出的问题仍然是重要的. 也研究过其他的恢复相位信息的方法（例如，见文献[109]）. 我们没有涉及这种技术的噪声限制，因为这超出了我们的讨论范围. 噪声是决定图像恢复的质量的最重要的限制因素. 这方面的考虑见文献

[137]和[8].

9.8 散斑相关成像术

迄今为止,我们只考虑了在存在大气湍流的条件下**非相干**物的成像问题.现在我们转而讨论激光相关成像术(correlography),这是由 Elbaum 首次提出的[38],它要求对感兴趣的物的照明是**相干**的,但是对大气引起的接收到的波前上的相位误差有抵御能力.关于散斑相关成像术的更多资料见[77],[48],[46]和[47].

考虑图 9.10 所示的探测光路.远处的一个光学粗糙物被相干光照明,生成的散斑图样直接由一个探测器阵列探测.图中的接收光路没有常规的光学仪器,但有时引进光学系统将在它前面的一个固定平面成像在探测器阵列上将会是有用的.图中还画出了探测器阵列之前的大气湍流.如果湍流在探测器附近,它带来的主要是到达的波前上的相位改变,但是由于探测到的是这个波前的强度,相位对探测信号没有作用.因此在下面的讨论中大气可以忽略.

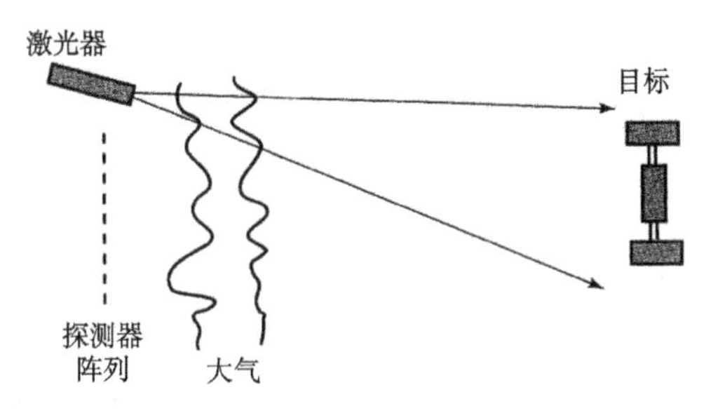

图 9.10 散斑相关成像术的光路

远处的物产生的散斑图样的光强分布由探测器阵列探测,对此光强分布作数字傅里叶变换.取傅里叶变换的模的平方,给出散斑图样的功率谱.回忆(4-59)式的结果,即散斑图样的功率谱密度的**系综平均**(除了原点处的尖峰外)是物的亮度分布的自相关函数.可惜,从单个采样函数导出的功率谱本身充满散斑.图 9.11 示出一个物亮度分布、探测器上散斑图样的一个实现、这个样本函数的功率谱密度和理想的散斑系综平均功率谱密度.散斑的平均功率谱密度是物亮度分布的自相关函数.在两个功率谱密度中原点处的频谱尖峰已经被抑制掉了.

为了得到对系综平均功率谱密度的良好近似,而不是样本功率谱密度,必须找到某种对散斑求平均的方法.第 5 章里讨论过几种这样的方法:对偏振平均、对照明角平均和对波长平均.但是,在实际操作中,为了得到足够多的散斑图样的统计平均,也许必须依靠物体本身的运动.物的小平移或小转动都能足够多地改变散斑图样,使散斑退相关,允许有功率谱密度的大量独立的实现来求平均.如果独立

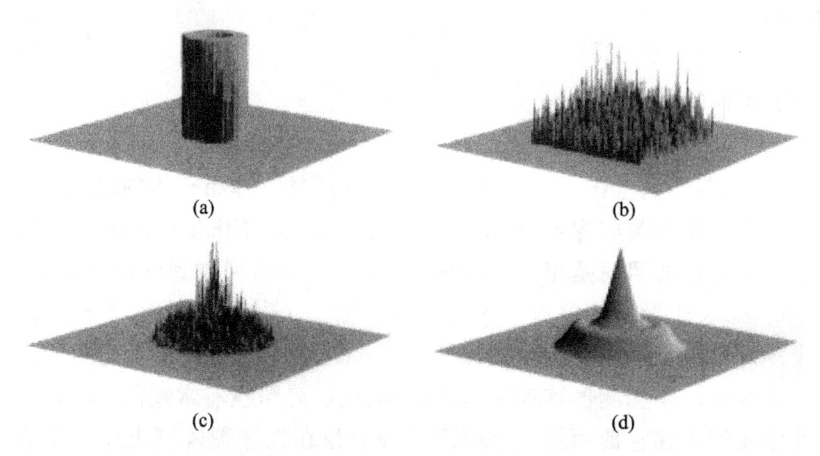

图 9.11　(a) 原来的物,具有面包圈形光强分布;(b)该物产生的散斑图样;(c)散斑的一个样本函数的功率谱密度;(d) 系综平均的散斑功率谱密度

实现的数量足够大,就可以得到系综平均结果的一个合理的近似.

最后,知道了物的自相关函数的一个精度合理的估计,是否能求出给出该自相关的物呢? 普遍的答案是"不能",但是在二维或更多维下实际的答案常常是"能".为了做到这一点,需要有一个方法,从物谱的大小的知识和别的先验信息恢复物谱的相位信息.物谱大小的信息可以从功率谱密度得到. Fienup[45] 是二维物的相位恢复研究的先驱,他证明,有了合适的先验信息,例如,物的空间界限(可以从自相关函数确定)和物强度的非负性约束,可以通过迭代算法从谱的大小恢复相位.在这里讨论这些算法会使我们超出主要感兴趣的课题,因此请读者参考与这个题目有关的文献,例如,见[44]和[45].

这里没有考虑散斑相关成像术的噪音限制问题,因为它们超出了本书的范围,不过有兴趣的读者可在文献[46]中找到这些考虑.

附录 A　散斑场的线性变换

在这个附录中我们探讨，当组成一个矢量的分量是圆型复值高斯随机变量时，其线性变换是否会得出一个具有同样是圆型复值高斯随机变量为分量的新的矢量. 令原来的矢量为

$$\underline{\mathcal{A}}=\begin{bmatrix} \boldsymbol{A}_1 \\ \boldsymbol{A}_2 \\ \vdots \\ \boldsymbol{A}_N \end{bmatrix}, \tag{A-1}$$

其中，$\boldsymbol{A}_1,\boldsymbol{A}_2,\cdots,\boldsymbol{A}_N$ 是已知的圆型复值高斯随机变量. 考虑一个新的矢量$\underline{\mathcal{A}}$，定义为

$$\underline{\mathcal{A}} = \underline{\mathcal{L}}\underline{\mathcal{A}} \tag{A-2}$$

其中

$$\underline{\mathcal{A}} = \begin{bmatrix} \boldsymbol{A}'_1 \\ \boldsymbol{A}'_2 \\ \vdots \\ \boldsymbol{A}'_N \end{bmatrix} \tag{A-3}$$

和

$$\underline{\mathcal{L}}=\begin{bmatrix} \boldsymbol{L}_{11} & \boldsymbol{L}_{12} & \cdots & \boldsymbol{L}_{1N} \\ \boldsymbol{L}_{21} & \boldsymbol{L}_{22} & \cdots & \boldsymbol{L}_{2N} \\ \vdots & \vdots & & \vdots \\ \boldsymbol{L}_{N1} & \boldsymbol{L}_{N2} & \cdots & \boldsymbol{L}_{NN} \end{bmatrix}. \tag{A-4}$$

变换所得的矩阵$\underline{\mathcal{A}}$的元素保证具有高斯属性，因为事实上高斯随机变量的任何**线性**变换得到高斯随机变量(见文献[70]，P. 39). 但并不显然会保证圆型复值高斯随机变量的线性变换所得的新的随机变量是**圆**的.

在进一步就此讨论前，我们回顾圆型高斯随机变量的一些基本性质. 令 $\mathcal{R}_p$ 和 $\mathcal{I}_p$ 分别表示随机变量 $\boldsymbol{A}_p$ 的实部和虚部. 于是，如果 $\boldsymbol{A}_p$ 是一个圆型复值高斯随机变量，下面的关系成立(见文献[70]，P. 42；正是这些关系定义了圆型性)：

$$\overline{\mathcal{R}_p} = \overline{\mathcal{I}_p} = 0,\quad \overline{\mathcal{R}_p^2} = \overline{\mathcal{I}_p^2},\quad \overline{\mathcal{R}_p\mathcal{I}_p} = 0. \tag{A-5}$$

有以上的结论为背景，我们现在可以来探讨在什么条件下变换后的矢量 $\underline{\mathcal{A}}$的任一元素 $\boldsymbol{A}'_k$ 的属性是圆型复值高斯. $\underline{\mathcal{A}}$的实部和虚部可以表示为

$$\begin{aligned}\mathcal{R}_k &= \frac{1}{2}[\boldsymbol{A}'_k + \boldsymbol{A}'^*_k],\\ \mathcal{I}'_k &= \frac{1}{2\mathrm{j}}[\boldsymbol{A}'_k - \boldsymbol{A}'^*_k],\end{aligned} \tag{A-6}$$

其中，* 表示复共轭. 此外，

$$\boldsymbol{A}'_k = \sum_{p=1}^{N} \boldsymbol{L}_{kp}\boldsymbol{A}_p, \tag{A-7}$$

因此，

$$\begin{aligned}\overline{\mathcal{R}'_k} &= \frac{1}{2}\Big[\sum_{p=1}^{N} \boldsymbol{L}_{kp}\bar{\boldsymbol{A}}_p + \boldsymbol{L}^*_{kp}\overline{\boldsymbol{A}^*_p}\Big],\\ \overline{\mathcal{I}'_k} &= \frac{1}{2\mathrm{j}}\Big[\sum_{p=1}^{N} \boldsymbol{L}_{kp}\bar{\boldsymbol{A}}_p - \boldsymbol{L}^*_{kp}\overline{\boldsymbol{A}^*_p}\Big],\end{aligned} \tag{A-8}$$

$$\begin{aligned}\overline{\mathcal{R}^2_k} &= \frac{1}{4}\Big[\sum_{p=1}^{N}\sum_{q=1}^{N} \boldsymbol{L}_{kp}\boldsymbol{L}_{kq}\overline{\boldsymbol{A}_p\boldsymbol{A}_q} + \boldsymbol{L}^*_{kp}\boldsymbol{L}^*_{kq}\overline{\boldsymbol{A}^*_p\boldsymbol{A}^*_q} + \boldsymbol{L}_{kp}\boldsymbol{L}^*_{kq}\overline{\boldsymbol{A}_p\boldsymbol{A}^*_q} + \boldsymbol{L}^*_{kp}\boldsymbol{L}_{kq}\overline{\boldsymbol{A}^*_p\boldsymbol{A}_q}\Big],\\ \overline{\mathcal{I}'^2_k} &= \frac{1}{4}\Big[\sum_{p=1}^{N}\sum_{q=1}^{N} \boldsymbol{L}_{kp}\boldsymbol{L}^*_{kq}\overline{\boldsymbol{A}_p\boldsymbol{A}^*_q} + \boldsymbol{L}^*_{kp}\boldsymbol{L}_{kq}\overline{\boldsymbol{A}^*_p\boldsymbol{A}_q} - \boldsymbol{L}^*_{kp}\boldsymbol{L}^*_{kq}\overline{\boldsymbol{A}^*_p\boldsymbol{A}^*_q} - \boldsymbol{L}_{kp}\boldsymbol{L}_{kq}\overline{\boldsymbol{A}_p\boldsymbol{A}_q}\Big],\end{aligned} \tag{A-9}$$

$$\begin{aligned}\overline{\mathcal{R}'_k\mathcal{I}'_k} = \frac{1}{4}\Big[\sum_{p=1}^{N}\sum_{q=1}^{N} &\boldsymbol{L}_{kp}\boldsymbol{L}_{kq}\overline{\boldsymbol{A}_p\boldsymbol{A}_q} + \boldsymbol{L}^*_{kp}\boldsymbol{L}_{kq}\overline{\boldsymbol{A}^*_p\boldsymbol{A}_q}\\ &- \boldsymbol{L}^*_{kp}\boldsymbol{L}^*_{kq}\overline{\boldsymbol{A}^*_p\boldsymbol{A}^*_q} - \boldsymbol{L}_{kp}\boldsymbol{L}^*_{kq}\overline{\boldsymbol{A}_p\boldsymbol{A}^*_q}\Big].\end{aligned} \tag{A-10}$$

(A-5)式中所示的实部和虚部有零平均值意味着：

$$\bar{\boldsymbol{A}}_p = \bar{\boldsymbol{A}}^*_p = 0, \tag{A-11}$$

能直截了当地证明的第二个关系是

$$\overline{\boldsymbol{A}_p\boldsymbol{A}^*_q} = (\overline{\boldsymbol{A}^*_p\boldsymbol{A}_q})^*, \tag{A-12}$$

需要证明的第三个关系是

$$\overline{\boldsymbol{A}_p\boldsymbol{A}_q} = \overline{\boldsymbol{A}^*_p\boldsymbol{A}^*_q} = 0. \tag{A-13}$$

为证明这个关系，我们的论据是：圆型高斯随机变量在复平面上各个方向的统计相同. 因此，如果我们在逆时针方向转动实轴和虚轴 90°，$\overline{\boldsymbol{A}_p\boldsymbol{A}_q}$的值应该不变. 在这种转动之下，我们导入变换：

$$\begin{aligned}R_p &\longrightarrow I_p,\\ I_p &\longrightarrow -R_p,\end{aligned} \tag{A-14}$$

对 R_q 和 I_q 也作相似变换. 使得到的$\overline{\boldsymbol{A}_p\boldsymbol{A}_q}$的两个表示式相等，我们得出$\overline{\boldsymbol{A}_p\boldsymbol{A}_q}$必须

为零. 类似的论证得出$\overline{\boldsymbol{A}_p^* \boldsymbol{A}_q^*}=0$

最后,我们也可以应用如下结果:

$$\overline{|\boldsymbol{A}'_k|^2} = \sum_{p=0}^{N}\sum_{q=0}^{N} \boldsymbol{L}_{kp}\boldsymbol{L}_{kq}^* \overline{\boldsymbol{A}_p \boldsymbol{A}_q^*} \tag{A-15}$$

我们注意到它必须是实的并且非负的量.

将这些结果代入适当的表示式,我们求出:

$$\overline{\mathcal{R}_k} = \overline{\mathcal{I}'_k} = 0$$

$$\overline{\mathcal{R}_k^2} = \overline{\mathcal{I}'^2_k} = \frac{1}{2}\mathrm{Re}\Big(\sum_{p=0}^{N}\sum_{q=0}^{N} \boldsymbol{L}_{kp}\boldsymbol{L}_{kq}^* \overline{\boldsymbol{A}_p \boldsymbol{A}_q^*}\Big) = \frac{1}{2}\mathrm{Re}(\overline{|\boldsymbol{A}'_k|^2}) = \frac{1}{2}\overline{|\boldsymbol{A}'_k|^2} \tag{A-16}$$

$$\overline{\mathcal{R}_k \mathcal{I}'_k} = \frac{-\mathrm{j}}{2}\mathrm{Im}\Big(\sum_{p=0}^{N}\sum_{q=0}^{N} \boldsymbol{L}_{kp}\boldsymbol{L}_{kq}^* \overline{\boldsymbol{A}_p \boldsymbol{A}_q^*}\Big) = \frac{-\mathrm{j}}{2}\mathrm{Im}(\overline{|\boldsymbol{A}'_k|^2}) = 0.$$

我们看到$\boldsymbol{A}'_k$的实、虚部的平均值和方差满足圆型复值高斯变量的要求. 此外,我们还看到随机变量的实部和虚部也不相关. 由此而得的结论是:**一组圆型复值高斯随机变量的任何线性变换得到一组新的圆型复值高斯随机变量.**

附录 B　部分散射散斑的对比度

在这个附录中，我们导出部分散射的散斑的矩和对比度的表示式，特别是(3-92)式和(3-94)式，给出推导的一些细节.

具体地说，我们首先要计算强度的二阶矩，

$$\overline{I^2} = \frac{1}{N^2}\sum_{n=1}^{N}\sum_{m=1}^{N}\sum_{p=1}^{N}\sum_{q=1}^{N}\overline{a_n a_m a_p a_q}\ \mathrm{e}^{\overline{\mathrm{j}(\phi_n-\phi_m+\phi_p-\phi_q)}}, \tag{B-1}$$

其中，我们照常假设分相复矢量的振幅和相位是互相独立的.

对这个和，有如下表示的 15 种不同的情况必须考虑：

1. $n=m=p=q$，给出了 N 相同的项，这些项的和产生的贡献是

$$\frac{1}{N^2}N\overline{a^4} = \frac{1}{N}\overline{a^4}, \tag{B-2}$$

其中假设对所有 n，a_n 的分布相同.

2. $n=m, p=q, n\neq p$，给出了 $N(N\text{-}1)$相同的项，这些项的和产生的贡献是

$$\frac{1}{N^2}N(N-1)(\overline{a^2})^2 = \left(1-\frac{1}{N}\right)(\overline{a^2})^2. \tag{B-3}$$

3. $n=m\ p\neq q\neq n$，给出了 $N(N-1)(N-2)$ 相同的项，这些项的和产生：

$$\frac{1}{N^2}N(N-1)(N-2)\ \overline{a^2}(\bar{a})^2\boldsymbol{M}_\phi(1)\boldsymbol{M}_\phi(-1)$$

$$= \left(1-\frac{1}{N}\right)(N-2)\ \overline{a^2}(\bar{a})^2\boldsymbol{M}_\phi(1)\boldsymbol{M}_\phi(-1), \tag{B-4}$$

其中 $\boldsymbol{M}_\phi(\omega)$是随机相位 ϕ 在宗量 ω 计算的特征函数①.

4. $n=p, m=q, n\neq m$，给出了 $N(N-1)$ 相同的项，这些项的和是

$$\frac{N(N-1)}{N^2}(\overline{a^2})^2\boldsymbol{M}_\phi(2)\boldsymbol{M}_\phi(-2) = \frac{1}{N}(N-1)(\overline{a^2})^2\boldsymbol{M}_\phi(2)\boldsymbol{M}_\phi(-2). \tag{B-5}$$

5. $n=p, m\neq q\neq n$，给出了 $N(N-1)(N-2)$ 相同的项，这些项的和是

$$\frac{N(N-1)(N-2)}{N^2}\ \overline{a^2}(\bar{a})^2\boldsymbol{M}_\phi(2)\boldsymbol{M}_\phi(-1)\boldsymbol{M}_\phi(-1)$$

$$= \frac{1}{N}\left(1-\frac{1}{N}\right)(N-2)\ \overline{a^2}(\bar{a})^2\boldsymbol{M}_\phi(2)\boldsymbol{M}_\phi(-1)\boldsymbol{M}_\phi(-1). \tag{B-6}$$

---

① 注意：因为 ϕ 的概率密度函数是实值，所以 $M_\phi(-\omega)=M_\phi^*(\omega)$.

6. $n=q, m=p$,$m\neq n$,给出了 $N(N-1)$ 相同的项,这些项的和是

$$\frac{N(N-1)}{N^2}\overline{a^2}(\bar{a})^2=\left(1-\frac{1}{N}\right)(\overline{a^2})^2. \tag{B-7}$$

7. $n=q, m\neq p\neq n$,给出了 $N(N-1)(N-2)$ 相同的项,这些项的和是

$$\frac{N(N-1)(N-2)}{N^2}\overline{a^2}(\bar{a})^2\boldsymbol{M}_\phi(1)\boldsymbol{M}_\phi(-1)$$

$$=\frac{1}{N}\left(1-\frac{1}{N}\right)(N-2)\overline{a^2}(\bar{a})^2\boldsymbol{M}_\phi(1)\boldsymbol{M}_\phi(-1). \tag{B-8}$$

8. $n=m=p, n\neq q$,给出了 $N(N-1)$ 相同的项,这些项的和是

$$\frac{N(N-1)}{N^2}\overline{a^3}\bar{a}\boldsymbol{M}_\phi(1)\boldsymbol{M}_\phi(-1)=\left(1-\frac{1}{N}\right)\overline{a^3}\bar{a}\boldsymbol{M}_\phi(1)\boldsymbol{M}_\phi(-1). \tag{B-9}$$

9. $n=m=q, m\neq p$,给出了 $N(N-1)$ 相同的项,这些项的和是

$$\frac{N(N-1)}{N^2}\overline{a^3}\bar{a}\boldsymbol{M}_\phi(1)\boldsymbol{M}_\phi(-1)=\left(1-\frac{1}{N}\right)\overline{a^3}\bar{a}\boldsymbol{M}_\phi(1)\boldsymbol{M}_\phi(-1). \tag{B-10}$$

10. $n=p=q, n\neq m$,给出了 $N(N-1)$ 相同的项,这些项的和是

$$\frac{N(N-1)}{N^2}\overline{a^3}\bar{a}\boldsymbol{M}_\phi(1)\boldsymbol{M}_\phi(-1)=\left(1-\frac{1}{N}\right)\overline{a^3}\bar{a}\boldsymbol{M}_\phi(1)\boldsymbol{M}_\phi(-1). \tag{B-11}$$

11. $p=q=m, n\neq q$,给出了 $N(N-1)$ 相同的项,这些项的和是

$$\frac{N(N-1)}{N^2}\overline{a^3}\bar{a}\boldsymbol{M}_\phi(1)\boldsymbol{M}_\phi(-1)=\left(1-\frac{1}{N}\right)\overline{a^3}\bar{a}\boldsymbol{M}_\phi(1)\boldsymbol{M}_\phi(-1). \tag{B-12}$$

12. $n\neq m\neq p\neq q$,给出了 $N(N-1)(N-2)(N-3)$ 相同的项,这些项的和是

$$\frac{N(N-1)(N-2)(N-3)}{N^2}(\bar{a})^4\boldsymbol{M}_\phi^2(1)\boldsymbol{M}_\phi^2(-1)$$

$$=\left(1-\frac{1}{N}\right)(N-2)(N-3)(\bar{a})^4\boldsymbol{M}_\phi^2(1)\boldsymbol{M}_\phi^2(-1). \tag{B-13}$$

13. $p=q, n\neq m\neq p$,给出了 $N(N-1)(N-2)$ 相同的项,这些项的和是

$$\frac{N(N-1)(N-2)}{N^2}\overline{a^2}(\bar{a})^2\boldsymbol{M}_\phi(1)\boldsymbol{M}_\phi(-1)$$

$$=\left(1-\frac{1}{N}\right)(N-2)\overline{a^2}(\bar{a})^2\boldsymbol{M}_\phi(1)\boldsymbol{M}_\phi(-1). \tag{B-14}$$

14. $m=p, n\neq m\neq p$,给出了 $N(N-1)(N-2)$ 相同的项,这些项的和是

$$\frac{N(N-1)(N-2)}{N^2}\overline{a^2}(\bar{a})^2\boldsymbol{M}_\phi(1)\boldsymbol{M}_\phi(1)\boldsymbol{M}_\phi(-2)$$

$$=\left(1-\frac{1}{N}\right)(N-2)\overline{a^2}(\bar{a})^2\boldsymbol{M}_\phi(1)\boldsymbol{M}_\phi(1)\boldsymbol{M}_\phi(-2). \tag{B-15}$$

15. $m=p,n\neq m\neq q$,给出了 $N(N-1)(N-2)$ 相同的项,这些项的和是

$$\frac{N(N-1)(N-2)}{N^2}\overline{a^2}(\bar{a})^2\boldsymbol{M}_\phi(1)\boldsymbol{M}_\phi(-1)$$

$$=\left(1-\frac{1}{N}\right)(N-2)\overline{a^2}(\bar{a})^2\boldsymbol{M}_\phi(1)\boldsymbol{M}_\phi(-1). \tag{B-16}$$

由以上 15 种情况所表示的总项数是 N^4.

下一个任务是对上面列出的 15 项求和.一个如 Mathematica 的符号运算程序有助于完成这个任务.求出的结果为

$$\begin{aligned}\overline{I^2}=&\frac{1}{N}\overline{a^4}+\left(1-\frac{1}{N}\right)(\overline{a^2})^2+\left(1-\frac{1}{N}\right)\overline{a^2}(\bar{a})^2\\&+4\left(1-\frac{1}{N}\right)(N-2)\overline{a^2}(\bar{a})^2\boldsymbol{M}_\phi(1)\boldsymbol{M}_\phi(-1)+4\left(1-\frac{1}{N}\right)\overline{a^3}\bar{a}\boldsymbol{M}_\phi(1)\boldsymbol{M}_\phi(-1)\\&+\left(1-\frac{1}{N}\right)(N-2)\overline{a^2}(\bar{a})^2\boldsymbol{M}_\phi(-1)\boldsymbol{M}_\phi(-1)\boldsymbol{M}_\phi(2)\\&+\left(1-\frac{1}{N}\right)(N-2)\overline{a^2}(\bar{a})^2\boldsymbol{M}_\phi(1)\boldsymbol{M}_\phi(1)\boldsymbol{M}_\phi(-2)\\&+\left(1-\frac{1}{N}\right)(N-2)(N-3)(\bar{a})^4\boldsymbol{M}_\phi^2(1)\boldsymbol{M}_\phi^2(-1)\\&\qquad+\left(1-\frac{1}{N}\right)(\overline{a^2})^2\boldsymbol{M}_\phi(2)\boldsymbol{M}_\phi(-2).\end{aligned} \tag{B-17}$$

为求强度的方差,我们必须减去平均强度的平方(即(3-91)式的平方):

$$\begin{aligned}\bar{I}^2&=[\overline{a^2}+(N-1)(\bar{a})^2\boldsymbol{M}_\phi(1)\boldsymbol{M}_\phi(-1)]^2\\&=(\overline{a^2})^2+2(N-1)\overline{a^2}(\bar{a})^2\boldsymbol{M}_\phi(1)\boldsymbol{M}_\phi(-1)+(N-1)^2(\bar{a})^4\boldsymbol{M}_\phi^2(1)\boldsymbol{M}_\phi^2(-1).\end{aligned} \tag{B-18}$$

得到的表示式相当复杂,我们乐意在此做一些简化的假设.令所有基元相复矢量有单位长度(对所有 $k,a_k=1$),在这种情况下,$\overline{a^4}=\overline{a^3}=\overline{a^2}=\bar{a}=1$.另外,我们假设所有独立的相位 ϕ_k 有平均值为零的高斯分布,

$$p_\phi(\phi)=\frac{1}{\sqrt{2\pi}\sigma_\phi}\exp\left(-\frac{\phi^2}{2\sigma_\phi^2}\right), \tag{B-19}$$

这时,特征函数由下式给出:

$$\boldsymbol{M}_\phi(\omega)=\exp\left(-\frac{1}{2}\omega^2\sigma_\phi^2\right). \tag{B-20}$$

用了这些假设允许我们(在进行一定的简化之后)将强度的方差表示为

$$\sigma_{\mathrm{I}}^2=8\left(1-\frac{1}{N}\right)\mathrm{e}^{-2\sigma_\phi^2}[N-1+\cosh(\sigma_\phi^2)]\sinh^2\left(\frac{\sigma_\phi^2}{2}\right). \tag{B-21}$$

随后直接可得散斑的对比度：

$$C=\frac{\sigma_I}{\bar{I}}\sqrt{\frac{8(N-1)[N-1+\cosh(\sigma_\phi^2)]\sinh^2\left(\frac{\sigma_\phi^2}{2}\right)}{N(N-1+\mathrm{e}^{\sigma_\phi^2})^2}},\qquad\text{(B-22)}$$

正如(3-94)式所述.

附录 C　得出强度和相位微商的统计性质的计算

C.1　相关矩阵

在这一节中，我们的目的是求(4-174)式的相关矩阵的细节的形式，

$$C=\begin{bmatrix}\Gamma_{\mathcal{RR}} & \Gamma_{\mathcal{RI}} & \Gamma_{\mathcal{RR}_x} & \Gamma_{\mathcal{RI}_x} & \Gamma_{\mathcal{RR}_y} & \Gamma_{\mathcal{RI}_y}\\ \Gamma_{\mathcal{IR}} & \Gamma_{\mathcal{II}} & \Gamma_{\mathcal{IR}_x} & \Gamma_{\mathcal{II}_x} & \Gamma_{\mathcal{IR}_y} & \Gamma_{\mathcal{II}_y}\\ \Gamma_{\mathcal{R}_x\mathcal{R}} & \Gamma_{\mathcal{R}_x\mathcal{I}} & \Gamma_{\mathcal{R}_x\mathcal{R}_x} & \Gamma_{\mathcal{R}_x\mathcal{I}_y} & \Gamma_{\mathcal{R}_x\mathcal{R}_y} & \Gamma_{\mathcal{R}_x\mathcal{I}_y}\\ \Gamma_{\mathcal{I}_x\mathcal{R}} & \Gamma_{\mathcal{I}_x\mathcal{I}} & \Gamma_{\mathcal{I}_x\mathcal{R}_x} & \Gamma_{\mathcal{I}_x\mathcal{I}_x} & \Gamma_{\mathcal{I}_x\mathcal{R}_y} & \Gamma_{\mathcal{I}_x\mathcal{I}_y}\\ \Gamma_{\mathcal{R}_y\mathcal{R}} & \Gamma_{\mathcal{R}_y\mathcal{I}} & \Gamma_{\mathcal{R}_y\mathcal{R}_x} & \Gamma_{\mathcal{R}_y\mathcal{I}_x} & \Gamma_{\mathcal{R}_y\mathcal{R}_y} & \Gamma_{\mathcal{R}_y\mathcal{I}_y}\\ \Gamma_{\mathcal{I}_y\mathcal{R}} & \Gamma_{\mathcal{I}_y\mathcal{I}} & \Gamma_{\mathcal{I}_y\mathcal{R}_x} & \Gamma_{\mathcal{I}_y\mathcal{I}_x} & \Gamma_{\mathcal{I}_y\mathcal{R}_y} & \Gamma_{\mathcal{I}_y\mathcal{I}_y}\end{bmatrix}. \tag{C-1}$$

Blackman(见文献[18]，P. 60)已对一维情况，Ochoa 和 Goodman[119]已对二维情况进行过类似的分析.

为计算矩阵中的各项，我们首先利用一些已知的事实，即对圆型复值高斯变量，

$$\begin{aligned}&\Gamma_{\mathcal{RR}}=\Gamma_{\mathcal{II}}=\sigma^2 &&\Gamma_{\mathcal{RI}}=\Gamma_{\mathcal{IR}}=0\\&\Gamma_{\mathcal{RR}}(\Delta x,\Delta y)=\Gamma_{\mathcal{II}}(\Delta x,\Delta y) &&\Gamma_{\mathcal{RI}}(\Delta x,\Delta y)=-\Gamma_{\mathcal{IR}}(\Delta x,\Delta y),\end{aligned} \tag{C-2}$$

其中，$\Gamma_{\mathcal{R},\mathcal{I}}(\Delta x,\Delta y)=\overline{\mathcal{R}(x,y)\mathcal{I}(x-\Delta x,\ y-\Delta y)}$，其他的自相关和互相关函数有类似的定义. 从这些关系出发，我们有

$$\mathbf{\Gamma}_{\mathbf{A}}=2\Gamma_{\mathcal{RR}}-2\mathrm{j}\Gamma_{\mathcal{RI}}. \tag{C-3}$$

下一步进展需要推演有关随机过程微商的自相关和互相关的一些结果. 我们从回顾范希特-泽尼克定理(参考(4-55)式)开始，即

$$\mathbf{\Gamma}_{\mathbf{A}}(\Delta x,\Delta y)=\frac{\kappa}{\lambda^2z^2}\iint\limits_{-\infty}^{\infty}I(\alpha,\beta)\exp\left[-\mathrm{j}\,\frac{2\pi}{\lambda z}(\alpha\Delta x+\beta\Delta y)\right]\mathrm{d}\alpha\mathrm{d}\beta$$

从(C-3)式，我们必定有

$$\begin{aligned}\Gamma_{\mathcal{RR}}(\Delta x,\Delta y)&=\frac{\kappa}{2\lambda^2z^2}\iint\limits_{-\infty}^{\infty}I(\alpha,\beta)\cos\left[\frac{2\pi}{\lambda z}(\alpha\Delta x+\beta\Delta y)\right]\mathrm{d}\alpha\mathrm{d}\beta,\\\Gamma_{\mathcal{RI}}(\Delta x,\Delta y)&=\frac{\kappa}{2\lambda^2z^2}\iint\limits_{-\infty}^{\infty}I(\alpha,\beta)\sin\left[\frac{2\pi}{\lambda z}(\alpha\Delta x+\beta\Delta y)\right]\mathrm{d}\alpha\mathrm{d}\beta.\end{aligned} \tag{C-4}$$

另外，我们需要一般的结果(参考文献[124]，P. 317 和文献[119])

$$\Gamma_{\mathcal{P}_{x(n)}\quad_{y(m)}}=\left[(-1)^{n+m}\frac{\partial^n}{\partial\Delta x^n}\frac{\partial^m}{\partial\Delta y^m}\Gamma_{\mathcal{P}}(\Delta x,\Delta y)\right]_{\substack{\Delta x=0\\ \Delta y=0}},\tag{C-5}$$

其中符号 $\Gamma_{\mathcal{P}_{x(n)}\quad_{y(m)}}$ 表示随机过程 P 的 n 次微商和随机过程 的 m 次微商的互相关①. 应用(C-5)式于上面的几个式子中，交换微分和积分的次序，得到如下关系：

$$\Gamma_{\mathcal{RR}}=\Gamma_{\mathcal{II}}=\sigma^2,$$

$$\Gamma_{\mathcal{RI}}=\Gamma_{\mathcal{IR}}=0,$$

$$\Gamma_{\mathcal{R}_x\mathcal{R}}=\Gamma_{\mathcal{R}\mathcal{R}_x}=-\left[\frac{\partial}{\partial\Delta x}\Gamma_{\mathcal{RR}}(\Delta x,\Delta y)\right]_{\substack{\Delta x=0\\ \Delta y=0}}=0$$

$$\Gamma_{\mathcal{R}\mathcal{R}_y}=\Gamma_{\mathcal{R}_y\mathcal{R}}=-\left[\frac{\partial}{\partial\Delta y}\Gamma_{\mathcal{RR}}(\Delta x,\Delta y)\right]_{\substack{\Delta x=0\\ \Delta y=0}}=0$$

$$\Gamma_{\mathcal{I}\mathcal{I}_y}=\Gamma_{\mathcal{I}_y\mathcal{I}}=-\left[\frac{\partial}{\partial\Delta y}\Gamma_{\mathcal{II}}(\Delta x,\Delta y)\right]_{\substack{\Delta x=0\\ \Delta y=0}}=0$$

$$\Gamma_{\mathcal{I}_x\mathcal{I}}=\Gamma_{\mathcal{I}\mathcal{I}_x}=-\left[\frac{\partial}{\partial\Delta x}\Gamma_{\mathcal{II}}(\Delta x,\Delta y)\right]_{\substack{\Delta x=0\\ \Delta y=0}}=0$$

$$\Gamma_{\mathcal{R}_x\mathcal{I}_y}=-\Gamma_{\mathcal{I}_y\mathcal{R}_x}=\left[\frac{\partial^2}{\partial\Delta x\Delta y}\Gamma_{\mathcal{RI}}(\Delta x,\Delta y)\right]_{\substack{\Delta x=0\\ \Delta y=0}}=0$$

$$\Gamma_{\mathcal{R}_y\mathcal{I}_x}=-\Gamma_{\mathcal{I}_x\mathcal{R}_y}=\left[\frac{\partial^2}{\partial\Delta x\Delta y}\Gamma_{\mathcal{RI}}(\Delta x,\Delta y)\right]_{\substack{\Delta x=0\\ \Delta y=0}}=0$$

$$\Gamma_{\mathcal{R}_x\mathcal{I}_x}=-\Gamma_{\mathcal{I}_x\mathcal{R}_x}=\left[\frac{\partial^2}{\partial\Delta x^2}\Gamma_{\mathcal{RI}}(\Delta x,\Delta y)\right]_{\substack{\Delta x=0\\ \Delta y=0}}=0$$

$$\Gamma_{\mathcal{R}_y\mathcal{I}_y}=-\Gamma_{\mathcal{I}_y\mathcal{R}_y}=\left[\frac{\partial}{\partial\Delta y^2}\Gamma_{\mathcal{RI}}(\Delta x,\Delta y)\right]_{\substack{\Delta x=0\\ \Delta y=0}}=0$$

$$\Gamma_{\mathcal{R}_x\mathcal{I}}=-\Gamma_{\mathcal{I}\mathcal{R}_x}=-\left[\frac{\partial^2}{\partial\Delta x}\Gamma_{\mathcal{RI}}(\Delta x,\Delta y)\right]_{\substack{\Delta x=0\\ \Delta y=0}}=\frac{\pi\kappa}{\lambda^3z^3}\iint_{-\infty}^{\infty}\alpha I(\alpha,\beta)\,\mathrm{d}\alpha\mathrm{d}\beta$$

$$\Gamma_{\mathcal{R}_y\mathcal{I}}=-\Gamma_{\mathcal{I}\mathcal{R}_y}=-\left[\frac{\partial}{\partial\Delta x}\Gamma_{\mathcal{RI}}(\Delta x,\Delta y)\right]_{\substack{\Delta x=0\\ \Delta y=0}}=\frac{\pi\kappa}{\lambda^3z^3}\iint_{-\infty}^{\infty}\beta I(\alpha,\beta)\,\mathrm{d}\alpha\mathrm{d}\beta$$

$$\Gamma_{\mathcal{R}\mathcal{I}_x}=-\Gamma_{\mathcal{I}_x\mathcal{R}}=-\left[\frac{\partial}{\partial\Delta x}\Gamma_{\mathcal{RI}}(\Delta x,\Delta y)\right]_{\substack{\Delta x=0\\ \Delta y=0}}=\frac{\pi\kappa}{\lambda^3z^3}\iint_{-\infty}^{\infty}\alpha I(\alpha,\beta)\,\mathrm{d}\alpha\mathrm{d}\beta$$

① 当符号 Γ 有任意的下标出现但是没有自变量($\Delta x,\Delta y$)时，这意味着宗量 Δx 和 Δy 设为零时该相关函数的值.

$$\Gamma_{\mathcal{R}\mathcal{I}_y} = -\Gamma_{\mathcal{I}_y\mathcal{R}} = -\left[\frac{\partial}{\partial \Delta y}\Gamma_{\mathcal{R}\mathcal{I}}(\Delta x, \Delta y)\right]_{\substack{\Delta x=0\\ \Delta y=0}} = \frac{\pi\kappa}{\lambda^3 z^3}\iint_{-\infty}^{\infty} \beta I(\alpha,\beta)\,\mathrm{d}\alpha\mathrm{d}\beta$$

$$\Gamma_{\mathcal{R}_x\mathcal{R}_x} = \Gamma_{\mathcal{I}_x\mathcal{I}_x} = \left[\frac{\partial^2}{\partial \Delta x^2}\Gamma_{\mathcal{R}\mathcal{R}}(\Delta x, \Delta y)\right]_{\substack{\Delta x=0\\ \Delta y=0}} = \frac{2\kappa\pi^2}{\lambda^4 z^4}\iint_{-\infty}^{\infty} \alpha^2 I(\alpha,\beta)\,\mathrm{d}\alpha\mathrm{d}\beta$$

$$\Gamma_{\mathcal{R}_y\mathcal{R}_y} = \Gamma_{\mathcal{I}_y\mathcal{I}_y} = \left[\frac{\partial^2}{\partial \Delta y^2}\Gamma_{\mathcal{R}\mathcal{R}}(\Delta x, \Delta y)\right]_{\substack{\Delta x=0\\ \Delta y=0}} = \frac{2\kappa\pi^2}{\lambda^4 z^4}\iint_{-\infty}^{\infty} \beta^2 I(\alpha,\beta)\,\mathrm{d}\alpha\mathrm{d}\beta$$

$$\Gamma_{\mathcal{R}_x\mathcal{R}_y} = \Gamma_{\mathcal{R}_y\mathcal{R}_x} = \left[\frac{\partial^2}{\partial \Delta x \Delta y}\Gamma_{\mathcal{R}\mathcal{R}}(\Delta x, \Delta y)\right]_{\substack{\Delta x=0\\ \Delta y=0}} = \frac{2\kappa\pi^2}{\lambda^4 z^4}\iint_{-\infty}^{\infty} \alpha\beta I(\alpha,\beta)\,\mathrm{d}\alpha\mathrm{d}\beta$$

$$\Gamma_{\mathcal{I}_x\mathcal{I}_y} = \Gamma_{\mathcal{I}_y\mathcal{I}_x} = \left[\frac{\partial^2}{\partial \Delta x \Delta y}\Gamma_{\mathcal{I}\mathcal{I}}(\Delta x, \Delta y)\right]_{\substack{\Delta x=0\\ \Delta y=0}} = \frac{2\kappa\pi^2}{\lambda^4 z^4}\iint_{-\infty}^{\infty} \alpha\beta I(\alpha,\beta)\,\mathrm{d}\alpha\mathrm{d}\beta.$$

为进一步简化,注意可以选择(α,β)的坐标使它们的原点在散射光斑的中心,这时,所有被积函数含$\alpha I(\alpha,\beta)$及$\beta I(\alpha,\beta)$的式子都取零值.为简化计,剩余的非零相关表示为

$$\sigma^2 = \frac{\kappa}{2\lambda^2 z^2}\iint_{-\infty}^{\infty} I(\alpha,\beta)\,\mathrm{d}\alpha\mathrm{d}\beta \tag{C-6}$$

$$b_x = \frac{2\kappa\pi^2}{\lambda^4 z^4}\iint_{-\infty}^{\infty} \alpha^2 I(\alpha,\beta)\,\mathrm{d}\alpha\mathrm{d}\beta \tag{C-7}$$

$$b_y = \frac{2\kappa\pi^2}{\lambda^4 z^4}\iint_{-\infty}^{\infty} \beta^2 I(\alpha,\beta)\,\mathrm{d}\alpha\mathrm{d}\beta \tag{C-8}$$

$$d = \frac{2\kappa\pi^2}{\lambda^4 z^4}\iint_{-\infty}^{\infty} \alpha\beta I(\alpha,\beta)\,\mathrm{d}\alpha\mathrm{d}\beta. \tag{C-9}$$

此外,如果$I(\alpha,\beta)$是轴对称的,α和β轴对准散射光斑的对称正交轴,那么参数d为零.

相关矩阵可以写成为相对简单的形式:

$$C = \begin{bmatrix} \sigma^2 & 0 & 0 & 0 & 0 & 0 \\ 0 & \sigma^2 & 0 & 0 & 0 & 0 \\ 0 & 0 & b_x & 0 & d & 0 \\ 0 & 0 & 0 & b_x & 0 & d \\ 0 & 0 & d & 0 & b_y & 0 \\ 0 & 0 & 0 & d & 0 & b_y \end{bmatrix} = \begin{bmatrix} \sigma^2 & 0 & 0 & 0 & 0 & 0 \\ 0 & \sigma^2 & 0 & 0 & 0 & 0 \\ 0 & 0 & b_x & 0 & d & 0 \\ 0 & 0 & 0 & b_x & 0 & d \\ 0 & 0 & 0 & 0 & b_y & 0 \\ 0 & 0 & 0 & 0 & 0 & b_y \end{bmatrix}. \tag{C-10}$$

C.2　相位微商的联合密度函数

我们这一节的目的是进行下式所表示的积分

$$p(\theta_x,\theta_y)=\int_0^{\infty}\mathrm{d}I\int_{-\infty}^{\infty}\mathrm{d}I_x\int_{-\infty}^{\infty}\mathrm{d}I_y\int_{-\pi}^{\pi}\mathrm{d}\theta\times\frac{\exp\left[-\dfrac{4b_xb_yI^2+\sigma^2(b_yI_x^2+b_xI_y^2)+4\sigma^2I^2(b_y\theta_x^2+b_x\theta_y^2)}{8I\sigma^2b_xb_y}\right]}{64\pi^3\sigma^2b_xb_y}. \tag{C-11}$$

由于被积函数与 θ 无关,因此第一个积分只产生一个 2π 因子,使要求的积分简化为

$$p(\theta_x,\theta_y)=\int_0^{\infty}\mathrm{d}I\int_{-\infty}^{\infty}\mathrm{d}I_x\int_{-\infty}^{\infty}\mathrm{d}I_y\times\frac{\exp\left[-\dfrac{4b_xb_yI^2+\sigma^2(b_yI_x^2+b_xI_y^2)+4\sigma^2I^2(b_y\theta_x^2+b_x\theta_y^2)}{8I\sigma^2b_xb_y}\right]}{32\pi^2\sigma^2b_xb_y}. \tag{C-12}$$

下一步我们对 I_y 积分,得到

$$p(I,I_x,\theta_x,\theta_y)=\frac{\sqrt{I}\exp\left[-\dfrac{1}{2}I\left(\dfrac{\theta_y^2}{b_y}+\dfrac{1}{\sigma^2}\right)-\left(\dfrac{I_x^2+4I^2\theta_x^2}{8Ib_x}\right)\right]}{8\sqrt{2}\pi^{3/2}\sigma^2b_x\sqrt{b_y}}. \tag{C-13}$$

接着对 I_x 积分,得到

$$p(I,\theta_x,\theta_y)=\frac{I\exp\left[-\dfrac{1}{2}I\left(\dfrac{1}{\sigma^2}+\dfrac{\theta_x^2}{b_x}+\dfrac{\theta_y^2}{b_y}\right)\right]}{4\pi\sigma^2\sqrt{b_xb_y}}. \tag{C-14}$$

最后的积分是对 I,由此我们得出的最终结果为

$$p(\theta_x,\theta_y)=\frac{\sigma^2/\pi\sqrt{b_xb_y}}{\left(1+\dfrac{\sigma^2}{b_x}\theta_x^2+\dfrac{\sigma^2}{b_y}\theta_y^2\right)^2}. \tag{C-15}$$

C.3　强度微商的联合密度函数

在这一节中,我们的目的是进行求强度微商的联合密度函数所要求的积分运算,如下式所示:

$$p(I_x, I_y) = \int_0^{\infty} \mathrm{d}I \int_{-\infty}^{\infty} \mathrm{d}\theta_y \int_{-\infty}^{\infty} \mathrm{d}\theta_x \int_{-\pi}^{\pi} \mathrm{d}\theta \times \frac{\exp\left[-\dfrac{4b_x b_y I^2 + \sigma^2(b_y I_x^2 + b_x I_y^2) + 4\sigma^2 I^2(b_y \theta_x^2 + b_x \theta_y^2)}{8I\sigma^2 b_x b_y}\right]}{64\pi^3 \sigma^2 b_x b_y}. \tag{C-16}$$

对 θ 的积分仍然产生一个 2π 因子,所要求的积分变为

$$p(I_x, I_y) = \int_0^{\infty} \mathrm{d}I \int_{-\infty}^{\infty} \mathrm{d}\theta_y \int_{-\infty}^{\infty} \mathrm{d}\theta_x \times \frac{\exp\left[-\dfrac{4b_x b_y I^2 + \sigma^2(b_y I_x^2 + b_x I_y^2) + 4\sigma^2 I^2(b_y \theta_x^2 + b_x \theta_y^2)}{8I\sigma^2 b_x b_y}\right]}{32\pi^2 \sigma^2 b_x b_y}. \tag{C-17}$$

其次对 θ_x 积分,我们得到

$$p(I_x, I_y) = \int_0^{\infty} \mathrm{d}I \int_{-\infty}^{\infty} \mathrm{d}\theta_y \frac{\exp\left[-\dfrac{\dfrac{4I^2}{\sigma^2} + \dfrac{I_x^2}{b_x} + \dfrac{I_y^2}{b_y} + \dfrac{4I^2\theta_y^2}{b_y}}{8I}\right]}{16\sqrt{2}\pi^{3/2}\sigma^2\sqrt{Ib_x}b_y}. \tag{C-18}$$

现在可以对 θ_y 积分,得到

$$p(I_x, I_y) = \int_0^{\infty} \mathrm{d}I \frac{\exp\left[-\dfrac{\dfrac{4I^2}{\sigma^2} + \dfrac{I_x^2}{b_x} + \dfrac{I_y^2}{b_y}}{8I}\right]}{16\pi I\sigma^2\sqrt{b_x b_y}}. \tag{C-19}$$

对 I 的积分可以在积分表([73],3.471,9)的帮助下进行,结果是

$$p(I_x, I_y) = \frac{K_0\left(\dfrac{1}{2\sigma}\sqrt{\dfrac{I_x^2}{b_x} + \dfrac{I_y^2}{b_y}}\right)}{8\pi\sigma^2\sqrt{b_x b_y}} \tag{C-20}$$

其中,$K_0(x)$是零级修正的第二类贝塞尔函数.

回到(C-19)式求边缘密度 I_x. 先对 I_y 再对 I 积分,我们得到

$$\begin{aligned} p(I_x) &= \int_0^{\infty} \mathrm{d}I \frac{\exp\left(-\dfrac{I_x^2}{8Ib_x} - \dfrac{I}{2\sigma^2}\right)}{4\sqrt{2\pi}\sigma^2\sqrt{Ib_x}} \\ &= \frac{1}{4\sigma\sqrt{b_x}}\exp\left[-\frac{|I_x|}{2\sigma\sqrt{b_x}}\right], \end{aligned} \tag{C-21}$$

其中仍用了文献[73](3.471,9)中的方法来计算最后的积分. 此结果和 Ebeling[36] 最早导出的结果,在纯粹一维分析的情况下一致. 同样地,I_y的边缘密度的形式是

$$p(I_y) = \frac{1}{4\sigma\sqrt{b_y}}\exp\left[-\frac{|I_y|}{2\sigma\sqrt{b_y}}\right]. \tag{C-22}$$

附录 D　散斑对波长及角度依赖关系的分析

在这个附录中，我们的目标是求观察到的复散斑场 $\mathbf{A}(x_1, y_1)$ 和第二个复散斑场 $\mathbf{A}(x_2, y_2)$ 的交叉相关，两个场的区别是由于波长、照明和/或观察角的变化. 我们考虑自由空间和成像两种不同的光路.

D.1　自由空间光路

图 5.8 画出的光路，是从 (α, β) 平面到与之平行的 (x, y) 平面的自由空间的传播. 两个平面之间的距离为 z_0. 采取从(5-25)式到(5-33)式的符号，在 (α, β) 平面上的场可以写成为

$$\begin{aligned}\boldsymbol{a}(\alpha,\beta) &= \boldsymbol{rS}(\alpha,\beta)\exp[\mathrm{j}\phi(\alpha,\beta)]\exp\left\{-\mathrm{j}\,\frac{2\pi}{\lambda}[(-\hat{i}\cdot\hat{\alpha})\alpha+(-\hat{i}\cdot\hat{\beta})\beta]\right\}\\ &= \boldsymbol{rS}(\alpha,\beta)\exp[\mathrm{j}q_z h(\alpha,\beta)]\exp\left\{-\mathrm{j}\,\frac{2\pi}{\lambda}[(-\hat{i}\cdot\hat{\alpha})\alpha+(-\hat{i}\cdot\hat{\beta})\beta]\right\},\end{aligned} \tag{D-1}$$

其中，r 是表面的平均振幅反射率，S 表示在入射光斑上的振幅的形状，它不包括与照明的倾斜相联系的相位因子，这个因子包括在最后一项中. 散射场 a 和观察场 A 之间的关系是菲涅耳衍射方程：

$$\mathbf{A}(x,y) = \frac{1}{\mathrm{j}\lambda z}\iint_{-\infty}^{\infty}\left[\boldsymbol{a}(\alpha,\beta)\exp\left[\mathrm{j}\,\frac{\pi}{\lambda z}(\alpha^2+\beta^2)\right]\right]\exp\left[-\mathrm{j}\,\frac{2\pi}{\lambda z}(x\alpha+y\beta)\right]\mathrm{d}\alpha\mathrm{d}\beta, \tag{D-2}$$

其中，我们已去掉在积分前面的相位项，由于它们最终不会影响散斑强度互相关的性质.

现在可以将在两个观察到场 $\mathbf{A}(x_1, y_1)$ 和 $\mathbf{A}(x_2, y_2)$ 的交叉相关写为(开始的形式复杂得令人畏惧，但是后面简化了)，

$$\begin{aligned}\boldsymbol{\Gamma}_{\mathbf{A}}(x_1,y_1;x_2,y_2) = &\frac{1}{\lambda_1\lambda_2 z^2}\iint_{-\infty}^{\infty}\iint_{-\infty}^{\infty}\boldsymbol{\Gamma}_{\boldsymbol{a}}(\alpha_1,\beta_1;\alpha_2,\beta_2)\\ &\times\exp\left[\mathrm{j}\,\frac{\pi}{\lambda_1 z}(\alpha_1^2+\beta_1^2)-\mathrm{j}\,\frac{\pi}{\lambda_2 z}(\alpha_2^2+\beta_2^2)\right]\\ &\times\exp\left[-\mathrm{j}\,\frac{2\pi}{\lambda_1 z}(x_1\alpha_1+y_1\beta_1)+\mathrm{j}\,\frac{2\pi}{\lambda_2 z}(x_2\alpha_2+y_2\beta_2)\right]\mathrm{d}\alpha_1\mathrm{d}\beta_1\mathrm{d}\alpha_2\mathrm{d}\beta_2\end{aligned} \tag{D-3}$$

其中

$$
\begin{aligned}
\boldsymbol{\Gamma}_a(\alpha_1,\beta_1;\alpha_2,\beta_2) &= \overline{\boldsymbol{a}_1(\alpha_1,\beta_1)\boldsymbol{a}_2^*(\alpha_2,\beta_2)} \\
&= |\boldsymbol{r}|^2\boldsymbol{S}(\alpha_1,\beta_1)\boldsymbol{S}^*(\alpha_2,\beta_2)\overline{\exp[\mathrm{j}(q_{z1}h(\alpha_1,\beta_1)-q_{z2}h(\alpha_2,\beta_2))]} \\
&\quad\times\exp\left\{-\mathrm{j}2\pi\left[(-\hat{i}_1\cdot\hat{\alpha})\frac{\alpha_1}{\lambda_1}-(-\hat{i}_2\cdot\hat{\alpha})\frac{\alpha_2}{\lambda_2}\right.\right. \\
&\quad\left.\left.+(-\hat{i}_1\cdot\hat{\beta})\frac{\beta_1}{\lambda_1}-(-\hat{i}_2\cdot\hat{\beta})\frac{\beta_2}{\lambda_2}\right]\right\} \\
&= |\boldsymbol{r}|^2\boldsymbol{S}(\alpha_1,\beta_1)\boldsymbol{S}^*(\alpha_2,\beta_2)\boldsymbol{M}_\mathrm{h}(q_{z1},-q_{z2}) \\
&\quad\times\exp\left\{-\mathrm{j}2\pi\left[(-\hat{i}_1\cdot\hat{\alpha})\frac{\alpha_1}{\lambda_1}-(-\hat{i}_2\cdot\hat{\alpha})\frac{\alpha_2}{\lambda_2}\right.\right. \\
&\quad\left.\left.+(-\hat{i}_1\cdot\hat{\beta})\frac{\beta_1}{\lambda_1}-(-\hat{i}_2\cdot\hat{\beta})\frac{\beta_2}{\lambda_2}\right]\right\}. \qquad \text{(D-4)}
\end{aligned}
$$

此处$\boldsymbol{M}_\mathrm{h}(\omega_1,\omega_2)$是表面高度函数$h(\alpha,\beta)$的二阶特征函数，假设$h(\alpha,\beta)$是统计平稳的.

现在沿用(4-53)式的想法，我们假设散射波的相关宽度充分小，可将Γ_A近似为

$$
\begin{aligned}
\boldsymbol{\Gamma}_a(\alpha_1,\beta_1;\alpha_2,\beta_2) &\approx \boldsymbol{\kappa}|\boldsymbol{r}|^2|\boldsymbol{S}(\alpha_1,\beta_1)|^2\overline{\exp[\mathrm{j}(q_{z1}-q_{z2})h(\alpha_1,\beta_1)]} \\
&\quad\times\exp\left\{-\mathrm{j}2\pi\left[(-\hat{i}_1\cdot\hat{\alpha})\frac{\alpha_1}{\lambda_1}-(-\hat{i}_2\cdot\hat{\alpha})\frac{\alpha_2}{\lambda_2}\right.\right. \\
&\quad\left.\left.+(-\hat{i}_1\cdot\hat{\beta})\frac{\beta_1}{\lambda_1}-(-\hat{i}_2\cdot\hat{\beta})\frac{\beta_2}{\lambda_2}\right]\right\}\times\delta(\alpha_1-\alpha_2.\beta_1-\beta_2) \\
&= \boldsymbol{\kappa}|\boldsymbol{r}|^2|\boldsymbol{S}(\alpha_1,\beta_1)|^2\boldsymbol{M}_\mathrm{h}(\Delta q_z) \\
&\quad\times\exp\left\{-\mathrm{j}2\pi\left[\left(\frac{(-\hat{i}_1\cdot\hat{\alpha})}{\lambda_1}-\frac{(-\hat{i}_2\cdot\hat{\alpha})}{\lambda_2}\right)\alpha_1\right.\right. \\
&\quad\left.\left.+\left(\frac{(-\hat{i}_1\cdot\hat{\beta})}{\lambda_1}-\frac{(-\hat{i}_2\cdot\hat{\beta})}{\lambda_2}\right)\beta_1\right]\right\} \\
&\quad\times\delta(\alpha_1-\alpha_2,\beta_1-\beta_2), \qquad \text{(D-5)}
\end{aligned}
$$

其中，$\Delta q_z=q_{z1}-q_{z2}$，$\boldsymbol{M}_\mathrm{h}(\omega)$现在是$h$的一阶特征函数，$\kappa$是具有(长度)^{2}的量纲的常数. 做了这个替换之后，Γ_A的一般表示式可以简化为

$$
\begin{aligned}
\boldsymbol{\Gamma}_A(x_1,y_1;x_2,y_2) &= \frac{\kappa|\boldsymbol{r}|^2}{\lambda_1\lambda_2z^2}\boldsymbol{M}_\mathrm{h}(\Delta q_z)\iint_{-\infty}^{\infty}|\boldsymbol{S}(\alpha,\beta)|^2\exp\left[\mathrm{j}\frac{\pi}{2}\left(\frac{1}{\lambda_1}-\frac{1}{\lambda_2}\right)(\alpha^2+\beta^2)\right] \\
&\quad\times\exp\left\{-\mathrm{j}2\pi\left[\left(\frac{(-\hat{i}_1\cdot\hat{\alpha})}{\lambda_1}-\frac{(-\hat{i}_2\cdot\hat{\alpha})}{\lambda_2}\right)\alpha+\left(\frac{(-\hat{i}_1\cdot\hat{\beta})}{\lambda_1}-\frac{(-\hat{i}_2\cdot\hat{\beta})}{\lambda_2}\right)\beta\right]\right\} \\
&\quad\times\exp\left[-\mathrm{j}\frac{2\pi}{\lambda_1z}(x_1\alpha+y_1\beta)+\mathrm{j}\frac{2\pi}{\lambda_2z}(x_2\alpha+y_2\beta)\right]\mathrm{d}\alpha\mathrm{d}\beta, \qquad \text{(D-6)}
\end{aligned}
$$

这里(α,β)已不需要下标了.

为进一步简化计,令 $\lambda_2=\lambda_1+\Delta\lambda$,其中 $\Delta\lambda$ 是波长的变化,注意:

$$\frac{1}{\lambda_1}-\frac{1}{\lambda_2}=\frac{1}{\lambda_1}-\frac{1}{\lambda_1+\Delta\lambda}=\frac{1}{\lambda_1}\left(1-\frac{1}{1+\Delta\lambda/\lambda_1}\right)\approx\frac{\Delta\lambda}{\lambda_1^2}, \tag{D-7}$$

其中,当 $\Delta\lambda\ll\lambda$ 时近似成立. 如果将这个近似用到被积函数的二次相位项,我们求出

$$\exp\left[\mathrm{j}\,\frac{\pi}{2}\left(\frac{1}{\lambda_1}-\frac{1}{\lambda_2}\right)(\alpha^2+\beta^2)\right]\approx\exp\left[\mathrm{j}\,\frac{\pi}{\lambda_1 z}\left(\frac{\Delta\lambda}{\lambda_1}\right)(\alpha^2+\beta^2)\right]. \tag{D-8}$$

如果散射光斑的直线尺度是 D,这个指数可用 1 来代替,只要

$$\frac{\pi D^2}{\lambda_1 z}\,\frac{|\Delta\lambda|}{\lambda_1}\ll 1. \tag{D-9}$$

记得远场或夫琅禾费近似(我们还没有用在此)对$\frac{\pi D^2}{\lambda_1 z}<1$ 成立,又由于存在 $\Delta\lambda/\lambda$ 项,上述假设的条件就更容易满足. 因此,在下面的讨论中我们去掉二次相位项. 另外,在同样的条件下,在双重积分的乘数中的 $1/(\lambda_1\lambda_2)$ 项可以用 $1/(\lambda_1^2)$ 代替,不会对精度带来明显的损失. 结果变成

$$\begin{aligned}\boldsymbol{\Gamma}_A(x_1,y_1;x_2,y_2)=&\frac{\kappa\,|\,\boldsymbol{r}\,|^2}{\lambda_1^2 z^2}\boldsymbol{M}_\mathrm{h}(\Delta q_z)\iint\limits_{-\infty}^{\infty}|\,\boldsymbol{S}(\alpha,\beta)\,|^2\\&\times\exp\left\{-\mathrm{j}2\pi\left[\left(\frac{(-\hat{i}_1\cdot\hat{\alpha})}{\lambda_1}-\frac{(-\hat{i}_2\cdot\hat{\alpha})}{\lambda_2}\right)\alpha\right.\right.\\&\left.\left.+\left(\frac{(-\hat{i}_1\cdot\hat{\beta})}{\lambda_1}-\frac{(-\hat{i}_2\cdot\hat{\beta})}{\lambda_2}\right)\beta\right]\right\}\\&\times\exp\left[-\mathrm{j}\,\frac{2\pi}{\lambda_1 z}(x_1\alpha+y_1\beta)+\mathrm{j}\,\frac{2\pi}{\lambda_2 z}(x_2\alpha+y_2\beta)\right]\mathrm{d}\alpha\mathrm{d}\beta.\end{aligned} \tag{D-10}$$

将(5-33)式代入此式的末行,我们得到

$$\begin{aligned}\boldsymbol{\Gamma}_A(x_1,y_1;x_2,y_2)=&\frac{\kappa\,|\,\boldsymbol{r}\,|^2}{\lambda_1^2 z^2}\boldsymbol{M}_\mathrm{h}(\Delta q_z)\iint\limits_{-\infty}^{\infty}|\,\boldsymbol{S}(\alpha,\beta)\,|^2\\&\times\exp\left\{-\mathrm{j}2\pi\left[\left(\frac{(-\hat{i}_1\cdot\hat{\alpha})}{\lambda_1}-\frac{(-\hat{i}_2\cdot\hat{\alpha})}{\lambda_2}\right)\alpha\right.\right.\\&\left.\left.+\left(\frac{(-\hat{i}_1\cdot\hat{\beta})}{\lambda_1}-\frac{(-\hat{i}_2\cdot\hat{\beta})}{\lambda_2}\right)\beta\right]\right\}\\&\times\exp\left\{-\mathrm{j}2\pi\left[\left(\frac{(\hat{o}_1\cdot\hat{\alpha})}{\lambda_1}-\frac{(\hat{o}_2\cdot\hat{\alpha})}{\lambda_2}\right)\alpha\right.\right.\\&\left.\left.+\left(\frac{(\hat{o}_1\cdot\hat{\beta})}{\lambda_1}-\frac{(\hat{o}_2\cdot\hat{\beta})}{\lambda_2}\right)\beta\right]\right\}\mathrm{d}\alpha\mathrm{d}\beta.\end{aligned} \tag{D-11}$$

这个结果现在可以大大地简化了(至少在符号上).求助于(5-28)式和(5-25)式,注意

$$
\begin{aligned}
q_{\alpha 1} &= 2\pi\frac{(\hat{o}_1\cdot\hat{\alpha})}{\lambda_1} - 2\pi\frac{(-\hat{i}_1\cdot\hat{\alpha})}{\lambda_1} \\
q_{\alpha 2} &= 2\pi\frac{(\hat{o}_2\cdot\hat{\alpha})}{\lambda_2} - 2\pi\frac{(-\hat{i}_2\cdot\hat{\alpha})}{\lambda_2} \\
q_{\beta 1} &= 2\pi\frac{(\hat{o}_1\cdot\hat{\beta})}{\lambda_1} - 2\pi\frac{(-\hat{i}_1\cdot\hat{\beta})}{\lambda_1} \\
q_{\beta 2} &= 2\pi\frac{(\hat{o}_2\cdot\hat{\beta})}{\lambda_2} - 2\pi\frac{(-\hat{i}_2\cdot\hat{\beta})}{\lambda_2} \\
\vec{q}_{t1} &= q_{\alpha 1}\hat{\alpha} + q_{\beta 1}\hat{\beta} \\
\vec{q}_{t2} &= q_{\alpha 2}\hat{\alpha} + q_{\beta 2}\hat{\beta}
\end{aligned}
\tag{D-12}
$$

将它们代入(D-11)式,我们求得下面的结果,

$$
\boldsymbol{\Gamma}_{\boldsymbol{A}}(x_1,y_1;x_2,y_2) = \frac{\boldsymbol{\kappa}\,|\,\boldsymbol{r}\,|^2}{\lambda_1^2 z^2}\boldsymbol{M}_{\mathrm{h}}(\Delta q_z)\boldsymbol{\Psi}(\Delta\vec{q}_t)\iint_{-\infty}^{\infty}|\,\boldsymbol{S}(\alpha,\beta)\,|^2\mathrm{d}\alpha\mathrm{d}\beta, \tag{D-13}
$$

其中,$\Delta\vec{q}_t=\Delta\vec{q}_{t1}-\Delta\vec{q}_{t2}$和

$$
\boldsymbol{\Psi}(\Delta\vec{q}_t) = \frac{\displaystyle\iint_{-\infty}^{\infty}|\,\boldsymbol{S}(\alpha,\beta)\,|^2\exp(-\mathrm{j}2\pi\Delta\vec{q}_t\cdot\vec{\alpha}_t)\mathrm{d}\alpha\mathrm{d}\beta}{\displaystyle\iint_{-\infty}^{\infty}|\,\boldsymbol{S}(\alpha,\beta)\,|^2\mathrm{d}\alpha\mathrm{d}\beta} \tag{D-14}
$$

是在散射光斑上的强度分布的归一化的傅里叶变换.

当$\vec{q}_1=\vec{q}_2$(为此$\Delta q_z=0$及$\Delta\vec{q}_t=0$)时的$\boldsymbol{\Gamma}_{\boldsymbol{A}}$值来除$\boldsymbol{\Gamma}_{\boldsymbol{A}}$,可求出归一化的交叉相关函数$\boldsymbol{\mu}_{\boldsymbol{A}}$.结果为[①]

$$
\boldsymbol{\mu}_{\boldsymbol{A}}(x_1,y_1;x_2,y_2) = \boldsymbol{\mu}_{\boldsymbol{A}}(\vec{q}_1,\vec{q}_2) = \boldsymbol{M}_{\mathrm{h}}(\Delta q_z)\boldsymbol{\Psi}(\Delta\vec{q}_t). \tag{D-15}
$$

此式表示我们对自由空间光路分析的最后结果.

D.2 成像光路

在这一节中我们对图5.16表示的成像光路求交叉相关函数:

$$
\boldsymbol{\Gamma}_{\boldsymbol{A}}(x_1,y_1;x_2,y_2) = \overline{\boldsymbol{A}_1(x_1,y_1)\boldsymbol{A}_2^*(x_2,y_2)}, \tag{D-16}
$$

---

① 按照定义,在原点的特征函数$\boldsymbol{M}$是1.

有

$$\boldsymbol{A}(x,y)=\iint_{-\infty}^{\infty}\boldsymbol{k}(x,y;\alpha,\beta)\boldsymbol{a}(\alpha,\beta)\mathrm{d}\alpha\mathrm{d}\beta, \tag{D-17}$$

对 $i=1,2$，

$$\boldsymbol{k}_i(x_i,y_i;\alpha,\beta)=\frac{1}{\lambda_i^2z^2}\exp\left[\mathrm{j}\frac{\pi}{\lambda_iz}(\alpha^2+\beta^2)\right]\iint_{-\infty}^{\infty}\boldsymbol{P}(\xi,\eta)$$
$$\exp\left\{-\mathrm{j}\frac{2\pi}{\lambda_iz}[\xi(\alpha+x_i)+\eta(\beta+y_i)]\right\}\mathrm{d}\xi\mathrm{d}\eta. \tag{D-18}$$

将 $\boldsymbol{A}$ 的式子代入 $\boldsymbol{\Gamma}_A$ 的表示式，我们得到

$$\boldsymbol{\Gamma}_{\boldsymbol{A}}(x_1,y_1;x_2,y_2)=\iint_{-\infty}^{\infty}\iint_{-\infty}^{\infty}\boldsymbol{k}_1(x_1,y_1;\alpha_1,\beta_1)\boldsymbol{k}_2^*(x_2,y_2;\alpha_2,\beta_2)$$
$$\times\overline{\boldsymbol{a}_1(\alpha_1,\beta_1)\boldsymbol{a}_2^*(\alpha_2,\beta_2)}\mathrm{d}\alpha_1\mathrm{d}\beta_1\mathrm{d}\alpha_2\mathrm{d}\beta_2. \tag{D-19}$$

积分号下的平均量是在(α,β)平面上的场的交叉相关；如我们在前面的分析中所做的，我们将(D-5)式的近似用到此平均值，

$$\begin{aligned}\boldsymbol{\Gamma}_{\boldsymbol{a}}(\alpha_1,\beta_1;\alpha_2,\beta_2)\approx&\,\boldsymbol{\kappa}\,|\,\boldsymbol{r}\,|^2\,|\,\boldsymbol{S}(\alpha_1,\beta_1)\,|^2\,\overline{\exp[\mathrm{j}(q_{z1}-q_{z2})h(\alpha_1,\beta_1)]}\\&\times\exp\left\{-\mathrm{j}2\pi\left[(-\hat{i}_1\cdot\hat{\alpha})\frac{\alpha_1}{\lambda_1}-(-\hat{i}_2\cdot\hat{\alpha})\frac{\alpha_2}{\lambda_2}\right.\right.\\&\left.\left.+(-\hat{i}_1\cdot\hat{\beta})\frac{\beta_1}{\lambda_1}-(-\hat{i}_2\cdot\hat{\beta})\frac{\beta_2}{\lambda_2}\right]\right\}\times\delta(\alpha_1-\alpha_2,\beta_1-\beta_2)\\=&\,\boldsymbol{\kappa}\,|\,\boldsymbol{r}\,|^2\,|\,\boldsymbol{S}(\alpha_1,\beta_1)\,|^2\boldsymbol{M}_h(\Delta q_z)\\&\times\exp\left\{-\mathrm{j}2\pi\left[\left(\frac{(-\hat{i}_1\cdot\hat{\alpha})}{\lambda_1}-\frac{(-\hat{i}_2\cdot\hat{\alpha})}{\lambda_2}\right)\alpha_1\right.\right.\\&\left.\left.+\left(\frac{(-\hat{i}_1\cdot\hat{\beta})}{\lambda_1}-\frac{(-\hat{i}_2\cdot\hat{\beta})}{\lambda_2}\right)\beta_1\right]\right\}\times\delta(\alpha_1-\alpha_2,\beta_1-\beta_2),\end{aligned} \tag{D-20}$$

其中，$\hat{i}_1$ 和 $\hat{i}_2$ 是两个照明方向的单位矢量，r 是表面的平均反射率，$\boldsymbol{S}$ 是入射到散射光斑上的振幅分布，κ 是量纲为长度平方的常数，$\boldsymbol{M}_\mathrm{h}$ 是表面高度涨落的特征函数，Δq_z 是矢量 $\vec{q}$ 的变化的 z 分量. 将此结果代入(D-19)式我们得到

$$\begin{aligned}\boldsymbol{\Gamma}_{\boldsymbol{A}}(x_1,y_1;x_2,y_2)=&\,\boldsymbol{\kappa}\,|\,\boldsymbol{r}\,|^2\boldsymbol{M}_\mathrm{h}(\Delta q_z)\iint_{-\infty}^{\infty}|\,\boldsymbol{S}(\alpha,\beta)\,|^2\boldsymbol{k}_1(x_1,y_1;\alpha,\beta)\boldsymbol{k}_2^*(x_2,y_2;\alpha,\beta)\\&\times\exp\left\{-\mathrm{j}2\pi\left[\left(\frac{(-\hat{i}_1\cdot\hat{\alpha})}{\lambda_1}-\frac{(-\hat{i}_2\cdot\hat{\alpha})}{\lambda_2}\right)\alpha\right.\right.\\&\left.\left.+\left(\frac{(-\hat{i}_1\cdot\hat{\beta})}{\lambda_1}-\frac{(-\hat{i}_2\cdot\hat{\beta})}{\lambda_2}\right)\beta\right]\right\}\mathrm{d}\alpha\mathrm{d}\beta.\end{aligned} \tag{D-21}$$

点扩展函数 k_1 和 k_2 的宽度是光瞳函数 P 的傅里叶变换的标度后的宽度所决定的,因此是在(α,β)内的很紧凑或很窄的函数.这允许一个近似,就是对相对均匀的表面照明,点扩展函数的乘积在坐标[②] $\alpha=-(x_1+x_2)/2,\beta=-(y_1+y_2)/2$(即 k_1 和k_2 中心之间的中点)从$|\boldsymbol{S}(\alpha,\beta)|^2$ 取样,于是允许将$\left|\boldsymbol{S}\left(-\frac{x_1+x_2}{2},-\frac{y_1+y_2}{2}\right)\right|^2$ 从(α,β)积分中提出来.因此

$$\begin{aligned}\boldsymbol{\Gamma}_A(x_1,y_1;x_2,y_2)=&\ \boldsymbol{\kappa}\mid\boldsymbol{r}\mid^2\boldsymbol{M}_{\mathrm{h}}(\Delta q_z)\left|\boldsymbol{S}\left(-\frac{x_1+x_2}{2},-\frac{y_1+y_2}{2}\right)\right|^2\\&\times\iint_{-\infty}^{\infty}\boldsymbol{k}_1(x_1,y_1;\alpha,\beta)\boldsymbol{k}_2^*(x_2,y_2;\alpha,\beta)\\&\times\exp\left\{-\mathrm{j}2\pi\left[\left(\frac{(-\hat{i}_1\cdot\hat{\alpha})}{\lambda_1}-\frac{(-\hat{i}_2\cdot\hat{\alpha})}{\lambda_2}\right)\alpha\right.\right.\\&\left.\left.+\left(\frac{(-\hat{i}_1\cdot\hat{\beta})}{\lambda_1}-\frac{(-\hat{i}_2\cdot\hat{\beta})}{\lambda_2}\right)\beta_1\right]\right\}\mathrm{d}\alpha\mathrm{d}\beta.\end{aligned}\tag{D-22}$$

对在积分号内的指数项,也可能做类似的近似[③].也就是说,我们可以对(α,β)做同样的替代,并将指数提出积分号外.另外,由于我们最后感兴趣的是交叉相关函数的大小,我们可以完全去掉复指数,因为它具有单位值.因此,我们得到

$$\begin{aligned}\boldsymbol{\Gamma}_A(x_1,y_1;x_2,y_2)=&\ \boldsymbol{\kappa}\mid\boldsymbol{r}\mid^2\boldsymbol{M}_{\mathrm{h}}(\Delta q_z)\left|\boldsymbol{S}\left(-\frac{x_1+x_2}{2},-\frac{y_1+y_2}{2}\right)\right|^2\\&\times\iint_{-\infty}^{\infty}\boldsymbol{k}_1(x_1,y_1;\alpha,\beta)\boldsymbol{k}_2^*(x_2,y_2;\alpha,\beta)\mathrm{d}\alpha\mathrm{d}\beta.\end{aligned}\tag{D-23}$$

现在考虑乘积 $\boldsymbol{k}_1,\boldsymbol{k}_2^*$,此乘积有一项 $\exp\left[\mathrm{j}\frac{\pi}{z}\left(\frac{1}{\lambda_1}-\frac{1}{\lambda_2}\right)(\alpha^2+\beta^2)\right]$.从用在(D-9)式同样的论据出发,在 $\Delta\lambda\ll\lambda$ 的假设下,我们可以去掉这一项.用这些近似的第一个,点扩展函数变成 $x+\alpha$ 和 $y+\beta$ 的函数,而不是独立的 x,y,α 和 β 的函数.因此

$$\begin{aligned}\boldsymbol{\Gamma}_A(x_1,y_1;x_2,y_2)=&\ \boldsymbol{\kappa}\mid\boldsymbol{r}\mid^2\boldsymbol{M}_{\mathrm{h}}(\Delta q_z)\left|\boldsymbol{S}\left(-\frac{x_1+x_2}{2},-\frac{y_1+y_2}{2}\right)\right|^2\\&\times\iint_{-\infty}^{\infty}\boldsymbol{k}_1(x_1+\alpha,y_1+\beta)\boldsymbol{k}_2^*(x_2+\alpha,y_2+\beta)\mathrm{d}\alpha\mathrm{d}\beta.\end{aligned}\tag{D-24}$$

---

② 负号是因为像倒置的结果.

③ 这个假设有效地假设在 $\hat{i}_1$ 和 $\hat{i}_2$ 之间的角很小.

对乘积 $\boldsymbol{k}_1\boldsymbol{k}_2^*$ 的表示式前面的项进一步用近似 $\frac{1}{\lambda_1^2\lambda_2^2}\approx\frac{1}{\lambda_1^4}$（仍在 $\Delta\lambda\ll\lambda$ 时成立），我们有

$$
\begin{aligned}
&\boldsymbol{k}_1(x_1+\alpha,y_1+\beta)\boldsymbol{k}_2^*(x_2+\alpha,y_2+\beta)\\
&\approx\frac{1}{\lambda_1^4z^4}\iint\limits_{-\infty}^{\infty}\iint\limits_{-\infty}^{\infty}\boldsymbol{P}(\xi_1,\eta_1)\boldsymbol{P}^*(\xi_2,\eta_2)\\
&\times\exp\left\{-\mathrm{j}\frac{2\pi}{\lambda_1z}[\xi_1(\alpha+x_1)+\eta_1(\beta+y_1)]\right\}\\
&\exp\left\{\mathrm{j}\frac{2\pi}{\lambda_2z}[\xi_2(\alpha+x_2)+\eta_2(\beta+y_2)]\right\}\mathrm{d}\xi_1\mathrm{d}\eta_1\mathrm{d}\xi_2\mathrm{d}\eta_2.
\end{aligned}
\tag{D-25}
$$

下一步将(D-25)式代入 $\boldsymbol{\Gamma}_A$ 的表示式并对(α,β)积分. 做完这一步后，对(α,β)的积分取如下形式：

$$
\begin{aligned}
&\iint\limits_{-\infty}^{\infty}\exp\left\{-\mathrm{j}\frac{2\pi}{z}\left[\left(\frac{\xi_1}{\lambda_1}-\frac{\xi_2}{\lambda_2}\right)\alpha+\left(\frac{\eta_1}{\lambda_1}-\frac{\eta_2}{\lambda_2}\right)\beta\right]\right\}\mathrm{d}\alpha\mathrm{d}\beta\\
&=\delta\left(\frac{\xi_1}{\lambda_1z}-\frac{\xi_2}{\lambda_2z},\frac{\eta_1}{\lambda_1z}-\frac{\eta_2}{\lambda_2z}\right)\\
&=\delta\left[\frac{1}{\lambda_1z}\left(\xi_1-\frac{\lambda_1}{\lambda_2}\xi_2\right),\frac{1}{\lambda_1z}\left(\eta_1-\frac{\lambda_1}{\lambda_2}\eta_2\right)\right]\\
&=(\lambda_1z)^2\delta\left(\xi_1-\frac{\lambda_1}{\lambda_2}\xi_2,\eta_1-\frac{\lambda_1}{\lambda_2}\eta_2\right).
\end{aligned}
\tag{D-26}
$$

当将此结果代入(D-25)式，可以用 delta 函数的筛选性质将结果简化为

$$
\begin{aligned}
\boldsymbol{\Gamma}_A(x_1,y_1;x_2,y_2)&=\frac{\kappa}{\lambda_1^2z^2}|\boldsymbol{r}|^2\boldsymbol{M}_\mathrm{h}(\Delta q_z)\left|\boldsymbol{S}\left(-\frac{x_1+x_2}{2},-\frac{y_1+y_2}{2}\right)\right|^2\\
&\times\iint\limits_{-\infty}^{\infty}\boldsymbol{P}\left(\frac{\lambda_1}{\lambda_2}\xi,\frac{\lambda_2}{\lambda_1}\eta\right)\boldsymbol{P}^*(\xi,\eta)\exp\left[-\mathrm{j}\frac{2\pi}{\lambda_2z}(\xi\Delta x+\eta\Delta y)\right]\mathrm{d}\xi\mathrm{d}\eta,
\end{aligned}
\tag{D-27}
$$

其中，$\Delta x=x_1-x_2$，$\Delta y=y_1-y_2$，不再需要的(ξ,η)的下标已去掉. 用在 $\Delta x=0$ 和 $\Delta y=0$ 的 $\boldsymbol{\Gamma}_A$ 值除 $\boldsymbol{\Gamma}_A$，得到归一化的交叉相关函数 $\boldsymbol{\mu}_A$，结果为

$$
\begin{aligned}
\boldsymbol{\mu}_A(x_1,y_1;\Delta x,\Delta y)&=\frac{\boldsymbol{\Gamma}_A(x_1,y_1;x_2,y_2)}{\boldsymbol{\Gamma}_A(x_1,y_1;x_1,y_1)}\\
&=\boldsymbol{M}_\mathrm{h}(\Delta q_z)\frac{\left|\boldsymbol{S}\left(-\frac{x_1+x_2}{2},-\frac{y_1+y_2}{2}\right)\right|^2}{|\boldsymbol{S}(-x_1,-y_1)|^2}\\
&\times\frac{\iint\limits_{-\infty}^{\infty}\boldsymbol{P}\left(\frac{\lambda_1}{\lambda_2}\xi,\frac{\lambda_2}{\lambda_1}\eta\right)\boldsymbol{P}^*(\xi,\eta)\exp\left[-\mathrm{j}\frac{2\pi}{\lambda_2z}(\xi\Delta x+\eta\Delta y)\right]\mathrm{d}\xi\mathrm{d}\eta}{\iint\limits_{-\infty}^{\infty}\boldsymbol{P}\left(\frac{\lambda_1}{\lambda_2}\xi,\frac{\lambda_2}{\lambda_1}\eta\right)\boldsymbol{P}^*(\xi,\eta)\mathrm{d}\xi\mathrm{d}\eta}.
\end{aligned}
\tag{D-28}
$$

最后的一组近似将导致相对简单的结果. 首先我们注意到，使 $\boldsymbol{\mu}_A$ 有可观值的 $(\Delta x,\Delta y)$ 的值与散射光斑的尺寸相比十分小，因此允许我们写出

$$\left|\boldsymbol{S}\left(-\frac{x_1+x_2}{2},-\frac{y_1+y_2}{2}\right)\right|^2 \approx |\boldsymbol{S}(-x_1,-y_1)|^2 \tag{D-29}$$

从而去掉含有 $|\boldsymbol{S}|^2$（在散射光斑上的强度分布）的项. 第二，对小的波长变化，

$$\boldsymbol{P}\left(\frac{\lambda_1}{\lambda_2}\xi,\frac{\lambda_2}{\lambda_1}\eta\right) \approx \boldsymbol{P}(\xi,\eta), \tag{D-30}$$

这允许我们写出最后的好的近似的结果

$$\begin{aligned}\boldsymbol{\mu}_A(\Delta x,\Delta y) &= \boldsymbol{M}_{\mathrm{h}}(\Delta q_z)\frac{\displaystyle\iint_{-\infty}^{\infty}|\boldsymbol{P}(\xi,\eta)|^2\exp\left[-\mathrm{j}\frac{2\pi}{\lambda_2 z}(\xi\Delta x+\eta\Delta y)\right]\mathrm{d}\xi\mathrm{d}\eta}{\displaystyle\iint_{-\infty}^{\infty}|\boldsymbol{P}(\xi,\eta)|^2\mathrm{d}\xi\mathrm{d}\eta} \\ &= \boldsymbol{M}_{\mathrm{h}}(\Delta q_z)\boldsymbol{\Psi}(\Delta x,\Delta y),\end{aligned} \tag{D-31}$$

其中，$\boldsymbol{\Psi}$ 现在是在成像系统光瞳上的强度分布的归一化的傅里叶变换，

$$\boldsymbol{\Psi}(\Delta x,\Delta y) = \frac{\displaystyle\iint_{-\infty}^{\infty}|\boldsymbol{P}(\xi,\eta)|^2\exp\left[-\mathrm{j}\frac{2\pi}{\lambda_2 z}(\xi\Delta x+\eta\Delta y)\right]\mathrm{d}\xi\mathrm{d}\eta}{\displaystyle\iint_{-\infty}^{\infty}|\boldsymbol{P}(\xi,\eta)|^2\mathrm{d}\xi\mathrm{d}\eta}. \tag{D-32}$$

顺便说，注意：当 $\lambda_2=\lambda_1$ 时，项 $\boldsymbol{M}_{\mathrm{h}}$ 是 1，我们得到的结果是 4.4.2 节的断言的一个证明：在成像光路中，当用范希特-泽尼克定理计算成像平面上散斑的自相关时可以将光学系统的瞳孔想像成一个散射表面.

附录 E　当动态漫射体投影到随机屏上时的散斑对比度

我们在这个附录中的目标是：当被投影的物首先成像到一个变化的漫射体上，然后投影到观察屏上时，求散斑对比度的表示式. 我们考虑两类随机漫射体，一类是漫射体均匀地充满投影镜头，但是没有充溢它，第二类是漫射体充溢投影镜头. 在前一种情况下，对均匀透射的物，投在屏上的是纯粹的相位漫射体的像，而对第二种情况，投影镜头每一个分辨元胞产生完全散射的散斑振幅. 第三种情况是具有某种正交性质的确定性的漫散体，这个现象在正文中已考虑，不在此附录中讨论. 在这里考虑的两种情况中，光学粗燥的观察屏在眼睛的每一个分辨基元中引入了散斑. 符号及这里假设的光路在 6.4 节中讨论.

E.1　随机相位漫射体

单个眼睛分辨基元在时间上积分 M 个不同的统计独立的强度图案，每一个是随机相位漫射体的一个实现. 因此，在观察者的视网膜上一个点看到的总强度是

$$I = \sum_{m=1}^{M} I_m. \tag{E-1}$$

一个这种图样是落在一个眼睛分辨基元内的，K 个投影镜头分辨基元产生的 K 个不同场的和的平方值，

$$I_m = \left| \sum_{k=1}^{K} \boldsymbol{A}_k \boldsymbol{B}_k^{(m)} \right|^2 = \sum_{k=1}^{K} \sum_{l=1}^{K} \boldsymbol{A}_k \boldsymbol{A}_l^* \boldsymbol{B}_k^{(m)} \boldsymbol{B}_l^{(m)*}, \tag{E-2}$$

其中，$\boldsymbol{B}_k^{(m)}$ 表示由一个投影镜头分辨基元在第 m 个实现期间投影到屏上的场，如果场 $\boldsymbol{B}_k^{(m)}$ 是单位值并且非随机的，$\boldsymbol{A}_k$ 就是在那一个投影镜头分辨基元内的，由屏投影到视网膜上的随机散斑场. 因此，对时间集成的总强度为

$$I = \sum_{m=1}^{M} \sum_{k=1}^{K} \sum_{l=1}^{K} \boldsymbol{A}_k \boldsymbol{A}_l^* \boldsymbol{B}_k^{(m)} \boldsymbol{B}_l^{(m)*}. \tag{E-3}$$

我们首先计算平均强度 $\bar{I}$. 为此要求用两步做平均：第一步对被成像的漫射体求统计平均，然后对屏求统计平均. 以 $\boldsymbol{A}_k$ 的知识为条件的平均强度来表示 $E[I|A]$是

$$E\{I \mid \boldsymbol{A}\} = \sum_{m=1}^{M} \sum_{k=1}^{K} \sum_{l=1}^{K} \boldsymbol{A}_k \boldsymbol{A}_l^* \ \overline{\boldsymbol{B}_k^{(m)} \boldsymbol{B}_l^{(m)*}}. \tag{E-4}$$

在$\overline{\boldsymbol{B}_k^{(m)}}=0$ 的假设下(这对这里感兴趣的两种情况是正确的),如果 $k\neq l$,$\overline{\boldsymbol{B}_k^{(m)}\boldsymbol{B}_l^{(m)*}}=\overline{\boldsymbol{B}_k^{(m)}}\overline{\boldsymbol{B}_l^{(m)*}}=0$,因而只有 $k=l$ 的 k 项在平均后仍然存在,得到

$$E[I\mid \mathbf{A}]=\sum_{m=1}^{M}\sum_{k=1}^{K}\mid \mathbf{A}_k\mid^2\overline{\mid \boldsymbol{B}\mid^2}=MJ_B\sum_{k=1}^{K}\mid \mathbf{A}_k\mid^2, \tag{E-5}$$

其中 $J_B=\overline{\boldsymbol{B}^2}$. $\boldsymbol{B}$ 的上标(m)和下标 k 都已不需要了,由于假设所有的 $\boldsymbol{B}_k^{(m)}$ 有同样的平均强度(即平均的照明强度不随时间变化,而且在屏上整个眼睛分辨基元内是均匀的). 现在我们对所有 $\mathbf{A}_k$ 求统计平均来去除 $\mathbf{A}$ 已知的条件. 所有的$|\mathbf{A}_k|^2$ 有同样的平均值,我们用 J_A 表示,得到

$$\bar{I}=MKJ_AJ_B. \tag{E-6}$$

为求观察到的散斑的对比度,我们必须求观察到的强度的标准偏差,这一次要求我们求 I 的二阶矩. 首先仍对所有的 $\boldsymbol{B}$ 求平均值,

$$E[I^2\mid \mathbf{A}]=\sum_{m=1}^{M}\sum_{n=1}^{M}\sum_{k=1}^{K}\sum_{l=1}^{K}\sum_{p=1}^{K}\sum_{q=1}^{K}\mathbf{A}_k\mathbf{A}_l^*\mathbf{A}_p\mathbf{A}_q^*\ \overline{\boldsymbol{B}_k^{(m)}\boldsymbol{B}_l^{(m)*}\boldsymbol{B}_p^{(n)}\boldsymbol{B}_q^{(n)*}}. \tag{E-7}$$

现在我们假设当 $m\neq n$ 时,分别有上标(m)和(n)的 $\boldsymbol{B}$ 是独立的(因为漫射体变化了),这时,我们收集 M 项 $m=n$ 和 M^2-M 项 $m\neq n$,

$$\begin{aligned}E[I^2\mid \mathbf{A}]=&M\sum_{k=1}^{K}\sum_{l=1}^{K}\sum_{p=1}^{K}\sum_{q=1}^{K}\mathbf{A}_k\mathbf{A}_l^*\mathbf{A}_p\mathbf{A}_q^*\ \overline{\boldsymbol{B}_k^{(m)}\boldsymbol{B}_l^{(m)*}\boldsymbol{B}_p^{(m)}\boldsymbol{B}_q^{(m)*}}\\&+(M^2-M)\sum_{k=1}^{K}\sum_{l=1}^{K}\sum_{p=1}^{K}\sum_{q=1}^{K}\mathbf{A}_k\mathbf{A}_l^*\mathbf{A}_p\mathbf{A}_q^*\ \overline{\boldsymbol{B}_k^{(m)}\boldsymbol{B}_l^{(m)*}\boldsymbol{B}_p^{(n)}\boldsymbol{B}_q^{(n)*}}.\end{aligned} \tag{E-8}$$

我们将此式的两行称为“行 1”和“行 2”. 首先集中于行 1,在三种条件下会产生非零平均值:$k=l=p=q$(K 项),$k=l,p=q,k\neq p$(K^2-K 项),及 $k=q,l=p,k\neq l$ (K^2-K 项). 用这些结果,行 1 简化为

$$\text{行 }1=M\sum_{k=1}^{K}\mid \mathbf{A}_k\mid^4\overline{\mid \boldsymbol{B}^4}+2M\sum_{k=1}^{K}\sum_{p=1,p\neq k}^{K}\mid \mathbf{A}_k\mid^2\mid \mathbf{A}_p\mid^2(\overline{\mid \boldsymbol{B}^2\mid})^2. \tag{E-9}$$

对行 2,无论 k 和 p 之间的关系如何,仅有的非零项来自于 $k=l$ 和 $p=q$,因此我们有

$$\text{行 }2=(M^2-M)\sum_{k=1}^{K}\sum_{p=1}^{K}\mid \mathbf{A}_k\mid^2\mid \mathbf{A}_p\mid^2(\overline{\mid \boldsymbol{B}\mid^2})^2. \tag{E-10}$$

现在我们对于 $\mathbf{A}$ 的统计求平均. 我们有

$$\begin{aligned}\text{行 }1&=MK\overline{\mid \mathbf{A}\mid^4\mid \boldsymbol{B}\mid^4}+2M(K^2-K)(\overline{\mid \mathbf{A}\mid^2})^2(\overline{\mid \boldsymbol{B}\mid^2})^2\\&=MK\overline{\mid \mathbf{A}\mid^4\mid \boldsymbol{B}\mid^4}+2M(K^2-K)J_A^2J_B^2,\end{aligned} \tag{E-11}$$

和

$$行\ 2 = (M^2 - M)K\overline{|\boldsymbol{A}|^4}(\overline{|\boldsymbol{B}|^2})^2 + (M^2 - M)(K^2 - K)(\overline{|\boldsymbol{A}|^2})^2(\overline{|\boldsymbol{B}|^2})^2$$
$$= (M^2 - M)K\overline{|\boldsymbol{A}|^4}J_B^2 + (M^2 - M)(K^2 - K)J_A^2J_B^2. \tag{E-12}$$

因此,我们的结论是

$$\overline{I^2} = MK\overline{|\boldsymbol{A}|^4}\ \overline{|\boldsymbol{B}|^4} + 2M(K^2 - K)J_A^2J_B^2$$
$$+ (M^2 - M)K\overline{|\boldsymbol{A}|^4}J_B^2 + (M^2 - M)(K^2 - K)J_A^2J_B^2. \tag{E-13}$$

从二阶矩中减去平均值的平方求出方差,结果是

$$\sigma_I^2 = MK\overline{|\boldsymbol{A}|^4}\ \overline{|\boldsymbol{B}|^4} + 2M(K^2 - K)J_A^2J_B^2$$
$$+ (M^2 - M)K\overline{|\boldsymbol{A}|^4}J_B^2 + (M^2 - M)(K^2 - K)J_A^2J_B^2 - M^2K^2J_A^2J_B^2. \tag{E-14}$$

最后,我们注意到量 $\boldsymbol{A}$ 是屏的系综对观察到的散斑的贡献,对粗糙的表面,它将有完全散射散斑的统计.在这个情况下,我们有 A 的强度的二阶矩是一阶矩平方的两倍(负指数统计的一个性质),其结果是$\overline{|\boldsymbol{A}|^4} = 2J_A^2$,并且

$$\sigma_I^2 = 2MKJ_A^2\overline{|\boldsymbol{B}|^4} + 2M(K^2 - K)J_A^2J_B^2$$
$$+ 2(M^2 - M)KJ_A^2J_B^2 + (M^2 - M)(K^2 - K)J_A^2J_B^2 - M^2K^2J_A^2J_B^2. \tag{E-15}$$

我们现在可以考虑两个有趣的情况:漫射体刚好充满投影光学系统,和漫射体充溢投影光学系统.

E.2 漫射体刚好充满投影光学系统

在这个情况下,相位漫射体作为一个纯粹的相位函数而成像到投影光学系统上,其结果为

$$\boldsymbol{B}_k^{(m)} = e_k^{j\phi^{(m)}}. \tag{E-16}$$

对这种 $\boldsymbol{B}$,我们有$\overline{|\boldsymbol{B}|^4} = 1$,$(\overline{|\boldsymbol{B}|^2})^2 = J_B^2 = 1$,及 $J_B = 1$.因此,

$$(\bar{I})^2 = M^2K^2J_A^2 \tag{E-17}$$

及

$$\sigma_I^2 = 2MKJ_A^2 + 2M(K^2 - K)J_A^2 + 2(M^2 - M)KJ_A^2$$
$$+ (M^2 - M)(K^2 - K)J_A^2 - M^2K^2J_A^2 = KM(M + K - 1)J_A^2. \tag{E-18}$$

散斑对比度由下式给出①

① 一个相似的结果由 Ivakin 等在参考文献[81]中求得.

$$C=\frac{\sigma_I}{\bar{I}}=\sqrt{\frac{M+K-1}{KM}}, \tag{E-19}$$

如(6-41)式所断言的.

E.3 漫射体充溢投影光学系统

在这个情况下,漫射体在屏上光学系统每一个分辨单元上产生了一个完全散射的场. 对这种统计,我们有$\overline{|\boldsymbol{B}|^4}=2J_B^2$(来自于$|\boldsymbol{B}|^2$的负指数统计). 这时,$I$的平均值的平方及方差是

$$(\bar{I})^2=M^2K^2J_A^2J_B^2 \tag{E-20}$$

及

$$\begin{aligned}\sigma_I^2 &= 4MKJ_A^2J_B^2+2M(K^2-K)J_A^2J_B^2\\&\quad+2(M^2-M)KJ_A^2J_B^2+(M^2-M)(K^2-K)J_A^2J_B^2\\&\quad-M^2K^2J_A^2J_B^2=KM(M+K+1)J_A^2J_B^2.\end{aligned} \tag{E-21}$$

在这个情况下,散斑对比度由下式给出:

$$C=\sqrt{\frac{M+K+1}{KM}}, \tag{E-22}$$

如式(6-45)所断言.

附录 F　限定散斑的统计

在本书的绝大部分,我们一直在处理我们叫做**经典**散斑的统计性质,所谓经典我们指的是:散斑是在复平面上不限定的随机行走的结果. 在实践中遇到的多数散斑是这种类型的. 然而,在某些应用中,经典统计不适用,这个附录就是致力于这些情况的. 这些结果在处理多模光纤中的散斑时有用.

在这个附录中,我们假设散斑是由有限但很大数目 M_T 个连续波模式叠加而产生,全部这些模式具有的总功率 W_T 是恒定的. 假设这些模式在复振幅的基础上相加,在一个有限面积 $\mathcal{A}$ 上一切坐标(x,y)处产生散斑. 根据自由度守恒的论点,在面积 $\mathcal{A}$ 上的散斑强度相关元胞的数目也是 M_T. 我们假设模数 M_T 很大,在整个 $\mathcal{A}$ 面积内,散斑是空间统计平稳的.

将与 $M<M_T$ 个散斑相关元胞相联系的功率相加起来,产生一个比 W_T 小的功率 W. 提出的统计问题是求概率密度函数 $p(W|W_T)$,即在全部相关元胞求和的总功率 W_T 给定的条件下求条件密度函数 W. 为求这一概率密度函数,我们启用 Bayes 定则(见文献[151],P. 59)写出

$$p(W \mid W_T) = \frac{p(W_T \mid W)\, p(W)}{p(W_T)}, \tag{F-1}$$

其中 $p(W)$是 W 的没有制约的概率密度函数,$p(W_T)$是 W_T 的没有制约的概率密度函数,$p(W_T|W)$是在 W 值已知的制约下的 W_T 的概率密度函数. 整个光束所含的相关元胞的总数是 M_T,M 表示功率求和所基于的散斑相关元胞数目. 一个很合理的近似是,

$$M/M_T = \mathcal{A}/\mathcal{A} = \kappa, \tag{F-2}$$

其中,$\mathcal{A}$是在其中求和的光束面积,$\mathcal{A}$ 是光束总面积,κ 叫做面积比. 因此

$$M = \kappa M_T, \tag{F-3}$$

此外,我们定义每一自由度的平均功率是 $s^2=\overline{W}/M=\overline{W}_T/M_T$.

有了这些定义,W 和 W_T 的不限定的概率密度函数由 Γ 密度函数①给出:

---

① 用下面的方法来考虑问题可能有助于读者的理解. 我们首先构成一个系综非制约的、完全散射的散斑样品函数. 每一个样品函数有一个随机积分的功率 W_T,在整个系综上,W_T 是有 M_T 自由度的 Γ 分布. 现在从原来的系综上选择一个散斑样品函数的子系综,选择的样品函数的总的积分功率在一个特定值 W_T 的很小的增量$\pm\varepsilon$之内,这里,该特定值是一个常数,表示耦合到光纤的总的积分功率. 积分功率 W 的统计性质是对刚产生的子系综的有限的子面积内积分的功率的统计. 事实上,这就是条件概率密度函数 $p(W|W_T)$的意义.

$$p(W_{\mathrm{T}})=\frac{\left(\frac{M_{\mathrm{T}}}{\overline{W}_{\mathrm{T}}}\right)^{M_{\mathrm{T}}}W_{\mathrm{T}}^{M_{\mathrm{T}}-1}\exp\left[-\frac{M_{\mathrm{T}}W_{\mathrm{T}}}{\overline{W}_{\mathrm{T}}}\right]}{\Gamma(M_{\mathrm{T}})}=\frac{\left(\frac{1}{s^2}\right)^{M_{\mathrm{T}}}W_{\mathrm{T}}^{M_{\mathrm{T}}-1}\exp\left[-\frac{W_{\mathrm{T}}}{s^2}\right]}{\Gamma(M_{\mathrm{T}})}$$

$$p(W)=\frac{\left(\frac{M}{\overline{W}}\right)^{M}W^{M-1}\exp\left[-\frac{MW}{\overline{W}}\right]}{\Gamma(M)}=\frac{\left(\frac{1}{s^2}\right)^{\kappa M_{\mathrm{T}}}W^{\kappa M_{\mathrm{T}}-1}\exp\left[-\frac{W}{s^2}\right]}{\Gamma(\kappa M_{\mathrm{T}})},$$

其中,这些式子对宗量$\geqslant 0$成立,否则都是零,在末一行,我们已用$M=\kappa M_{\mathrm{T}}$.

已知W为条件的W_{T}的概率密度函数也是有$M_{\mathrm{T}}-M=M_{\mathrm{T}}(1-\kappa)$个自由度的$\Gamma$密度.因此,

$$p(W_{\mathrm{T}}\mid W)=\frac{\left(\frac{1}{s^2}\right)^{(1-\kappa)M_{\mathrm{T}}}(W_{\mathrm{T}}-W)^{(1-\kappa)M_{\mathrm{T}}-1}\exp\left[-\frac{(W_{\mathrm{T}}-W)}{s^2}\right]}{\Gamma((1-\kappa)M_{\mathrm{T}})}. \tag{F-4}$$

此表示式只有在$W_{\mathrm{T}}-W\geqslant 0$时成立,否则是零.

综合所有以上结果,受制约散斑的功率之和的条件概率密度由如下的密度函数表示:

$$p(W\mid W_{\mathrm{T}})=\frac{1}{W_{\mathrm{T}}}\left(\frac{W}{W_{\mathrm{T}}}\right)^{\kappa M_{\mathrm{T}}-1}\left(1-\frac{W}{W_{\mathrm{T}}}\right)^{(1-\kappa)M_{\mathrm{T}}-1}\frac{\Gamma(M_{\mathrm{T}})}{\Gamma(\kappa M_{\mathrm{T}})\Gamma((1-\kappa)M_{\mathrm{T}})}, \tag{F-5}$$

对$0\leqslant W\leqslant W_{\mathrm{T}}$成立,否则为零.在统计的文献中,这个密度函数称为$\beta$密度函数.这种密度的$n$阶矩由下式给出:

$$\frac{\overline{W}_n}{W_{\mathrm{T}}^n}=\frac{\Gamma(M_{\mathrm{T}})\Gamma(\kappa M_{\mathrm{T}}+n)}{\Gamma(\kappa M_{\mathrm{T}})\Gamma(M_{\mathrm{T}}+n)}. \tag{F-6}$$

在7.1.2节中探讨更多用此密度函数描述的散斑的性质.这里只给出散斑之和的对比度C及均方根信噪比$(S/N)_{\mathrm{rms}}$.从矩的表示式出发,我们求出

$$C=\frac{\sigma_W}{\overline{W}}=\sqrt{\frac{1-\kappa}{\kappa}}\frac{1}{\sqrt{M_{\mathrm{T}}}} \tag{F-7}$$

和

$$\left(\frac{S}{N}\right)_{\mathrm{rms}}=\frac{\overline{W}}{\sigma_W}=\sqrt{\frac{\kappa}{1-\kappa}}\sqrt{M_{\mathrm{T}}}. \tag{F-8}$$

注意,影响对比度及均方根信噪比的散斑数目绝不可能小于1(一个自由度).因此,在这些表示式中,κ绝不可小于$1/M_{\mathrm{T}}$,在这种情况下,对大的M_{T},$C\to 1$,和$(S/N)_{\mathrm{rms}}\to 1$.在另一个极端,当$\kappa$趋于1,$C\to 0$,和$(S/N)_{\mathrm{rms}}\to\infty$.

附录 G 模拟散斑的 Mathematica 程序范例

我们提供两个简单的模拟散斑效应的 Mathematica 程序，它们是充分注释的，期望能对读者有用.

G.1 自由空间传播中的散斑模拟

这个程序假设矩形散射光斑，在远场观察(或等价地在一个正透镜的焦平面).它允许读者控制在计算中所用的阵列的大小和散射光斑的大小. 程序如图 G.1 给出.

G.2 成像光路中的散斑模拟

```
(* Program for Simulating Speckle Formation
by Free Space Propagation *)

n=1024;
(* Linear dimension of the nxn array to be used.
The user can change this number. *)

k=8;
(* Number of samples (in one dimension) per speckle.
The user can change this number. *)

start = Table [Exp[I*2*Pi*Random[]],{n/k},{n/k}];
(* Generate an n/k x n/k array of random phasors,*)

scatterarray = PadRight[start,{n,n}];
(* Pad the phasor array with zeros.
The scattering spot is square of size n/k x n/k. *)

specklefield=Fourier[scatterarray];
(* Find the FFT of the padded array.
This is the speckle field in the
observation plane. *)

speckleintensity=Abs[specklefield]^2;
(* Find the intensity of the observed
speckle field *)

ListDensityPlot[speckleintensity,Mesh→False]
```

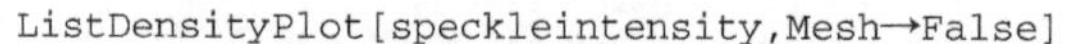

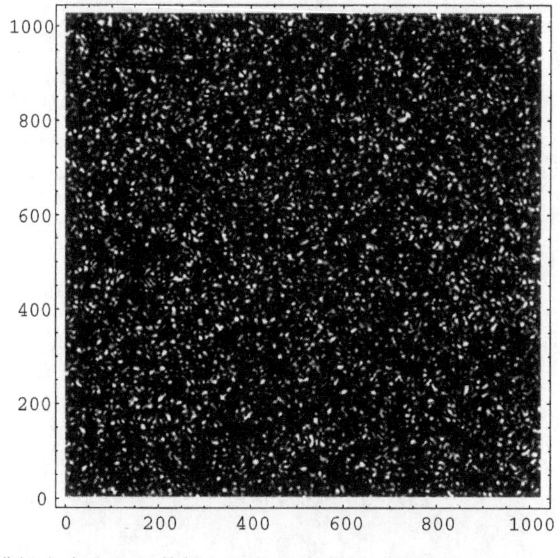

图 G.1 模拟在自由空间传播和远物观察条件下构成散斑的 Mathematica 程序

```
(* Program Simulating Speckle Formation in Imaging *)

circ[r_]:=If[r<=1,1,0]
(* Define the circle function. *)

rect[x_]:=If[-1/2<=x<1/2,1,0]
(* Define the rectangle function. *)

n=1024;
(* Linear dimension of the nxn array to be used.
This number can be changed by the user. *)

K=16;
(* Number of samples per speckle.
This number can be changed by the user. *)

r0 = n/k;
(* Radius of the lens pupil function in pixels. *)

objectintensity = Table[(1.*rect[(x-n/6)/(n/3)]
+0.5*rect[(x-n/2)/(n/3)]+0.1*rect[(x-5*n/6)/(n/3)])
*rect [y/(2*n)],{x,n},{y,n}];
(* This function defines the object intensity distribution
in the absence of speckle.
Here it consists of three rectangular regions of
different brightnesses.
You can change it if you wish.*)

randomfield = Table[Exp[I*2*Pi*Random[1],{n},{n}];
(* Generate an nxn array of random phasors. *)

scatterfield=Sqrt[objectintensity]*randomfield;
(* The object amplitude distribution is
multiplied by the array of random phasors *)

p1=ListDensityPlot[Abs[scatterfield]^2,Mesh->False,
DisplayFunction->Identity];
(* Plot the intensity distribution across the scattering surface,
but save the plot for later *)

bandpass=Table[circ[Sqrt[(p-n/2)^2+(q-n/2)^2]/r0]
,{p,1,n},{q,1,n}];
(* Define circular pupil function of the lens. *)

pupilfield=bandpass*Fourier[scatterfield];
(* Calculate the field transmitted by the lens pupil. *)

imagefield=InverseFourier[pupilfield];
(* Calculate the image field. *)

imageintensity=Abs[imagefield]^2;
(* Calculate the image intensity *)

p2=ListDensityPlot[imageintensity,Mesh->False,
DisplayFunction->Identity];
(* Plot the intensity of the speckled image,
but save the plot for the next step *)

show[GraphicsArray[{{p1},{p2}}]]
(* Show the original object intensity
distribution and the speckled image intensity
distribution *)
```

图 G.2 模拟成像系统中散斑的 Mathematiea 程序

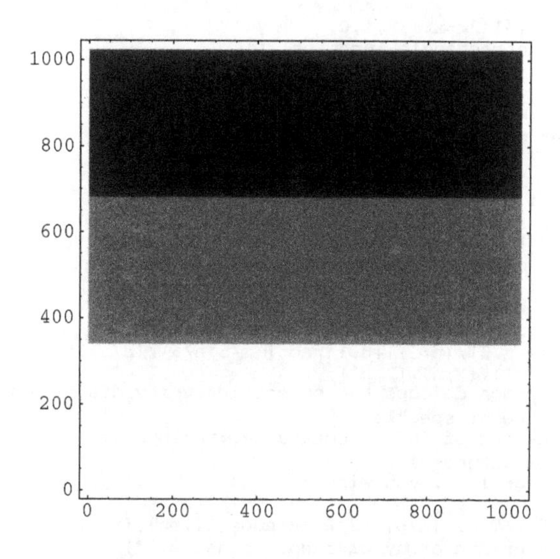

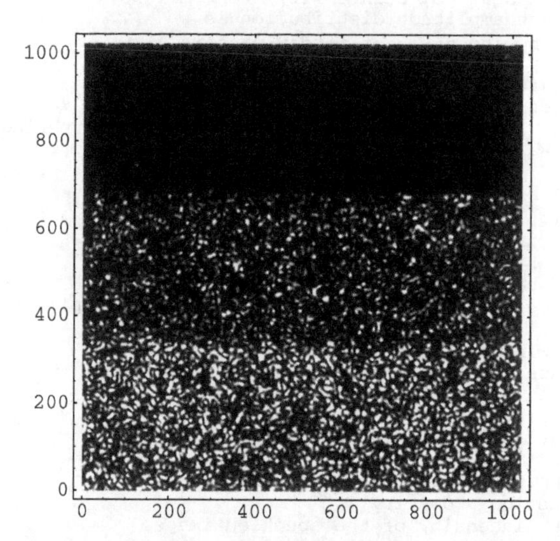

图 G.3 前一个图中的散斑成像程序的典型输出．上部的密度图表示原始物的强度分布，底部的密度图表示该物的散斑像

参考文献

[1] Abramowitz M, Stegun I A. Handbook of mathematical functions. New York: Dover Publications Inc, 1965.

[2] Al-Habash M A, Andrews L C, Phillips R L. Mathematical model for the irradiance probability density function of a laser beam propagating through turblent media. Opt Eng, 2001, 40: 1554-1562.

[3] Andrews I M, Leendertz J A. Speckle pattern interferometry of vibration modes. IBM J Res Develop, 1976, 20: 285-289.

[4] Archibold E, Burch J M, Ennos A E. Recording of in-plane displacement by double-exposure speckle photography. Optica Acta, 1970, 17: 883-898.

[5] Archibold E, Ennos A E, Taylor P A. A laser speckle interferometer for the detection of surface movements and vibration//Dickson J H. Optical instruments and techniques. Oriel. Newcastle upon Tyne, 1969: 265.

[6] Artigas J M, Felipe A, Buades M J. Contrast sensitivity of the visual system in speckle imagery. J Opt Soc Am A, 1994, 11: 2345-2349.

[7] Artigas J R, Felipe A. Efiect of luminance on photopic visual acuity in the presence of laser speckle. J Opt Soc Am A, 1988, 5: 1767-1771.

[8] Ayers G R, Northcott M J, Dainty J C. Knox-Thompson and triple correlation imaging through atmospheric turbulence. J Opt Soc Am, 1988, 5: 963-985.

[9] Bahuguna R D, Gupta K K, Singh K. Expected number of intensity level crossings in a normal speckle pattern. J Opt Soc Am, 1980, 70: 874-876.

[10] Bahuguna R D, Malacara D. Stationarity of speckle in laser refraction. J Opt Soc Am, 1983, 73: 1213-1215.

[11] Bahuguna R D, Malacara D. Speckle motion: The apparent source position for a plane difluser. J Opt Soc Am A, 1984, 1: 420-422.

[12] Barakat R. First-order probability densities of laser speckle patterns observed through finite-size scanning apertures. Optica Acta, 1973, 20: 729-740.

[13] Barakat R. The level-crossing rate and above level duration time of the intensity of a gaussian random process. Inf Sci(New York), 1980, 20: 83-87.

[14] Baranova N B, Zel'dovich B Ya, Mamaev A V, Pilipetskii N, Shukov V V. Dislocations of the wavefront of a speckle-inhomogeneous field (theory and experiment). JETP Letters, 1981, 33: 195-199.

[15] Barton J, Stromski S. Flow measurement without phase information in optical coherence tomography images. Optics Express, 2005, 13: 5234-5239.

[16] Beckmann P, Spizzichino A. The scattering of electromagnetic waues from rough surfaces. Artech House, Norwood, MA, 1987.

[17] Berry M V. Disruption of wavefronts: Statistics of dislocations in incoherent gaussian random waves. Phvs J A, 1978, 11: 27-37.

[18] Blackman N M. Noise and its effect on communication. New York: McGraw-Hill Book Co, 1963.

[19] Bouma B E, Tearney G J. Handbook of optical coherence tomography. New York: Marcel Dekker Inc, 2002.

[20] Bracewell R N. The fourier transform and its applications. 3rd ed. New York:McGraw-Hill Book Company,1999.

[21] Brogioli D,Vailati A, Giglio M. Heterodyne near-field scattering. Applied Phys Lett,2002,81:4109.

[22] Burch J M, Tokarski J M J. Production of multiple beam fringes from photographic scatterers. Optica Acta,1968,15:101-111.

[23] Butters J N. Speckle pattern interferometry using video techniques. J Soc Photo Opt Instrum Eng,1971, 10:5-9.

[24] Charman W N. Speckle movement in laser refraction. I. Theory. Am J Optom Physiol Opt,1979,56:219-227.

[25] Charman W N,Whitefoot H. Speckle motion in laser refraction. II. Experimental. Am J Optom Physiol Opt,1979,56:295-304.

[26] Chiang Y C,Chiou Y P, Chang H C. Improved full-vectorial finite. difierence mode solver for optical waveguides with step-index profiles. J Lightwave Tech, 20:2002,1609-1618.

[27] Condie M A. An experimental investigation of the statistics of diffusely reflected coherent light. Stanford University,Engineer degree thesis,1966.

[28] Creath K. Phase-shifting speckle interferometry. Appl Opt,1985,24:3053-3058.

[29] Dainty J C. Detection of images immersed in speckle noise. Optica Acta,1971,18:327-339.

[30] Dainty J C. Laser speckle and related phenomena. 2nd ed. Berlin:Springer Verlag,1984.

[31] Dainty J C, Welford W T. Reduction of speckle in image plane hologram reconstruction by moving pupils. Optics Commun,1971,3:289-294.

[32] Davenport W B, Root W L. Random signals and noise. New York:McGraw-Hill Book Co, 1958.

[33] Dennis M R. Topological singularities in wave fields. University of Bristol, PhD thesis,2001.

[34] Donati S, Martini G. Speckle pattern intensity and phase:Second-order conditional statistics. J Opt Soc Am,1979,69:1690-1694.

[35] Dudley D,Duncan W M, Slaughter J. Emerging digital micromirror device (DMD) applications//Urey H. Proc SPIE,MoEMS display and imaging systems,2003,4985:14-26.

[36] Ebeling K J. Statistical properties of spatial derivatives of amplitude and intensity of monochromatic speckle patterns. Optica Acta,1979,26:1505-1521.

[37] Elbaum M, Greenebaum M, King M. A wavelength diversity technique for reduction of speckle size. Optics Commun,1972,5:171-174.

[38] Elbaum M,King M, Greenbaum M. Laser correlography:Transmission of highresolution object signatures through the turbulent atmosphere. Technical Report Report T-1/306-3-11,Riverside Research Institute,New York,1974.

[39] Ennos A E. Speckle interferometry//Dainty J C. Laser speckle and related phenomena. 2nd ed. Springer-Verlag,1984:203-253.

[40] Epworth R E. The phenomenon of modal noise in analog and digital optical fibre systems. In Proceedings of the fourth european conference on optical communications, Genoa,Italy,September 1978:492-501.

[41] Erf R K. Speckle metrology. New York:Academic Press,1978.

[42] Leonard Eyges. The classical electromagnetic field. New York:Dover Publications Inc,1980.

[43] Fercher A F, Drexler W, Hitzenberger C K, et al. Optical coherence tomography-principles and applications. Rep Prog Phys, 2003, 66: 239-303.

[44] Fienup J R. Reconstruction of an object from the modulus of its Fourier transform. Opt Lett, 1978, 3: 27-29.

[45] Fienup J R. Phase retrieval algorithms: A comparison. Appl Opt, 1982, 21: 2758-2769.

[46] Fienup J R. Unconventional imaging systems: Image formation from non-imaged laser speckle patterns//Robinson S R. The infrared & electro-optical systems handbook. Environmental research institute of Michigan. 1993, 8.

[47] Fienup J R, Idell P S. Imaging correlography with sparse arrays of detectors. Opt Engin, 1988, 27: 778-784.

[48] Fienup J R, Paxman R G, Reiley M F, Thelen B J. 3-D imaging correlography and coherent image reconstruction//In digital image recovery and synthesis IV. Proc SPIE Bellingham, 1999, 3815.

[49] Françon M. Laser speckle and applications in optics//English translation by Arsenault H H . New York: Academic Press, 1979.

[50] Freund I. Optical vortices in gaussian random wave fields: Statistical probability densities. J Opt Soc Am A, 1994, 11: 1644-1652.

[51] Freund I, Shvartsman N. Wave-field phase singularities: The sign principle. Phys Rev A, 1994. 50: 5164-5172.

[52] Fricke-Begemann T, Burke J. Speckle interferometry: Three-dimensional deformation field measurement with a single interferogram. Appl Opt, 2001, 40: 5011-5022.

[53] Fried D L. Optical resolution through a randomly inhomogeneous medium for very long and very short exposures. Am J Opt Soc, 1966, 56: 1372-1379.

[54] Fuji H, Asakura T. Effects of surface roughness on the statistical distribution of image speckle intensity. Optics Commun, 1974, 11: 35-38.

[55] George N, Christensen C R, Benneth J S, Guenther B D. Speckle noise in displays. J Opt Soc Am, 1976, 66: 1282-1289.

[56] George N, Jain A. Speckle reduction using multiple tones of illumination. Appl Opt, 1973, 12: 1202-1212.

[57] George N, Jain A. Space and wavelength dependence of speckle intensity. Appl Phys, 1974, 4: 201-212.

[58] Gezari D Y, Labeyrie A, Stachnik R V. Speckle interferometry: difiraction-limited measurements of nine stars with the 200-inch telescope. Astrophys J, 1972, 173: L1-L5.

[59] Ghatak A, Thyagarajan K. Graded index optical waveguides: A review// Wolf E. Progress in Optics. North Holland, 1980: 1-109.

[60] Ghiglia D C, Pritt M D. Two-dimensional phase unwrapping. New York: John Wiley&Sons, 1998.

[61] Giglio M, Carpineti M, Vailati A. Space intensity correlations in the near field of scattered light: A direct measurement of the density correlation function g(r). Phys Rev Lett, 2000, 85: 4109.

[62] Giglio M, Carpineti M, Vailati A, Brogioli D. Near-field intensity correlations of scattered light. Appl Opt, 2000, 40: 4036-4040.

[63] Gloge D, Marcatili E A. Multimode theory of graded-core fibers. Bell Syst Tech J, 1973, 52: 1563-1578.

[64] Goldfischer L I. Autocorrelation function and power spectral density of laser-produced speckle patterns. J Opt Soc Am, 1965, 55: 247.

[65] Goodman J W. Statistical properties of laser sparkle patterns. Technical Report T R 2303-1, Stanford:

Stanford Electronics Laboratories,1963.

[66] Goodman J W. Some effects of target-induced scintillation on optical radar performance. Proc IEEE, 1965,53:1688-1700.

[67] Goodman J W. Comparative performance of optical radar detection techniques. IEEE Trans. Aerospace and electronic systems,AES-2:1966,526-535.

[68] Goodman J W. Dependence of image speckle contrast on surface roughness. Optics Commun,1975,14: 324-327.

[69] Goodman J W. Role of coherence concepts in the study of speckle. Proc SPIE,1979, 194:86-94.

[70] Goodman J W . Stat is tical optics. New York:John Wiley & Sons,1985.

[71] Goodman J W. Introduction to fourier optics. 3rd ed. Englewood CO Roberts&Company, 2005.

[72] Goodman J W,Rawson E G. Statistics of modal noise in fibers:A case of constrained speckle. Opt Lett, 1981,6:324-326.

[73] Gradshteyn I I, Ryzhik I M,Talle of integras series and products. New York:Academic Press,1965.

[74] Gregory D A,Basic physical principles of defocused speckle photography:A tilt topology inspection technique. Opt Laser Technol,1976,8:201-213.

[75] Groh G. Engineering uses of laser produced speckle patterns // Proc. symposium on the engineering Uses of holography. London:University of Strathclyde,Cambridge University Press,1970: 483-497.

[76] Hee M R,Optical coherence tomography:Theory // Bouma B E, Tearney G J. Handbook of optical coherence tomography. New York:Marcell Dekker Inc,2002,2:41-66.

[77] Idell P S,Fienup J R,Goodman R S. Image synthesis from nonimaged laserspeckle patterns. Opt Lett, 1987,12:858-860.

[78] Iizuka K. Elements of photonics in free space media and special media. New York: Wiley-Interscience, 2002,1.

[79] Ingelstam E, Ragnarsson S. Eye refraction examined by aid of speckle pattern produced by coherent light. Vision Res,1972,12:411-420.

[80] Ishimaru A. Wave propagation and scattering in random media. New York:Academic Press,1978.

[81] Ivakin E V, Kitsak A I,Karelin N V,et al. Approaches to coherence destruction of short laser pulses // Drabovich K N,Kazak N S, Makarov V A, et al. Proceedings of the SPIE:Nonlinear optical phenomena and nonlinear dynamics of optical systems. 2002,4751:34-41.

[82] Jakeman E. On the statistics of K-distributed noise. J Phys A:Math Gen, 1980,13:31-48.

[83] Jakeman E,K-distributed noise. J Opt A Pure Appl Opt,1999,1:784-789.

[84] Jakeman E, Pusey P N. A model for non-Rayleigh sea echo. IEEE Trans Antennas and Propag,1976, 24:806-814.

[85] Jakeman E, Pusey P N. Significance of K-distributions in scattering experiments. Phys Rev Lett,1978, 40:546-548.

[86] Jones R, Wykes C. Holographic and speckle interferometry. Cambridge: Cambridge University Press,1989.

[87] Jones R C. A new calculus for the treatment of optical systems. J Opt Soc Am, 31:488-503,1941.

[88] Judge T R, Bryanston-Cross P J. A review of phase unwrapping techniques in fringe analysis. Opt Lasers Eng,1994,21:199-239.

[89] Kessler D A, Freund I. Level-crossing densities in random wave fields. J Opt Soc Am A,1998,15:1608-

1618.

[90] Khare K, George N. Sampling theory approach to prolate spheroidal wavefunctions. J Phys A, 2003, 36: 10011-10021.

[91] Knox K T, Thompson B J. Recovery of images from atmospherically degraded short exposure images. Astrophys J, 1974, 193: L45-L48.

[92] Kolmogorov A N. The local structure of turbulence in incompressible viscous fluids for very large Reynolds numbers // Friedlander S K, Topper L. Turbulence, classic papers on statistical theory. New York: Wiley Interscience, 1961.

[93] Korff D. Analysis of a method for obtaining near-diffraction limited information in the presence of atmospheric turbulence. J Opt Soe Am, 1973, 63: 971-980.

[94] Kowalczyk M. Density of 2D gradient of intensity in fully developed speckle patterns. Optics Commun, 1883, 48: 233-236.

[95] Kowar V N, Pierce J R. Detection of gratings and small features in speckle imagery. Appl Opt, 1981, 20: 312-319.

[96] Kozma A, Christensen C R. Efiects of speckle on resolution. J Opt Soc Am, 1976, 66: 1257-1260.

[97] Labeyrie A. Attainment of diffraction limited resolution in large telescopes by Fourier analyzing speckle patterns in star images. Astron Astrophys, 1970, 6: 85.

[98] Leendertz J A. Interferometric displacement measurement. J Phys E: Scientific Instruments, 1970, 3: 214-218.

[99] Léger D, Mathieu E, Perrin J C, Optical surface roughness determination using speckle correlation technique. Appl Opt, 1975, 14: 872-877.

[100] Leushacke L, Kirchner M. Three dimensional correlation of speckle intensity for rectangular and circular apertures. J Opt Soc Am A, 1990, 7: 827-832.

[101] Levinson H J. Principles of lithography. 2nd ed. Bellingham: SPIE Press, 2005.

[102] Lohmann A W, Weigelt G, Wirnitzer B. Speckle masking in astonomy: Triple correlation theory and applications. Appl Opt, 1983, 22: 4028-4037.

[103] Lowenthal S, Joyeux D. Speckle removal by a slowly moving diffuser associated with a motionless diffuser. J Opt Soc Am, 1971, 61: 847.

[104] Macovski A, Ramsey S D, Schaefer L F. Time-lapse interferometry and contouring using television systems. Appl Opt, 1971, 10: 2722-2727.

[105] Mandel L. Fluctuations of photon beams: The distribution of photo-electrons. Proc Phys Soc, 1959, 74: 233-243.

[106] Mansuripur M. Classical optics and its applications. Cambridge: Cambridge University Press, 2002.

[107] Marcum J I. A statistical theory of target detection by pulsed radar. IRE Trans Information Theory, 1960, IT-6: 59.

[108] Martienssen W, Spiller S. Holographic reconstruction without granulation. Phys Lett, 1967, 24A: 126-128.

[109] Matson C L. Weighted-least-squares phase reconstruction from the bispectrum. J Opt Soc Am A, 1991, 8: 1905-1913.

[110] McKechnie T S. Speckle reduction // Dainty J C. Laser speckle and related phenomena. 2nd ed. New York: Springer-Verlag, 1984.

[111] David Middleton. An introduction to statistical communication theory. IEEE Press, Piscataway, NJ, IEEE Press Classic Re-issue, 1996.

[112] Millikan B D, Wellman J S. Digital projection systems based on LCOS // Lampert C M, Granqvist C G, Lewis K L. Proc SPIE, Solar and Switching Materials, 2001, 4458: 226-229.

[113] Mohon N, Rodemann A. Laser speckle for determining ametropia and accomodation response of the eye. Appl Opt, 1973, 12: 783-787.

[114] Morris M N, Millerd J, Brock N, et al. Dynamic phase-shifting electronic speckle pattern interferometer// Stahl H P. Optical manufacturing and testing IV. SPIE, 2005, 5869: 1B-1-9.

[115] Moslehi B, Goodman J W, Rawson E G. Bandwidth estimation for multimode optical fibers using the frequency correlation function of speckle patterns. Appl Opt, 1983, 22: 995-999.

[116] Murphy P K, Allebach J P, Gallagher N C. Efrect of optical aberrations on laser speckle. J Opt Soc Am A, 1986, 3: 215-222.

[117] Nisenson P. Speckle imaging with the PAPA detector and the Knox-Thompson algorithm // Alloin D M, Mariotti J M. Diffraction-limited imaging. Boston: Kluwer Academic Publshers, 1989: 157-169.

[118] Nye J F, Berry M V. Dislocations in wave trains. Proc Roy Soc Lond, 1974, A 366: 165-190.

[119] Ochoa E, Goodman J W, Statistical properties of ray directions in a monochromatic speckle pattern. J Opt Soc Am, 1983, 73: 943-949.

[120] Ohtsubo J, Asakura T. Statistical properties of speckle intensity variations in the diffraction field under illumination of coherent light. Optics Commun, 1975, 14: 30.

[121] Oliver B M. Sparkling spots and random diffraction. Proc IEEE, 1963, 51: 220.

[122] Osche G R. Optical detection theory for laser applications. New York: John Wiley&Sons Inc, 2002.

[123] Papen G C, Murphy G M. Modal noise in multimide fibers under restricted launch conditions. J Lightwave Tech, 17: 817-822, 1999.

[124] Papoulis A. Probability, random variables and stochastic processes. New York: McGraw-Hill Book Co, 1965.

[125] Parry G. Speckle patterns in partially coherent light // Dainty J C. Laser speckle and related phenomena, volume 9 of Topics in Applied Physics, 2nd ed. Springer-Verlag, 1984: 77-122.

[126] Pedersen H M. On the contrast of polychromatic speckle patterns and its dependence on surface roughness. Optica Acta, 1975, 22: 15-24.

[127] Piederrièrre Y, Cariou J, Guern Y, et al. Scattering through fluids: Speckle size measurement and Monte Carlo simulations close to and into multiple scattering. Optics Express, 2004, 12: 176-188.

[128] Rastogi P K. Digital speckle pattern interferometry and related techniques. New York: John Wiley&Sons Ltd, 2001.

[129] Rawson E G, Goodman J W, Norton R E. Frequency dependence of modal noise in multimode optical fibers. J Opt Soc Am, 1980, 70: 968-976.

[130] Lord Rayleigh. On the problem of random vibrations and of random flights in one two and three dimensions. Phil Mag, 1919, 37: 321-397.

[131] Rhodes W T, Goodman J W. Interferometric technique for recording and restoring images degraded by unknown aberrations. J Opt Soc Am, 1973, 63: 647-657.

[132] Rice S O. Mathematical analysis of random noise // Wax N. Selected Papers on noise and stochastic processes. New York: Dover Press, 1954: 133-294.

[133] Rigden J D, Gordon E I. The granularity of scattered optical maser light. Proc IRE,1962,50:2367.

[134] Robinson D W. Phase unwrapping methods // Robinson D W, Reid G T. Interferogram analysis. Inst of Phys Pub,1993:194-229.

[135] Roddier F. The effects of atmospheric turbulence in optical astronomy // Wolf E. Progress in optics. New York:Elsevier North-Holland,Inc. ,1981,XIX,V:281-376.

[136] Roddier F. Triple correlation as a phase closure technique. Optics Commun,1986,60:145-148.

[137] Roggemann M C, Welsh B. Imaging through turbulence. Boca Raton:CRC Press, FL,1996.

[138] Rydberg C,Bengtsson J, Sandstrom T. Dynamic laser speckle as a detrimental phenomenon in optical projection lithography. J Microlith Microfab Microsyst, 2006, 5:033004-1-8.

[139] Saleh B E A, Teich M C. Fundamentals of photonics. New York:John Wiley&Sons Inc,1991.

[140] Sandstrom T, Rydberg C, Bengtsson J. Dynamic laser speckle in optical projection lithography:Causes,effects on CDU and LER,and possible remedies // Smith B W. Optical microlithography XVIII. SPIE,2005:5754:274-284.

[141] Schmitt J M. Array detection for speckle reduction in optical coherence microscopy. Phys Med Bioi, 1997,42:1427-1439.

[142] Schmitt J M. Optical coherence tomography (OCT): A review. IEEE J Selected Topics in Quantum Electronics,1999,5:1205-1215.

[143] Scribot A A. First-order probability density functions of speckle measured with a finite aperture. Optics Commun,1974,11:238-295.

[144] Senior J M. Optical fiber communications. 2nd ed. NJ:Pearson Education,Upper Saddle River, 1992.

[145] Shvartsman N , Freund I. Wave-field phase singularities: Near-neighbor correlations and anticorrelations. J Opt Soc Am A,1994,11:2710-2718.

[146] Sirohi R S. Speckle metrology. New York:Marcel Dekker,1993.

[147] Slack M. The probability distribution of sinusoidal oscillations combined in random phase. J I E E, 1946,93,Part III:76-86.

[148] Slepian D. Prolate spheroidal wave functions,fourier analysis and uncertainty-I. Bell Syst Tech J,1961, 40:43-63.

[149] Slepian D. Prolate spheroidal wave functions,Fourier analysis and uncertainty-II. B. Syst Tech J,1961, 40:65-84.

[150] Sprague R A. Surface roughness measurement using white light speckle. Appl Opt, 1972, 11: 2811-2816.

[151] Henry Stark, John W Wpods. Probability,random processes and estimation theory for engineers. NJ: Prentice-Hall,Englewood Cliffs,1986.

[152] Steinchen W, Yang L. Digital shearography:theory and applications of digital speckle pattern shearing interferometry. Bellingham:SPIE Press,2003.

[153] Strang G. Linear Algebra and its applications. New York:Academic Press,1976:224.

[154] Strohbehn J W,Clifford S. Polarization and angle-of-arrival fluctuations for a plane wave propagated through a turbulent medium. IEEE Trans Ant Prop,1967,AP-15:416-421.

[155] Surrel Y. Customized phase shift algorithms // Rastogi P,Inaudi D. Trends in optical non-destructive testing and inspection. Elsevier,Amsterdam,2000,5:71-83.

[156] Takajo H,Takahashi T. Least-squares phase estimation from the phase difierence. J Opt Soc Am A,

1988,5:416-425.

[157] Takeda M. Recent progress in phase unwrapping techniques // Gorecki C. Opffcal Inspection and measurements. Bellingham:S P I E,1996,2782: 334-343.

[158] Takeda M,Ina H, Kobayashi S. Fourier-transform method for fringe-pattern analysis for computer-based topography and interferometry. J Opt Soc Am,1982,72:156 -160.

[159] Tatarski V I. Wave propagation in a turbulent medium. New York:McGraw-Hill Book Co,1961.

[160] Thompson C A,Webb K J,Weiner A M,Diflusive media characterization with laser speckle. Appl Opt,1997,36:3726-3734.

[161] Thompson C A,Webb K J, Weiner A M,Imaging in scattering media by use of laser speckle. J Opt Soc Am A,1997,14:2269-2277.

[162] Tiziani H J. Application of speckling for in-plane vibration analysis. Opt Acta,1971,18:891-902.

[163] Tiziani H J. A study of the use of laser speckle to measure small tilts of optically rough surfaces accurately. Optics Commun,1972,5:271-274.

[164] Tremblay Y,Kawasaki B S, Hill K O. Modal noise in optical fibers:Open and closed speckle pattern regimes. Appl Opt,1981,20:1652-1655.

[165] Trisnadi J I. Speckle contrast reduction in laser projection displays. //Wu M H. SPIE Proceedings--Projection Displays VIII,2002,4657,131-37.

[166] Trisnadi J I. Hadamard speckle contrast reduction. Optics Lett,2004,29:11-13.

[167] van Ligten R F. Speckle reduction by simulation of partially coherent object illumination in holography. Appl Optics,1973,12:255-265.

[168] Wandell B A. Foundations of Vision. Sinauer Associates Inc,1995.

[169] Wang L,Tschudi T,Halldórsson T, et al. Speckle reduction in laser projection systems by diffractive optical elements. Appl Opt,1998,37:1770-1775.

[170] Watts T R,Hopcroft K I, Faulkner T R. Single measurements on probability density functions and their use in non-gaussian light scattering. J Phys A:Math Gen, 1996, 29:7501-7517.

[171] Webster M A,Webb K J, Weiner A M. Temporal response of a random medium from third-order laser speckle frequency correlations. Phys Rev Lett,2002,88:033901/1-033901/4.

[172] Webster M A,Webb K J,Weiner A M,et al. Temporal response of a random medium from speckle intensity frequency correlations. J Opt Soc Am, 2003, 20:2057-2070.

[173] Weierholt A J,Rawson E G, Goodman J W. Frequency-correlation properties of optical waveguide intensity patterns. J Opt Soc Am A,1984,1:201-205.

[174] Westheimer G. The eye as an optical instrument//J. Thomas et al. Handbook of perception. John Wiley & Sons,1986,4:4. 1-4. 20.

[175] Williams D R,Brainard D H,McMahon M J et al. Double-pass and interferometric measures of the optical quality of the eye. J Opt Soc Am A,1994,11:3123-3135.

[176] Wolf E . A macroscopic theory of interference and diffraction of light from finite sources,I:Fields with a narrow spectral range. Proc Roy Soc,1954,A225:96-111.

[177] Wolf E. Optics in terms of observable quantities. Nuovo Cimento,1954,12:884-888.

[178] Wolf E. Coherence properties of partially polarized electromagnetic radiation. Nuovo Cimento,1959,13:1165-1181.

[179] Yamaguchi I. Speckle displacement and decorrelation—theory and applications // Rastogi P, Inaudi

D. Trends in optical non-destructive testing and inspection. Elsevier, Amsterdam. 2000, 11:151-170.

[180] Young M, Faulkner B, Cole J. Resolution in optical systems using coherent illumination. J Opt Soc Am, 1970, 60:137-139.

[181] Youssef N, Munakata T, Takeda M. Rice probability functions for level-crossing intervals of speckle intensity fields. Optics Commun, 1996, 123:55-62.

[182] Zel'dovich B Y, Mamaev A V, Shkunov V V. Speckle-waue interactions in application to holography and Nonlinear optics. Boca Raton: CRC Press Inc, 1995.

[183] Zernike F. The concept of degree of coherence and its application to optical problems. Physica, 1938, 5: 785-795.

汉英对照索引

（按汉语拼音次序排列，主词条下的～代表主词条）